NF文庫
ノンフィクション

世界の大艦巨砲

八八艦隊平賀デザインと列強の計画案

石橋孝夫

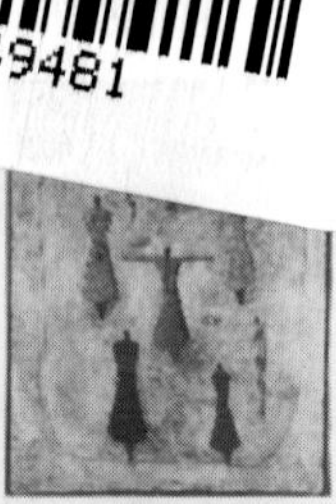

潮書房光人社

『世界の大艦巨砲』目次

世界の大艦巨砲

八八艦隊平賀デザインと列強の計画案

プロローグ

熱烈な大艦巨砲の信奉者

戦艦の時代が終わってひさしい。厳密な意味での戦艦の歴史は、一八九二年完成のイギリス戦艦ロイアル・サブリン（一万五五八五トン）をもってはじまったといってよいが、広義には一八六一年完成のイギリス装甲艦ウオリアー（九二一〇トン）にさかのぼることもできる。

この三〇年間の装甲艦の歴史を加味しても、約三〇年間におけるこの間の排水量の増加は一・七倍という、きわめてひかえめな数字にとどまっている。

装甲艦の歴史においても、より大型強力な大砲を装備、かつより厚い装甲をほどこすという競争はおこなわれてきたが、そのための船体の大型化は、建造技術と建造施設や入渠施設などの制約のもとに計画されてきたといってよい。

ロイアル・サブリンからわずか一四年でドレッドノート（一万七九〇〇トン）が出現する

上からウオリアー、ドレッドノート、「河内」

ことになったが、このさいの排水量増加は二三〇〇トン余にすぎない。

しかし、ドレッドノート時代にはいるとビッグガン・レースが過熱する。イギリス海軍の例では、一九一二年完成のオライオンで二万トンを超えて二万二五〇〇トンに達し、主砲も一二インチより一三・五インチ砲に強化された。

常備排水量で三万トンを超えたのは、一九一五年完成の日本の「扶桑」（三万六〇〇トン）で、ロイアル・サブリンから数えると二三年で排水量が倍になったことになる。

日本海軍は戦艦時代における、もっとも熱烈な大艦巨砲主義の信奉者であった。最初の本格的装甲艦の初代「扶桑」（三七九九トン）が完成したのは一八七八年、最初の戦艦「富士」（一万二五三三トン）が竣工したのは二〇年後の一八九八年であった。

ドレッドノートと同期の最初の国産戦艦「薩摩」は一万九三七三トンとドレッドノートより一五〇〇トン弱大型であり、最初のド級艦「河内」（二万八〇〇トン）は一九一二年完成で二万トンを超えていたのであった。すなわち、当時の標準戦艦であったイギリス海軍の場合より、排水量の増加はいちじるしかった。

金田中佐考案の奇想天外「大戦艦」

この時代に、一人の日本海軍軍人の考案したという、ひとつの戦艦の艦型図が残されている。

これは昭和三十二年に旧造船官の長老の一人であった永村清元造船中将が記した『造船回

想』に掲載されている金田中佐の五〇万トン戦艦案である。

着想は、海上の最大の波浪の長さが一六〇フィート、約五〇メートルであるところから、艦幅をその約倍の三〇〇フィート、九一メートルとすれば、艦の動揺はほとんど生じないから、この艦幅から起算して艦の長さと排水量を割りだすと五〇万トン戦艦が決定されたとしている。

こうした巨大戦艦を一隻か二隻建造すれば、敵のいかなる大艦隊にたいしても対抗できるということで、以下の要目が記載されている。

排水量　五〇万トン
長　さ　二二〇〇フィート／六七〇メートル
幅　三〇〇フィート／九一メートル
速力　四二ノット
主砲　一六インチ砲連装五〇基／一〇〇門
副砲　五・五インチ／一四センチ砲二〇〇門
　四インチ／一二センチ砲一〇〇門
魚雷発射管（水上）二〇〇門
乗員　一万二〇〇〇人

この要目でもっとも唖然とするのは、速力の四二ノットであろう。四・二ノットならうなずけないこともないが、このような高速は、まさに荒唐無稽といわれてもいたしかたない設定である。

そもそも、この発想者である金田中佐とは、いかなる人であったのか。

金田秀太郎中佐は明治六年、静岡県に生まれ、明治二十七年に兵学校卒（二一期）、以後、主に砲術畑を歩き、砲術長や砲術学校教官を歴任する。明治三十九、四十年はイギリス駐在、同四十二年十月に海軍中佐に進級、同四十五年に艦本出仕となった。直後に「生駒」副長、ついで「河内」副長になる。大正二年五月にあらためて艦本出仕となり、同年十二月に艦本部員となっている。

この五〇万トン戦艦案は、主砲に一六インチ砲や副砲の五・五インチ砲を採用しているところからも、たぶんこの時期の作成と推定される。

このように、金田中佐は兵科将校で造船官ではなく、したがってこの案も、造船学上の専門知識によるものというよりは、砲術の専門家として、海上における砲の安定したプラットフォームという観点より発想したものといえよう。

『造船回想』のなかで、筆者の永村中将はこれを呉工廠造船部で見せられ、当時造船部長だった山田造船中監と金田中佐が、この案の具体的建造について話しているのを聞いたとしている。

しかし、造船の専門家が、本当に真面目にその建造方法を考えたとも思えず、金田中佐自

戦艦「大和」
46㎝砲 ×9

戦艦「長門」
41㎝砲 ×8

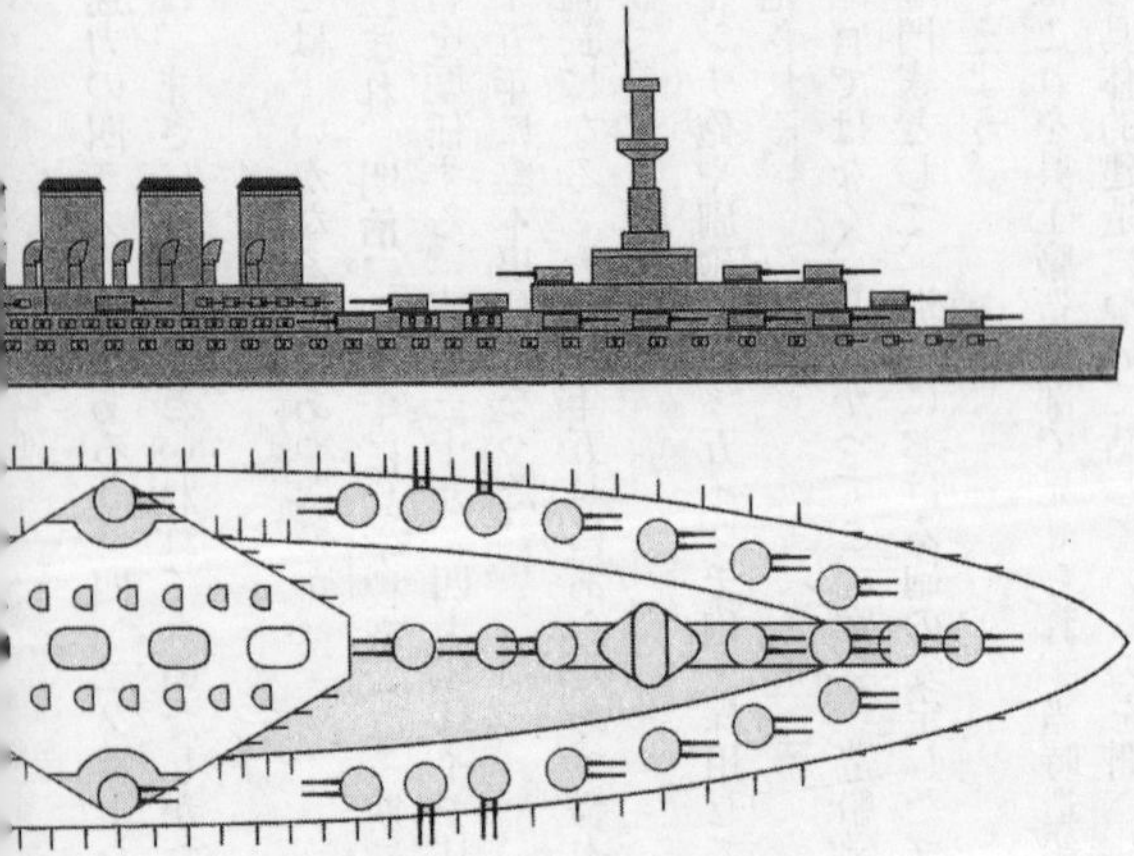

第１図　金田中佐の50万トン戦艦案

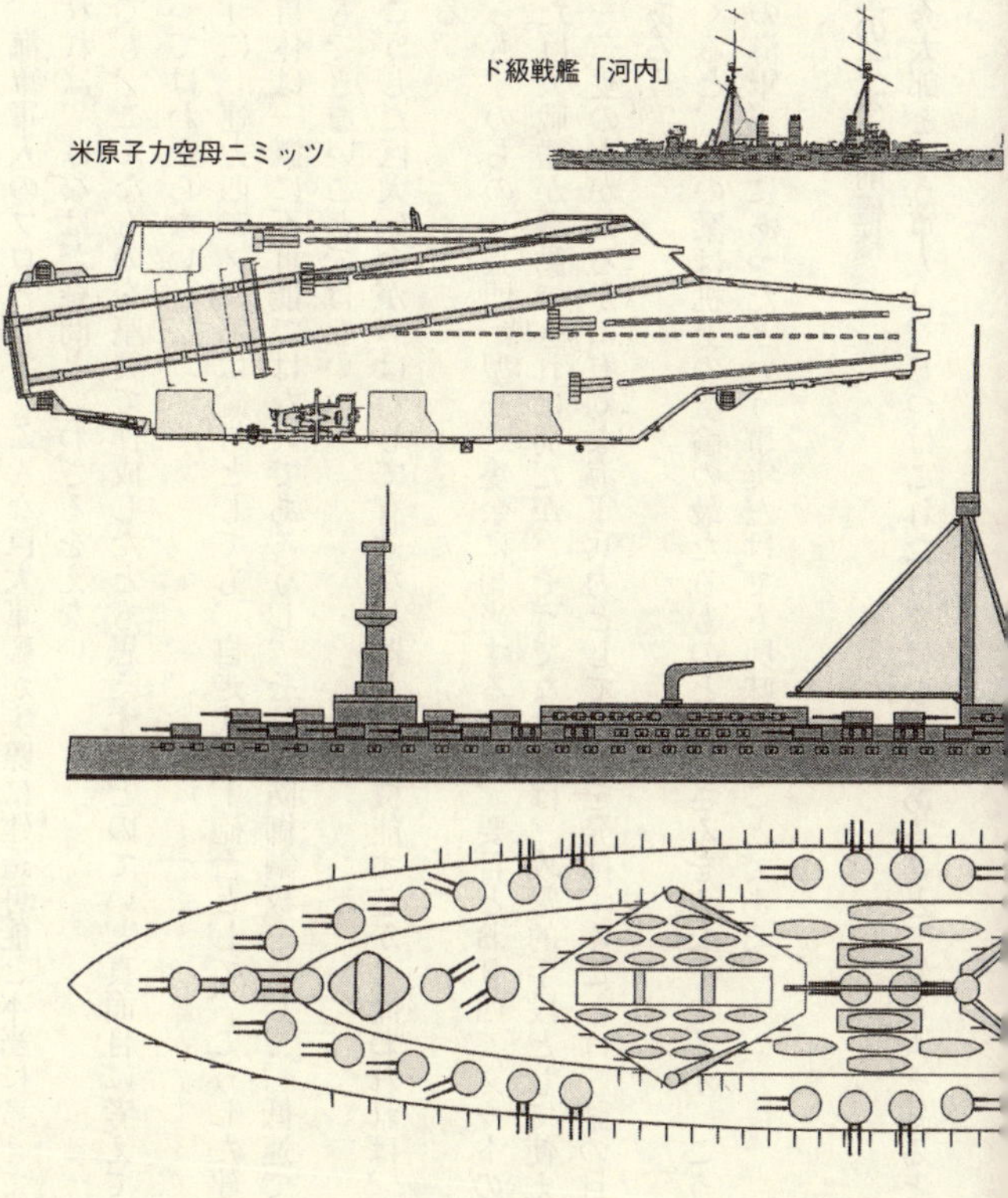

身にしても、海軍軍人のプロとして、こんな巨大軍艦が実際に建造可能と本当に考えていたのかといわれれば、はなはだ疑問といわざるをえない。

とはいっても、こんなものを座興で作成したとも思えず、どのていど真面目に考えていたか、今となってはわからない。

前述のように、速力四二ノットは論外としても、自走式海上砲台として、こうした建造物を造ること自体は一概に不可能ではないであろうし、それに防御鋼板を施して、低速で自走させることもできないことではない。

しかし、こうした巨大砲台が、はたして有効な兵器として機能するかと問われれば、大いに疑問である。

主砲数からも、のちの「長門」型一二隻余に相当するので、要目どおり四二ノットの超高速でこうした巨大戦艦が機動できれば別だが、そうでなければ、攻撃的手段として使えず、「長門」型一二隻の方がはるかに有効な海軍兵力として威力を発揮することは、誰の目にもあきらかであろう。

ここまでくると、この案は机上の空論の最たるものといわざるをえなくなるが、こうした発想が当時の海軍軍人にあったという事実だけでも興味深いことである。

「長門」型の六本柱前檣楼

この金田秀太郎という軍人は、じつはこれだけではなく、あることで知る人ぞ知るといっ

第２図　「長門」の実艦と原型の比較

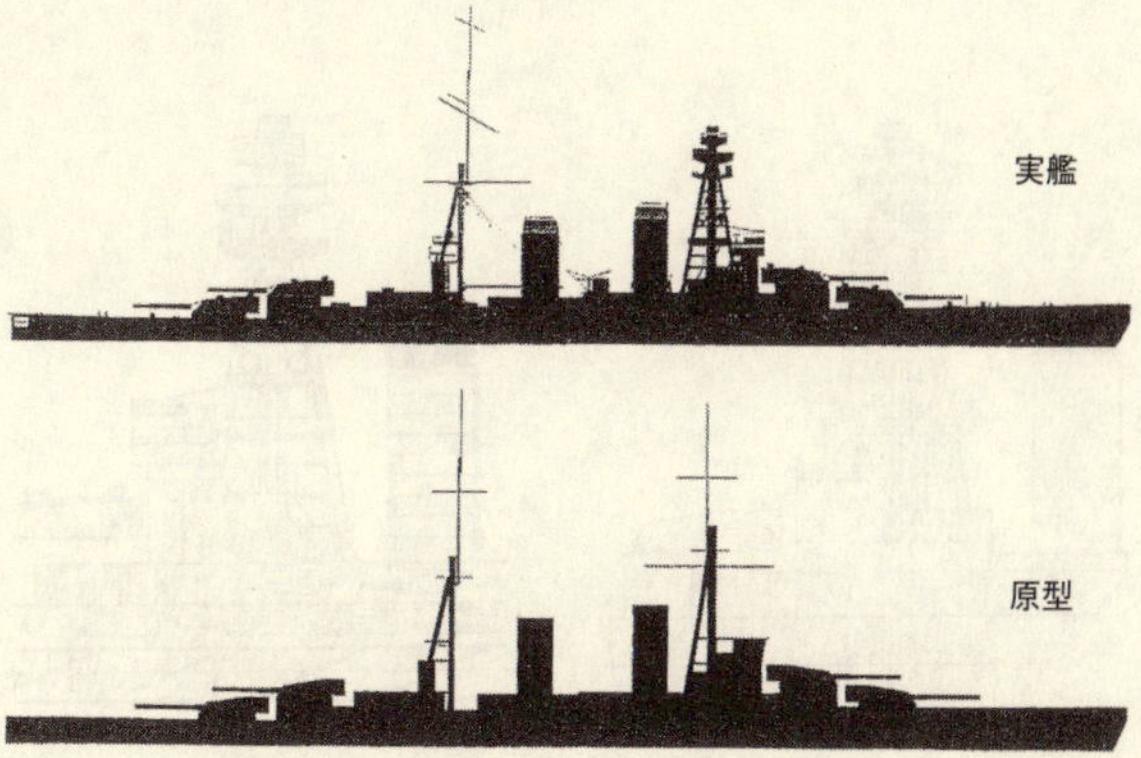

た存在であった。

それは、のちの戦艦「長門」独特のあの六本柱の前檣楼を考案提唱したのも、この金田大佐であったのである。

彼は大正三年十二月に海軍大佐に進級すると、以後も砲術学校教官、海大教官を兼任しながら、大正七年九月に横須賀工廠造兵部長になるまで、艦本で主に造兵関係の業務にあたっていたのであった。

戦艦「長門」は、大正五年五月に製造訓令が発せられたが、直後のジュットランド海戦の戦訓から、計画の改正をおこなうことになり、起工は大正六年八月にずれこんだ。

この時の計画では、「長門」の前檣楼は従来どおりの五脚檣であったが、大正六年に金田大佐より、より安定した射撃指揮装置のプラットフォームとして、中心の主柱を八本の支柱で取りかこむ櫓型の前檣楼案が提出されて、一部を

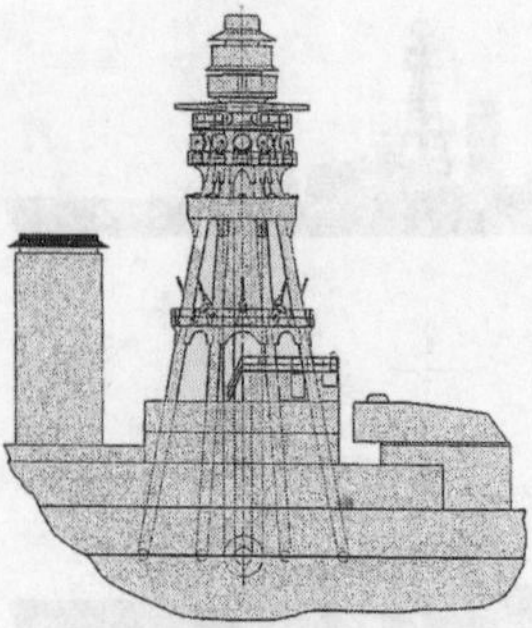

第3図　金田大佐考案の前檣楼

第4図　「長門」完成時の前檣楼

修正して採用になったのであった。

この金田大佐の櫓型檣楼原案図は、東大の平賀資料にあるのが発見されている。

実際には、支柱の数を六本に減じて採用されたものである。大正六年十一月の技術会議で、当時の「長門」型の主任設計者であった平賀造船大監らの承認で採択され、以後の八八艦隊の主力艦すべてが、この櫓型前檣楼を採用していた。

金田大佐はのちの大正八年十二月に海軍少将に進級する。大正十年、艦本第一部長、大正十一年、呉工廠長を最後に、翌年八月に艦本出仕、海軍中将に進み、大正十三年に予備役となり、翌年五二歳で没している。

平賀資料には、この金田大佐が大正七年に艦本を去る前にまとめた「甲鈑対弾丸効力標準」と題する研究論文も残されている。

これを見ても、金田秀太郎という軍人は当時の日本海軍にあっては、艦艇の甲鈑と弾丸に関して、造兵官顔負けの卓越した技術的知識と興味を有していた、希有な兵科将校であったことがわかる。

とすれば、先の五〇万トン戦艦案も軍艦にたいするあくなき興味のなせるわざだったのではとも考えられよう。

さて、以上をプロローグとして、これから約一〇〇年間にわたった戦艦時代に存在した巨大戦艦計画について、その足跡をたどってみることにしよう。

こうした巨大戦艦計画には、金田中佐の五〇万トン戦艦のように空想の域を出ないものから、正規の建艦計画にのっとって計画設計されたものの、実際に建造にいたらなかったもの、造船官の試案レベルにとどまったものなど、さまざまである。

こうした個人レベルの造船官の記録は公にされることはまれで、とくに日本ではこうした技術史料の公開は皆無にちかい。

ただ、アメリカでは、こうした造船官の研究試案も公文書として保管されているケースがすくなくなく、一部の著作に記載されている例もしばしばみられる。

造船官らの試案は、その専門知識により作成されたものであるので、まったく建造不可能というものはない。ただ、当時の技術水準では建造困難というようなものもあるが、大艦巨砲にたいするあくなき追求を示すものとして面白い。

第1章　平賀デザインの初仕事

平賀デジタルアーカイブ

二〇〇八年、かねてから公開が待たれていた、平賀譲が保管していた膨大な艦艇関係資料が東大においてデジタル化が完成、平賀譲デジタルアーカイブとしてネット上で公開されるにいたった。とくに、平賀が関係していた八八艦隊構成戦艦、巡洋戦艦の未知の資料が数多くふくまれており、完全ではないにしろ、これまでの八八艦隊構成艦に関する知識をくつがえす、多くの事実があきらかになっている。

ここでは、こうした新資料により、八八艦隊案の戦艦、巡洋戦艦を洗いなおしてみたいと思う。

日本海軍が列強海軍のなかにあって、米英海軍に伍して世界三大海軍にランキングされるようになったのは、第一次大戦でドイツ帝国海軍が没落してからである。

当時、日米海軍は太平洋をはさんで、ともに八八艦隊案と三年計画案という、大規模な海軍拡張計画に邁進していたことは周知のことであった。

もちろん、日本海軍の八八艦隊計画はそれ以前に発足しており、明治四十四年(一九一一)の国防方針決定において、具体的な八八艦隊構想が最初に提示されたといわれている。八八艦隊案の基本は、ドイツ海軍が一八九七年にティルピッツ海相の提案で制定された艦隊条例(艦隊法)に範をとっていることは知る人ぞ知るであるが、これによりドイツ海軍は、第一次大戦当時第一位のイギリスにつぐド級戦艦と巡洋戦艦を整備して、戦争に突入したのであった。

日本海軍の戦艦が列強海軍のなかにあって、その艦型や搭載主砲が卓越するようになったのは、超ド級時期にはいってからである。巡洋戦艦「金剛」型と戦艦「扶桑」型で注目されるようになったことは承知のとおりである。

そして、世界最初の四一センチ砲搭載艦「長門」型が出現するわけである。ところが、この「長門」型について、われわれはこれまで知っているようで知られていない未知の部分がすくなくなかった。

山本造船大監の基本計画

単純にいっても、「長門」型の計画は、いつ着手されたのか? 最初の艦型は? 誰が基本計画を担当したのか? こうしたことは、これまで知られてこなかったことである。

残念なことに、平賀資料においても、これらにたいする明確な答えは見いだされていない。

平賀が「長門」型にかかわったのは大正五年（一九一六）五月十五日に、横須賀海軍工廠造船部から技術本部第四部に転勤になってからである。この三日前に「長門」の製造訓令が呉工廠に発せられている。

しかし、直後にジュットランド海戦が勃発し、設計の見直しをおこなうことになり、この改正計画を担当したのが、新任の平賀であったとされる。

当時、艦政本部はシーメンス事件の余波で前年十月に技術本部と艦政部に分離され、艦艇の基本計画は技術本部第四部が担当していた。このときの計画主任は浅岡満俊造船大監である。

日本海軍の場合、個艦の基本設計担当者造船官の名前はあまり知られていない。一般的に造船官は設計畑と現場畑に大別され、設計畑造船官でも外国の造船学校に留学後、造船現場で経験をつみ、艦政本部第四部に呼びもどされて基本計画を担当するのは、ごく一部のえらばれた造船官であった。

こうした造船官は、計画主任または首席部員にのぼる前に基本計画をまかされるのが普通で、計画主任に昇進後、将官になってからは第四部長に登りつめるのが、艦本内でのエリートコースになっていた。

主力艦に関しては、最初の国産艦「筑波」以来「扶桑」までの基本計画を、近藤基樹造船中将（最終）が一貫して担当していたことは、さまざまな資料や文献から読みとることができる。

近藤は明治末期に艦型試験所の所長を兼任する前から、艦本出仕として基本計画にたずさわっていたものらしく、日本海軍最初のド級艦構想といわれている一二インチ連装砲四基中心線配置の試案も、近藤が明治三十七年ごろに部下に指示して作成したものといわれている造船官の逸材だった。

しかし大正二年五月に、当初「扶桑」型の三、四番艦として計画されていた艦型を改「扶桑」型（「伊勢」型）として、大幅に改正すべしと改正案を提案したのは近藤であったが、これを実際に基本計画から担当したのは、当時の艦本第四部の計画主任または部員であったものと推定される。

当時の計画主任は、前記の浅岡造船大監であった。病弱であった近藤は、このころより基本計画担当からはずれて、のちの八八艦隊案の計画艦艇についてもアドバイスすることはなく、艦艇設計の第一線よりしりぞいていた。

それでは「長門」型の基本計画は誰が担当したのか。

ここであきらかなのは、大正三年六月に四五口径四一センチ砲の試作訓令が呉工廠に出されていることで、この前後に搭載艦の「長門」型（七号戦艦）の基本計画に着手したのはまちがいないであろう。

大正三年九月に艦本四部部員に配属になった山本開蔵造船大監は、設計畑造船官として嘱望されていた一人で、明治二十三年の東大工学部卒業後、各現場勤務および留学後に各工廠勤務およびイギリス出張後、艦本に呼びもどされている。翌年には工学博士号を得ていた学

（上）ジュットランド海戦時の英艦隊。（中）大正9年10月末、公試運転中の「長門」。41センチ主砲を斉射する「長門」

究肌の造船官であった。

したがって「長門」型の最初の基本計画A110案を完成させたのは、この山本が担当したものと推定される。山本が造船大監（大佐）で艦本にもどったのも、計画主任格の仕事をするためであったものと思われた。

A110案については、平賀資料にも一般配置図と要目が残されている。

基本的な要目は、排水量三万二五〇〇トン、垂間長二〇一メートル、最大幅二九メートル、吃水八・八メートル、速力二四・五ノット、出力六万軸馬力というもので、基本的には四一センチ砲搭載の高速戦艦仕様である。当然、当時のイギリス高速戦艦クイーン・エリザベス級に影響されたものであった。

事実、大正二年には早くも「金剛」を建造したイギリスのヴィッカーズ社から、排水量二万八九五〇トン、二五ノット、一六インチ砲八門の高速戦艦の売りこみがあったことでも裏付けられる。

名コンビが作る八八艦隊

第5図にしめす平賀資料からの復元A110案艦型は、これまでの「長門」原案というイメージと、かなり異なっている。

まず気がつくのは、前檣楼が三脚檣から間隔のせまくて細い六本の支柱形態にかわっていることである。これはのちの金田大佐提案の櫓型前檣楼にいたる過渡的なものらしく、中心

	A案	B案	C案	D案
改正要領	速力増 防御そのまま	速力そのまま 防御増	速力増 防御増	速力増 防御増程度低い
軸馬力	80000	60000	80000	80000
速力（ノット）	27	25	26.8	26.9
防御(mm) 副砲廊甲帯	102	0	0	0
上部甲帯	152	254	254	203
艦首尾甲帯	102	51	51	51
上甲板	13	70	70	51
防御甲板前部	38	64-38	64-38	64-38
防御甲板後部	51	102-76	102-76	102-51
排水量（t）	32750	32500	33800	33300
吃水（m）	8.9	8.8	9.1	9.0
増加費用（円）	554644	−19613	997765	782462
船体	54644	300387	497765	282462
機関	500000	−320000	500000	500000

部に主柱はなく、三脚檣にたいするメリットがなになのか明白ではない。

これは大正六年ごろまでの試案等に多くみられた形態である。

その他、副砲配置も上甲板のみで、防御配置は当然このあとの改正の対象になったものである。水線部の甲帯もバイタルパートだけでなく、従来どおり前後艦首尾まで延びていた。

すなわちA110の防御計画は、ほぼ前型を踏襲したもので、とくに新味のあるものではなかった。

新任の平賀の初仕事が、この先輩山本の基本計画の改正で、見直しの対象は防御計画と速力の向上にあった。

これ以降、ワシントン条約で八八艦隊案が中止になるまでの約五年間、この二人、山本と平賀のコンビはきわめて良好な上司と部下の関係にあったらしく、平賀が水を得た魚のように、八八艦隊主力艦の試案をつぎつぎに精力的に生みだしたのも、平賀の

第５図　「長門」原案 A110（1916 年）

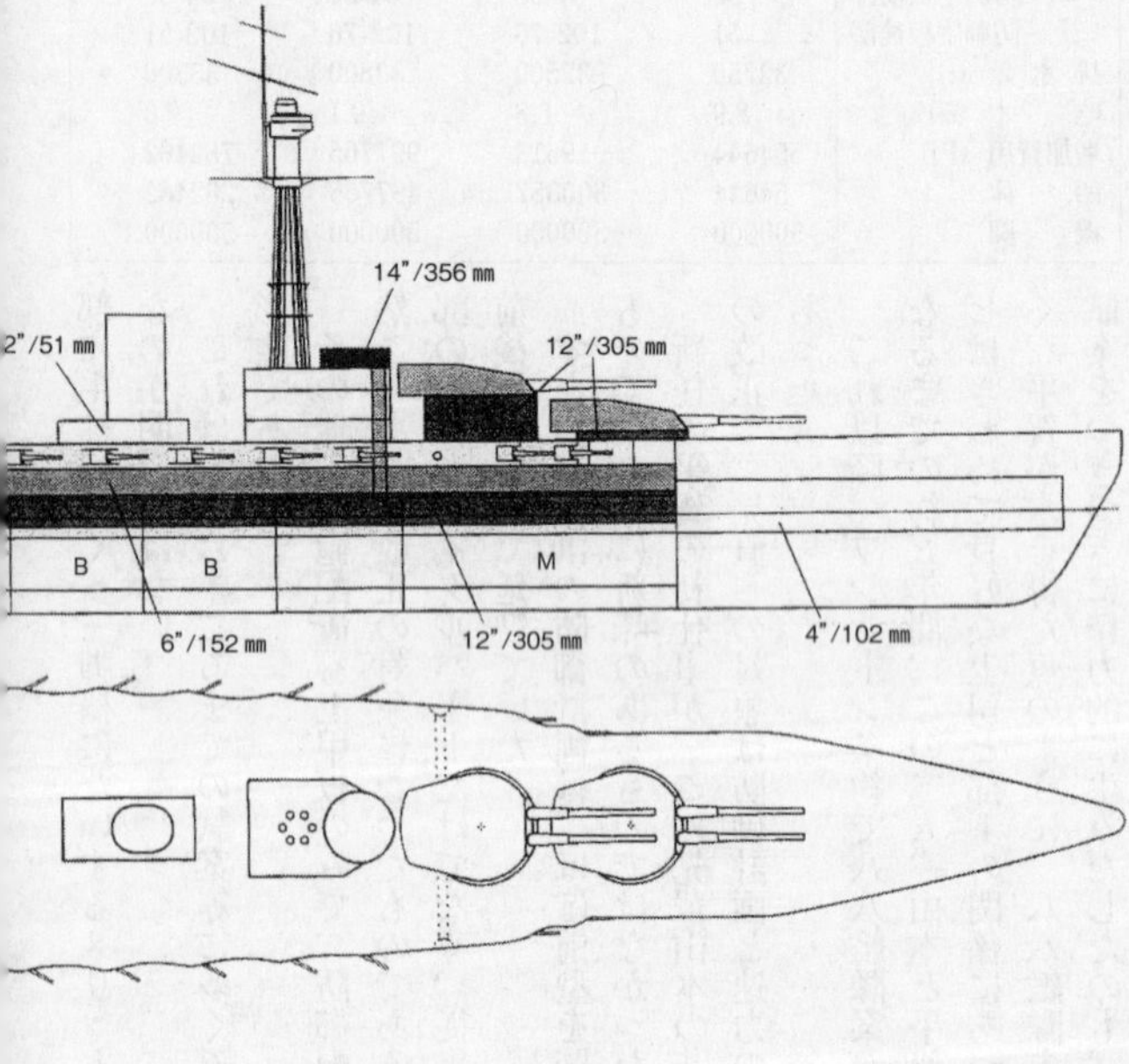

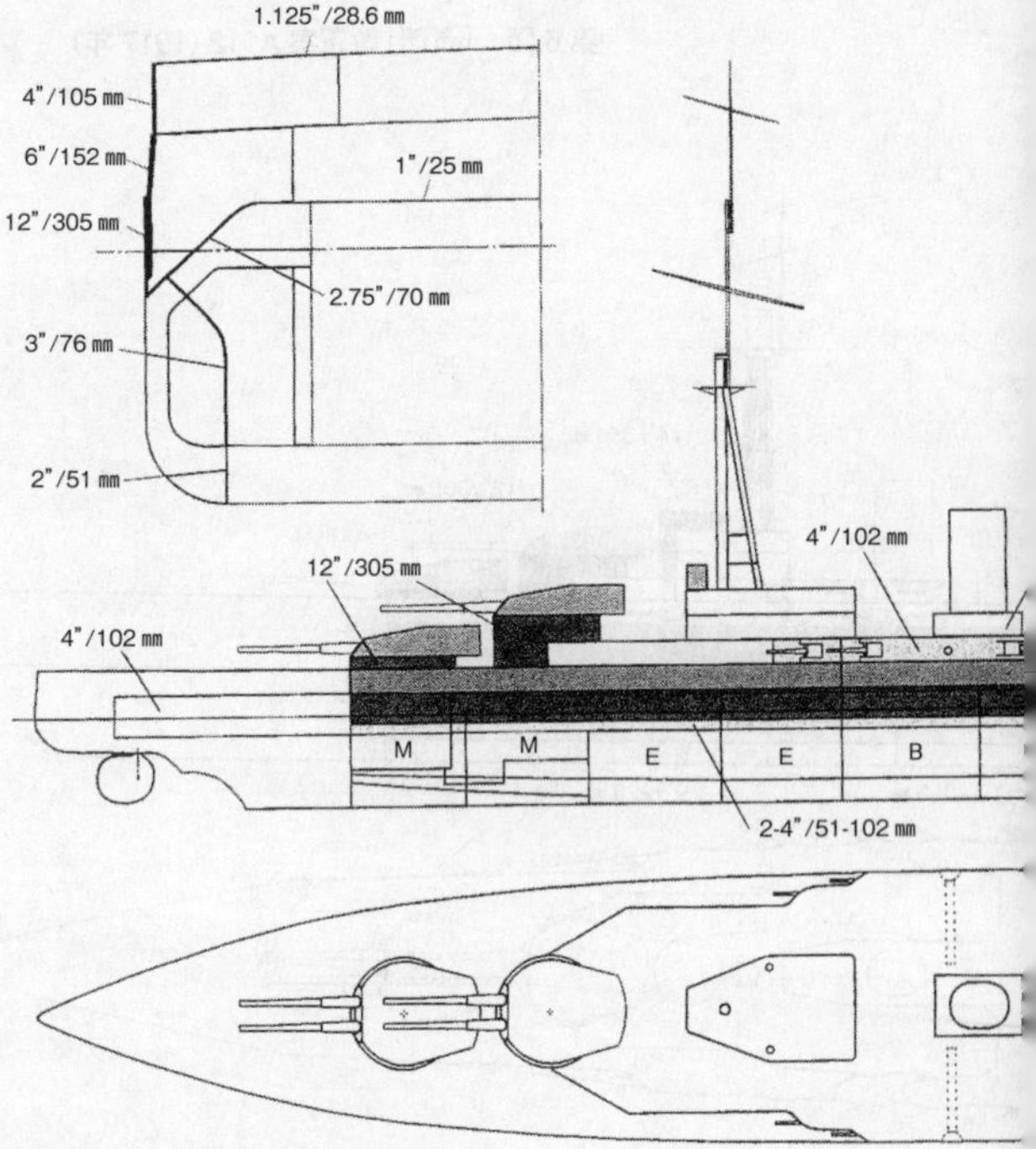
1.125"/28.6 mm
4"/105 mm
6"/152 mm
1"/25 mm
12"/305 mm
2.75"/70 mm
3"/76 mm
2"/51 mm
12"/305 mm
4"/102 mm
4"/102 mm
M
M
E
E
B
2-4"/51-102 mm

第6図　「長門」改正案 A112 (1917 年)

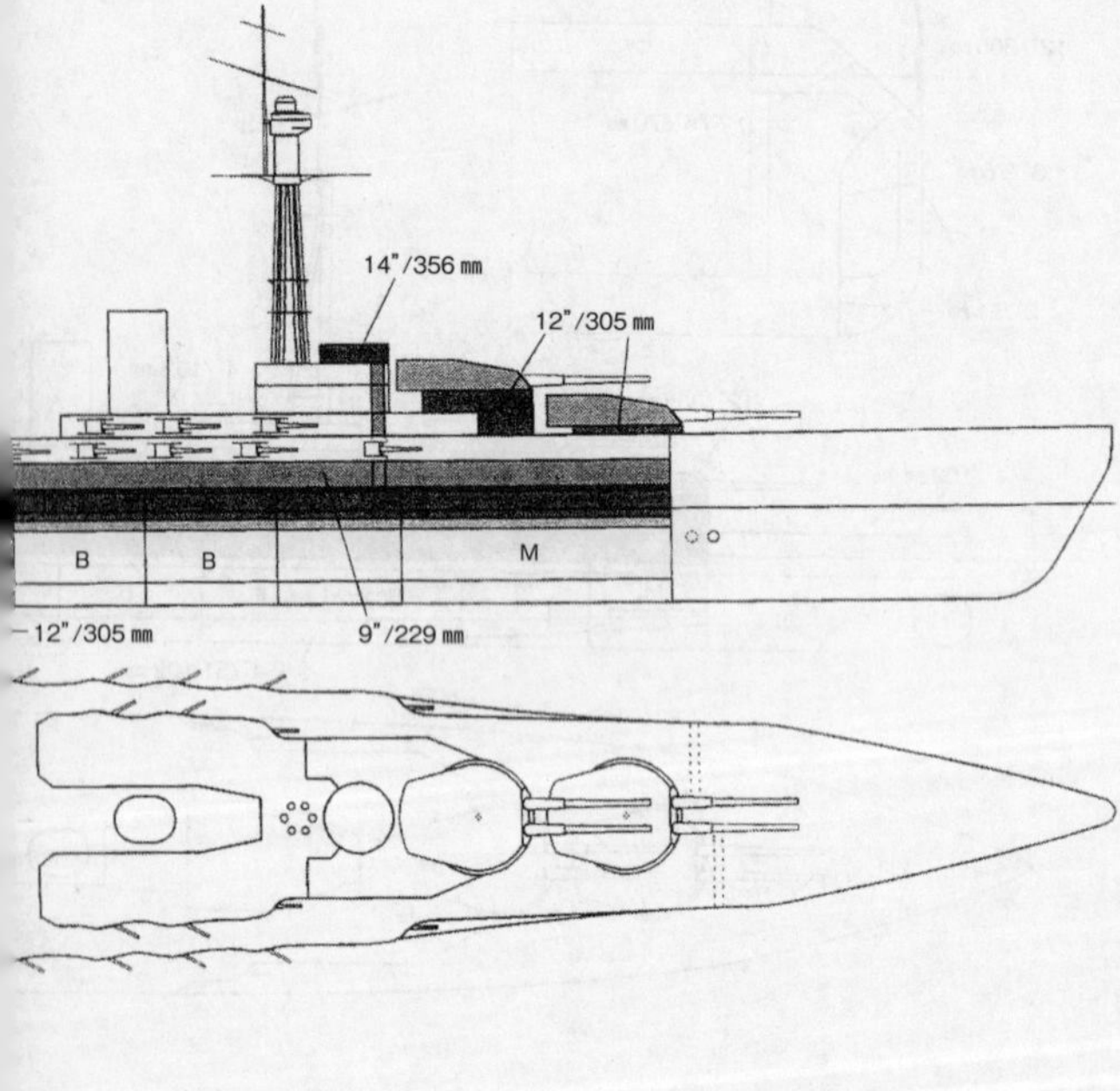

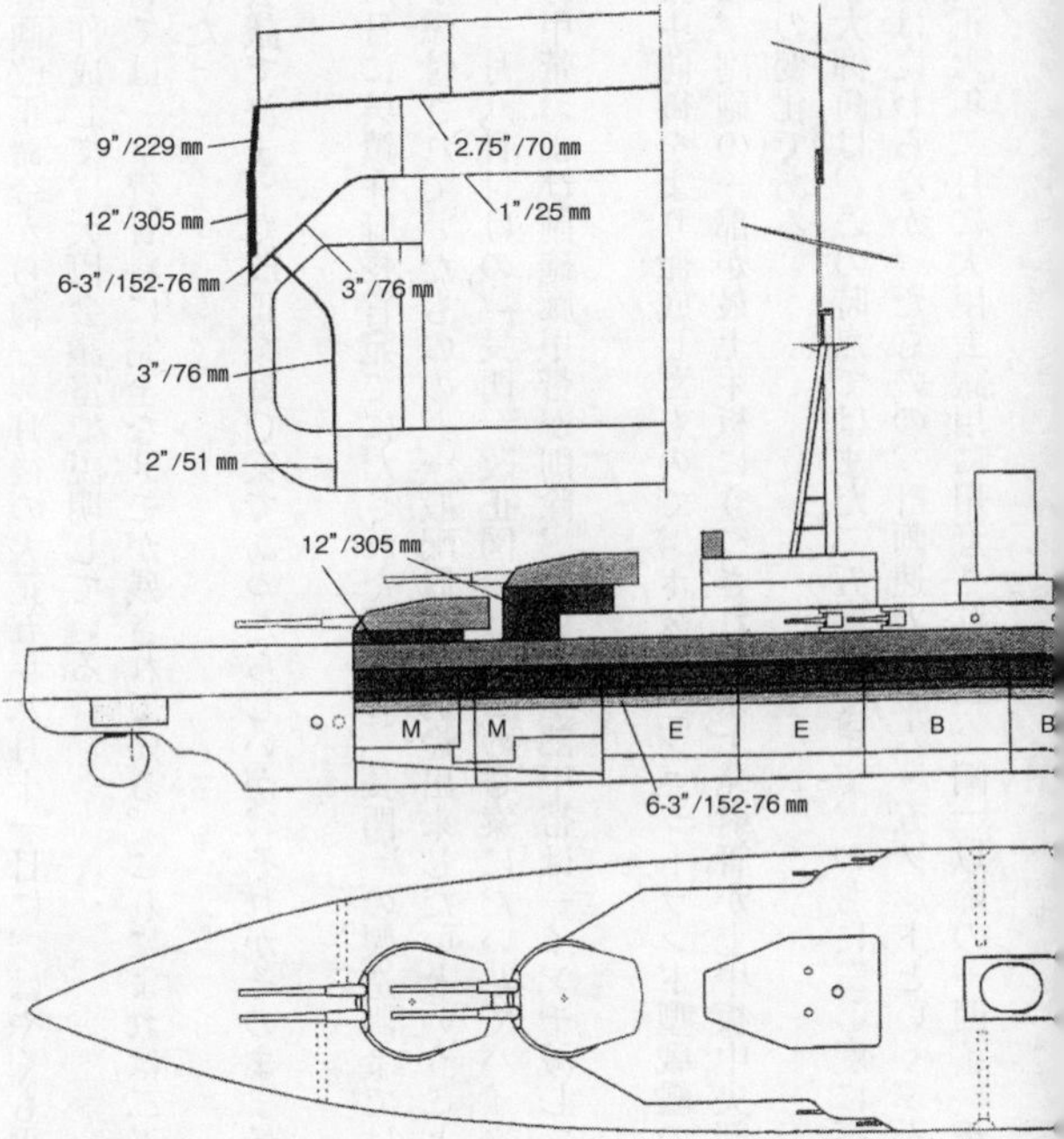
9"/229 mm
12"/305 mm
6-3"/152-76 mm
3"/76 mm
2"/51 mm
2.75"/70 mm
1"/25 mm
3"/76 mm
12"/305 mm
M
M
E
E
B
B
6-3"/152-76 mm

才能を見ぬいた山本が、自由に平賀が動ける場をつくっておいたからであろう。

「長門」の計画改正命令から約一ヵ月後の大正五年八月十一日に、はやくも平賀はA〜D四案の改正案を作成して、大臣会議室で説明している。

これについては、平賀資料に完全なメモが残されている。これによれば二五ページ表のようになっていた。

この日の会議で決まった改正案はC案であったらしいが、それがそのまま最終案になったわけではない。

十月二十八日に呉鎮守府長官宛てにだされた再度の「長門」の製造訓令では防御配置図と中央断面図が添付されていたものの、一般配置図は別途出来しだいということになっていた。

この年の十一月八日付けの「長門」改正図では、このC案にたいしてバイタルパート以外、艦首尾の水線甲帯および副砲廊甲帯が削除、中央部上部甲帯は一インチ減じて二二九ミリとされていた。

いわゆる集中防御をより徹底したもので、ポスト・ジュットランド型戦艦の特徴のひとつである。また、副砲の一部が最上甲板にうつされ、水上発射管が上甲板中央部にうつされたのも、この間の変化である。

ただ主砲最大仰角は、この時点ではまだ二五度のままで、のちに三〇度に高められることになる。出力は変わらなかったものの、計画速力は二六・五ノットといくぶん落ちている。

第6図は大正六年二月に大臣会議用に用意された「金剛」以降の一四インチ砲搭載艦と、

第7図　「長門」型の比較

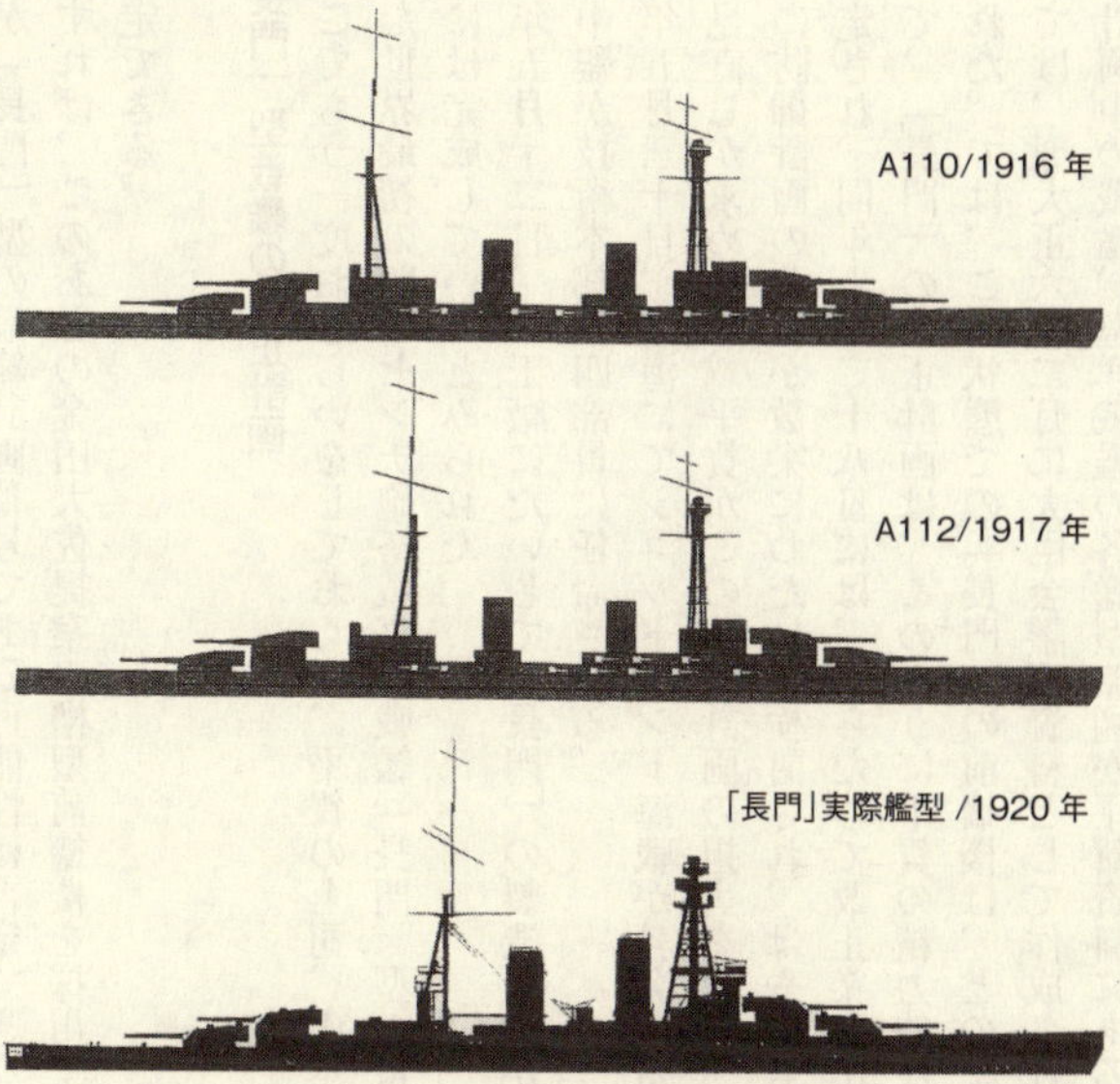

「長門」など、当時起工前の主力艦の艦型略図からとった「長門」型の艦型である。「長門」起工半年前の時点である。これが「長門」型の原型A110を改正後のA112であると考えていいのであろうか。ただし、平賀遺稿集では「長門」型の最終案をA114として、A112より二つ進めているのはなにを意味するのであろうか。

A112は、艦政本部作成の計画番号リストに記載された「長門」型の改正後の計画番号である。ここで推理すれば、平賀が「長門」につぐ主力艦試案にA115の番号からスタートさせていることをみると、

A114が「長門」型の最終計画番号である可能性は否定できない。とすれば、このあとの金田大佐提案の櫓型前檣楼を採用する段階で、計画番号を進めたとも推定できる。

「長門」型戦艦の改正計画

ここでもう一度おさらいをしておくと、平賀の上司、山本開蔵造船大監の担当したと推定された世界最初の四一センチ砲搭載高速戦艦「長門」型の最終基本計画案A110は、大正五年前半には完成していたとみられた。

同年五月十二日、呉工廠にたいして「長門」の製造訓令が発せられる。同日付きで平賀譲造船中監が技術本部第四部員に任命される。

同年五月三十日、北海にてジュットランド海戦が勃発する。このため「長門」型最終案A110の見直しが求められ、平賀がこの改正計画の担当を命じられる。

主に防御計画の改正が数案にわたって検討され、はやくも同年八月なかばには大筋の方向が決定され、同年十月二十八日には、あらためて改正案A112の製造訓令が発せられる。

さて、「長門」の改正計画は、このように平賀の精力的な活動できわめて短期間内にまとめられた。では、この状態での「長門」の前檣楼は、どのようなものであったのか。これについては、翌大正六年二月に大臣会議用資料として作成されたという当時の完成済み、建造中、計画中の戦艦、巡洋戦艦の各艦型略図が平賀資料にある。

これによれば、「長門」型の前檣楼の形態は第8図のようになる。のちの櫓型前檣楼にくらべると支柱間隔が狭く、かつ細い六本支柱による形態の前檣楼が描かれており、注意すべきは、のちの檣頭の一〇メートル大型測距儀はまだ見られないことである。

司令塔は、これまでの「伊勢」型と同様に、大型円形のものが二番砲塔の背後におかれている。

ここで第12図に掲げた「富士」以降、「長門」までの日本戦艦の前檣楼と司令塔の形態変遷図をみていただきたい。この原図は平賀資料のなかにあったもので、これをいくぶん改訂加筆したものである。

ド級以前のイギリス製戦艦の前檣と司令塔は、当時のイギリス戦艦のスタンダードといえる形態で、「薩摩」においては司令塔の形態が、日露戦争の戦訓などによりいくぶん変化している。最初のド級艦「摂津」ではじめて前檣は三脚構造となり、司令塔は「山城」で「扶桑」の倍ちかく大型な形態に変わり、これが「伊勢」「長門」と踏襲されてきたのであった。

ここに示した「長門」型の司令塔は、途中改正された最終案で、のちの完成艦とおなじであるが、前檣楼は支柱の配置がのちの完成時とはことなっていることに注意されたい。

すなわち、第8図に示す「長門」型の司令塔は、これとは異なって、ほぼ「伊勢」型とおなじものであったと推定される。

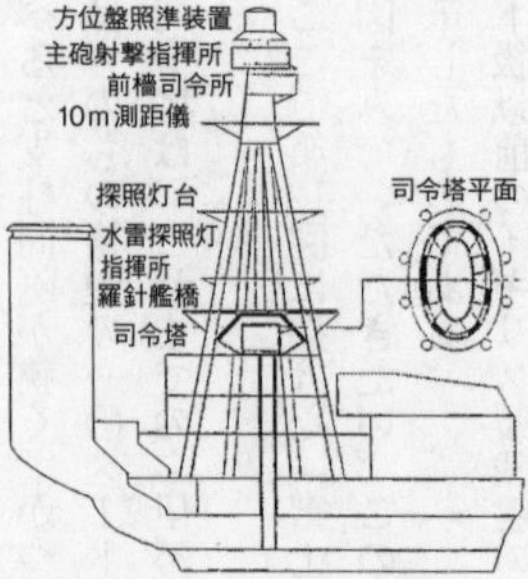

第10図　改正案乙前檣楼

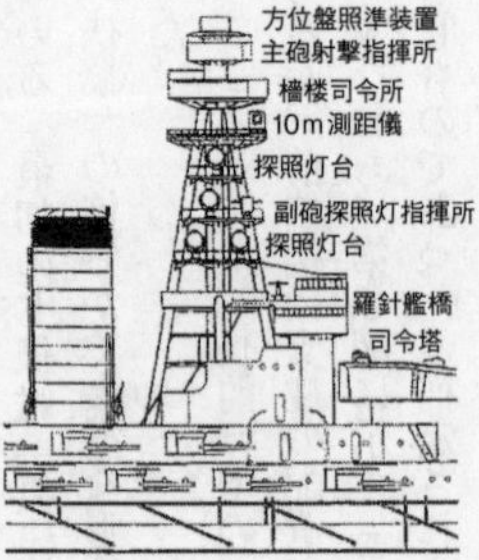

第11図「長門」完成時前檣楼

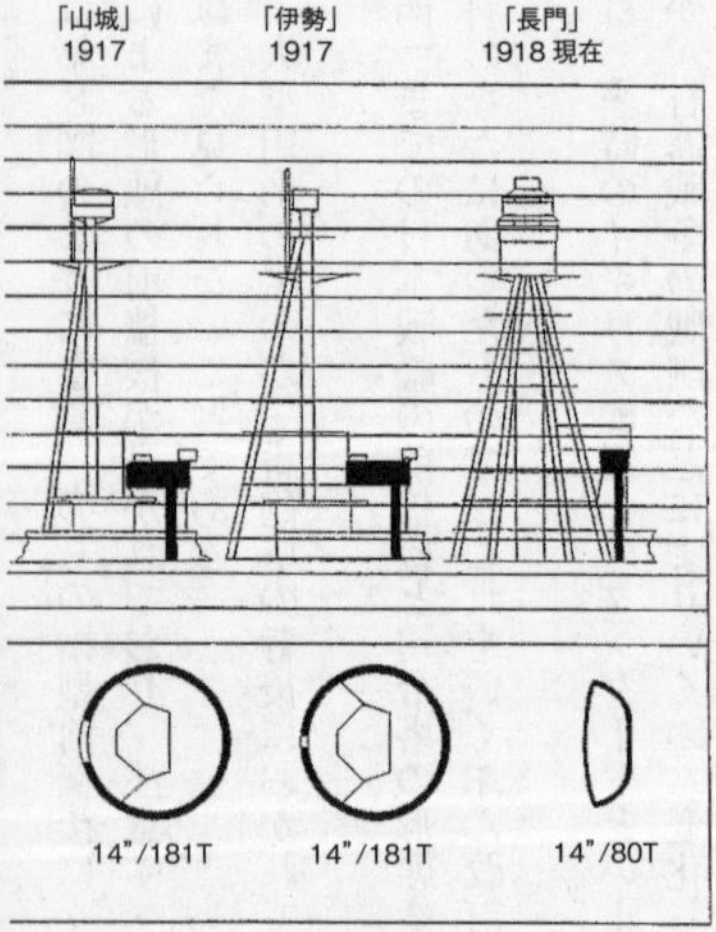

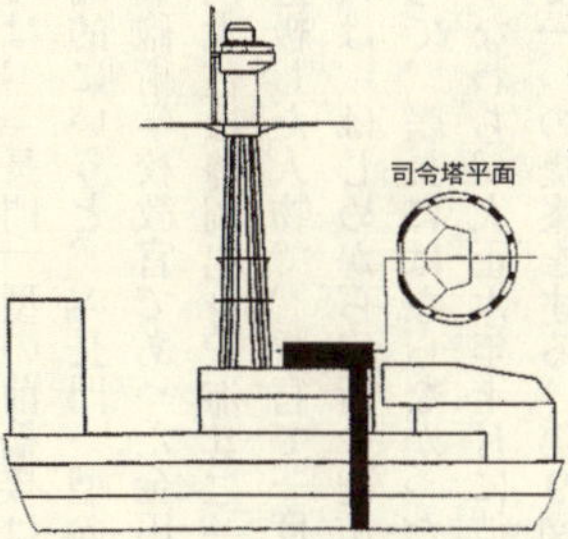

第8図　「長門」原型前檣楼・司令塔

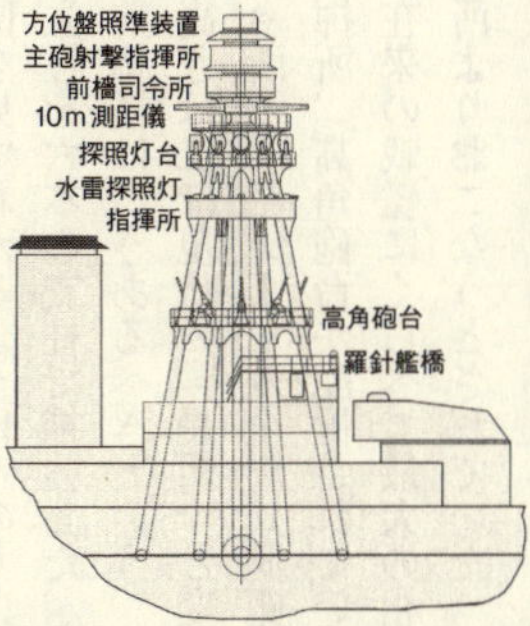

第9図　金田大佐提案櫓型前檣楼

第12図　日本戦艦前檣楼・司令塔形態変遷

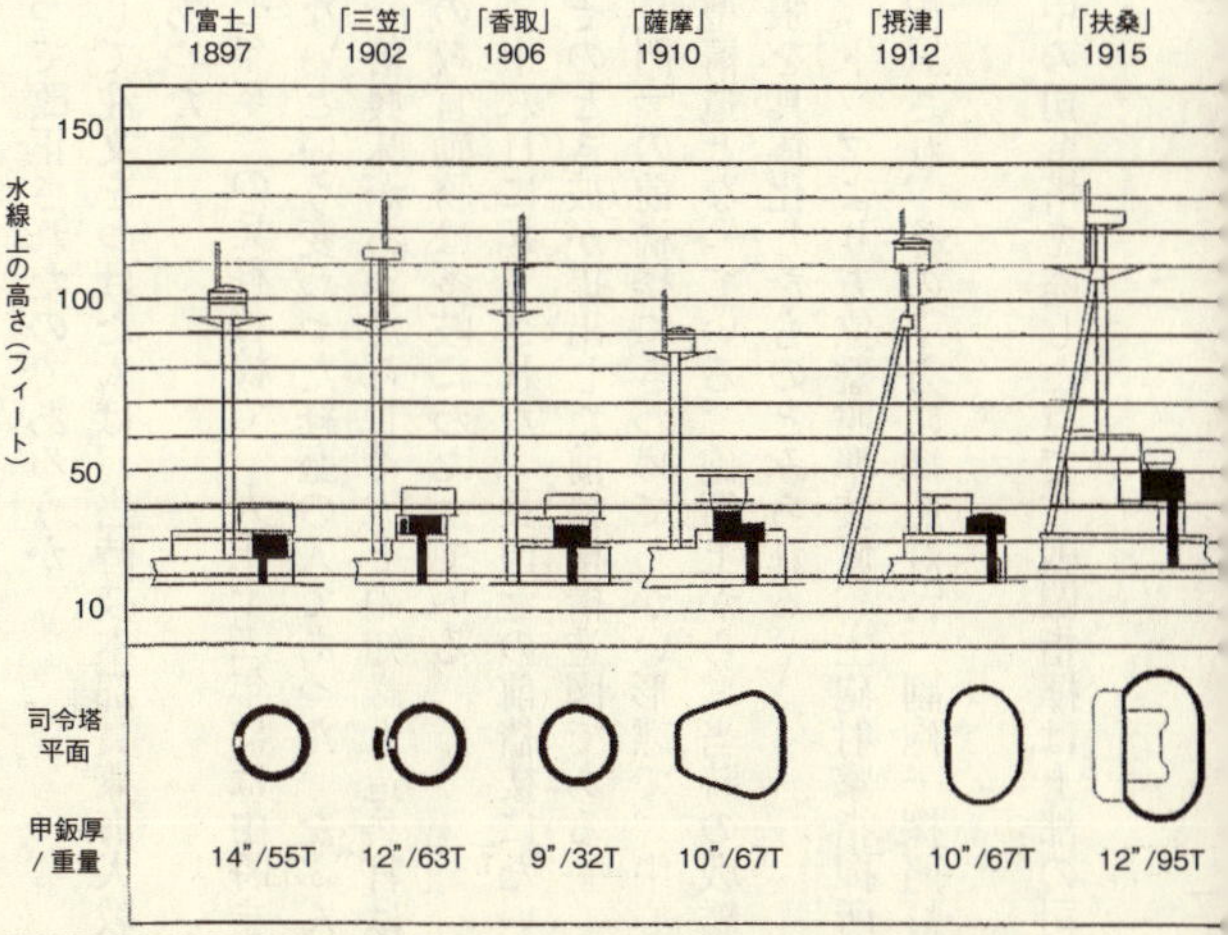

金田大佐の櫓型前檣楼案

では、「長門」型の前檣楼はいつ、誰によって改正されたのであろうか。端的にいうと、「長門」型の前檣楼にたいして注文をつけた人は、当時技本部員兼海大教官兼砲術学校教官であった金田秀太郎大佐であった。

同大佐は静岡出身、海兵二一期（明治二十七年卒）の兵科将校で、大正十二年には中将まで進級した人物で、将官で一度も艦長経験のないという変わった経歴の人であった。たぶん本人は、はじめから砲術や砲熕兵器などに人一倍興味があったらしく、その知識も造兵官はだしで、艦長にはならなかったが、各学校での教官勤務は多岐にわたっている。

すなわち、大正六年十月に彼は、同年八月二十八日に起工された「長門」の前檣楼にたいして一つの提案をする。第9図に示すのが、そのとき彼が提出した前檣楼構造図である。

図を見てわかるように、のちに完成した「長門」の前檣楼にきわめてちかい形態で、中心の主柱を六本の支柱で補強した、いわゆる櫓型構造となっている。砲術上から、当時の戦艦の前檣楼はこうあるべきという、同大佐の主張を具体化したものとみられる。

高さはほぼ現状の「長門」と変わらないが、トップより方位盤照準装置、主砲射撃指揮所、司令所、一〇メートル全周式測距儀が四段に配置され、その下方に探照灯台、副砲・探照灯指揮所、高角砲台が配置されている。

在来の戦艦にくらべて最大の相違は、重装甲の司令塔を廃した点で、戦闘指揮は上部の司令所よりおこなうとされていた。

これにたいする平賀の意見が、十月八日付きで残されている。かなり読みづらい走り書きであるが、彼の性格から全面的に賛成はしていない。

とくに司令塔を廃したことには否定的で、こうした高所に無防御にちかい司令所をおく危険性を指摘するとともに、技術者らしく櫓構造の振動を心配していた。そして、採用するのなら、できるだけ各機器の配置を下げること、不必要なものはできるだけ取りのぞく、高角砲はここにおく必要なし、振動発生の危険性を危惧していた。

これにたいして用兵側というべき第一艦隊司令部の意見は、この金田案に大賛成で、今後の遠距離砲戦における櫓型前檣楼のメリットを強調するものであった。

こうしたうちに、同年十一月二十一日に開催された技術会議において、この戦艦・巡洋戦艦への櫓型前檣楼の採用の是非が論じられることになる。約二ヵ月後の翌年一月三十日に、正式に「長門」「陸奥」の前檣楼改正訓令が発せられているところから、この間、船体にたいする影響や前檣楼の詳細設計が実施されて、「長門」型の前檣楼と司令塔部分の改正がおこなわれたと推定される。

こうした資料は、いずれも平賀資料に残されているものの、この「長門」前檣楼関係資料のなかに改正案（乙）と称される別の前檣楼試案が残されている。これを第10図に示す。

全体の形態は金田案に似ており、推定すれば金田提案の改正案と考えるのが自然であろう。

司令塔は楕円形平面の全周に、くさび型の形状で三〜七インチ厚の甲鈑でかこい、さらに内部に四インチ厚で楕円筒状のスペースをおく。二重構造で装甲交通筒で下部とつながっている。このため、支柱もこれをつつむため八本に増しており、その平面配置も楕円になっている。

従来の重装甲の司令塔を廃した金田案に、重装甲司令塔をつけくわえた試案のようだが、いくら安全とはいえ、支柱のあいだの隙間からの視界では、とても有効な戦闘指揮は不可能に思える。改正案乙というから改正案甲があるようであるが、ここにはなにも残されていない。

この試案が金田案提出後、技術会議までに作成されたものか、技術会議後の作成なのかは不明だが、大正六年一月三十日の改正訓令までに決定された「長門」型の前檣楼は、金田案の骨子をほぼ取りいれている。ただ、高角砲装備は削除し、「伊勢」型よりほぼ半分に縮小した装甲司令塔を、ほぼ従来位置にもうけることで落ちついている。

そのほか、こまかいところでは、支柱の配置を前後各二本、左右二本にあらためているのも金田案との相違である。

いずれにしても、この金田大佐の提案意義は大きい。この櫓型の構造なしには、高所への大型測距儀の装備も実現しなかったはずで、こうした遠距離砲戦に対処して、主砲の仰角も三〇度にひき上げられたものであろう。

この「長門」型の前檣楼改正計画に平賀が積極的にかかわった形跡は希薄で、そのあたりは部下にまかせたようで、自身はつぎの新戦艦と巡洋戦艦の基本計画に没頭していたようである。

ただ、この櫓型前檣楼の確立は彼の基本計画艦型にもあきらかに影響している。「長門」以降、彼の試案したA115からA125までの高速戦艦およびB61までの巡洋戦艦の一般配置図の前檣楼は、いずれも「長門」型の初期計画の前檣楼と同様であったが、櫓型前檣楼の採用が決まってからは、A126からの高速戦艦とB62からの巡洋戦艦の一般配置図では、すべて櫓型前檣楼に改められていた。

他人の業績はあまりほめない平賀にして、この櫓型前檣楼にはかなり満足していたようであった。ただし、彼の危惧した前檣楼の振動については、「長門」の完成後の実績では予想外に振動があったと、戦後、異色の砲術家として知られる黛治夫氏が自身の著書に記している。

同型の「陸奥」ではさらに振動が大きく、建造工廠の腕のちがいといわれていたという。もちろん振動があるとはいえ、各機器の使用にたえないほどではなかったはずで、こうした問題の根本解決には「大和」型のような防振装置を方位盤や測距儀にとりつけることが必要であろう。

「陸奥」変体問題への考察

つぎは「陸奥」変体問題にうつろう。これは金田提案の四ヵ月前の大正六年六月に、平賀（この年、造船大監に進級）が提案した「陸奥」の改正計画であった。

その趣旨は、現状の「長門」と同排水量かつ同速力のまま四一センチ連装砲塔一基を増

第13図　「長門」とA125の舷側防御比較

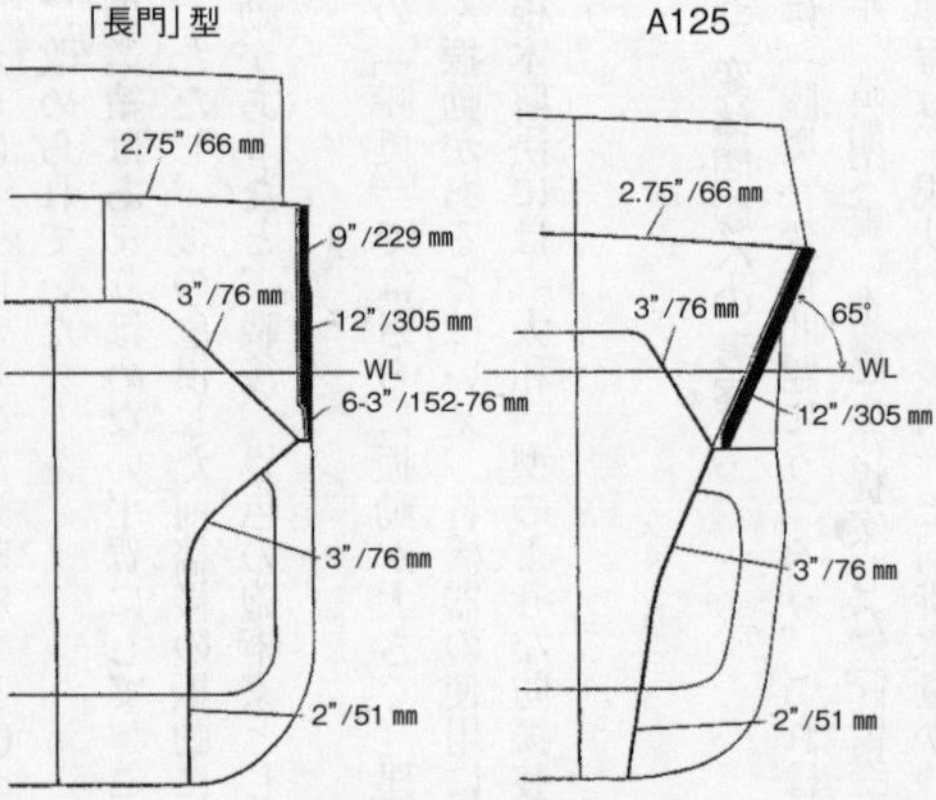

加搭載し、舷側甲鈑を傾斜させることで、同甲鈑量のままで攻撃力と防御力を強化できるという、まるでマジックのような基本計画案A125であった。

なお、「陸奥」変体とは、のちの平賀遺稿集の編者の命名したもので、平賀自身の発案ではない。

平賀は「長門」の改正計画後、次期戦艦、巡洋戦艦の検討試案A115〜124、B58〜61をやつぎばやに作成して、大正六年一月に大臣会議に提出していた。この作成過程で発案したと思われるのが、のちに「陸奥」変体とよばれたA125であった。

当時「長門」は呉工廠で起工直前、二番艦の「陸奥」(八号艦)は横須賀工廠で製造を予定していたものの、建造訓令は遅れて、発令前であった。これに着目した平賀は、改正後の「長門」の基本計画の常備排水量と全長、垂間長および速力を同一条件でA125を設計した。すなわち、主砲塔一基分のコスト増加で、前述のような新艦型を「陸奥」に採用することを提案したのであった。

平賀はこの意見具申書のなかで、建造費の増加はわずか一〇〇万円ていどにとどまることで主砲塔一基の増加を実現、かつ傾斜甲鈑の採用で、「長門」型の防御力を超越する防御効果が期待できる。このために船型を新設計として、バイタルパートの長さを極力短縮させ、艦幅を現状の船渠がゆるす範囲で増大、「長門」より三・八メートル増加する。その船型は、これまでの日本戦艦とはまったく異なり、中央部の船幅が極端にふくらんだ特異な形態となっている。

主砲の強化にたいして副砲は四門減じているものの、性能的に「長門」型を大きく超越していることは明白であった。これについては異論はないものの、この時点で新計画を採用することは「陸奥」の完成期が遅れることに対する危惧から、採用にはならなかった。

もちろん他にも、戦術単位として日本海軍は同型二隻を最小単位としており、これに対する抵抗もあったものと推定された。

平賀は自信満々の提案が採用されなかったことに大きな不満があったらしく、会議から約一週間後の同年六月二十一日付けで、上司の山本総監宛てに遅れの危惧にたいして、自分の見積もりでは遅れはわずかで、「長門」の半分の手間で基本計画の詳細設計を完成させる自信があると記している。

「長門」／A125　重量配分比較

	長　門	A25	長門型に対する差異
兵　装	5607	6340	＋733
機　関	4100	3200	−900
甲　鈑	4827	5087	＋260
甲鈑背材	65	55	−10
防御板	5665	5471	−194
燃　料	1000	1000	0
船体艤装	11526	11637	＋111
斉　備	1010	1010	0
（合計）	33800	33800	（単位英 t）

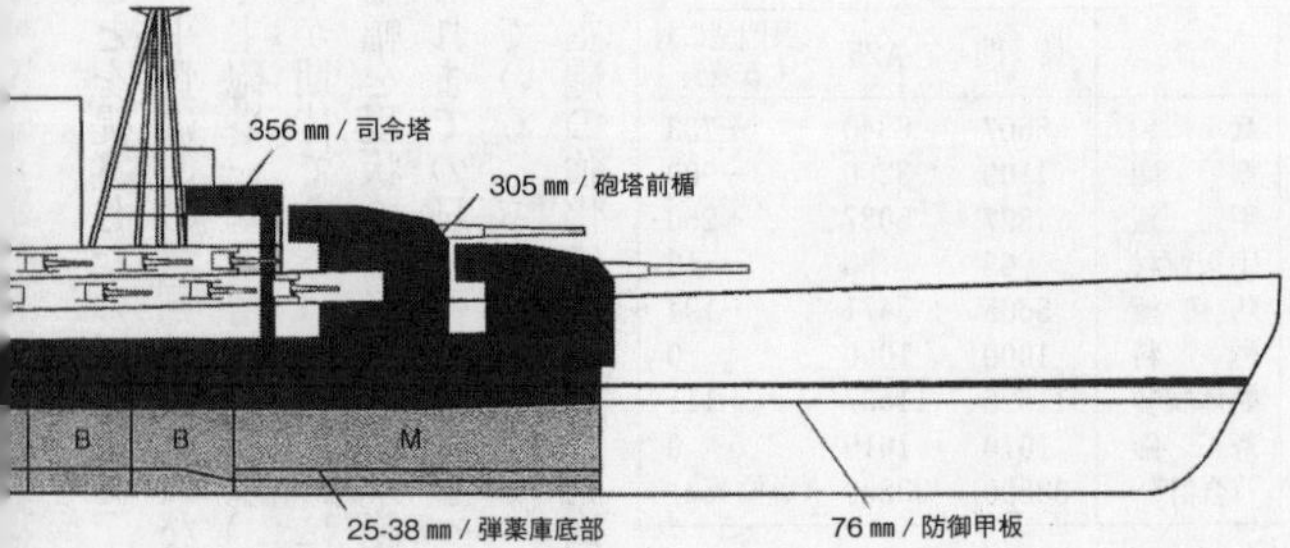

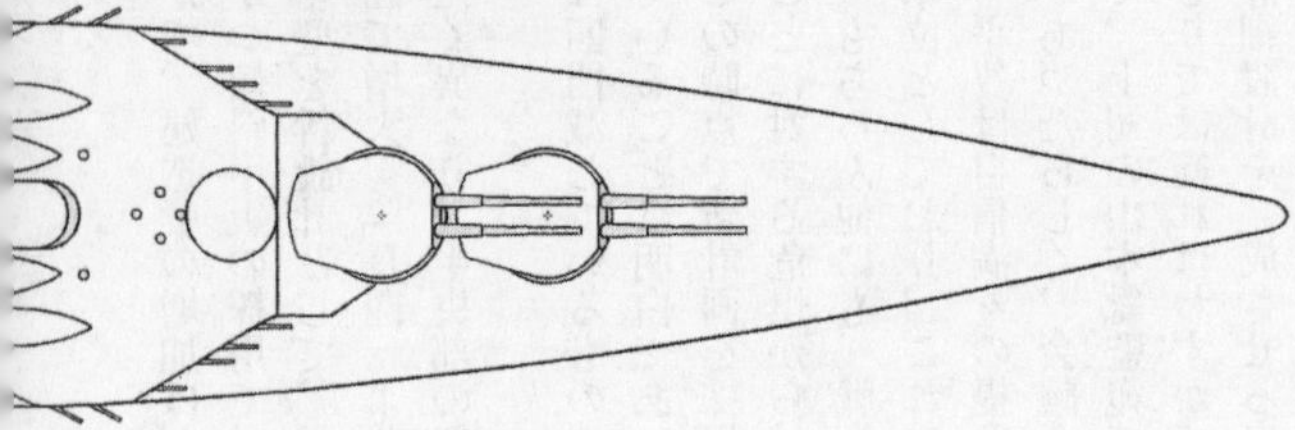

〈上〉第14図　A125一般配置

〈下〉第15図　A125と「陸奥」変体の比較

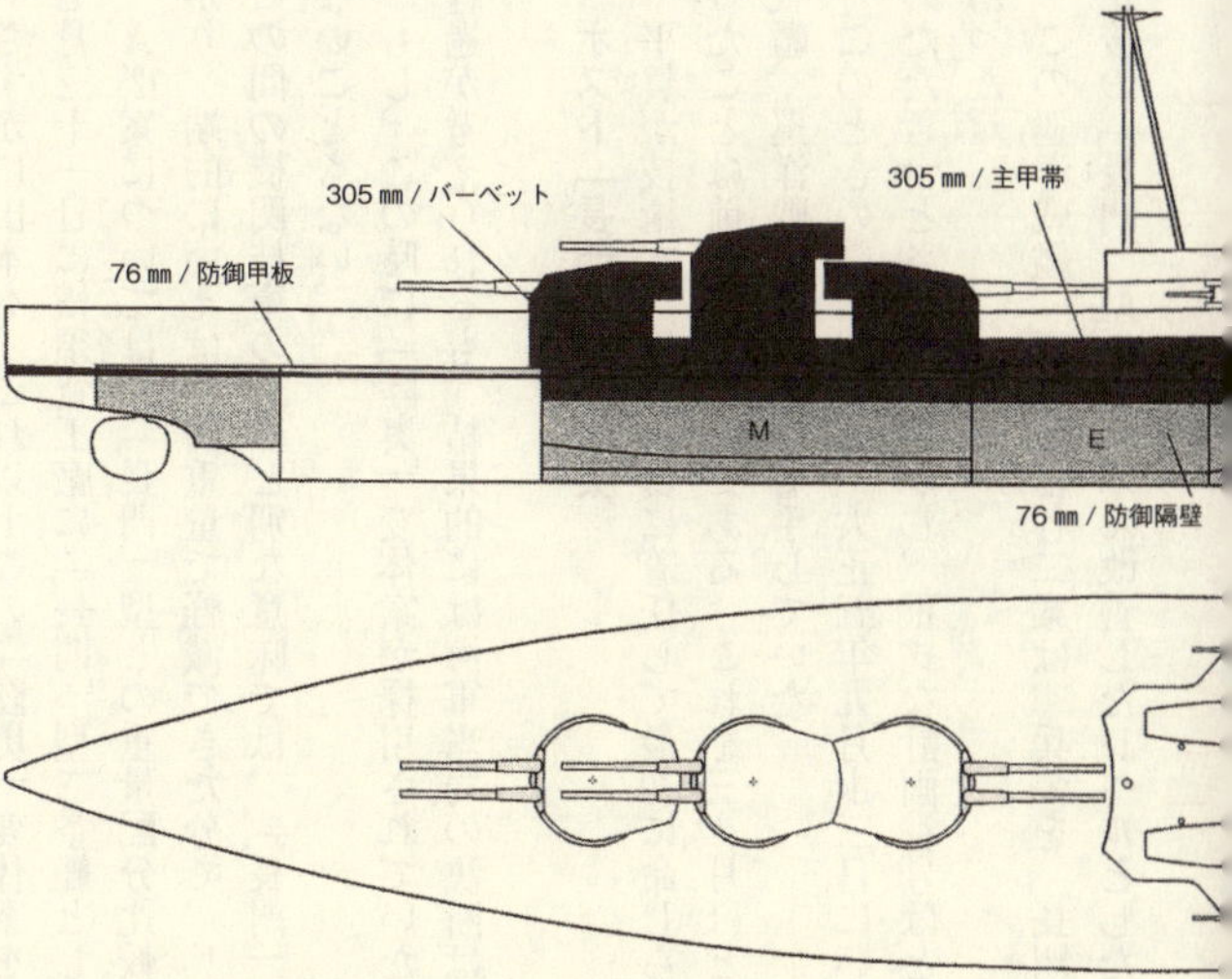

A125

「陸奥」

さすがに山本も、これ以上この「陸奥」変体案をすすめる気はなかったらしく、このあと七月三十一日に横須賀工廠に「長門」型二番艦としての「陸奥」製造訓令が発せられている。

A125案については、「長門」型との重量配分比較をみると、マジックの手のうちがよくわかり、端的にいえば機関重量で軽減できた分で、兵装、主砲の増備を実現したといってよい。この間の機関技術の進歩と別な意味では、「長門」型の機関計画に余裕がありすぎたといえないこともない。

もし、この時に「陸奥」変体案が採用されていたらと考えると、いろいろ面白いその後の経過が考えられるも、結果的には海軍当局の決断は正しかったと思われる。

ポスト「長門」型の試案

平賀が技術本部第四部員に着任して最初に命じられた仕事は、「長門」型の改正計画であったことは前述のとおりである。これを三ヵ月ほどでかたづけて、八月からははやくも次期戦艦、巡洋戦艦の試案に着手していた。

このときの試案四案は、大正五年九月十三日にいちはやく大臣会議室に提出されて、検討のたたき台とされた。しかし、正式な計画番号はとられず、最初の小手調べといった感じであった。

この巡洋戦艦、高速戦艦各二案は、兵装を「長門」とおなじに定め、防御計画は戦艦は改正後の「長門」型をいくぶん改善したレベルとした。ただ、速力を三四～三五ノットと、大幅に高めた計画であった。

　このため、排水量は巡洋戦艦は四万四三〇~四万八五〇トン、戦艦は四万三九五〇~四万四五〇〇トンと、「長門」型より一万トン以上増加している。

　全長は二八四~二九五メートルと極端に大型化されており、「長門」の後継艦というには違和感がないではない。

　防御計画では、主甲帯は戦艦が「長門」型とおなじ一二インチ、巡洋戦艦が九インチ厚で、ともに傾斜甲鈑の採用はされておらず、まだ平賀らしいデザインにはいたっていない。

　平賀としては「長門」型と兵装をおなじに保ったまま、高速機能を具備した場合、どのていど艦型が大型化されるかを確認するために、意図的に試案したとも推定される。当時、アメリカ海軍の計画していた速力三五ノットのレキシントン級巡洋戦艦への対抗馬として、あまり経験のない機関出力二〇万軸馬力前後の大出力主力艦を試案したともみられる。

　しかし、ここで平賀は私見として、巡洋戦艦と高速戦艦の建造費の差異はわずかで、わずかの予算増加で建造可能な高速戦艦を選択することが賢明な策と推奨している。

　この最初の試案は、兵装・防御配置図が添付されているものの、上部構造については省略されており、明確な艦型は示されていない。

　第16図に示したのは高速戦艦仕様の第3案で、排水量四万四五〇〇トン、全長二九五メートル、最大幅二九・六メートル、吃水九メートル、速力三五ノット、出力二一万五〇〇〇軸馬力、防御重量は常備排水量の二九パーセントを占めている。

第16図　高速戦艦第3案

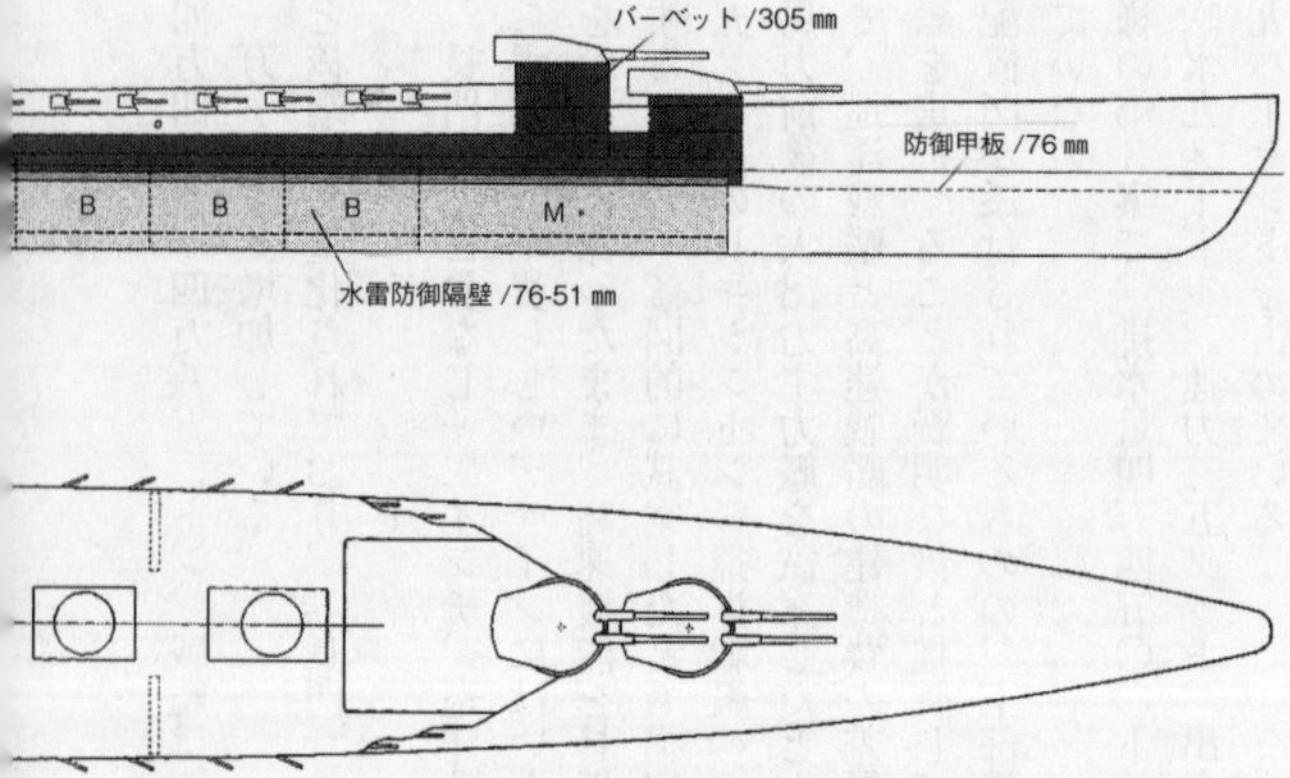

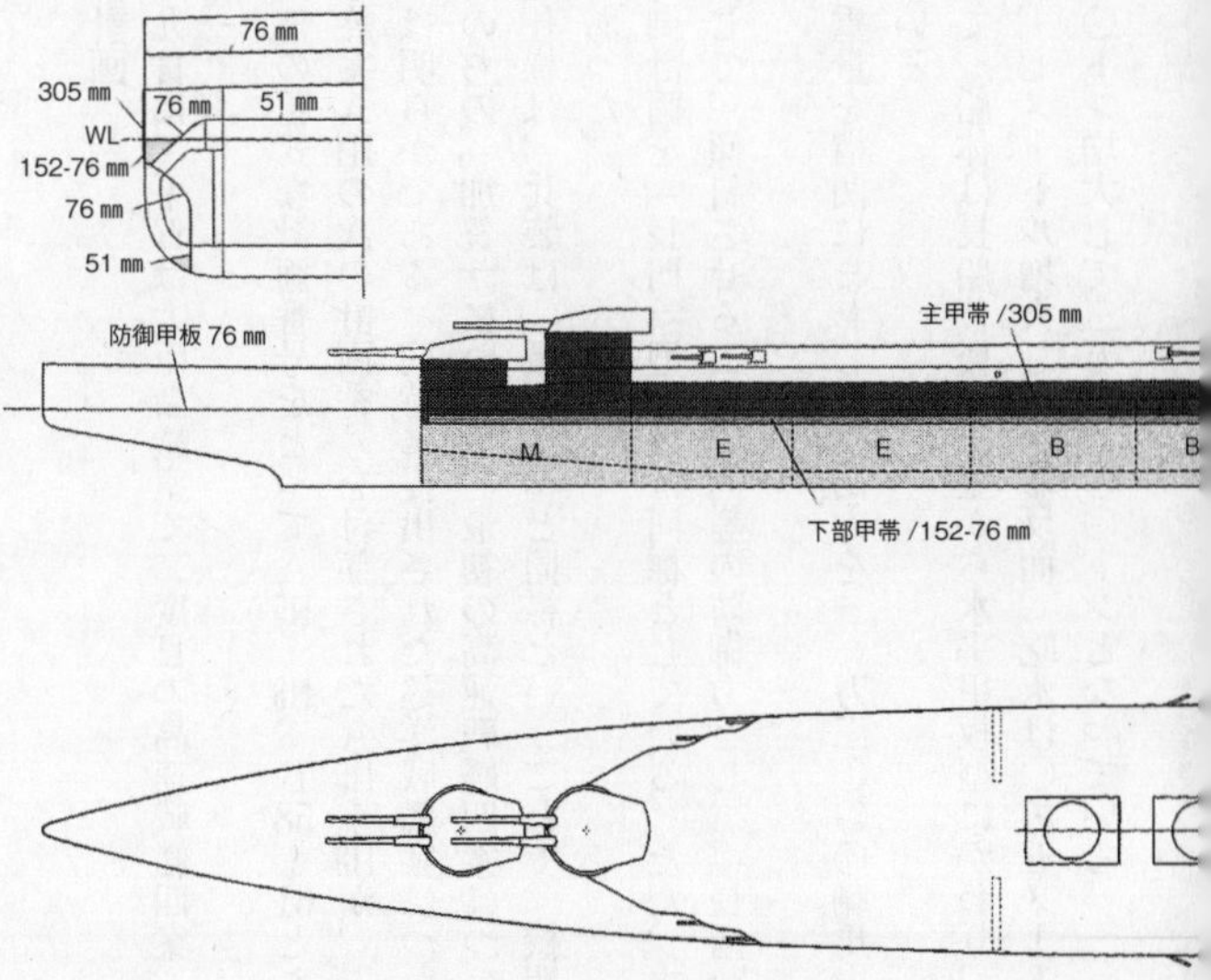
76 mm
305 mm
76 mm
51 mm
WL
152-76 mm
76 mm
51 mm
防御甲板 76 mm
主甲帯 /305 mm
M
E
E
B
B
下部甲帯 /152-76 mm

異なる機関と防御計画

約一ヵ月後の十月九日に、平賀は大臣会議室で二度目の高速戦艦四案、巡洋戦艦四案を披露する。

これらは技本第四部の正式な計画番号をとってA115～118、B58～61とされていた。

ここで「長門」最終案A114の次の計画番号を付与されたA115～118が、「長門」型につぐ後継戦艦案であることは明らかである。同時に提出された巡洋戦艦案については、別項で述べるとして、ここではのちの「加賀」にいたる、最初の高速戦艦四案について見てみよう。

まず、四案の共通仕様は、兵装は「長門」型と同様ということで、機関と防御計画をそれぞれ勘案したものであった。

最初のA115は、防御計画を「長門」型とほぼ同様としている。ただ、主甲帯は一二インチ厚から九インチに減じて、傾斜させることで同等の防御力とし、「長門」型の上部九インチ甲帯は廃止された。

こうして得られた重量を機関にまわして、出力を一一万三〇〇〇軸馬力に高め、速力は三〇ノットにたっしている。

「長門」型にくらべて、船体は長船首楼甲板型から水平甲板型にかわり、全長は二四・四メートル、最大幅は二・七メートル増大している反面、吃水は〇・五メートル減じている。常備排水量では、九〇〇トン増大して三万四七〇〇トンとなっている。

次のA116は、A115と船体寸法はおなじだった。ただし、吃水は「長門」とおなじ九・一メートル、防御もおなじであったが、煙路防御のみは一インチ高張力鋼板から九〜六インチ甲鈑に強化されている。

機関出力はおなじ三〇ノットを発揮するため、一二万軸馬力といくぶんアップされた。常備排水量は約三〇〇〇トン増えて、三万六七〇〇トンとなった。

艦型は第17図のように、「長門」型にくらべて、前後の砲塔群前後の甲板が長く、前檣楼は「長門」型の初期案とおなじ軽六脚構造である。これはのちに金田案による前檣楼構造が確定するまでつづくことになる。

接近した二本煙突は、実際に建造されれば、一本の結合煙突にあらためられたであろう。

A117は、防御計画はA115とおなじである。すなわち、煙路防御を軽防御にとどめるかわりに、機関出力を一四万五〇〇〇軸馬力、三二ノットと二ノット増速させている。

全長は二五四メートルとなり、最大幅はおなじ、吃水は八・八メートルといくぶん浅くなっている。

排水量は三万七一〇〇トンとA115とくらべて二四〇〇トン増大しており、これが二ノット優速の代償ということになる。

最後のA118は、A117の煙路防御を、A116と同様に九〜六インチ甲鈑を配置したものである。

この状態で三二ノットを発揮するために、機関出力を一五万軸馬力に強化している。

これに応じて全長も六メートル増加し、排水量は三万九四〇〇トンとA117より二三〇〇ト

第17図　A116

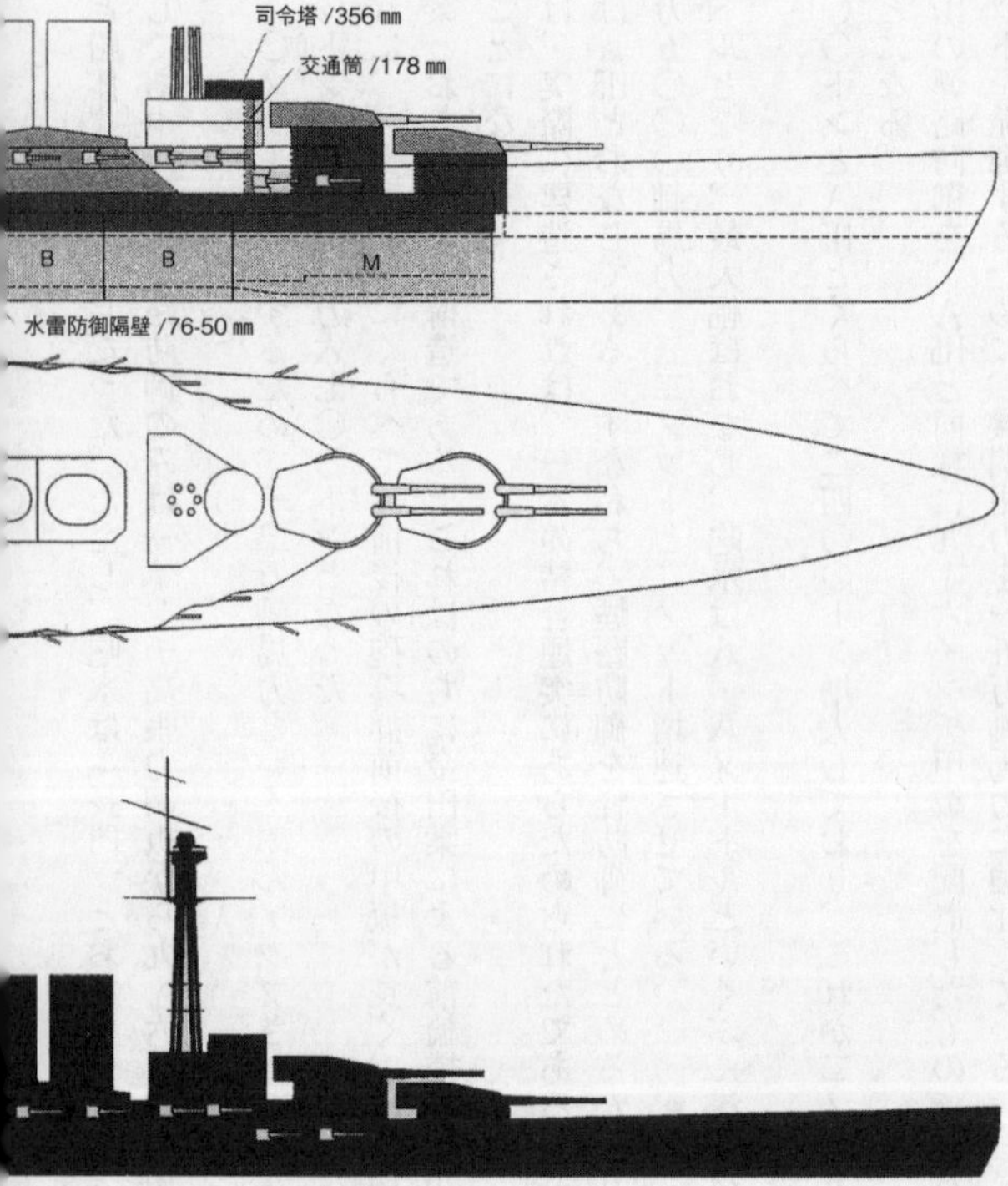

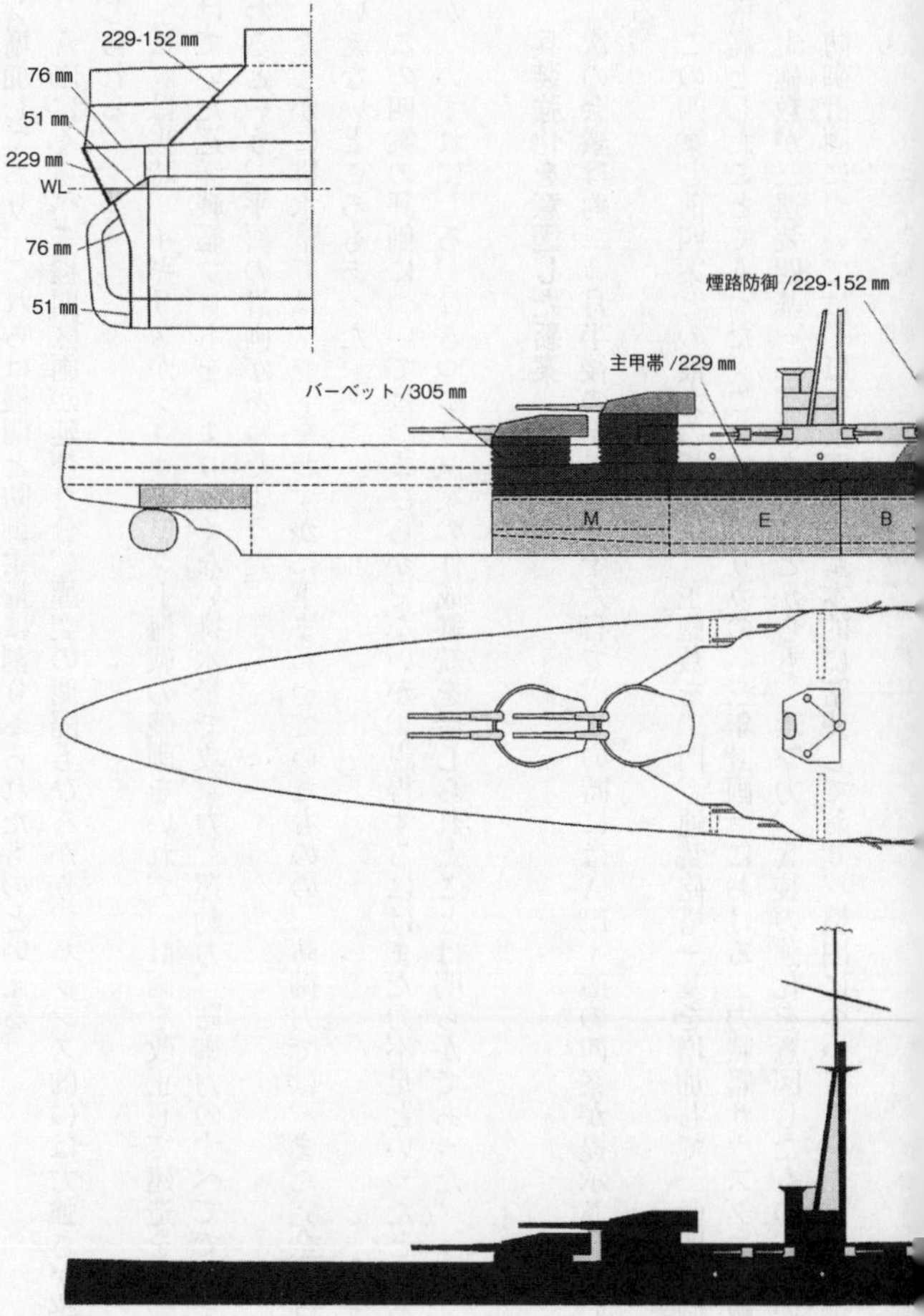
229-152 ㎜
76 ㎜
51 ㎜
229 ㎜
WL
76 ㎜
51 ㎜
煙路防御 /229-152 ㎜
主甲帯 /229 ㎜
バーベット /305 ㎜
M
E
B

ン増加しており、これらは機関と防御重量に割りふられたものといえる。A116にくらべて機関区画が延びた分、煙突の間隔もひろがり、バランス的には力強さが感じられる。

これは当時、イギリスがジュットランド海戦の戦訓をいれて、計画を改正して建造をつづけていた巡洋戦艦フッドを、よりすくない排水量で攻撃力、運動力、防御力のすべてで上まわるという、平賀の計画があったようだ。

たしかに排水量ではフッドをわずかに下まわっていたものの、防御力では、まだ完全とはいえないところもあった。

この四案の評価についてはつまびらかでないが、説得するにはまだ力不足といったところか。いずれにしろ、ひきつづき試案の作成継続を命じられたことは明らかであった。

兵装強化を意図した新案

次の会議は約二ヵ月半後の十二月二十六日で、この時にはA119〜122の四案が提示されている。

この四案と前四案との最大の相違は、主砲数を二門、連装砲塔一基を増加して一〇門五砲塔艦としたことであった。これはアメリカの「三年計画」における主力戦艦サウスダコタ級の主砲数が三連装四基一二門であることからも、攻撃力、兵装の強化を意図したものらしい。

防御計画については、ほぼ前四案を基本的に踏襲しており、機関についても、これも三〇

	長門	A115	A116	A117	A118	A119	A120	A121	A122
会議提出日	――― T5-10-9 ―――					――― T5-12-26 ―――			
常備排水量(t)	33800	34700	36700	37100	39400	38400	40400	40600	43500
全　長(m)	216	240	240	254	260	257	260	269	283
最大幅(m)	29	31.6	31.6	31.6	31.6	31.6	31.6	31.6	31.6
吃　水(m)	9.1	8.7	9.1	8.8	9.1	8.8	9.1	9.1	9.1
出　力(軸馬力)	80000	113000	120000	145000	150000	120000	124000	150000	157000
速　力(ノット)	26.5	30	30	32	32	30	30	32	32
主　砲(41cmII)	×4	×4	×4	×4	×4	×5	×5	×5	×5
副　砲(14cm)	×20	×20	×20	×20	×20	×20	×20	×20	×20
53cm発射管(水上)	×4	×4	×4	×4	×4		×4	×4	×4
(水中)	×4					×14			
主甲帯(mm)	305	305	229	229	229	229	229	229	229
バーベット(mm)	305	305	305	305	305	305	305	305	305
防御甲板(mm)	76	76	76	76	76	76	76	76	76
水中防御隔壁(mm)	76	76	76	76	76	76	76	76	76
煙路防御(mm)	25	25	229	25	229	25	229	25	229

〜三二ノットのままとして変化していない。

最初のA119は、煙路防御を「長門」型とおなじ一インチの軽防御として、機関は三〇ノット発揮のため一二万軸馬力とされている。

排水量は三万八四〇〇トンと「長門」型より四六〇〇トン増大しており、全長は二五七メートルに達する。最大幅三一・六メートルは先のA115以来変わらず、これは当時の工廠の建造能力から制約されたものらしかった。

吃水はいくぶん浅くなって八・八メートルに設定されている。

第18図のように、増加砲塔は上部構造物を中央部に圧縮して、後檣の背後に砲身を後方に向けて配置しており、この三番砲と後部の四、五番砲塔のあいだに機械室を配置している。船体はあいかわらず水平甲板型を採用している。

ただ、このA119案で注目すべきは、「長門」型以来の水上魚雷発射管四門装備を、一四門の水中

第18図 A119

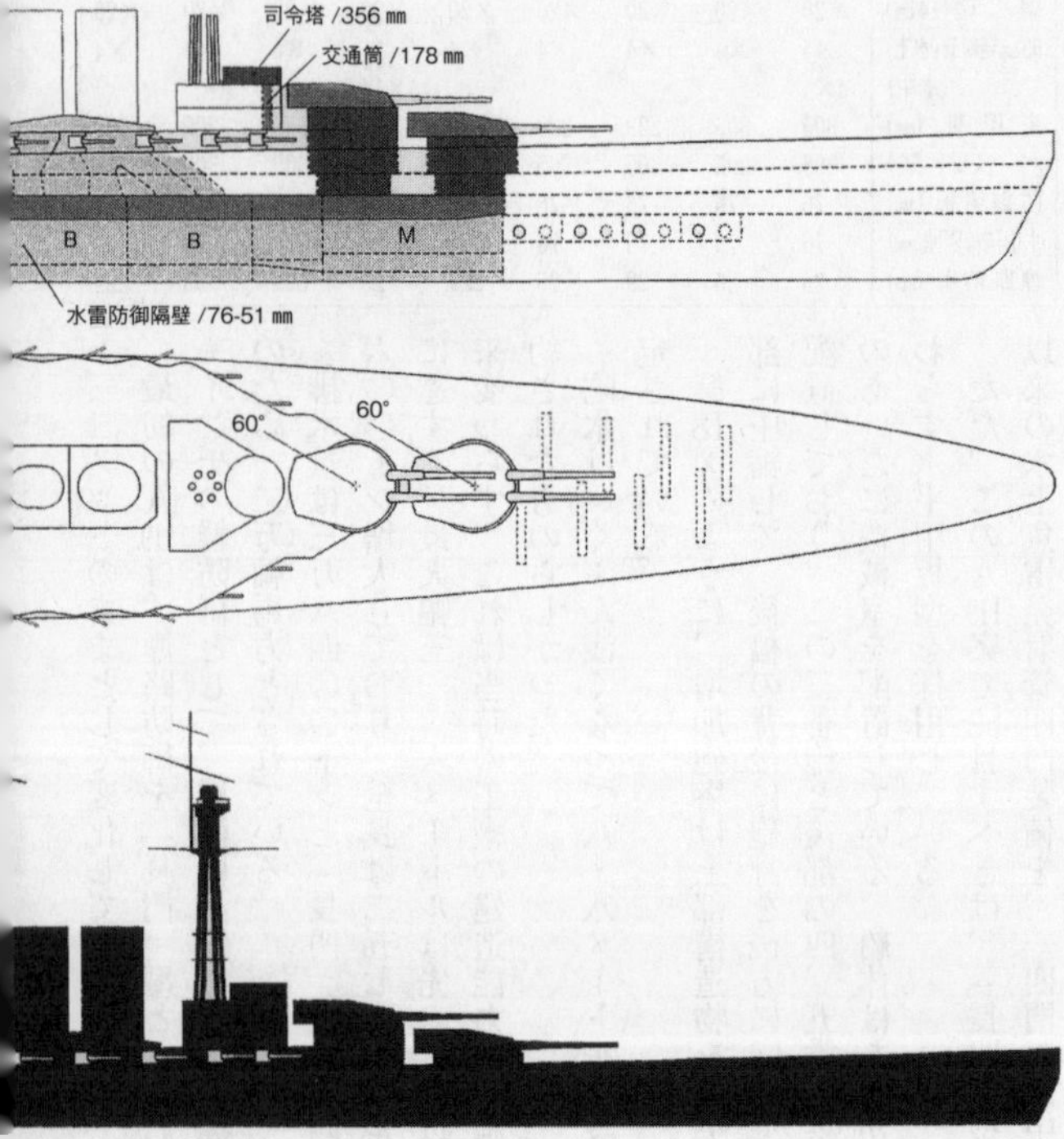

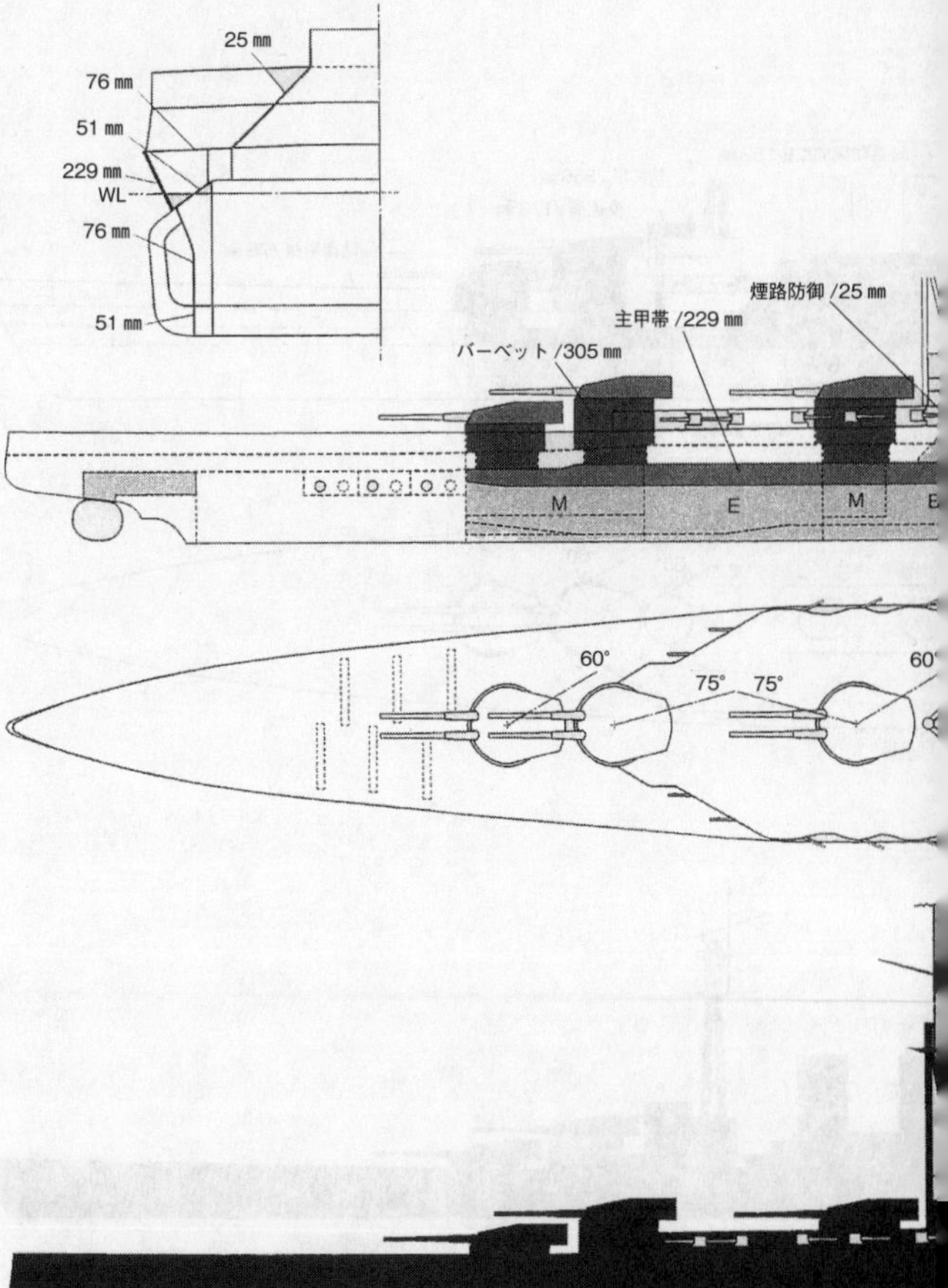
25㎜
76㎜
51㎜
229㎜
WL
76㎜
51㎜
煙路防御 /25㎜
主甲帯 /229㎜
バーベット /305㎜
M
E
M
60°
75°
75°

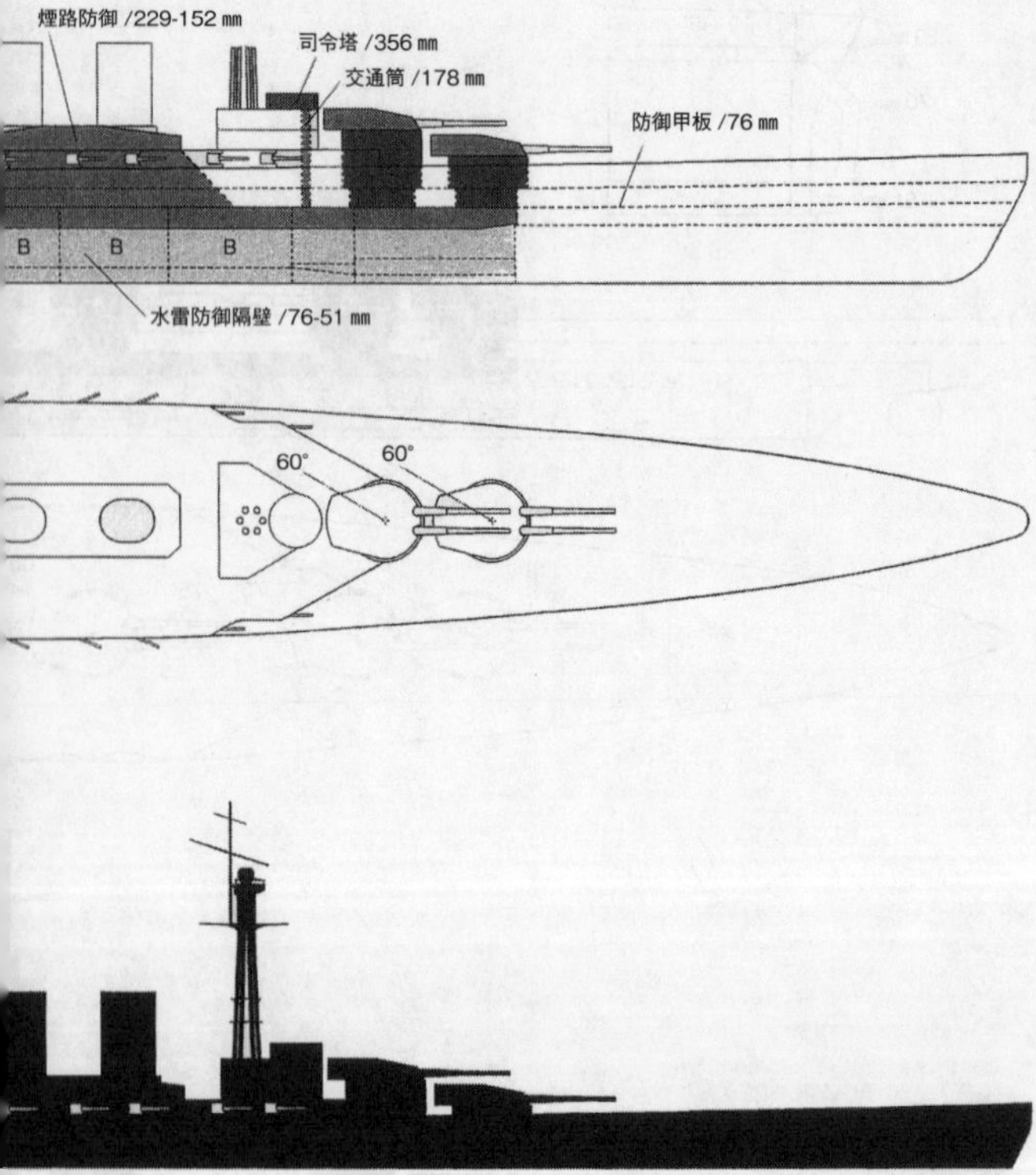
煙路防御 /229-152 ㎜
司令塔 /356 ㎜
交通筒 /178 ㎜
防御甲板 /76 ㎜
B
B
B
水雷防御隔壁 /76-51 ㎜
60°
60°

第19図　A122

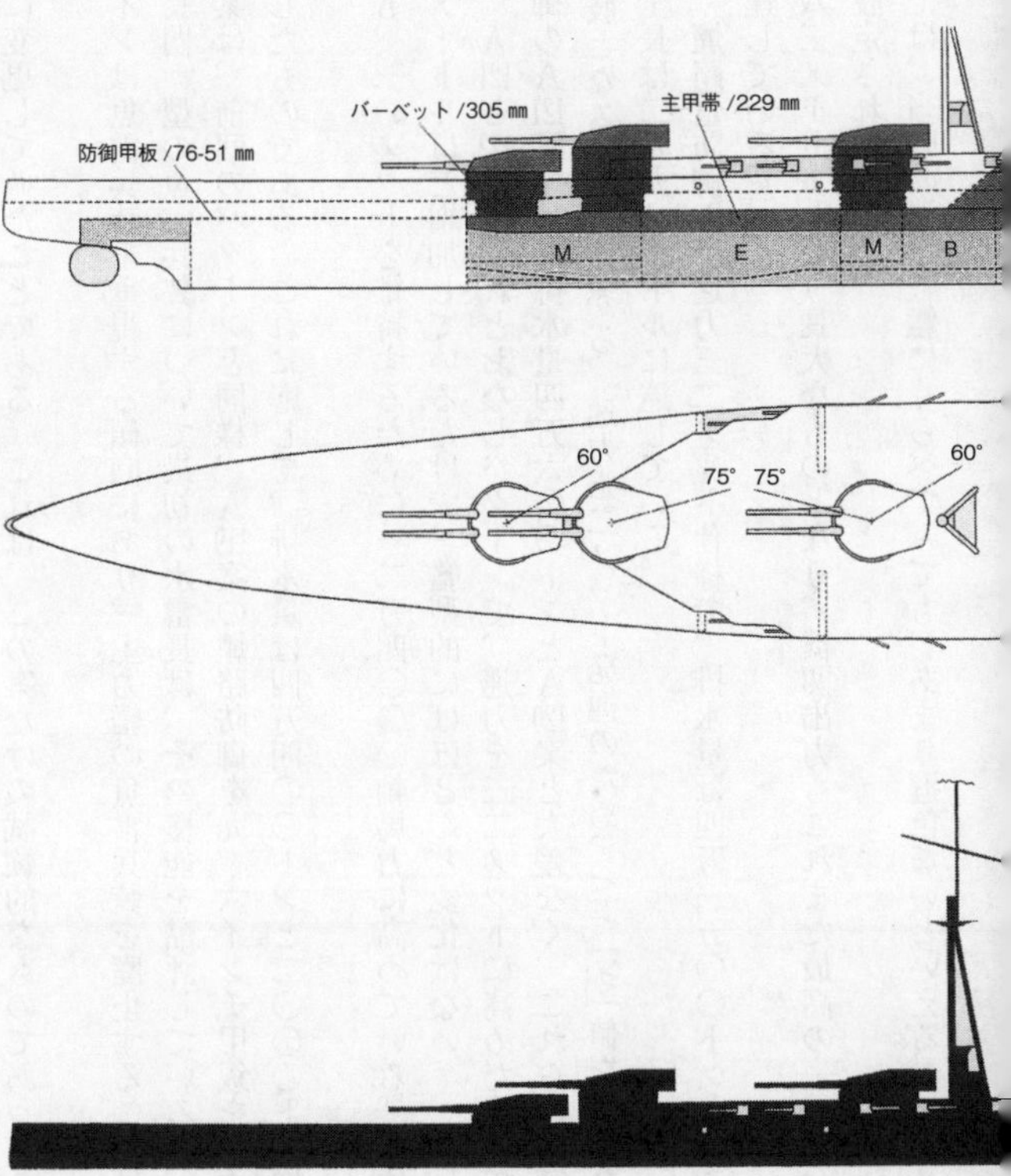

発射管装備に変更していたことである。これは、この案だけの試験的なものであったのかもしれない。

平賀デザインは魚雷兵装を重視する傾向にあり、主力艦の魚雷兵装を廃止することはなかったが、「長門」型の魚雷兵装について最初の水雷長は、その機能を酷評している。

次のA120案は、前回のパターンと同様、A119案の煙路防御を九〜六インチ甲鈑を配する重防御に変更したものである。これに応じて、排水量は四万四〇〇〇トンと二〇〇〇トン増加されている。

機関出力も、三〇ノットを維持するために一二万四〇〇〇軸馬力に高めている。船体寸法は全長で三メートルほど増加しているだけで、艦型的にはほとんど変化はない。

次の二案、A121と122案はこれとおなじパターンで、速力を三二ノットに高めた仕様である。煙路軽防御のA121案では、排水量四万六〇〇〇トンとA120案と大差なく、これらは防御か速力かの選択肢となることがわかる。速力三二ノット発揮のため、$V/\sqrt{Lwl}$値を高めなければならず、全長は二六九メートルに達している。

A122案は、煙路重防御かつ速力三二ノット仕様で、排水量は四万三五〇〇トンと、これまでの最大に達している。

全長は二八三メートルという長大なものとなり、機関出力もこれまた最高の一五万七〇〇〇軸馬力に設定されている。

速力の点では、当時の巡洋戦艦にくらべてみても、あまり遜色ないといえるが、アメリカで計画中の新巡洋戦艦レキシントン級は三五ノットを計画速力としていたことからみると、中途半端な速力ともいえる。

速力と防御で同等な四砲塔艦Ａ118とくらべると、排水量では四一〇〇トンの増加で砲塔増加を実現したことになる。ただ、これがベストかどうかの判断は、なかなか難しいところであろう。

実現したら、艦型的にもバランスのいい、ただあまりに巨大な高速戦艦となったであろうが、当時の傾向としては、こうした速力を優先した高速戦艦の採用は難しかったと思われる。

第二弾は現実的デザイン

「加賀」型の最初の試案八案は平賀が技本にきて、ほぼ五ヵ月ほどのあいだにまとめたものであった。

これらの試案に共通するのは、速力の設定を三〇〜三一ノットという、当時の高速戦艦としては速力優越の仕様を優先して、防御はほぼ「長門」型に準ずるていどにとどめた。兵装では、後半の四案は五砲塔艦として「長門」型より強化されたものの、速力がもっともめだつ高速戦艦案であった。

しかし、Ａ119〜122の四案を提出してから二週間余の大正六年一月十一日、新年明けそうそうに次の三案、Ａ123、124、124'が大臣会議に提出されている。

ということは、この三案は先のＡ119〜122案につづいて、ほぼ作成ずみであったと推定され

第20図　A124

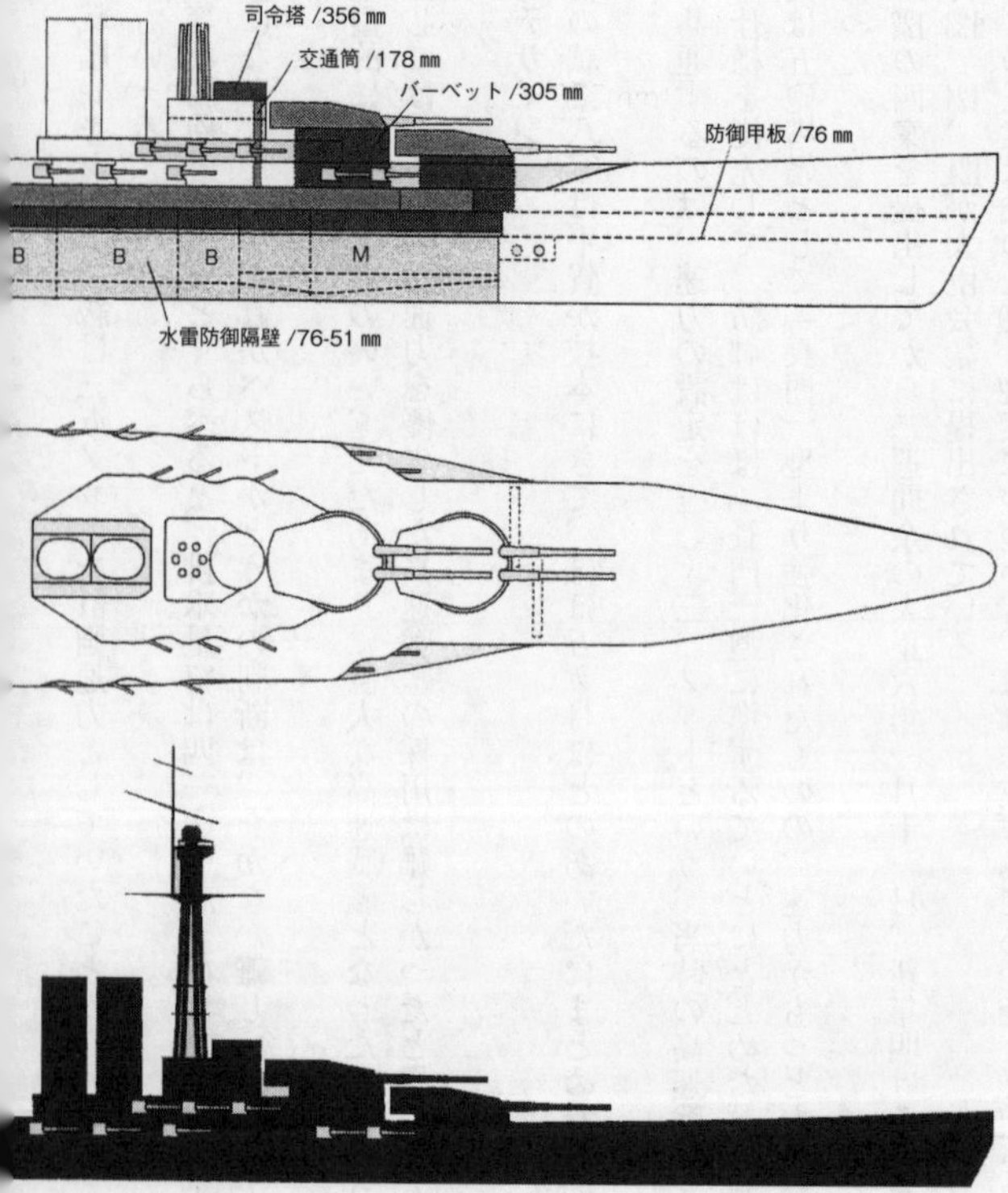

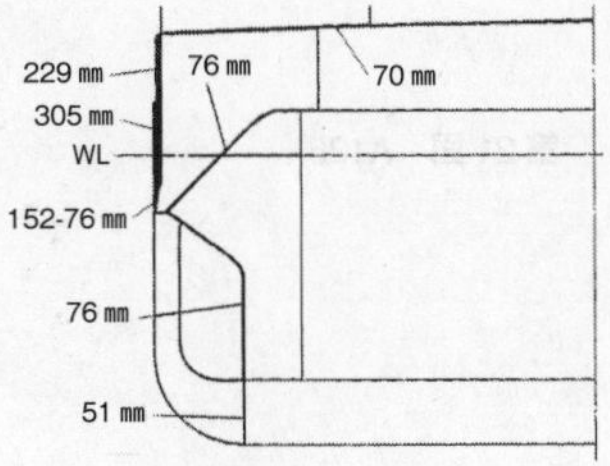
229 ㎜
76 ㎜
70 ㎜
305 ㎜
WL
152-76 ㎜
76 ㎜
51 ㎜

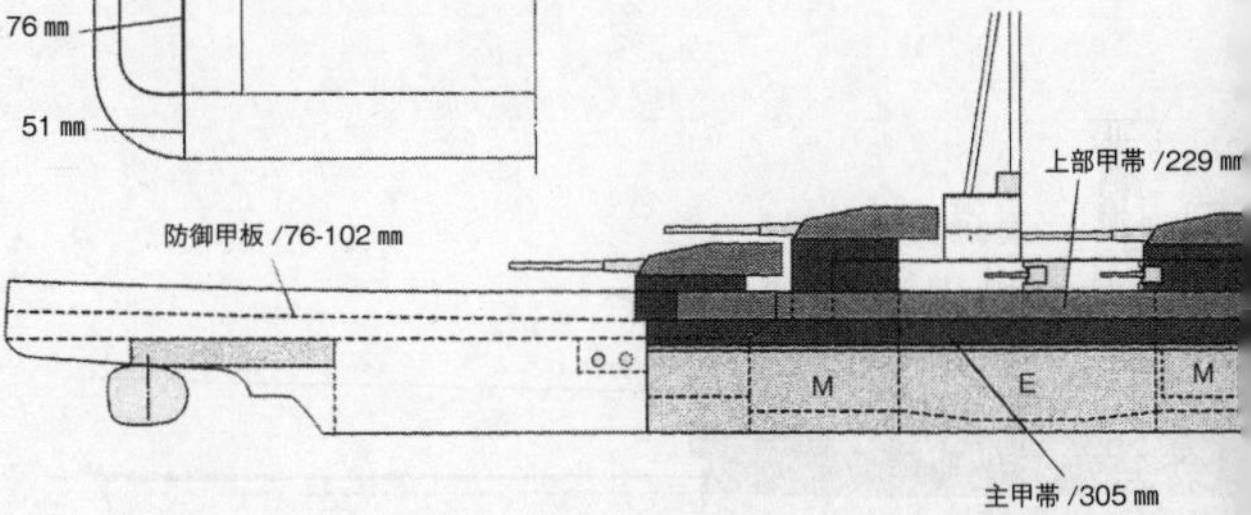
上部甲帯 /229 ㎜
防御甲板 /76-102 ㎜
M
E
M
主甲帯 /305 ㎜

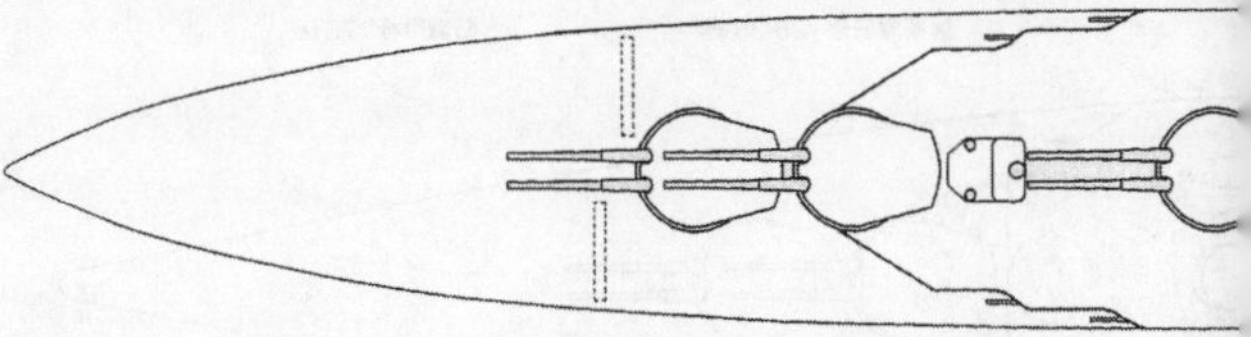

第21図　A125

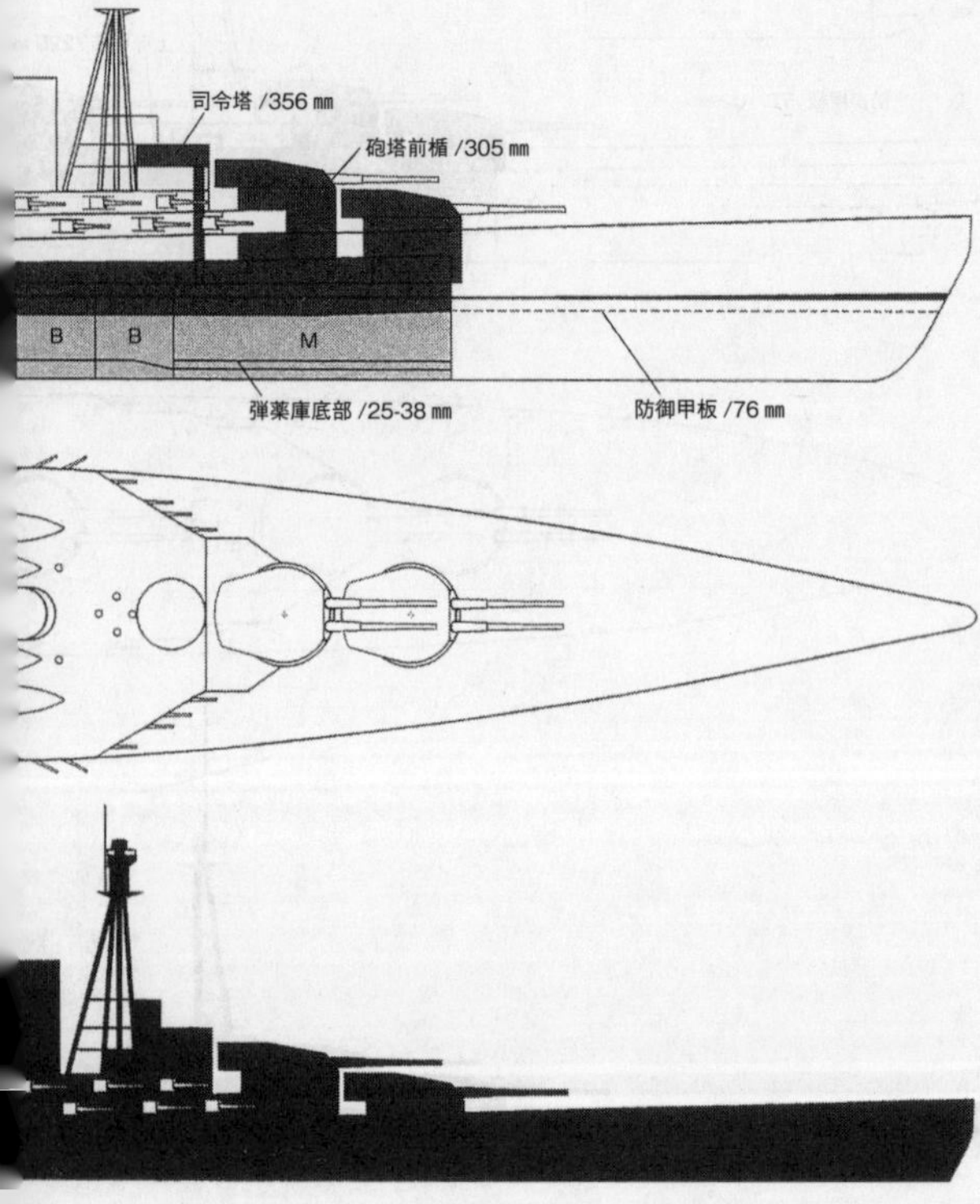

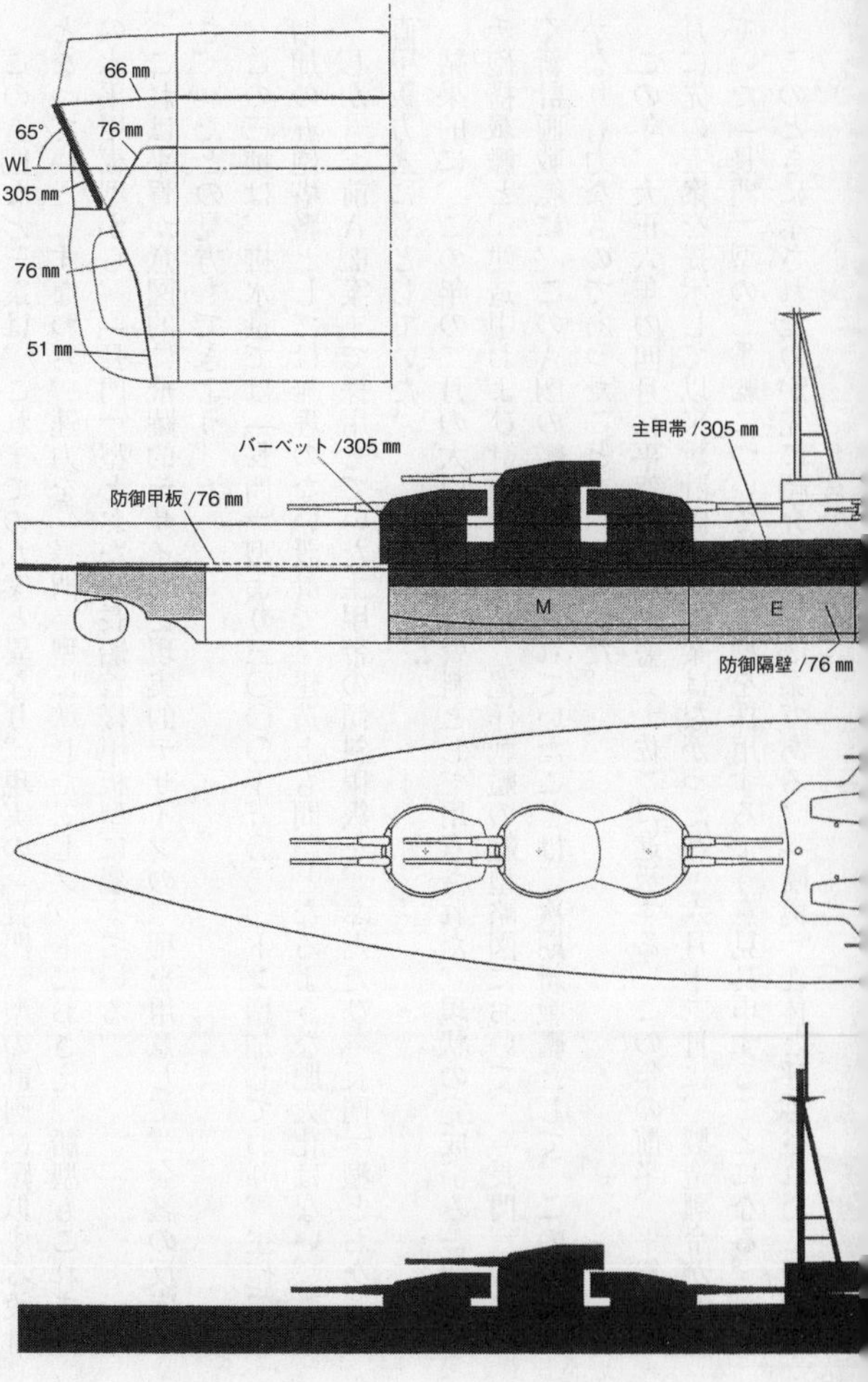
66㎜
65°
76㎜
WL
305㎜
76㎜
51㎜
バーベット /305㎜
防御甲板 /76㎜
主甲帯 /305㎜
M
E
防御隔壁 /76㎜

る。

このA123など三案は、これまでの八案と異なり、現実の「長門」型の計画に類似する設計となっていた。すなわち、速力を「長門」型に準じた二七ノットにおさえ、船型もこれまでの水平甲板型から、「長門」型とおなじ長船首楼甲板型に変えている。

これは平賀が意図的に飛躍的デザインと現実的デザインの二種を用意して、会議の反応をさぐったとの見方もできよう。

この三種は、排水量では「長門」型より三〇〇〇～五〇〇〇トン増加しており、主砲二門増加の五砲塔艦としては無理のない設計で、建造上も問題となるような肥大化はない。

しかも、前A122案まで採用していた主甲帯の傾斜甲鈑を、ふたたび「長門」型とおなじ垂直甲鈑方式にもどしていた。

結果的に、この年の二月の大臣会議用の資料として用意された、現状の完成済み一四インチ砲搭載艦と、建造中および計画中の戦艦、巡洋戦艦の艦型略図において、「長門」型に次ぐ新計画戦艦に、このA124の艦型が採用されていたことは、次期新戦艦として、この試案がかなり有力なものであったことを示していた。

この年、大正六年の四月に平賀は造船大監（大佐）に進級する。この年の前半、平賀は一月に先の三案を提示して以来新計画案の提案はなかったが、六月十二日に、製造訓令が遅れていた「長門」型の二番艦について、新艦型を採用するよう意見具申することになる。

このときに示されたのが先に紹介したA125案である。「陸奥」変体と呼称されたこの計画案は「長門」型と同等の排水量と速力を維持して、主砲塔を一基増加することを可能としていた。

かつ、舷側甲帯を傾斜させることで防御力の改善もはかることができるという計画案で、一〇〇万円以内の費用追加で建造可能と提唱したものの、採用にいたらなかったことは、前に述べたとおりであった。

いずれにしろ、本試案は平賀の計画した各試案のなかで、「長門」型と完全に同排水量、かつほぼ同寸法という条件のもとに計画されたもので、他の新戦艦計画とはことなる特殊な存在である。

変更された煙突と前檣楼

大正六年の後半、平賀はふたたび傾斜甲帯をとりいれた新戦艦の計画に取り組んでいたものと思われる。

七月三十一日に、横須賀工廠にたいし「陸奥」の製造訓令が出され、八月二十八日には呉工廠で「長門」が起工され、実質的な八八艦隊の最初の戦艦群が建造の途についたことになる。

しかし、この時期「長門」型の前檣楼については、まだ確定しておらず、金田大佐の提案になる檣型前檣楼の採用が決まったのもこの時期で、これにより、これ以降の日本の戦艦、巡洋戦艦の形態は大きく変わることになる。

すなわち、戦艦「伊勢」型までの三脚前檣が、いきなり金田大佐案を現実化した、主柱を六本の支柱で支える櫓型前檣楼に変わったのではなく、少なくとも大正五～六年の時期にあっては、これまで紹介したような、細い形態の柱を組み合わせた前檣楼構造を採用していたことは、平賀資料により初めて明らかになった事実である。

明けて大正七年二月十九日の大臣会議において、平賀は先のA125以来八ヵ月ぶりにA126という試案を提示した。

船型はA124にくらべると、ふたたび水平甲板型にもどし、連装五砲塔搭載は踏襲されているが、前檣楼はあらたに建造中の「長門」型に採用された櫓型前檣楼にあらためられた。煙突もこれまでの二本煙突から、一本煙突に変更されている。

排水量は四万トンを越えないことを目標にしていたらしく、A126が三万九三〇〇トンであったのにたいし、同時に提示された126a、126b、126cの各改案は兵装、防御および機関の仕様はおなじで、後部の三砲塔のレイアウトを微妙に変化させたもので、そのぶん全長と排水量がわずかずつ変化していた。ちなみに、126aが三万九九〇〇トン、126bと126cが三万九六五〇トンとなっていた。

速力は「長門」型と整合をとって、同等の二六・五ノットを設定している。機関出力は排水量の増加にともなって、八万八〇〇〇～九万一〇〇〇軸馬力を必要としていた。

防御は主甲帯を傾斜させることで、厚さを半インチ減じて一一・五インチとして、これで「長門」型の一二インチ垂直甲鈑と同等の防御効果を発揮するとしていた。

「長門」型では、主甲帯の上部に九インチ甲帯をもうけていたが、A126案では主甲帯の水線上下の甲帯幅を拡大して、この副甲帯をはぶいている。

また、中甲板の防御甲板甲鈑厚は一枚甲鈑ではないが、四インチ厚と一インチ増加された。バイタルパート前後の防御甲板も、「長門」型よりは一インチ前後増加されており、防御計画では全体に水平防御の強化がはかられていた。

兵装は、基本的にはこれまでの主砲連装五砲塔はかわりなく、ただ三番砲塔をバイタルパートを縮めるため、前向きに置くか、後方射界を拡大するため後ろ向きに置くかの微妙な変化を、Ａ126ａ、ｂ、ｃの三種の試案で表現したのであった。

副砲の二〇門も従来どおりで、ただ魚雷発射管は、五三センチから六一センチに強化されていた。

この時期、前年七月に八四艦隊案が成立しており、「長門」型二隻に相対する新戦艦二隻の建造はいそがなければならなかった。そのため、この二月の会議では、かなり煮つまった意見がだされたものと思われ、このＡ126案に大きな異論はなかったらしい。

約一ヵ月余後の三月二十七日に再度会議がもたれ、ここに提示されたＡ127案が次期新戦艦として承認されることになる。Ａ115以来一三案目の決定で、一年半の年月を要した。

決定した「加賀」型原案

次期新戦艦、すなわち「加賀」型の原案となったＡ127は、基本的には先のＡ126ａ案と同サ

第22図　A126

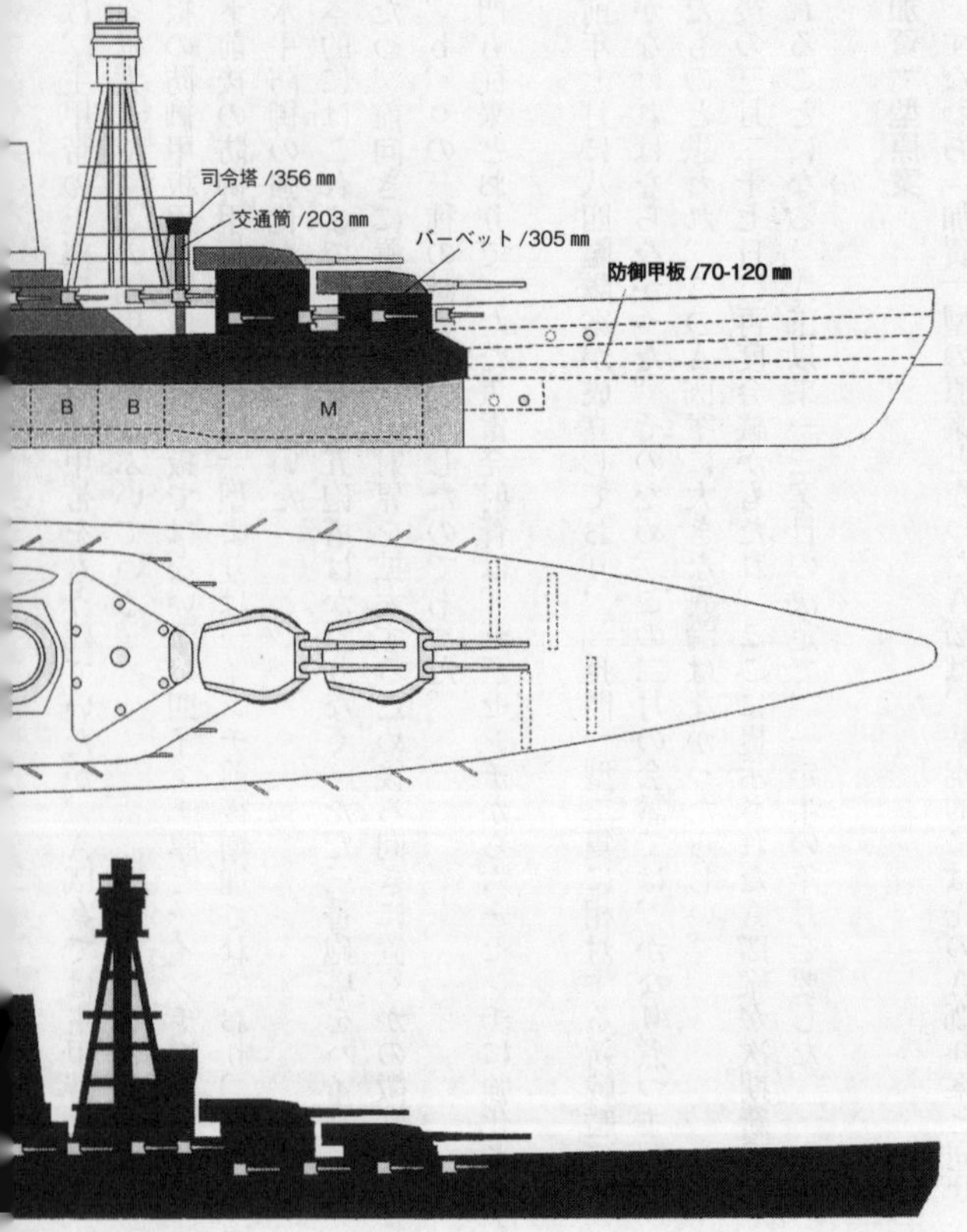

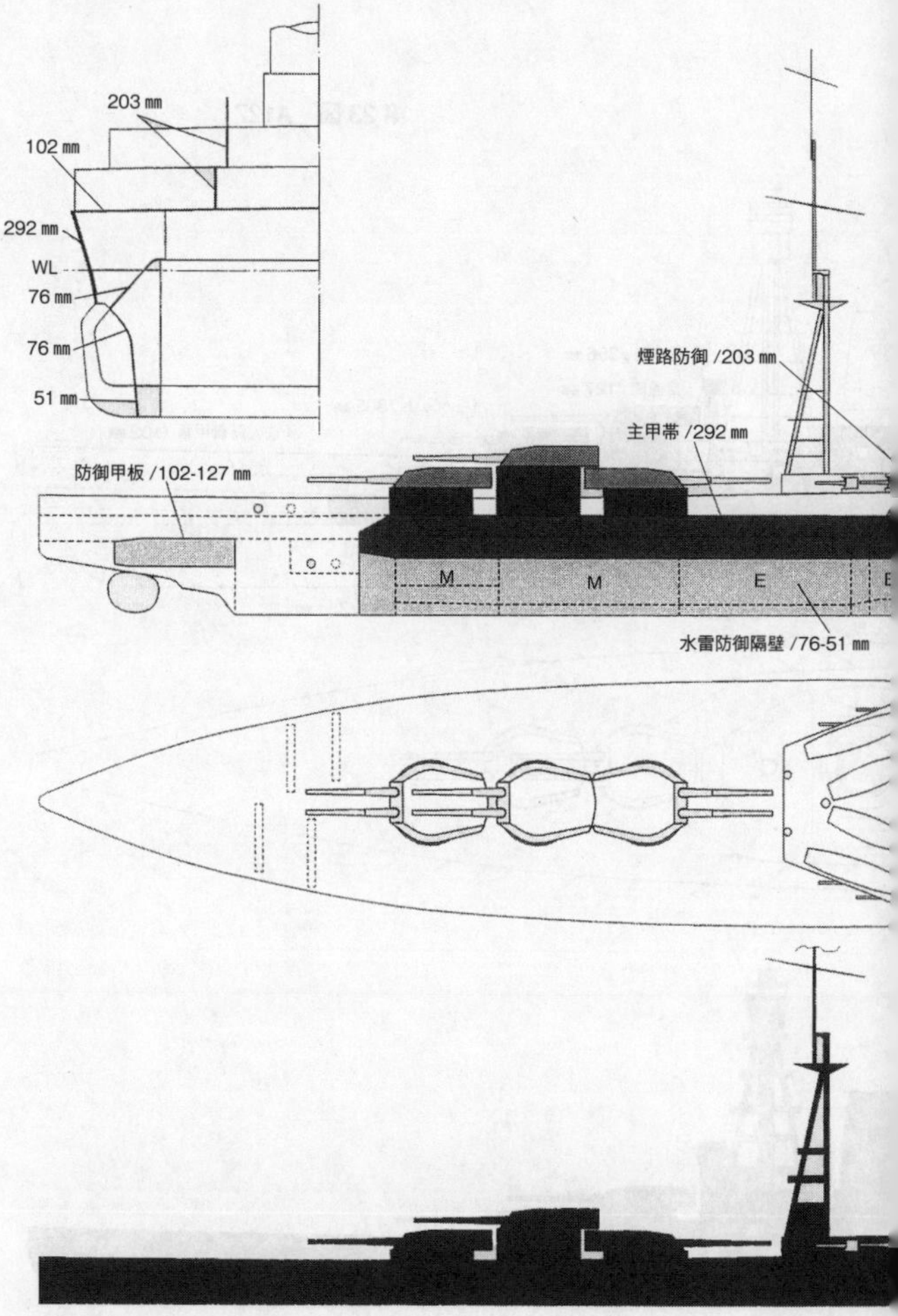

203 mm
102 mm
292 mm
WL
76 mm
76 mm
51 mm
煙路防御 /203 mm
主甲帯 /292 mm
防御甲板 /102-127 mm
M
M
E
水雷防御隔壁 /76-51 mm

第23図　A127

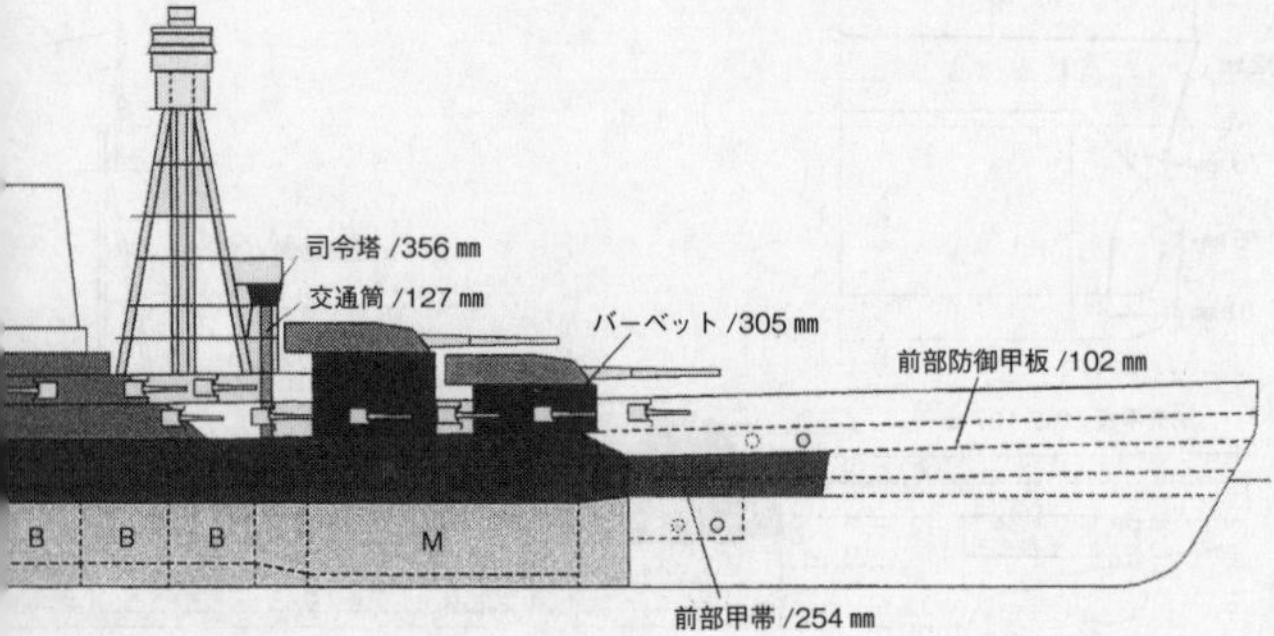

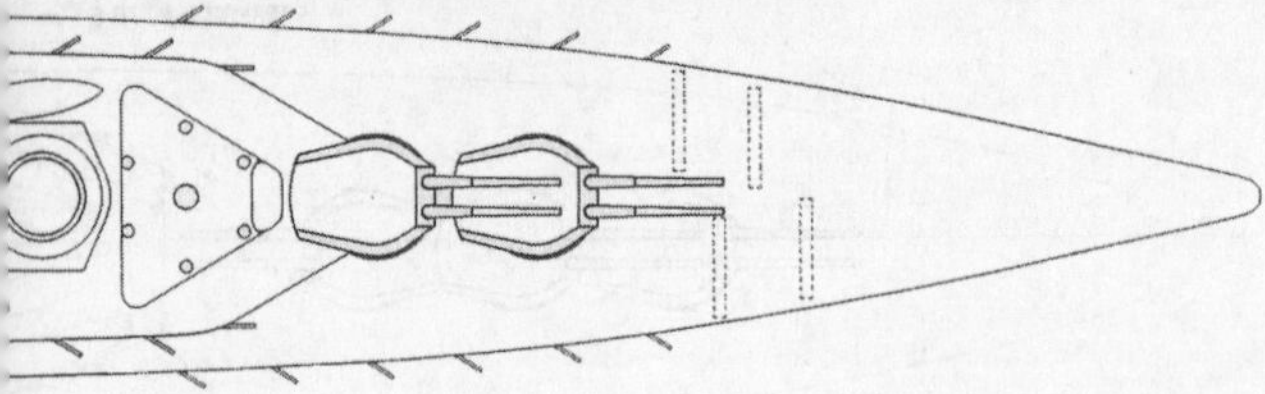

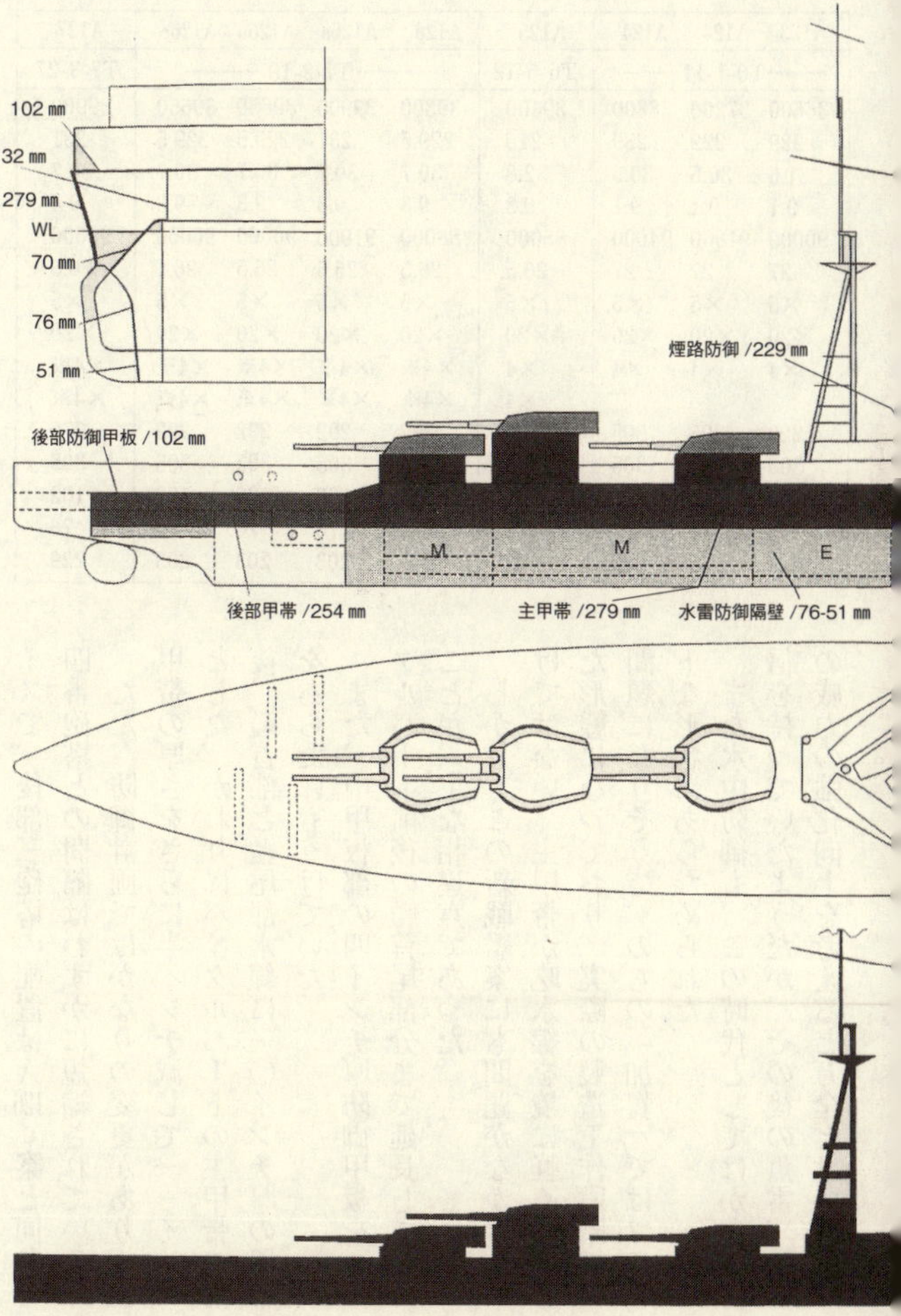
102㎜
32㎜
279㎜
WL
70㎜
76㎜
51㎜
煙路防御 /229㎜
後部防御甲板 /102㎜
M
M
E
後部甲帯 /254㎜
主甲帯 /279㎜
水雷防御隔壁 /76-51㎜

A123	A124	A124′	A125	A126	A126a	A126b	A126c	A127
T6-1-11			T6-6-12	T7-2-19				T7-3-27
36600	37200	38800	39400	39300	39900	39650	39650	39900
229	229	239	216	229.5	231	229.5	229.5	231
31.6	30.5	30.5	32.8	30.7	30.7	30.7	30.7	30.7
9.1	9.1	9.1	9.3	9.3	9.3	9.3	9.3	9.4
90000	91000	94000	88000	88000	91000	90000	90000	90000
27	27	27	26.5	26.5	26.5	26.5	26.5	26.5
×5	×5	×5	×5	×5	×5	×5	×5	×5
×20	×20	×20	×20	×20	×20	×20	×20	×20
×4	×4	×4	×4	×4※	×4※	×4※	×4※	×4※
			×4	×4※	×4※	×4※	×4※	×4※
229	305	305	305	292	292	292	292	279
305	305	305	305	305	305	305	305	305
76	76	76	76	102	102	102	102	102
76	76	76	76	76	76	76	76	76
229	25	229	25	203	203	203	203	229

イズで、後部三砲塔の配置はA126c案と同じで、四番砲塔との間隔はわずかに短縮されている。


ただ、防御計画ではかなりの変更があり、主甲帯の厚さをさらに半インチ減じて一一インチとした。かわりにバイタルパートの主甲帯の前後、艦首部と艦尾部水線に一〇インチ厚の甲帯をあらたにもうけていた。

また、中甲板部の四インチ厚防御甲板をバイタルパート前後の艦首尾部分まで延長していたことが、主な相違点であった。

しかし、この新戦艦案にも問題がなかったわけではない。主甲帯が吃水線を境に軽く屈曲した形態になっており、実際の製造工作段階では問題になりそうで、のちの「加賀」ではフラットな形状にあらためられた。

また水中防御も、この時代としてはかなり自信を持っていたようだが、その後の魚雷、機雷の威力の強化向上を考えると万全とはいえず、

	長門
会議提出日	
常備排水量(t)	33800
全　　長(m)	216
最 大 幅(m)	29
吃　　水(m)	9.1
出　力(軸馬力)	80000
速　力(ノット)	26.5
主　砲(41cmⅡ)	×4
副　砲(14cm)	×20
53cm発射管(水上)	×4
(水中)	×4
主甲帯(mm)	305
バーベット(mm)	305
防御甲板(mm)	76
水中防御隔壁(mm)	76
煙路防御(mm)	25

(注)※61cm発射管

当時の米戦艦の液体多層防御方式との優劣は、いちがいにはいえなかった。

また、五砲塔を中心線上に配置することで、上部構造物はきわめて窮屈な形態にまとめられていた。

結果的には、米国のような三連、もしくは多連装砲塔の採用を、そろそろ考慮する時期にいたっていたといえないこともない。

逆に一砲塔減じて、後年、「金剛」代艦案で実現し、「大和」型計画でも平賀が固執した連装、三連装の混載による一〇門艦の構想はまだなかった。

もしこれを実現して、かつ速力を二六・五ノットに限定せず、三〇ノットに高めた高速戦艦構想があれば、バランス的にはきわめて近代性をそなえた高速戦艦が出現したともいえよう。

いずれにしろ、平賀デザインではすべて連装砲塔の採用しか選択肢がなかったことが、計画の幅をせばめていたことは事実であろう。

このあたりは、積極的に多連装砲塔を採用していた米国、欧州にくらべて保守色が強く、これは新戦艦を選択する用兵側にもいえることであった。

発注された「加賀」型建造

大正五年十月に最初の試案A115が提出されて以来、同七年三月に提示されたA127案が次期新戦艦として承認されるまで、約一三の試案が検討されているが、この間、約一年五ヵ月が経過したことになる。

当時、呉では「長門」が起工ずみで、横須賀では二番艦「陸奥」の起工をまぢかにひかえていた。

その進水を待って、両工廠で次期新戦艦を起工することもタイミング的には可能であったが、ひきつづき新巡洋戦艦四隻の建造もひかえていたところから、新戦艦二隻は先の「霧島」「榛名」に次いで、民間の三菱長崎造船所と川崎神戸造船所に発注されることになる。

しかし、その建造契約は、まだ先のことである。

前型の「長門」型では、大正四年十二月に最初の艦型が承認されて以来、実際に「長門」が起工されるまでには一年九ヵ月を要していた。

すでにご承知のように「長門」型は、艦型決定後も最初は速力増加（二四・五ノットから二六・五ノット）、次いでジュットランド海戦による防御計画改正が実施されており、このために予定よりはだいぶ遅れたはずであった。

平賀資料には膨大な自筆のメモ類がふくまれており、そのなかには貴重なデータも数多く散見される。そのなかに、大正期の新戦艦の計画決定時期と、そこから起工までに要した艦本側の工数に関する珍しいデータもあった。

これによれば、「長門」型の艦型決定から起工までに、艦本（当時は技本）側では基本設計図面を作成して、建造訓令時までに、この場合は工廠側に引き渡さなければならなかった。この作業に要した工数は八六六〇と記されており、人員的には高等官（造船官または技師）二名、技手五・五名、図工一一名を要したという。

新戦艦「加賀」型の場合は、「土佐」が大正九年二月十六日に三菱長崎で起工、「加賀」は同年七月十九日に川崎神戸造船所で起工されているが、艦型決定を前記のように大正七年三月とすれば、「土佐」の場合は一年一〇ヵ月ということになる。

平賀メモでは、これを一年二ヵ月と記しているが、これを正しいとすれば、実際に艦型が決定されたのが後に延びたのか、また起工といっても、実際は建造契約時期をいうのではという疑問が残る。

いずれにしても平賀メモでは、「加賀」型新戦艦の出図までに要した工数を六八二五としている。

人員では高等官三名、技手五名、図工八名の投入のほかに、三菱、川崎から図工一四名を一年間借りうけて設計製図作業をおこなったというから、当時の艦本側だけの人員では手不足であったことは明らかである。

もちろんこれらの人員は、平賀のデザインしたA127を、具体的に製造可能な計画図面に描きなおす役目があった。

まず、平賀の指導のもとで高等官と技手が船体の強度、構造および復原性などの諸計算をおこなって確認、承認されてから、実際の図面指示が可能となるもので、図工はこうした指示にしたがって、所要の図面を製図する役割であった。

平賀はこうした設計現場での最終責任者として、監督にあたったものであろう。もちろんお役所のことだから、上司の第四部長や、さらに上部の承認は必要であったろうが、これらはめくら判に近いものでしかないはずである。

ただし、これらの図面は製造現場に送られても、ただちに製造図面になるわけではない。製造現場では、これらの図面にもとづいて別個に実際の製造図面を作成する必要があったことを忘れてはならない。

また、前記の艦本側の工数は、船体計画設計を担当する第四部の工数と思われる。実際には、機関を担当する造機と、兵器を担当する造兵という他部署の工数は、別と想定される。したがって現在の平賀資料は、当然ながら艦本側の資料が圧倒的に多くを占めており、建造現場の作成した図面類、舷外側面・平面図のたぐいは、まったくといっていいほど存在しない。

平賀が最初に基本計画および設計を担当した戦艦「加賀」型にしても、平賀資料には「加賀」の全体像を示すものとしては、わずかに防御配置図と一般配置図しか存在しない。

もちろん、この二点も艦本側の作成になるものである。平賀をしても、進水までには完成していたと思われる「加賀」か「土佐」の舷外側面・平面図のたぐいは、自分用としても入手できなかったのであろう。

（上）大正10年11月17日、神戸川崎造船所で進水する「加賀」
（下）大正10年12月18日、三菱長崎造船所で進水する「土佐」

したがって、今日「加賀」型の外観を明確にしめす資料としては、一九二二年に造られたという籾山製作所製の一九二分の一の銀製模型の写真しかない。当時、こうした模型の制作には当然、実際の舷外側面・平面図などの図面資料が提供されていたから、素人の造った模型とちがって、正確性については十分に信用できるものである。

平賀が語る戦艦「加賀」

「土佐」より遅く起工された「加賀」であったが、進水は「土佐」より約一ヵ月早く、大正十年十一月十七日に無事進水した。しかし、このわずか五日前にはワシントンで列強の軍縮会議、いわゆるワシントン会議がはじまっていた。

この進水式にあたり、臨席した当時の海軍中将軍事参議官の伏見宮博恭王に平賀が説明した、「戦艦加賀に就いて」という説明原稿が残されている。

当時、平賀は造船大佐、前年十二月に艦本第四部の計画主任につき、第四部長は山本開蔵造船少将であった。またこの時期、技術本部は再度、艦政本部と改称されていた。

この説明で平賀は、

「本艦は大正十年七月十九日に起工され、材料蒐集のもっとも困難な時代にかかわらず、起工後わずか一年四ヵ月にして進水するにいたり、鋲鋲総数三二一万本、進水総重量二万二〇〇〇トンにして、はるかに在来のものを超過する。

本艦は高速戦艦にして速力二三ノットと発表されているが、じつは『長門』と同様二六・

五ノットで、馬力九万一〇〇〇、一六インチ砲五砲塔艦にして、攻撃力も防御力も現在世界中の水上に浮かぶいかなる艦にたいしても、はるかに超越し、目下米国にて建造中の二三ノット、四万三〇〇〇トン戦艦に優とも劣らざることを期待するものなり。

英独海戦の大艦設計上におよぼす最大の教訓は、防御力なりと思考し、本艦の特色中にても防御力は該戦訓にしたがい、また近年、わが海軍にしてもっとも熱心に施行した防御力実験の結果を応用し、全然帝国海軍独特の考案によって設計されたもので、その主なものは、

一、舷側傾斜式甲鉄

二、甲板防御

三、水雷防御のために設計された水線下船体の特殊形状、ならびに艦内水雷防御縦隔壁

――などとす。

舷側傾斜甲鉄は、直立線にたいして一五度の傾斜をなし、一万二〇〇〇～二万メートルの戦闘距離において、甲鈑面の垂直線は一六インチ弾の弾軸と二四～三八度の角度をなすように設計されて、この角度においては、いかなる完全な自爆防止弾をも弾丸の衝撃を軽減するとともに、弾頭または弾体を破砕することを目的として、非常な防御効率を有するものにして、もっとも有効な舷側防御法なり。

種々研究の結果、艦の復原力、抵抗その他諸性能にさしつかえなきをたしかめたことで、果断本艦におこなうことになれり。

すでに完成した英国巡洋戦艦フッド、またはレパルスのごときも、この方式を採用してい

るが、まったく我々は独自にこの形式採用に達したものである。

中甲板の甲板防御は厚さ四インチにして、米国新戦艦も三・五インチにすぎず、近距離はもちろん、遠距離戦闘において弾丸落角の大なる場合においても有効なるものなり。

水線下の形状は英国のブリスター型に似て、考案の源は英国から出たものといえども、実質には大差異ありて、彼の有効なるところは水線下一五~二〇フィート付近の一部にとどまり、また前後弾火薬庫付近においては、その効果すこぶる微弱であるが、本艦のものは、艦底まで徹底的に艦内の水雷防御隔壁まで一〇フィートの距離を持続するように、前後にわたり弾火薬庫付近も全然同一の効果あるように、特殊な外板形状を案出したものである。

外板の次に二重底あり、二重底の次にもっとも有力なる三インチの防御縦隔壁、その次に四分の三インチの縦隔壁あり、ほとんど完全にちかき水雷防御力を有し、いかなる列国のものよりも超越せり」

以上、平賀としては、防御計画を主に本艦の優越性を説明しているが、戦艦としてより重要な要素である攻撃力と運動力についての説明がほとんどないのは気になるところである。

ふれられなかった攻撃力

たしかに「加賀」型の船体設計は、それまでの日本戦艦とは大きくことなり、その防御計画は平賀の自信作であったともいえる。その反面、攻撃力と運動力に見るべきものが、あまりなかったともいえないこともない。

とくに攻撃力の四一センチ連装五砲塔の採用は、英国式造艦術になれきった日本の造船官には、当然のようなデザインと受け入れられるにしても、当時すでに米国や欧州列強のド級艦が採用していた三連装砲塔、四連装砲塔などの多連装砲塔化による攻撃力の強化は、防御力の集約化、甲板面積の拡大による上部構造物の合理的配置、および爆風影響の減少化という課題にたいしても、基本的な解決案となるべきものであった。

たしかに平賀資料には、彼自身の提案になる三連装、四連装砲塔を採用した多連装砲塔搭載主力艦の試案や構想も、すくなからず見ることができる。

しかし、大正五年以来大正八年までにしめした数多くの新戦艦、巡洋戦艦の試案のなかで、彼が三連装砲塔艦を提案したことは皆無である。

もちろん、のちの「紀伊」「尾張」以降の戦艦、巡洋戦艦にたいしては、四一センチ三連装砲塔と四六センチ連装砲塔のどちらかが採用される機運が高かったという事実もあった。

いずれにしても「加賀」型の設計では、もしこのまま完成していたとすると、のちのちの近代化にあたっては、思いきって三番砲塔を撤去し、機関出力を上げて三〇ノット高速戦艦仕様にでも改装しないかぎり、航空艤装などにたいする爆風の影響を避けることは難しかったといえる。

第24、25図に「加賀」の完成予想図舷外側面平面と防御配置図をしめしておく。さすがに中心線五砲塔配置は、甲板面積を極限しているのはいなめない。

艦首の右舷副錨格納位置が、計画時の舷側ホースパイプから、舷側上縁部にレセスを設け

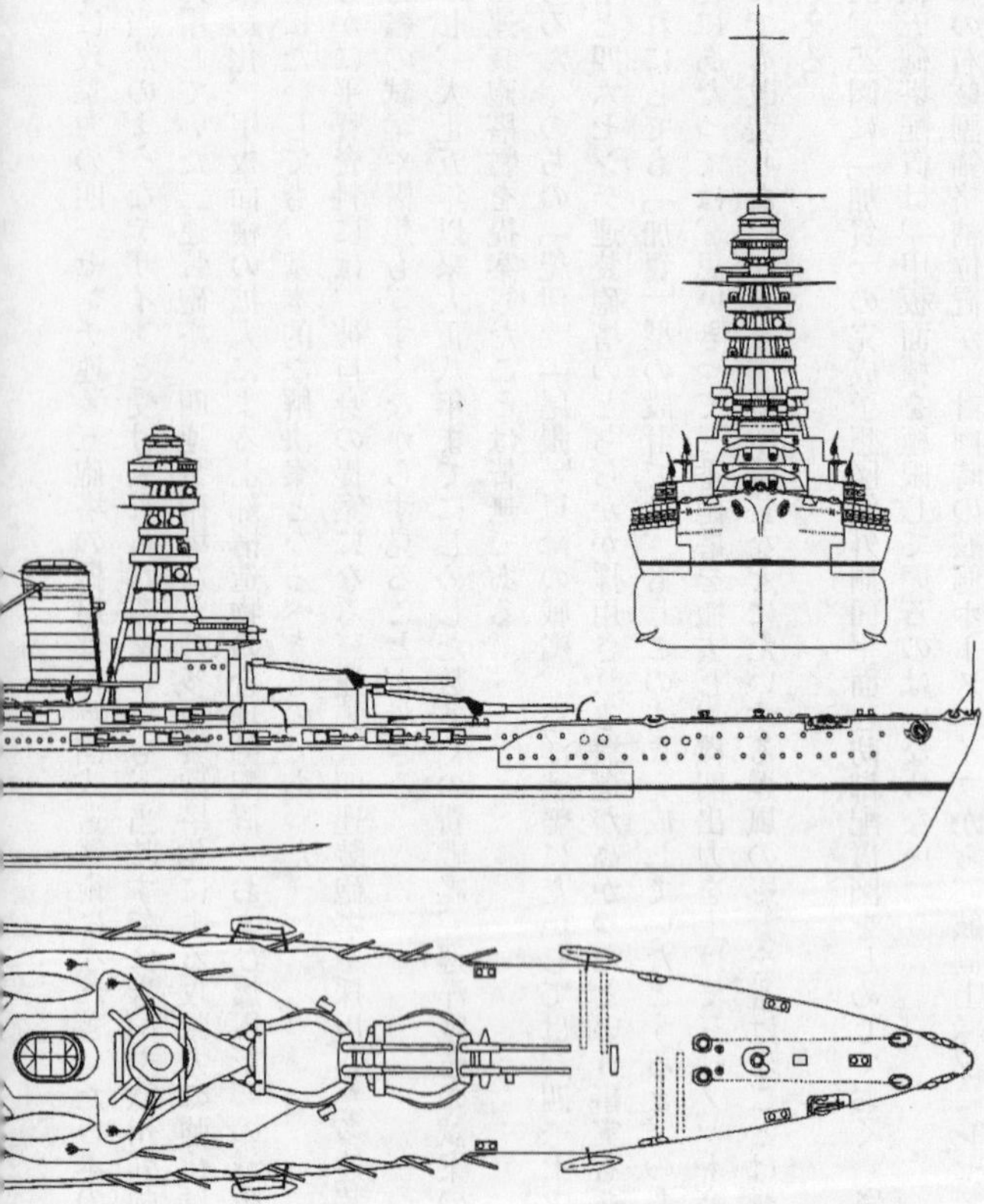

第24図　「加賀」完成予想図

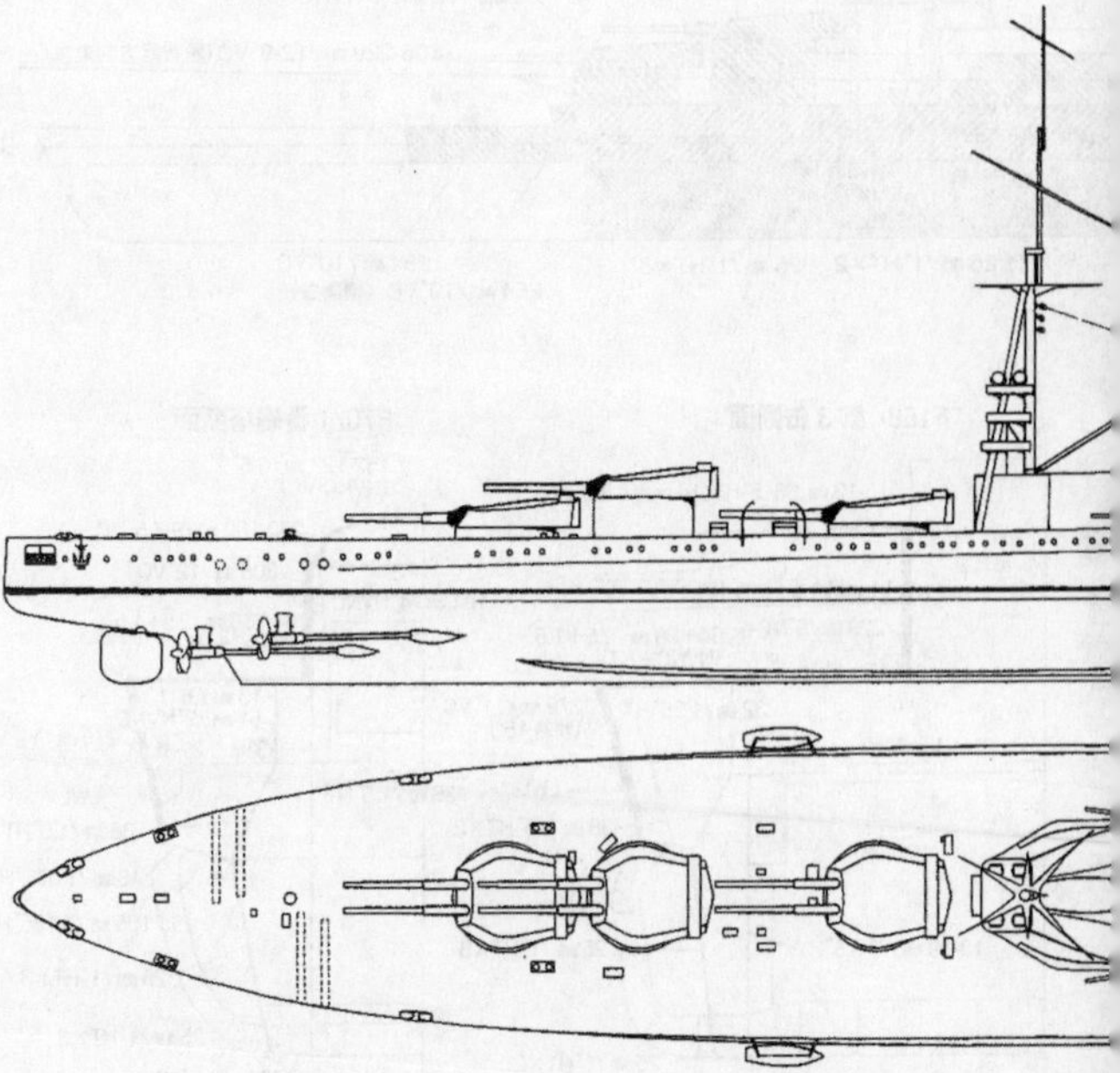

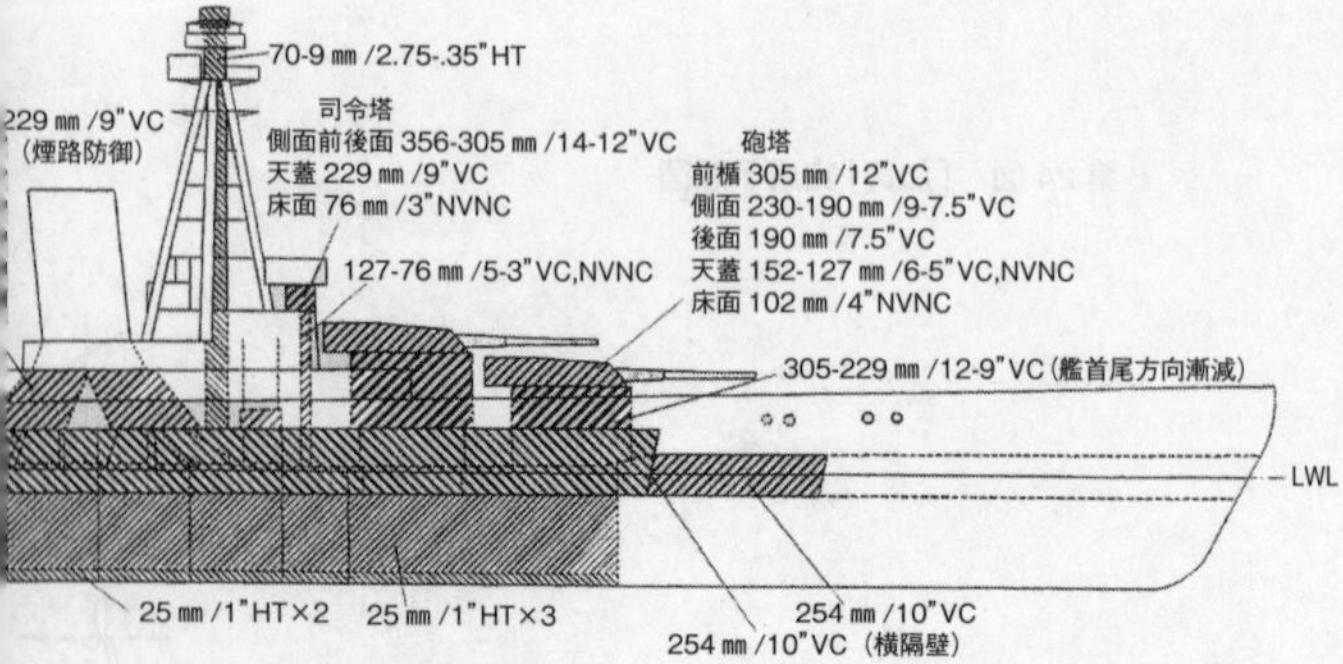

F158/第3缶断面

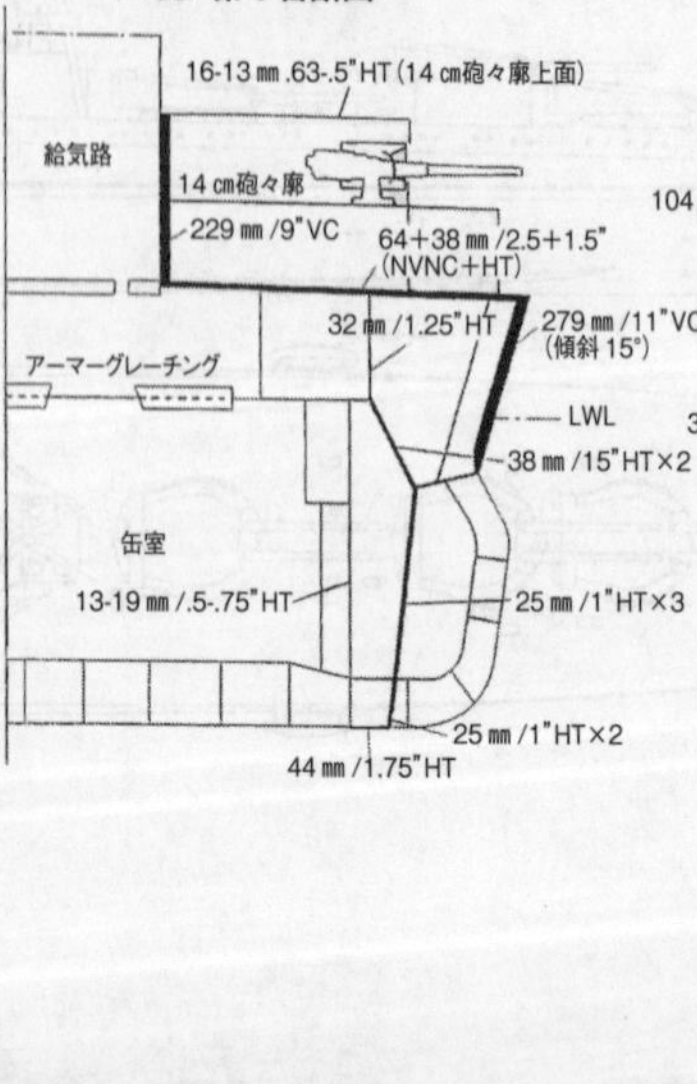

F70/1番砲塔断面

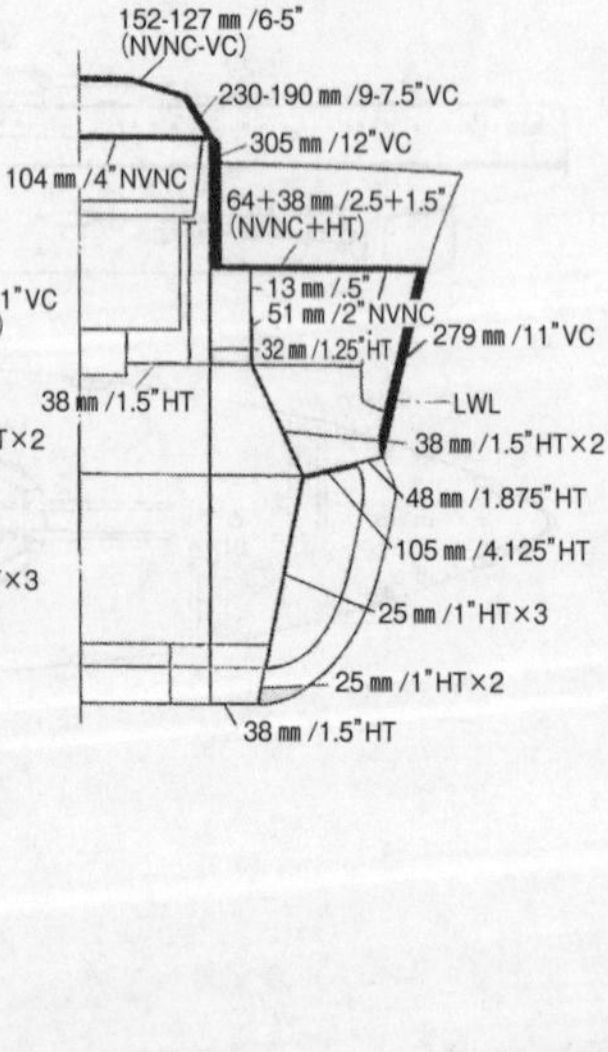

第25図　舷外側面及び艦内側面甲鈑配置

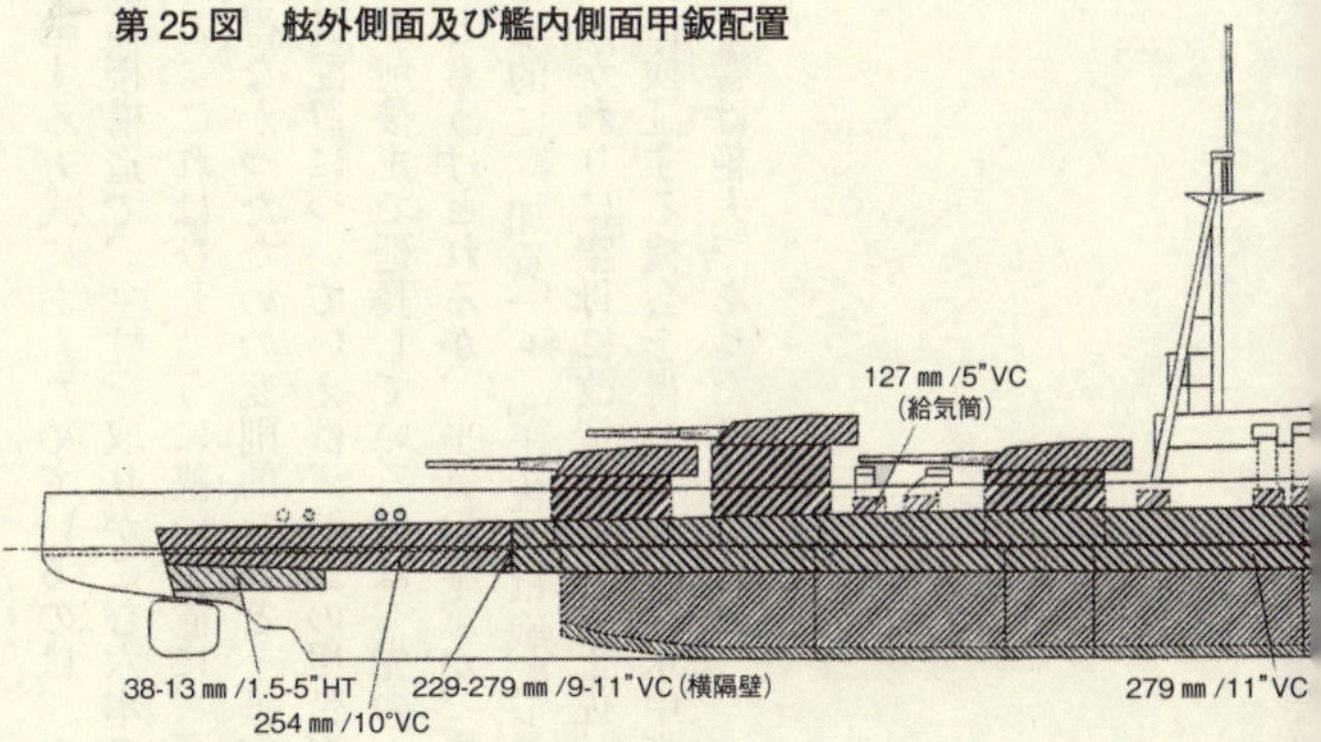

F324/舵取機械室断面

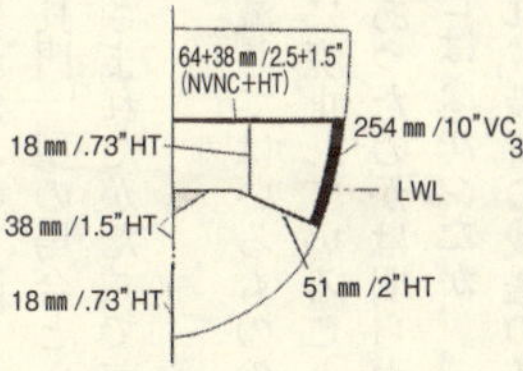

F280/5番砲塔断面

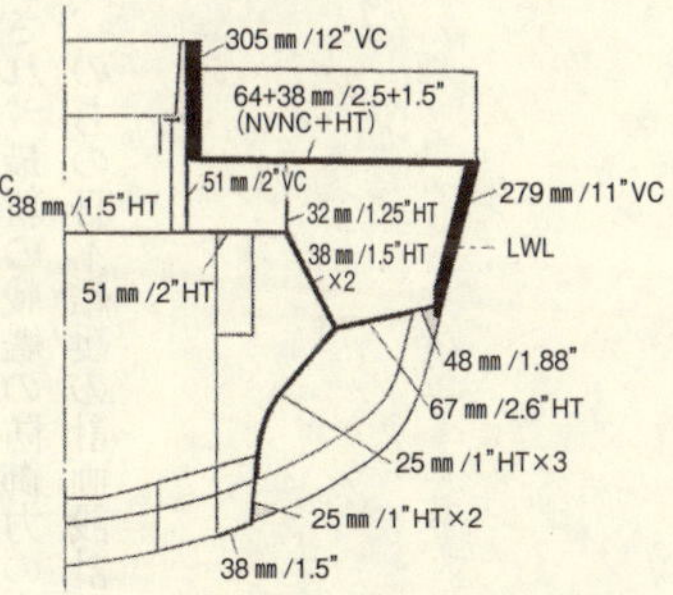

て格納する方式にあらためているのは、たぶん波浪のしぶきが飛ぶのを防ぐためであろう。前檣楼構造で、主柱を取りかこむ六本の支柱の配置は「長門」型の場合といくぶん異なっている。これはひじょうに狭い位置に、司令塔と煙突にはさまれたかたちで前檣楼をおかざるを得なかったための変則的なことと推定される。

防御配置についていえば、舷側の甲帯がいくぶん厚みを減じてはいるものの、バイタルパートの前後まで延長しているのは、先の「長門」型ですでに廃止していることを考えると、過剰ともうけとれるが、平賀の本意か、または別の意向があったのかは明らかでない。

結果的に「加賀」と「土佐」は戦艦として完成することはなかったが、「加賀」は「天城」のかわりに空母に改造され、「土佐」は実艦的に供され、最新の戦艦の防御力の実力を実際に検証する機会を得たことは、水中弾効果をはじめ、のちの日本艦艇の計画設計にあたえた影響は絶大であった。

第2章　真実の八八艦隊の構成艦

平賀の四つの試案

今日、平賀アーカイブの公開により、ネット上で膨大な平賀資料を自由に閲覧できる環境にあるとはいえ、比較的大きなこうしたテーマをもってしても、的確な資料を選びだして、その計画過程を時期的にならびかえて整理することは、けっして簡単ではない。

かなりの癖字である平賀自筆のメモ類は、その内容を理解するだけでも容易ではなく、その作成意図と背景、さらに時期を推定するには、さらなる努力を要する。

「長門」型の改正計画をおえて、最初に次期戦艦、巡洋戦艦の計画をまとめて大臣室に提出したのは大正五年九月十三日で、技本にきて四ヵ月目のことであった。

このとき提出された四案は、技本四部の計画番号は付与されていず、平賀としては最初の計画で、自身をふくめた最初の試案であった。

計画のⅠ、Ⅱは排水量四万八五〇〇トン、四万四三〇〇トン、速力三四・五～三五ノットの巡洋戦艦、Ⅲ、Ⅳは排水量四万四五〇〇トン、四万三九五〇トン、速力三四・五～三五ノットの戦艦案であった。この四案については大臣提出用ということで、タイプ打ちの明細書と説明書および一般配置図がのこされている。

ここでの試案では、兵装は「長門」型と同様という前提で、機関はオール・ギアード・タービン、専焼缶で三五ノット、混焼缶で三四・五ノットを発揮するよう案配していた。

主甲帯厚は戦艦で一二インチ、巡洋戦艦で九インチとほぼ「長門」型に準じており、舷側甲鈑はまだ傾斜方式を採用せずに垂直式であった。

こうして見ると、この四案は兵装と防御をほぼ「長門」型とおなじという前提で、排水量と速力を当時の造船能力いっぱいまで大型化した例で、戦艦と巡洋戦艦の差は防御甲鈑厚の差だけで、この防御重量の差が排水量の差になっている。

平賀は説明書のなかで、この例のように戦艦と巡洋戦艦の差はきわめてわずかであり、建造費の効率を考えても、いわゆる高速戦艦を取得する方がベターと提唱している。

この四案について作成された一般配置図では、なぜか前後檣楼、艦橋部、煙突などの上部構造物が描かれていず、船体部だけである。

この四案の説明をうけた大臣（海軍中将加藤友三郎）は、平賀に戦艦計画を優先するようにといったという。これをうけた平賀は、一ヵ月もたたない十月九日に、早くも高速戦艦四案と巡洋戦艦四案を提出している。

このとき提出された各案は、技本四部の計画番号を付与された最初の平賀案で、先に大臣から戦艦計画を優先するようにといわれながら、戦艦と巡洋戦艦が同時に提出されたのは、これらの計画がすでにかなり先行して完成していたものとの見方もできる。

ライバルは英フッド級

このときの戦艦については、すでに紹介ずみである。

このとき提出された巡洋戦艦案はB58、B59、B60、B61の四案で、前二案は排水量を「金剛」型より約五〇〇〇トン大型化し、速力三〇ノット、兵装は「長門」型とおなじとしたもので、水線甲帯は傾斜甲鈑を採用したことで「金剛」型より一インチ薄めて七インチ／一七八ミリとしている。

B59案は煙路防御を追加したもので、B58案より一六〇〇トン増加している。

後二案はほぼおなじ内容で、速力を三二ノットに高めた案である。このため、機関重量の増加で排水量は、それぞれ三万四九〇〇トン、三万六六〇〇トンに増加している。

一般配置図はB61のみしか存在しないが、艦型についてはほぼ同一と推定される。

主砲を四一センチとしながら、舷側甲鈑厚が七インチ、防御甲板三インチ弱というのは、すでにジュットランド海戦の戦訓が知られているこの時期としては、いささか無神経に思えるが、平賀としてはなにか意図があったのかもしれない。

艦型は水平甲板型で、前後に二砲塔を背負い式に配する「長門」型とおなじ配置で、中央部に太い二本煙突をおき、前部にこれまで紹介した大型の櫓型前檣楼が確立する前の、細い

第26図　巡洋戦艦 B61（1916年）

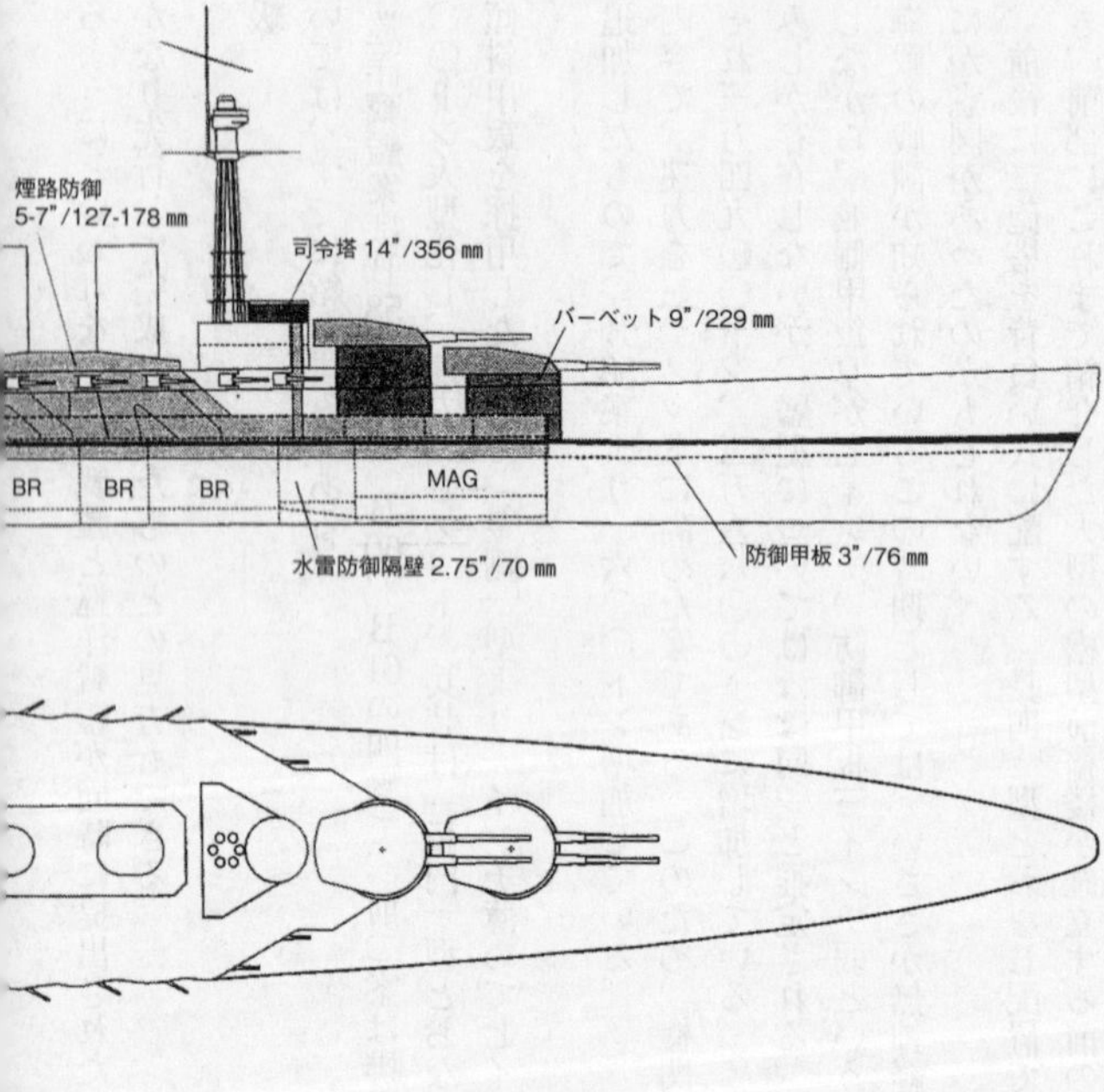

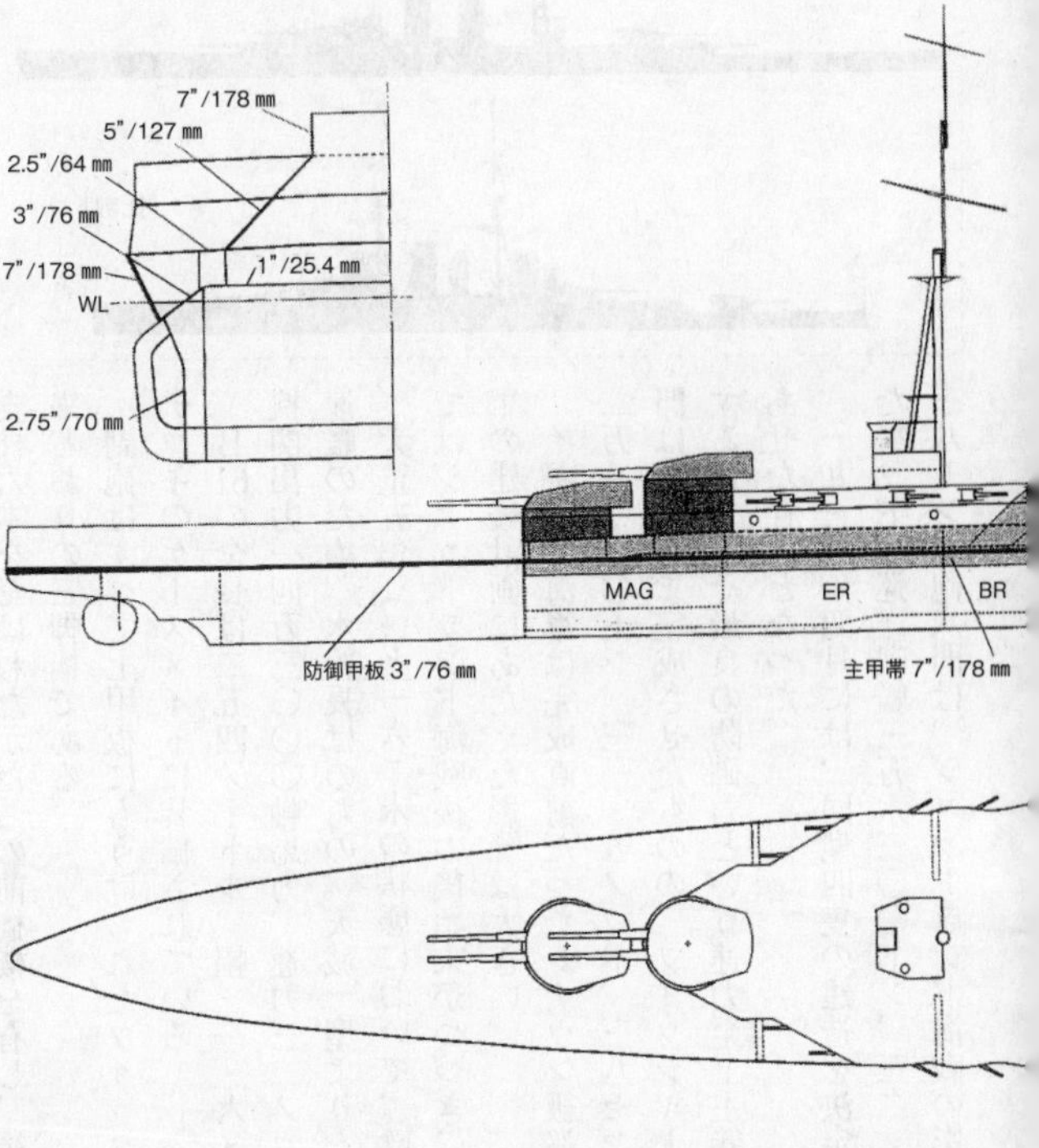
7"/178㎜
5"/127㎜
2.5"/64㎜
3"/76㎜
7"/178㎜
1"/25.4㎜
WL
2.75"/70㎜
MAG
ER
BR
防御甲板 3"/76㎜
主甲帯 7"/178㎜

第27図　B61と「比叡」の比較

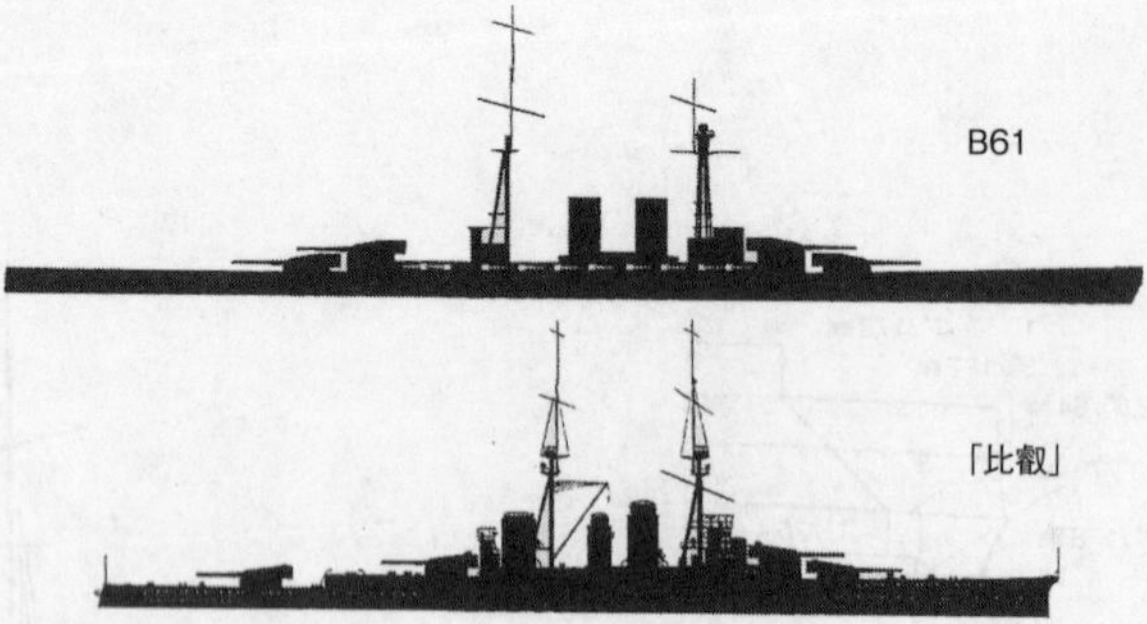

支柱六本をたばねたかたちの前檣楼を有し、後檣は従来どおりの三脚檣である。

副砲はすべて上甲板にもうけられたフォックスル・デッキのケースメイトに装備されている。

Ｂ61の全長は二五四メートル、幅三一・六メートル、機関出力一四万三〇〇〇軸馬力、速力三二ノットの高速艦のため、水線長はのちの「天城」型よりも長い。

大正五年（一九一六）末の状態において、欧州戦線ではジュットランド海戦後の後始末がつづき、各国海軍の建艦計画にあたえた影響は大きい。

イギリス海軍は完成直前だったレナウン級巡洋戦艦二万八〇〇〇トン、三一・五ノット、三八センチ砲六門はそのまま完成させたものの、フィッシャーの主張する速力こそ最良の防御力という速力至上主義は、色あせた存在となった。

一九一六年四月には、同型四隻の建造を決定していたフッド級巡洋戦艦三万六三〇〇トン、三二ノット、三八センチ砲八門は、ジュットランド海戦の影響をま

第28図
フッド（英・1920年）

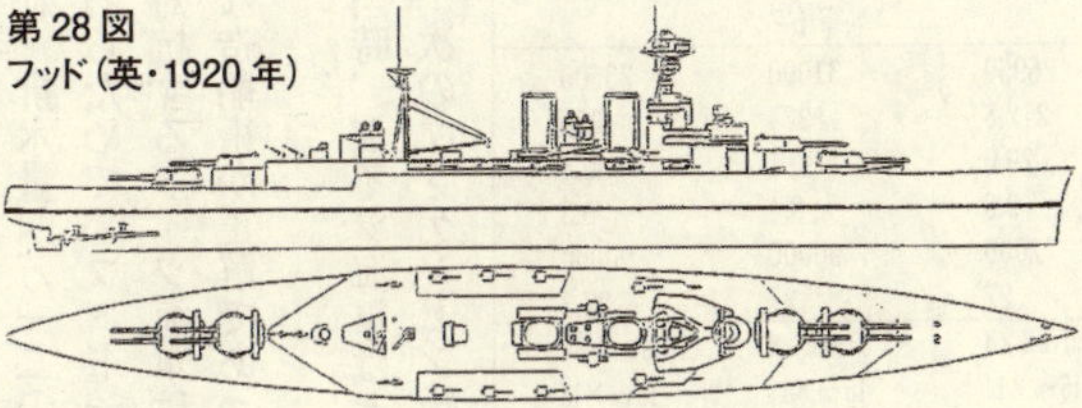

第29図
レキシントン（米・1916年デザイン）

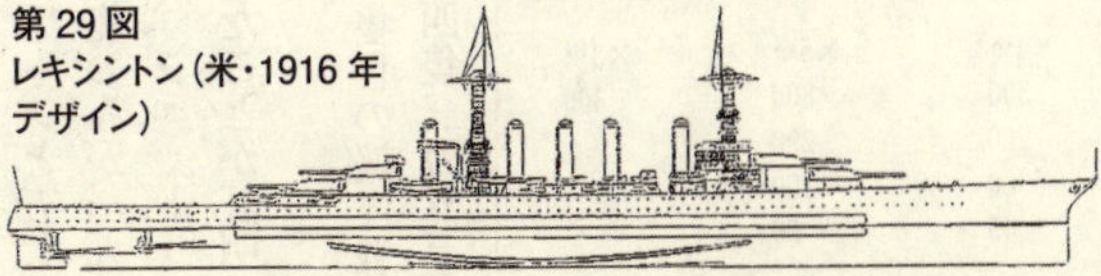

第30図
マッケンゼン級（独・未完）

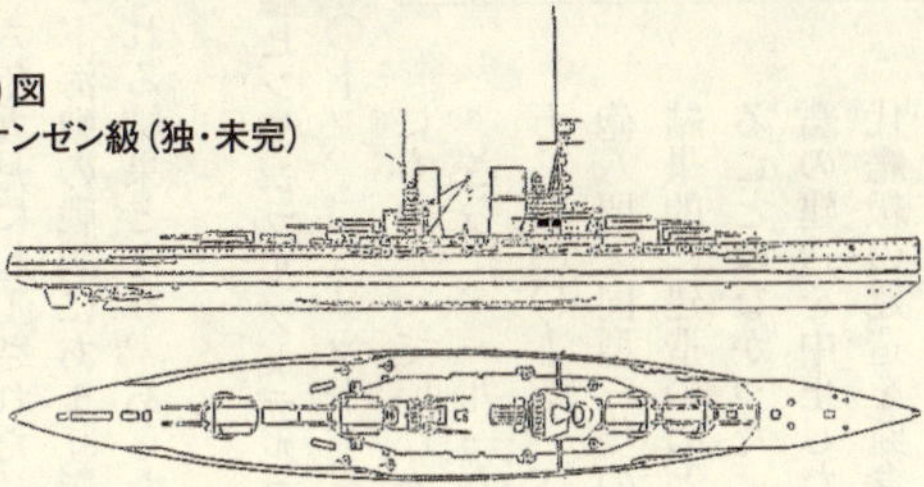

第31図
ヨルク代艦級（独・未完）

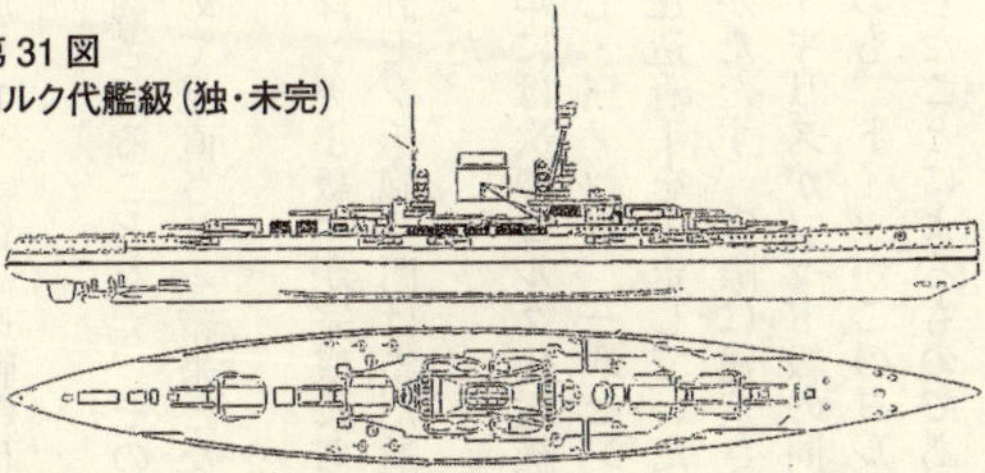

ともにうける結果となった。計画は大幅に改正を要するとされ、防御計画の見直しがおこなわれ、排水量四万一二〇〇トンと五〇〇〇トンちかく排水量を増加して、実質高速戦艦仕様にあらためて、フッド一隻のみが一九一六年九月に起工された。

対抗するドイツ海軍は、ジュットランド海戦の戦訓にあまり影響されることなく、その堅実な造船術が正解であったことが証明される結果となり、あらためて見直される結果となった。

当時、ドイツ海軍は七隻目の巡洋戦艦ヒンデンブルグ（デルフィンガー級）が完成まぢかで、次のマッケンゼン級四隻三万五三〇〇トン、二八ノット、三五センチ砲八門はまだ進水にもいたっていなかった。

ヒンデンブルグ	マッケンゼン級	ヨルク代艦級
	ドイツ	
26950	31000	33500
212.8	224	228
29.0	30.1	30.4
9.6	9.4	9.3
72000	90000	90000
27	27	27.3
30㎝Ⅱ×4	30㎝Ⅱ×4	38㎝Ⅱ×4
15㎝×14	15㎝×14	15㎝×12
×4※	×5※	×3※
300	300	300
260	290	
80	100	
45	50	

さらに、一九一六年には次のヨルク代艦級三万八〇〇〇トン、二七・三ノット、三八センチ砲八門、同型三隻の建造着手を予定していたが、結果的に建造のめどがたたず、実際に建造されることはなかった。イギリスがフッド級の同型艦の建造を中止したのも、ドイツがこのヨルク代艦級の建造を断念したことによるものであった。

一方、太平洋をはさんだアメリカ海軍は、一

	金剛	B58	B59	B60	B61	レナウン	フッド	米巡戦
会議提出日		――T5-10-9――				イギリス		アメリカ
常備排水量(t)	27500	32600	34200	34900	36600	27950	41200	35000
全長(水線長・m)	215	237	240	251	254	242.4	262.2	266.5
最大幅(m)	28	31.6	31.6	31.6	31.6	27.0	31.7	27.4
吃水(m)	8.4	8.5	8.7	8.5	8.7	8.2	8.9	9.7
出力(軸馬力)	64000	107000	112000	140000	143000	120000	144000	180000
速力(ノット)	27.5	30	30	32	32	31.5	31	35
主砲(41cmII)	35cmII×4	×4	×4	×4	×4	38cmII×3	38cmII×4	35cmIII×2 35cmII×2
副砲(14cm)	15cm×16	×20	×20	×20	×20	10cm×17	×14	12.7cm×20
53cm発射管(水上)		×4	×4	×4	×4		×4	×4
(水中)	×8					×2	×2	×4
主甲帯(mm)	203	178	178	178	178	152	305	178
バーベット(mm)	229	229	229	229	229	178	305	229
防御甲板(mm)	38	64	64	64	64	64	114	90
水中防御隔壁(mm)		70	70	70	70		51	
煙路防御(mm)		19	178	19	178		32	

(注)※60 cm発射管

九一六年の三年計画海軍拡張計画で、一〇隻の新戦艦と六隻の巡洋戦艦を基幹とする大艦隊の建造計画を発表していた。

この巡洋戦艦については当初、排水量三万五〇〇〇トン、速力三五ノット、三五センチ砲一〇門（連装二、三連装二）と公表されていた。舷側甲鈑は五インチ／一二七ミリとひじょうに薄弱であった。

当然、ジュットランド海戦の結果の反映は予想され、このままで起工されることなく、以後計画の改正がたびたびおこなわれることになる。

ド級艦時代において、これまでまったく巡洋戦艦に興味をしめさなかったアメリカ海軍が最初に計画した巡洋戦艦であり、そのライバルは日本海軍の巡洋戦艦であったことから、日本海軍の注目度はひじょうに高かった。

平賀は当然、こうした当時の列強各国の巡洋戦艦、高速戦艦の建艦状況に関する知識を有しており、日本海軍の次期巡洋戦艦については、こうした各艦を念頭において計画したのはいうまでもない。

とくにイギリスのフッドについては、かなりライバル意識をもっていたようであった。「金剛」型の計画番号がB46だから、平賀が提示した計画番号がB58からはじまっていることを考えると、この間、一〇案以上の巡洋戦艦案が存在したことになる。これは、平賀着任以前の造船官が計画試案を作成したことになるが、誰がどんな計画試案を作成したかは、今ではまったく不明である。

伝えられた新巡戦の要点

平賀はこのときに四案の巡洋戦艦を提出したものの、優先順位は戦艦であったことは前述のとおりであった。

このためか、「加賀」型の計画が決定した大正七年（一九一八）三月以後においても、新巡洋戦艦の計画提示はなく、大正八年（一九一九）三月にB62からB64にいたる一四案がいっきょに提示されて、その場で新巡洋戦艦「天城」型原案B64の採用が決定されている。

この経過を考えると、二年余のあいだ一案の提示のないまま、この時点で一四案が提示されて採用を決定するというのはいかにも不自然で、この間、正式な会議はなかったのか、内々の根まわしはなかったのか疑問は多い。

ただ、大正八年一月九日に大正八年着工予定の巡洋戦艦艦型計画についての技術会議がもたれているので、この技術会議に一四案が提示されて、技術会議としてB64案の採用に同意し、その意向をうけて大臣から最終承認されたと見るべきであろう。

なお、大正七年五月には、平賀あてに大臣の意向として新巡洋戦艦について、「速力三二ノット、主砲一六インチ八門（または一四インチ一〇門）、装甲八インチ（上部防御甲板三インチ、下部防御甲板一インチ）、混焼缶の割合いは戦艦の場合とおなじ」というような数字が、本部長、四部長を通じて伝えられているというメモが残されている。

別のメモに、技術会議における新巡洋戦艦についての説明要領として、次のようなものも残されている。その要点は、

一、排水量は四万トンを越えないこと

二、石炭のみで一四ノットの航行が可能であること

三、主砲一六インチ八門

四、防御は適格なものとする

五、船体寸法は呉工廠の造船船渠で建造可能かつ乾船渠に入渠可能なこと

この作成時期は不明なるも、主砲八門が主流であったのは大正七年前半の時期くらいまでと推定され、したがって大正八年はじめの技術会議以前に、別の技術会議が開催されて、新巡洋戦艦について討議された経緯があったのではとも推測される。

巡洋戦艦の特質を具体化

B58	B59	B60	B61	B62	B62A	B62B	B62C	B62D	B62E	B62G
—T5-10-9—				—T8-3-13—						
32600	34200	34900	36600	39900	40000	40000	44000	46000	35000	43500
237	240	251	254	251.5	282	282	285	288	271	286.5
31.6	31.6	31.6	31.6	30.5	29.6	29.6	30.2	30.5	29.0	29.9
8.5	8.7	8.5	8.7	9.1	8.2	8.2	9.0	9.1	8.2	8.5
107000	112000	140000	143000	156000	210000	210000	230000	235000	195000	220000
30	30	32	32	32	35.25	35.25	35.25	35.25	35.25	35.0
×4	×4	×4	×4	×4	×4	36㎝×4	36㎝×4	×4	×4	×4
×20	×20	×20	×20	×18	×18	×18	×18	×18	×18	×18
×4	×4	×4	×4	×8※	×8※	×8※	×8※	×8※	×8※	×8※
178	178	178	178	229	203	229	229	229	152	229
229	229	229	229	279	229	254	279	279	203	279
64	64	64	64	95	70	89	95	95	38	102
70	70	70	70	73	70	70	73	73	38	73
19	178	19	178	203	①	①	203	203	①	203

(注) ※60㎝発射管 ①「加賀」型より薄く

平賀の最初の巡洋戦艦試案B58〜61は、「長門」型と排水量では大差なく、兵装はおなじ、速力を三〇〜三二ノットに設定され、防御のみかなり薄く設定したもので、高速戦艦とはほど遠いものであった。

ここで紹介するB62案は、提出されたのは先のB58〜61案の提出から二年半もたった大正八年三月のことである。同時に提出されたB63、64案のうち、B64案が次期新巡洋戦艦として承認されたさいのことであった。

このB62案は、原案のほかにAからG案までの七つの枝案があり、これらは上の表にしめすとおりである（F案は省略）。

ここでは、このB62案を中心に考察してみよう。

B61案の前檣楼形状は、金田大佐の櫓型前檣楼が確立する前のものであるのにたいし、B62案の前檣楼は確立後のものであることは明らか

	金剛
会議提出日	
常備排水量（t）	27500
全長（水線長・m）	215
最大幅（m）	28
吃水（m）	8.4
出力（軸馬力）	64000
速力（ノット）	27.5
主砲（41㎝Ⅱ）	36㎝×4
副砲（14㎝）	15㎝×16
53㎝発射管（水上）	
（水中）	×8
主甲帯（㎜）	203
バーベット（㎜）	229
防御甲板（㎜）	38
水中防御隔壁（㎜）	
煙路防御（㎜）	

である。大正七年二月十九日に提出されて、「加賀」原案となったA126案の前檣楼とおなじであった。

これから見ても、このB62案は「加賀」の艦型が決定された同年三月二十七日以降に試案されたことは明らかである。次期戦艦の計画がきまったことで、次は次期新巡洋戦艦となり、この時期から本格的に試案作成作業にはいったと見るのは不自然ではない。

もちろん、先に大臣からも新戦艦の試案を優先するようにと指示もあったわけで、ほぼ一年間あまりは戦艦の試案に集中していたのであろう。

なお、大正七年五月には平賀あてに、大臣の意向として新巡洋戦艦について、「速力三二ノット、主砲一六インチ八門（または一四インチ一〇門）、装甲八インチ（上部防御甲板三インチ、下部防御甲板一インチ）、混焼缶の割合は戦艦の場合とおなじ」というような数字が、本部長、四部長を通じて伝えられているというメモが残されている。

これから見ると、第32図にしめしたB62原案は、ほぼこれに一致する内容でデザインされている。

排水量は「加賀」型とおなじに設定され、速力三二ノット発揮のために機関は一五万六〇〇〇軸馬力、兵装は四一センチ連装砲四基、副砲一四センチ砲一八門とほぼ「長門」型とお

第32図　巡洋戦艦 B62 案

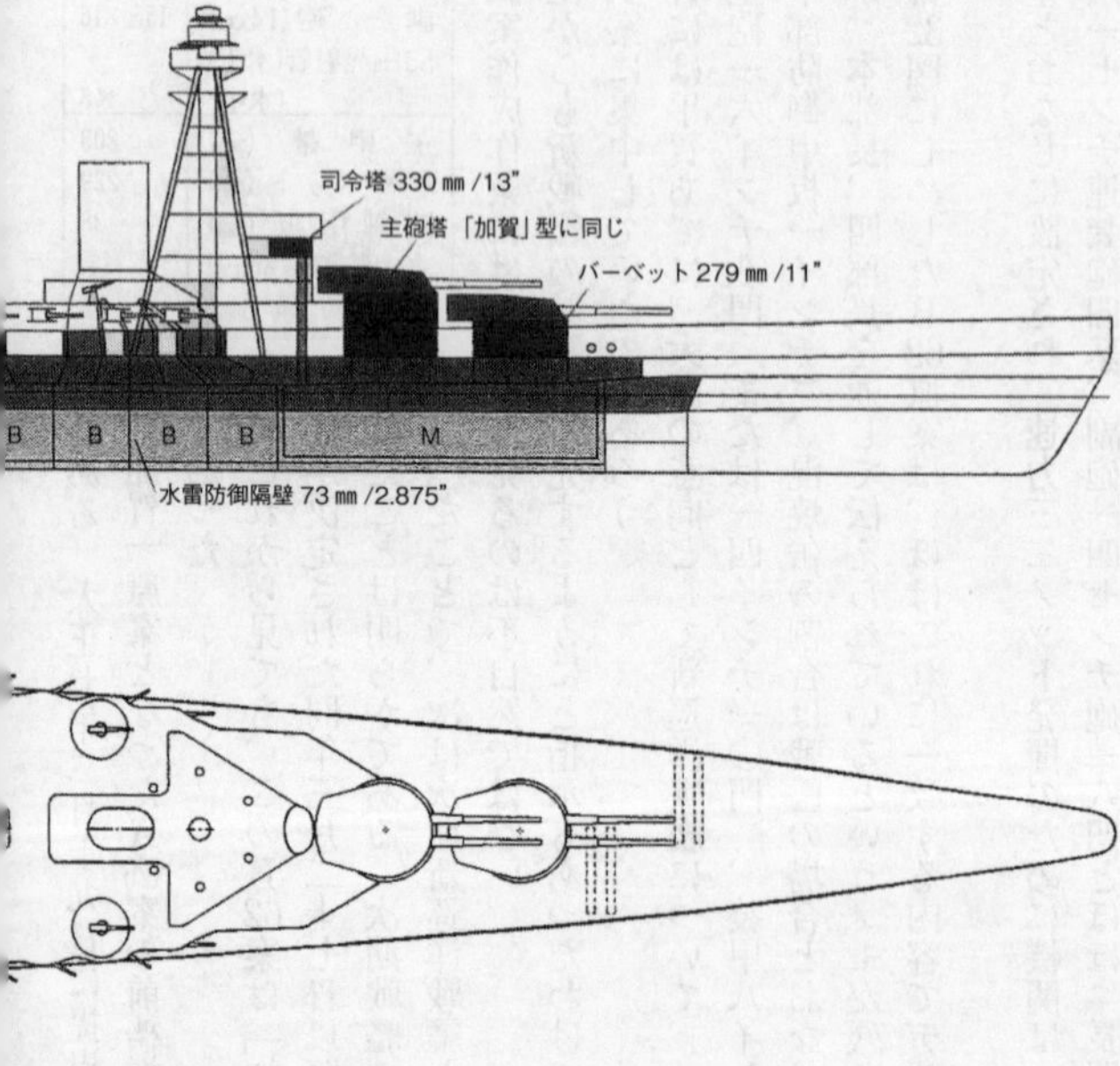

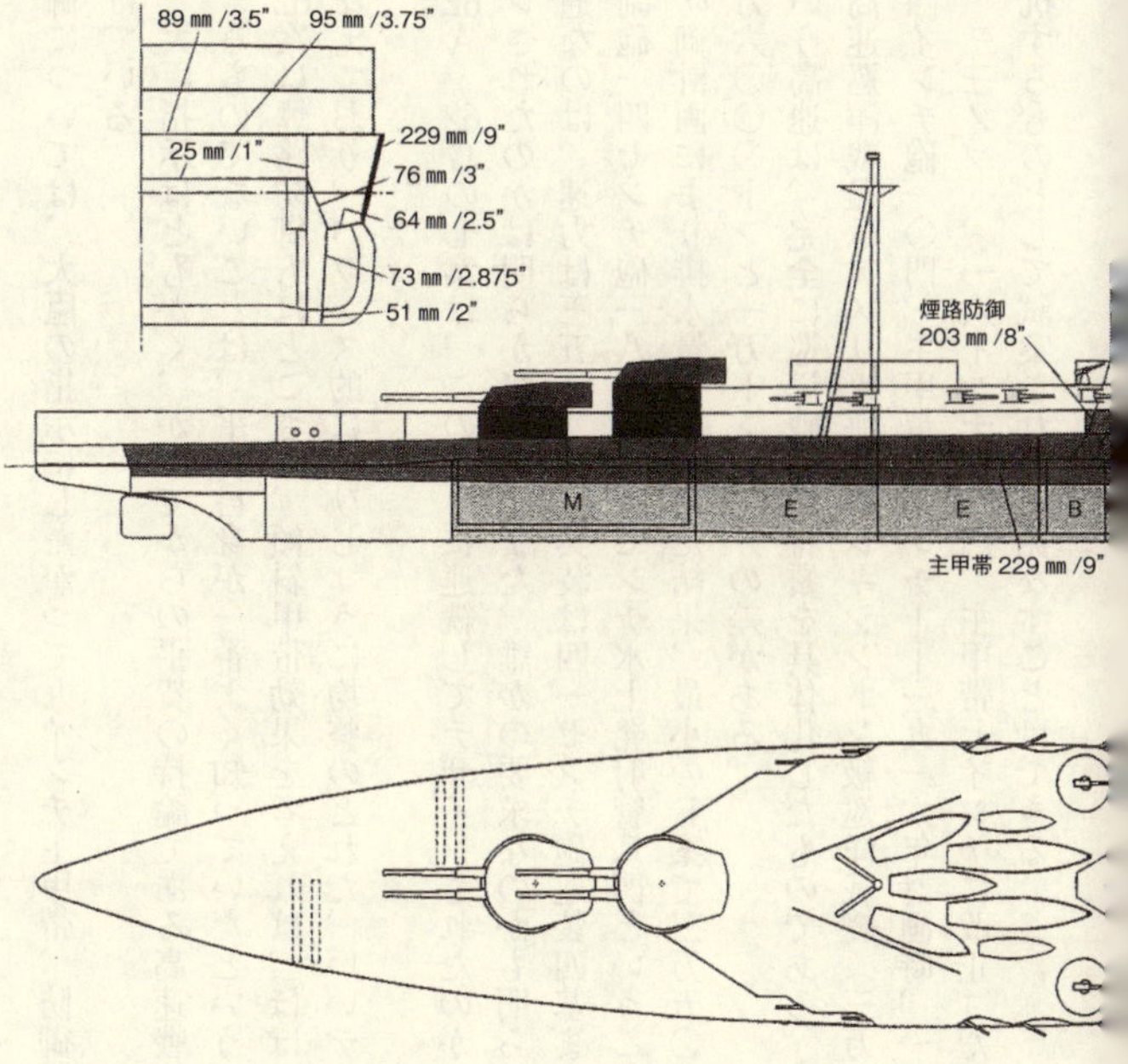
89 ㎜ /3.5"
95 ㎜ /3.75"
229 ㎜ /9"
25 ㎜ /1"
76 ㎜ /3"
64 ㎜ /2.5"
73 ㎜ /2.875"
51 ㎜ /2"
煙路防御
203 ㎜ /8"
M
E
E
B
主甲帯 229 ㎜ /9"

なじだった。防御については、大臣の指示にしたがって九インチ主甲帯、防御甲板もほぼ指示どおりに仕上げている。

このB62案は、大臣指示はともかく、かねてからの平賀の持論である高速戦艦としては、けっして満足できるものでないことは、平賀自身が一番よく知っていたというべきであった。ただ、このB62案は煙路防御もほどこされ、傾斜甲帯効果を考えれば、ほぼ「長門」型に準じた防御をそなえており、バランス的にはひじょうに均整のとれた、いいデザインといえる。

枝案であるB62A～62Gの七案は、このときに連続してデザインされたのか、しばらく間をおいてデザインされたのかは明らかでない。また、誰かの要求なのかも明らかでない。

この七案に共通なのは、速力は三五ノット、兵装は四一センチ砲連装四基または三六センチ砲連装四基、副砲一四センチ砲一八門、六一センチ水上発射管八門ということである。すなわち、主砲と防御計画により排水量を加減した結果、最小のE案で三万五〇〇〇トン、最大のD案では四万六〇〇〇トンと一万トンあまりの差がある。

三五ノットという高速は、完全に巡洋戦艦の特質を具体化したものである。当時、海外でこれに匹敵する高速巡洋戦艦はアメリカ海軍のレキシントン級巡洋戦艦（三万五〇〇〇トン、三五ノット、一四インチ砲一〇門、主甲帯五インチ――一九一六年計画時、一九一九年に四万三五〇〇トン、三三ノット、一六インチ砲八門、主甲帯七インチに改正）だけであった。当然、これに対抗するものとして試案されたと見なすことはできる。

リファインされたA案艦

最初のＢ62Ａは、第33図にしめすように排水量的にはＢ62にたいして、わずか一〇〇トンしか増加していない。しかし、水線長では三〇メートルも長く、逆に艦幅は約一メートル減少しており、三五・二五ノット発揮のため、船体形状はかなりリファインされている。

機関出力二一万軸馬力は、のちの太平洋戦争中のアメリカ戦艦アイオワ級の機関出力とほぼ同馬力である。このために缶数は六缶ほど増加されているようで、とうぜん機関区画の長さは延びており、結果的に煙突も一本増して三本煙突艦となっている。

当時、日本海軍では重油燃料が入手難であったことを考慮して、大型艦では重油専焼缶と混焼缶の組みあわせを標準としていた。別のメモとして、技術会議における新巡洋戦艦についての説明要領として、次のようなものも残されている。

その要点は、

一、排水量は四万トンを越えないこと
二、石炭のみで一四ノットの航行が可能であること
三、主砲一六インチ八門
四、防御は適格なものとする
五、船体寸法は呉工廠の造船船渠で建造可能かつ乾船渠に入渠可能なこと

といったものであった。

第33図　巡洋戦艦 B62A 案

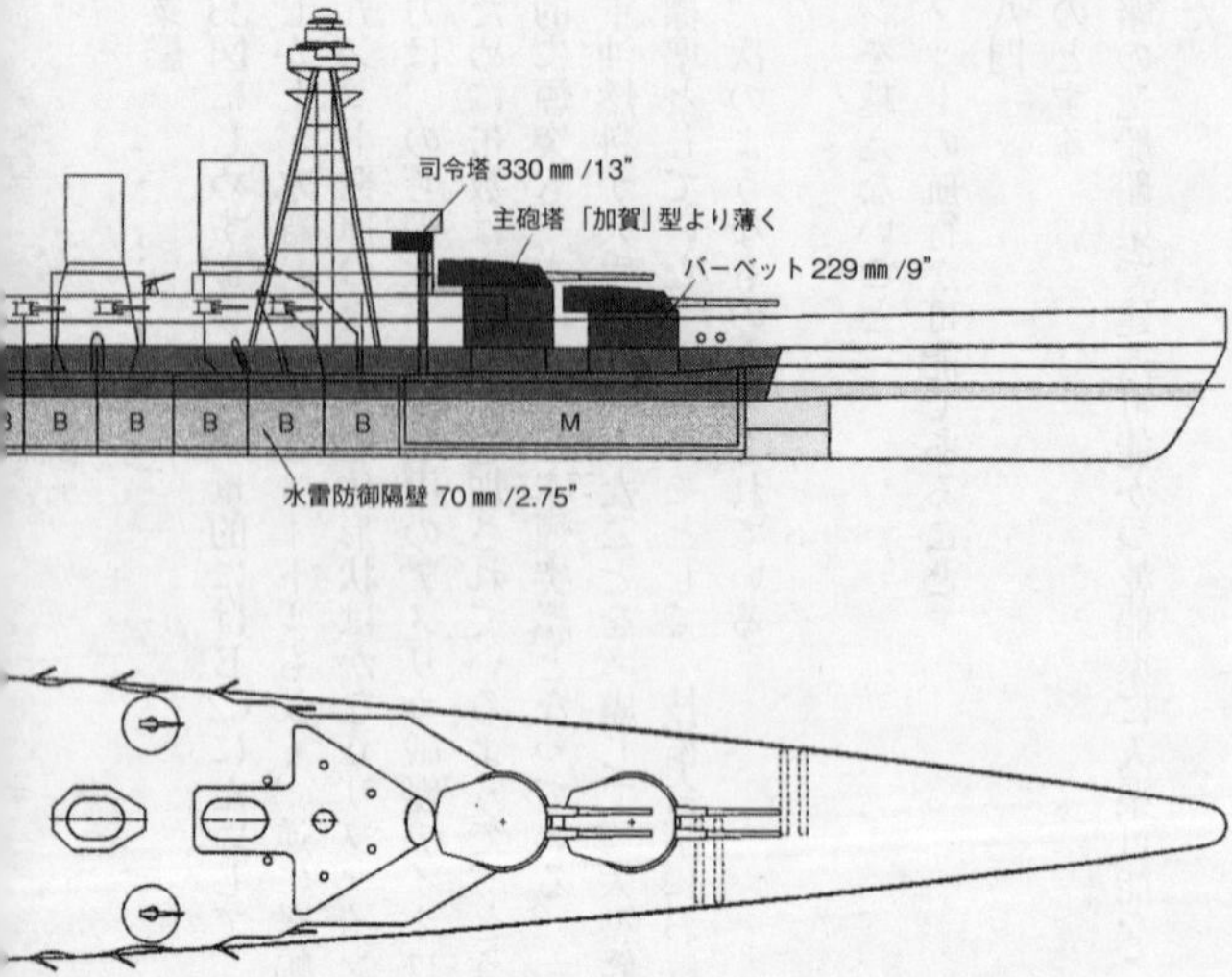

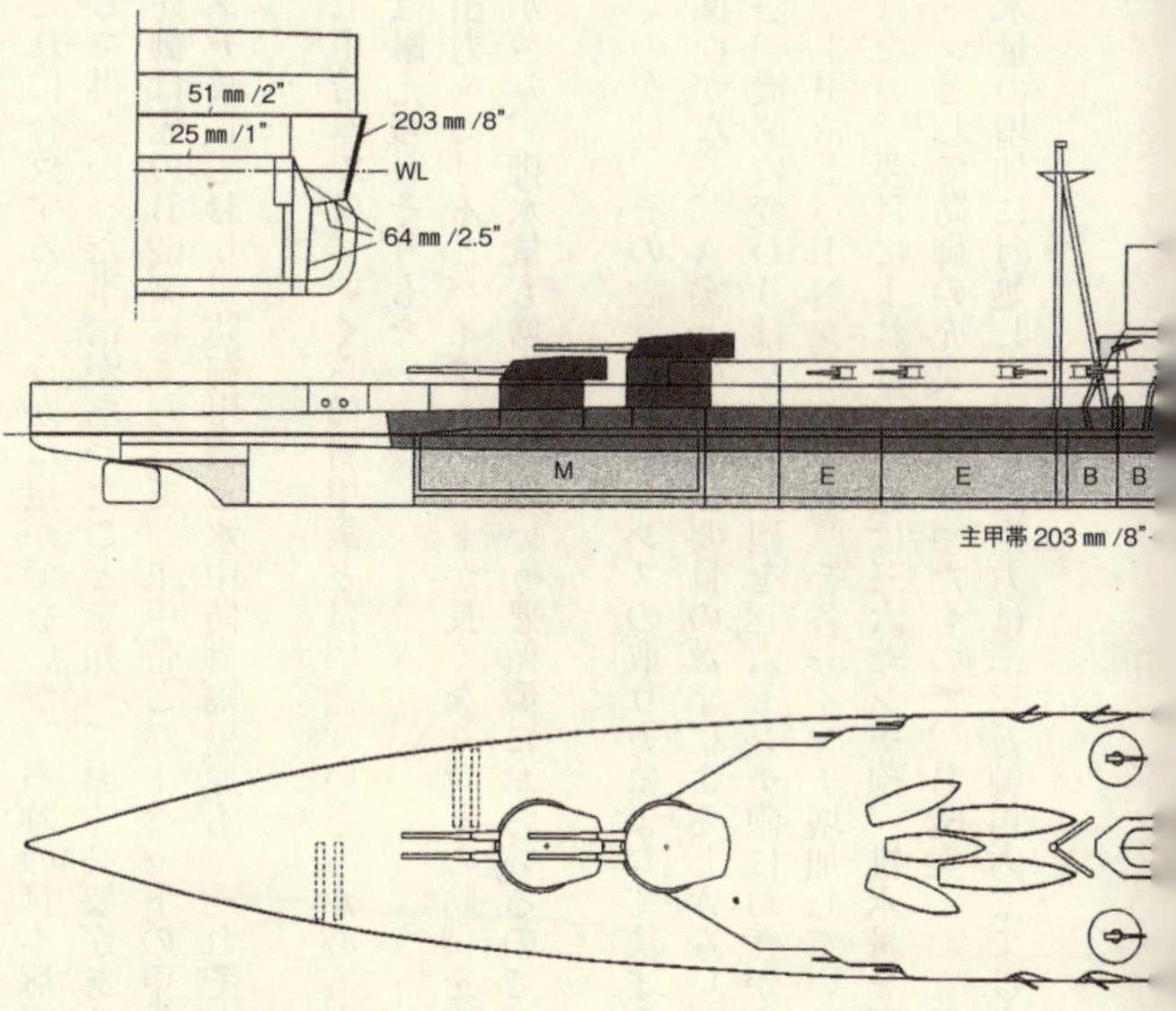
51 ㎜ /2"
25 ㎜ /1"
203 ㎜ /8"
WL
64 ㎜ /2.5"
M
E
E
B
B
主甲帯 203 ㎜ /8"

このB62A案がこれに合致するかどうかは定かでないが、当時の日本海軍では、まだまだ石炭燃料に頼らざるを得なかった事情があったことを知っておく必要がある。

さて、B62Aの防御は先のB62案にくらべて、主甲帯とバーベットの甲鈑厚をおのおの一インチおよび二インチ減じており、防御甲板と水中防御隔壁厚も、それぞれわずかに減じている。

「金剛」型とおなじ甲帯厚では、いくら傾斜甲鈑とはいえ、いささか心もとなく、敵主力との長時間の砲戦には耐えられそうもない。

結果的に、機関出力をあげるとバイタルパートが長くなり、その防御を完全にしようとすれば、防御重量がかさみ、排水量も増加するという悪循環におちいるので、どこかで妥協せざるをえない。

どこに重点をおくのかは、その設計者のバランスの取り方によって決まることになる。

次のB62B案は図面がなく、A案との相違は要目の数字によるしかない。

排水量、船体寸法、機関に変わりはなく、主砲を三六センチ砲におきかえて軽減した重量で防御計画を変更、主甲帯とバーベットの甲鈑厚を各一インチ増加している。

B62C案も図面はない。要目によれば、主砲は三六センチ砲、排水量を四〇〇〇トン増加して四万四〇〇〇トンとして防御の充実をはかったもので、B62案とおなじレベルにまでもどした。また、排水量の増加に対処して、機関出力は二三万軸馬力までひきあげている。

国内建造が困難なＤ案艦

次のＢ62Ｄ案は、この枝案七案中最大のデザインである。主砲は四一センチ砲、排水量四万六〇〇〇トン、水線長二八八メートルに達し、そのシルエットを第34図に示す。Ｂ62Ａ案と比較してわかるように、水線長の差は六メートルしかないが、機関区画はそれ以上に拡大されており、煙突間隔がひろがっているのがわかろう。

四一センチ砲搭載艦としては、先のＢ62Ａ案にたいして排水量の増加は六〇〇〇トンであるが、防御計画はＢ62元案とおなじである。結果的には、Ｂ62元案の速力を三二ノットから三四・二五ノットに高めたデザインが、こういうかたちになるということである。

結果的に後檣と三番砲塔間のスペースがひろくとれ、航空艤装や対空火力の増強などをおこなうにはひじょうに有利である。ただ、水線長二八八メートルもの長大な船体は、当時の国内造船施設では建造はむずかしかった。

Ｂ62Ｅ案は、排水量を思いきって三万五〇〇〇トンまで落とし、主砲は四一センチ砲を搭載していた。三五・二五ノット発揮のために防御を切りつめ、主甲帯厚は六インチ、バーベット厚は七インチ、防御甲板も三八ミリまで削っている。

次のＢ62Ｆ案は、Ｅ案の主砲を三六センチ砲に変更して、そのぶん防御を改善、主甲帯とバーベット厚を一インチ増加強化したものである。

最後のＢ62Ｇ案は、速力をわずかであるが三五ノットに設定、排水量を四万三五〇〇トンにまとめて、防御をＢ62元案よりさらに強化した案である。

第 34 図　B62Dと各案の比較

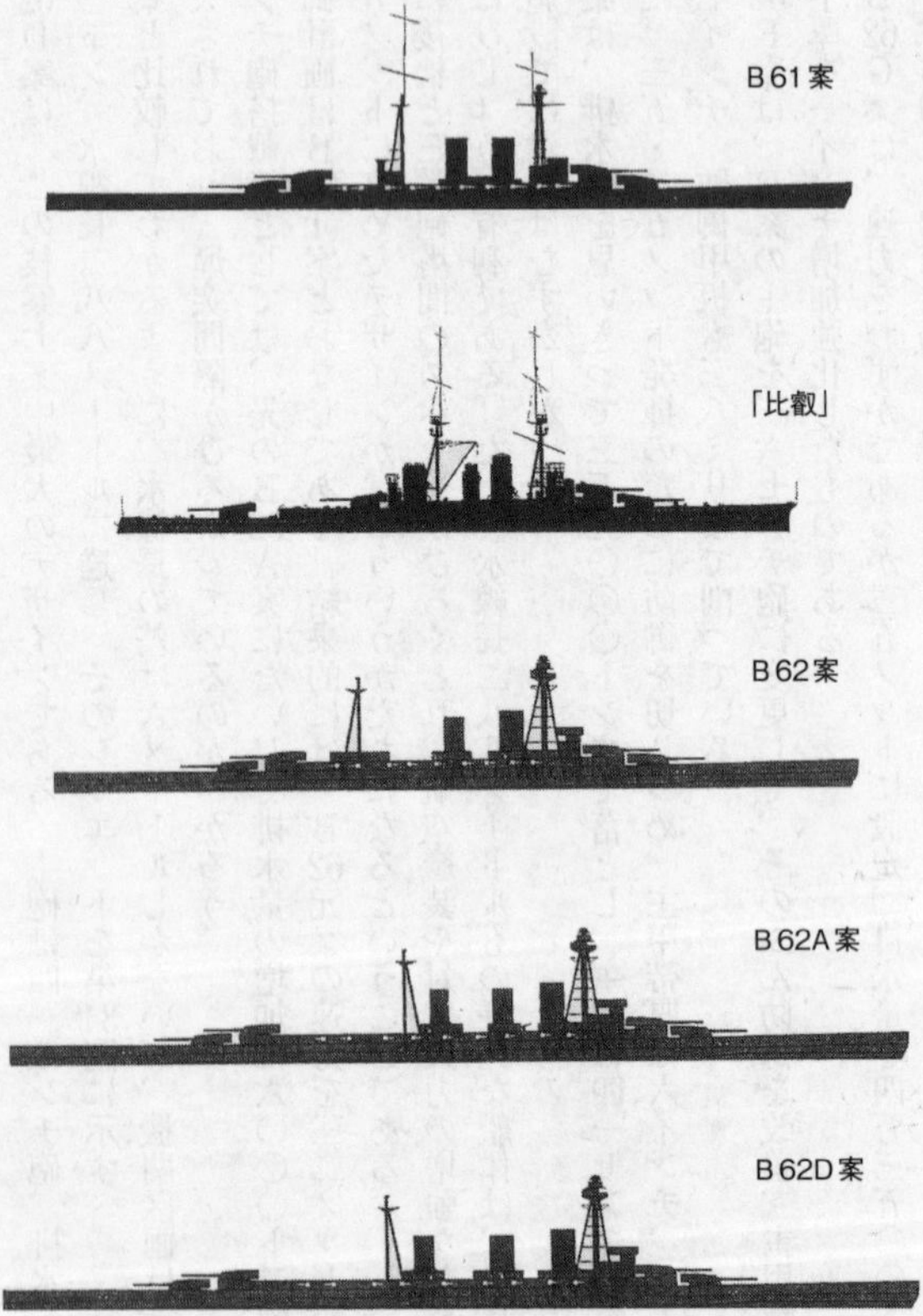

防御甲板など水平防御の甲鈑厚を増している。艦型はB62A案と変わりないものとなっている。

一連のB62デザインのなかで、このB62Gがもっともバランス的にはすぐれており、高速戦艦仕様にちかいものである。

これは後に述べることになるが、この次のB63案で平賀は、主砲塔を一基増した五砲塔艦を実現し、実質的にのちの「天城」型巡洋戦艦の原型が完成することになる。しかし、これはB62からすこし時間をおいたデザインなのか、推理するのもなかなかむずかしい。

結果論ではあるが、平賀デザインのなかでは、B62案が速力を一番優先した最初にして最後のデザインで、これ以降、速力がこれほど優速な主力艦は二度と具体的な試案としては出現しなかった。

すなわち、戦艦、巡洋戦艦という区別が、高速戦艦というくくりでまとめられる時期にはあったものの、主力艦の速力というものにたいする明確なポリシーは、当時の日本海軍にはなかったのも事実であろう。

巡洋戦艦から高速戦艦へ

新巡洋戦艦については、最初の四案（B58、59、60、61）が大正五年（一九一六）九月に大臣会議にかけられて以来、新戦艦（加賀型）の計画を優先したこともあってか、約二年五ヵ月後の大正八年三月の大臣審議において、B62～64の約一三案が審議された。B64案が承認されて、ここに新巡洋戦艦の基本計画が決定したことになる。

B62案は枝案をふくめて九案がある。これについては説明したように、B62、62′案は速力三三ノット、B62A～62Gは速力三五ノット、一部をのぞいて四一センチ連装四砲塔を主兵装とした計画であった。最大のB62D案では、常備排水量四万六〇〇〇トン、水線長二八八メートルの巨大艦になっていた。

これらは、あきらかに米海軍のレキシントン級巡洋戦艦を意識したデザインであったことは容易に推察できた。

これにたいしてB63、64案は、主砲塔を一基増やした五砲塔艦となり、かわりに速力を三〇ノットまで落とした。主甲帯の甲鈑厚を一〇インチと一一インチ厚くしていたデザインで、巡洋戦艦より高速戦艦とよぶにふさわしいものであった。

もちろん平賀自身も、それを意識してデザインしたらしく、時期的にB62と一緒に提出されたものの、実際にデザインしたのは、B62からすこし間をおいた時期のデザインではないかとも考えられた。

B64案は、結果的に次期巡洋戦艦案として承認されたわけだが、厳密にはB64案は二種あった。B64とB64′があり、B64′案が最終案として承認されたのであった。

さらにB63案も同様に、B63、B63′およびB63″の三種があった。ただ、このB63、64の五案は、排水量四万一〇〇〇トン、主砲四一センチ連装五基はかわらず、機関出力をわずかに増減させて、速力二九～三〇ノットの範囲におさめ、これに応じて船体寸法を微妙に変化さ

第 35 図　巡洋戦艦比較

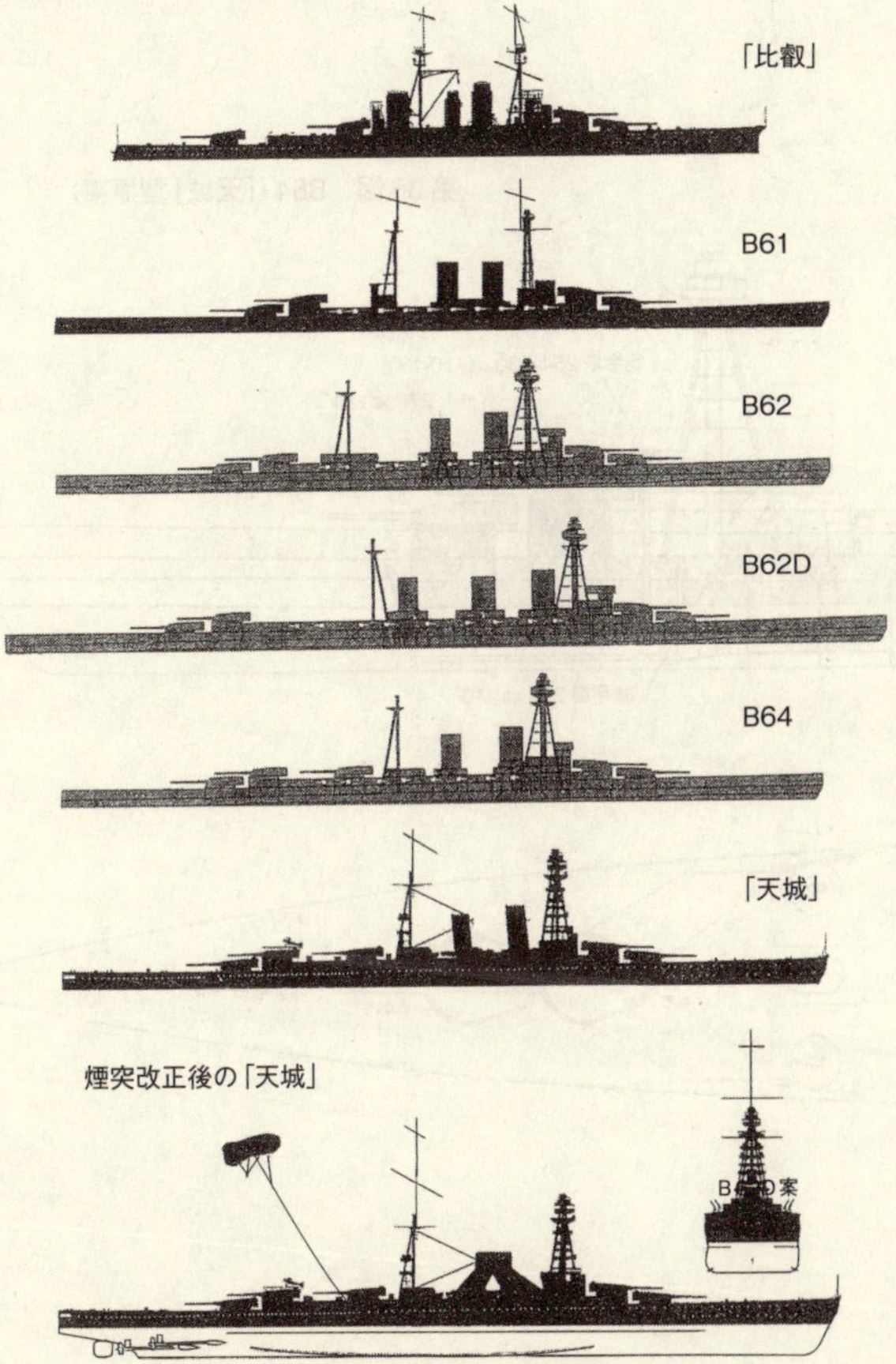

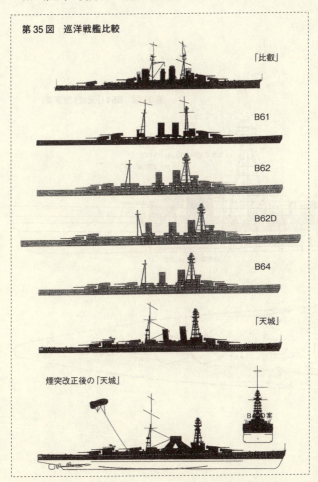

第36図　B64（「天城」型原案）

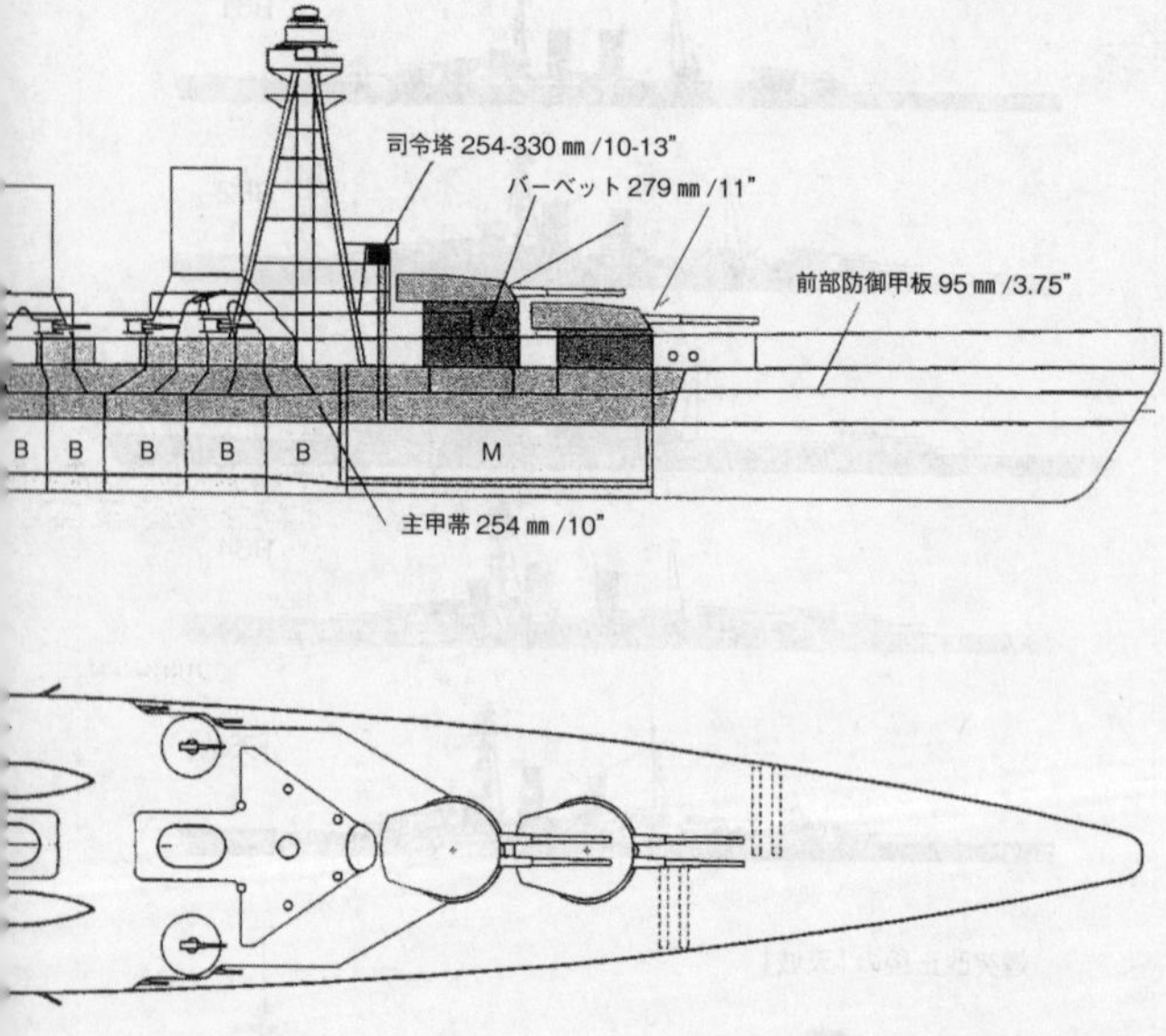

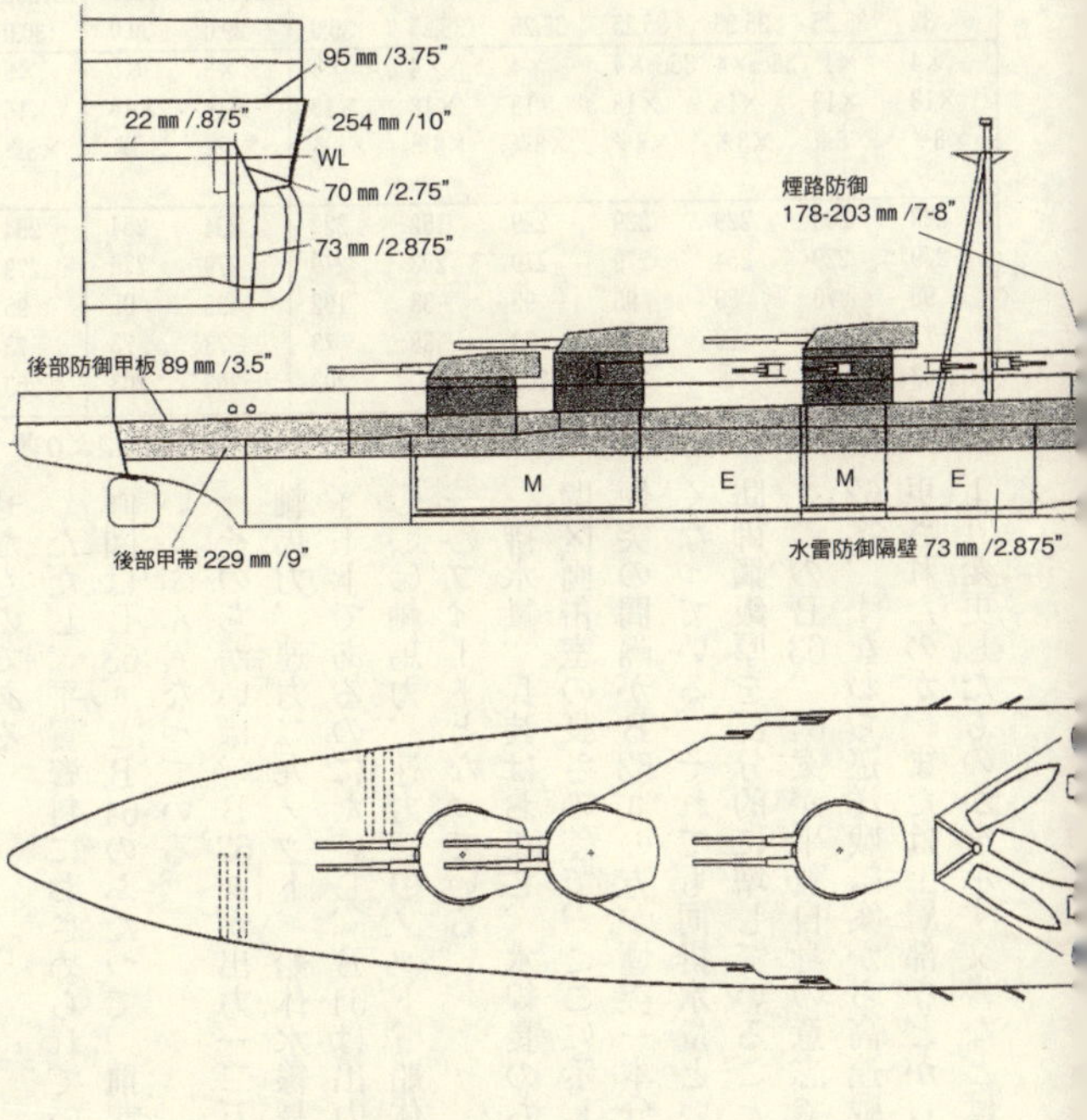

95 ㎜ /3.75"
22 ㎜ /.875"
254 ㎜ /10"
WL
70 ㎜ /2.75"
73 ㎜ /2.875"
煙路防御
178-203 ㎜ /7-8"
後部防御甲板 89 ㎜ /3.5"
M
E
M
E
後部甲帯 229 ㎜ /9"
水雷防御隔壁 73 ㎜ /2.875"

B62	B62A	B62B	B62C	B62D	B62E	B62G	B63	B64	天城
T8-3-13									
39900	40000	40000	44000	46000	35000	43500	41000	41000	41000
251.5	282	282	285	288	271	286.5	244	247	247
30.5	29.6	29.6	30.2	30.5	29.0	29.9	30.5	30.5	30.8
9.1	8.2	8.2	9.0	9.1	8.2	8.5	9.1	9.1	9.4
156000	210000	210000	230000	235000	195000	220000	122000	131000	131200
32	35.25	35.25	35.25	35.25	35.25	35.0	29.0	30.0	30.0
×4	×4	36cm×4	36cm×4	×4	×4	×4	×5	×5	×5
×18	×18	×18	×18	×18	×18	×18	×16	×16	×16
×8※	×8※	×8※	×8※	×8※	×8※	×8※	×8※	×8※	×8※
229	203	229	229	229	152	229	254	254	254
279	229	254	279	279	203	279	279	279	279
95	70	89	95	95	38	102	95	95	95
73	70	70	73	73	38	73	73	73	73
203	①	①	203	203	①	203	203	203	203

（注）※60㎝発射管　①「加賀」型より薄く

せたものである。

ただし、平賀資料におさめられている基本計画図はＢ63ａとＢ64のふたつで、前記要目とはいくぶん異なっている。

そのちがいは、Ｂ63ａが出力一二万二〇〇〇軸馬力、速力二九ノット、船体水線長八〇〇フィートであるのにたいし、Ｂ64は出力一三万一〇〇〇軸馬力、速力三〇ノット、船体水線長八一〇フィートとなっている。

排水量、兵装はおなじ、水線長のちがいは機関区画缶室の長さの差で、ここに示したＢ64の煙突の間隔がＢ63ａの方が煙突一本分ほどせまくなっている。それでも同排水量ということは、防御鋼鈑厚を部分的に増していることによる。

このＢ63、64案が平賀自身の意志で、前のＢ62案、すなわち巡洋戦艦案から高速戦艦案に変更されたのか、または上層部などからの要望により変更したものかを示す文書などは残ってい

	金剛
会議提出日	
常備排水量(t)	27500
全長(水線長・m)	215
最大幅(m)	28
吃水(m)	8.4
出力(軸馬力)	64000
速力(ノット)	27.5
主砲(41cmⅡ)	36cm×4
副砲(14cm)	15cm×16
53cm発射管(水上)	
(水中)	×8
主甲帯(mm)	203
バーベット(mm)	229
防御甲板(mm)	38
水中防御隔壁(mm)	
煙路防御(mm)	

ないものの、筆者の個人的な感触では、平賀の主導でデザインされたものと推測している。

大正十三年（一九二四）十二月十八日、平賀が皇太子（昭和天皇）にたいする「列強軍艦設計の大勢に就いて」と題したご進講において、平賀は「天城」型について、「……天城級決定にさいするには、米国巡洋戦艦に対応する関係上、高速力を希望ありしも（筆者注B62案）あまりに予算を超過することと、かかる大馬力の機関関係上の準備がととのわざるものありしために、ついに一三万馬力、速力三〇ノットに甘んずるかわりに、一六インチ一〇門、防御力優秀、排水量四万一〇〇〇トンをもって成立するにいたり、巡洋戦艦と称せらるるといえども、防御力わずかに加賀より劣るにとまり、長門より有力にして、すなわち事実、高速戦艦型に属す」と述べている。

もちろん、この時期ワシントン条約締結により「天城」「赤城」は廃棄、空母への変更が決まっていたが、一般向け講演とことなり、将来の天皇にたいするご進講だけに、内容は極秘扱いのものであった。内容も数字も、すべて事実であったと思われた。これによっても「天城」型は、平賀好みのデザインであったことがうかがえる。

掛け図にかくされた秘密

大正八年三月十三日の大臣審査において、B64案が次期巡洋戦艦に決まったことはこれまで述べてきたが、これに先立つ一月十日に技術会議が開催されており、ここで次期巡洋戦艦の艦型に関する議論があったものとみられる。平賀のB63、64案はここで討議されて、ほぼ根まわしが終わっていたのではとも推察される。

艦型の決定後、技術本部においては正式に基本計画図面の制作に着手し、同年九月には防御配置図も完成している。この時点でB64との大きな差異はなく、外観的には二本煙突を後方に軽く傾斜させたぐらいでしかない。

十一月十七日に横須賀工廠にたいして、「天城」の建造訓令が発せられている。呉工廠にたいする「赤城」の建造訓令も、たぶんほぼ同時期のことであろう。

建造訓令にともなって、基本計画図面一式が各工廠に提出されることになる。以後、各工廠では起工にそなえて、実際に建造するための詳細設計をおこない、製造図面の作成に着手することになる。

横須賀工廠における「天城」の起工は約一年余後の翌大正九年十二月十六日で、同様に「赤城」も同六日、呉工廠で起工されている。この時点で詳細設計のすべてが完成しているわけではなく、起工に必要な図面作成を優先するものであろう。

じつは、この「天城」「赤城」の起工までに、外観に関する一つの大きな変化があったことは、今まで知られていない事実であった。

それは、ここに第37図に示したように、煙突の形態が二本煙突から結合煙突に変わってい

第37図　帝国主力艦及び英国商船比較

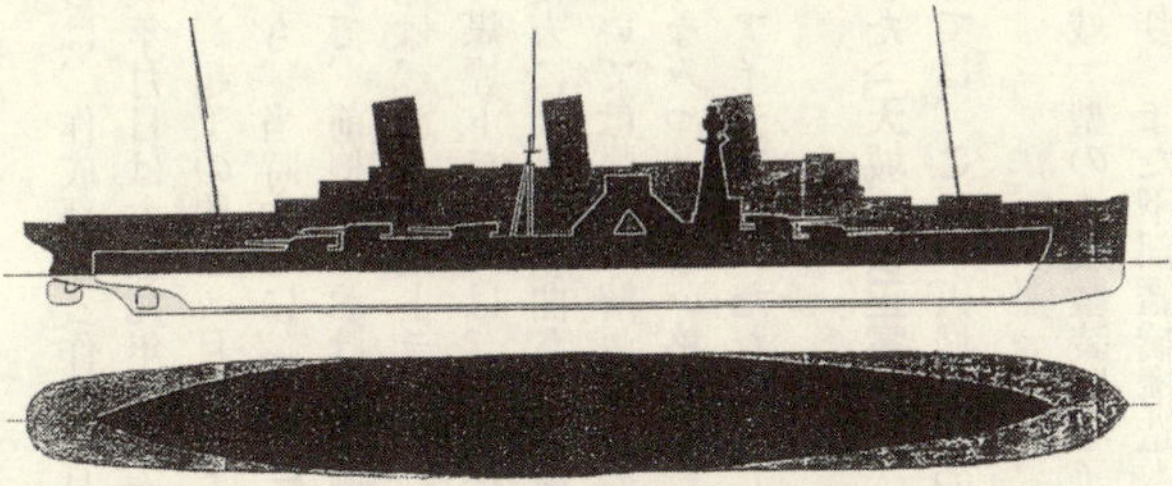

大正13年末、皇太子に対するご進講にもちいた掛け図（内側が天城型、一部加筆修正）

たことである。

著者がこの結合煙突の形態に注目した発端は、平賀資料に数おおくふくまれている、各種講演のさいにもちいた掛け図のなかにここに掲げたような「帝国主力艦及英国商船比較」と題した図があったことで、ここでは明らかに「天城」型巡洋戦艦が結合煙突の形態になっていた。

これは前述のように、大正十三年十二月に皇太子にたいしておこなったご進講の掛け図として用意されたもので、当初は平賀が独断で煙突形態を書きかえたかとも思ったが、おなじく平賀資料にあった「天城」「赤城」一般艤装図一式を子細に調べた結果、この図面に結合煙突の形態を発見した。

この図面は、原図は青図らしいが鮮明さに欠けて、最大に拡大してかろうじて線が、おぼろげながら認識できる程度の不鮮明な図面である。そのために、これまで誰も気づかなかったのであろう。

図面からは、作成部署と作成年月日は読みとることはできないが、一部の図面から、かろうじて作成年月日は大正九年九月一日と判読されている。

すなわち、起工の約三ヵ月前のことで、作成は技術本部ではないかと推定される。

というのも、当時すでに「長門」の公試運転がおこなわれて、前煙突と前檣楼間に排煙が吸いこまれて、前檣楼における煤煙の影響が問題化していたと想像され、この「天城」型の結合煙突化は、こうしたトラブルに対処したものではなかったのかと推定する。

「長門」の煤煙トラブルは、完成後、まず前煙突に大型のスクリーンを装着したが解決せず、前煙突を後方に大きく屈曲させて解決した。

これについては最初、解決策を命じた部下の藤本造船官が、この方法を提案したところ、平賀はこんなみっともない格好にできるかと一喝したと伝えられる。しかし、あとでちゃっかり、そのアイデアをいただいてしまったことは有名なエピソードである。

発見された「天城」改正案

その意味では、この「天城」型の結合煙突の形態は、平賀好みのものではなかったのかと思われた。

この「天城」型の一般艤装図を子細にみると、この結合煙突化にともなって煙路の一部も変化しており、また下部艦橋構造も一部変わっている。

平賀資料にはその立場上、技術本部において作成した図面類が大半であった。各工廠作成の現場における製造図面の類は極端にすくなく、さすがに平賀をもってしても、勝手に持ちだすことがむずかしかったものらしい。

この結合煙突化した「天城」型がこれまで知られなかったのは、たぶん「天城」型が未成におわったことと、知られていた残存資料が極端にすくなかったためだろう。これは、戦後最初に「天城」型について説明した福井静夫氏の著書『日本の軍艦』を見てもわかるように、巻末の「天城」型の艦型略図は、かなり想像をまじえて描かれたものであることがわかる。

平賀資料の公開ではじめて明らかになった八八艦隊未成艦の未知の事実が、あまりに大きかったことは、ごく一部の者にしか理解されていないようであるが、この「天城」型の結合煙突化などは、その最たるものであろう。

予定では「天城」は大正十二年十一月中旬、「赤城」は同十二月下旬の約三ヵ年の工期で完成するはずであったが、結果的にワシントン条約の締結で建造中止、廃棄されることになる。

横須賀工廠の「天城」と呉工廠の「赤城」は工程進渉度四割、川崎造船所の「愛宕」と三菱長崎造船所の「高雄」は進渉度一割五分であった。「天城」と「赤城」は航空母艦として生き残ることになる。しかし、横須賀の「天城」は関東大震災で、船台上で支柱や盤木の大半が破損、船体が約一・五メートル後退、さらに約三〇センチ降下し、かつ左舷に傾斜する被害をうけており、復旧を断念して船台上で解体され、かわりに未成戦艦「加賀」を航空母

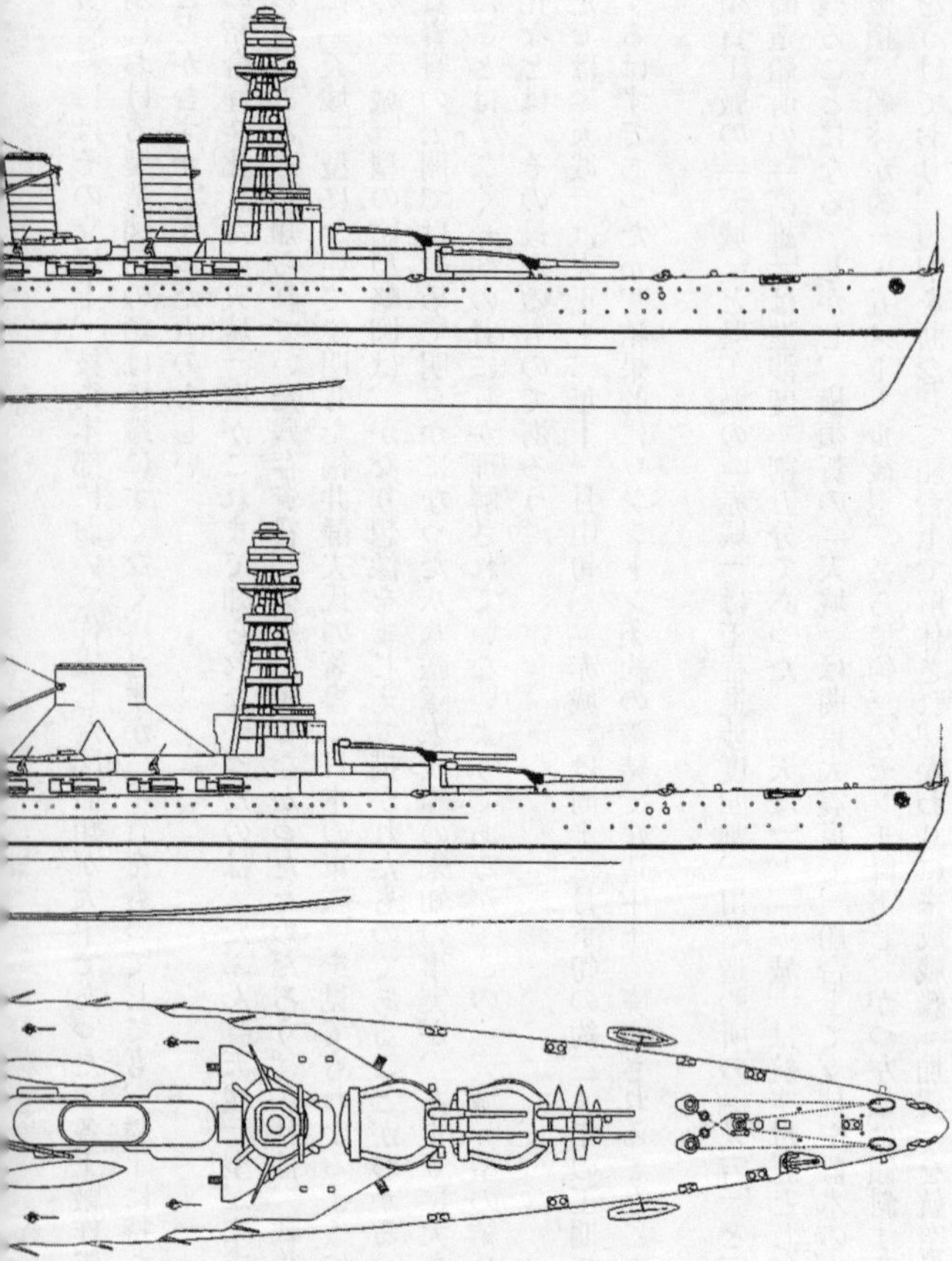

第 38 図　「天城」建造訓令時の艦型

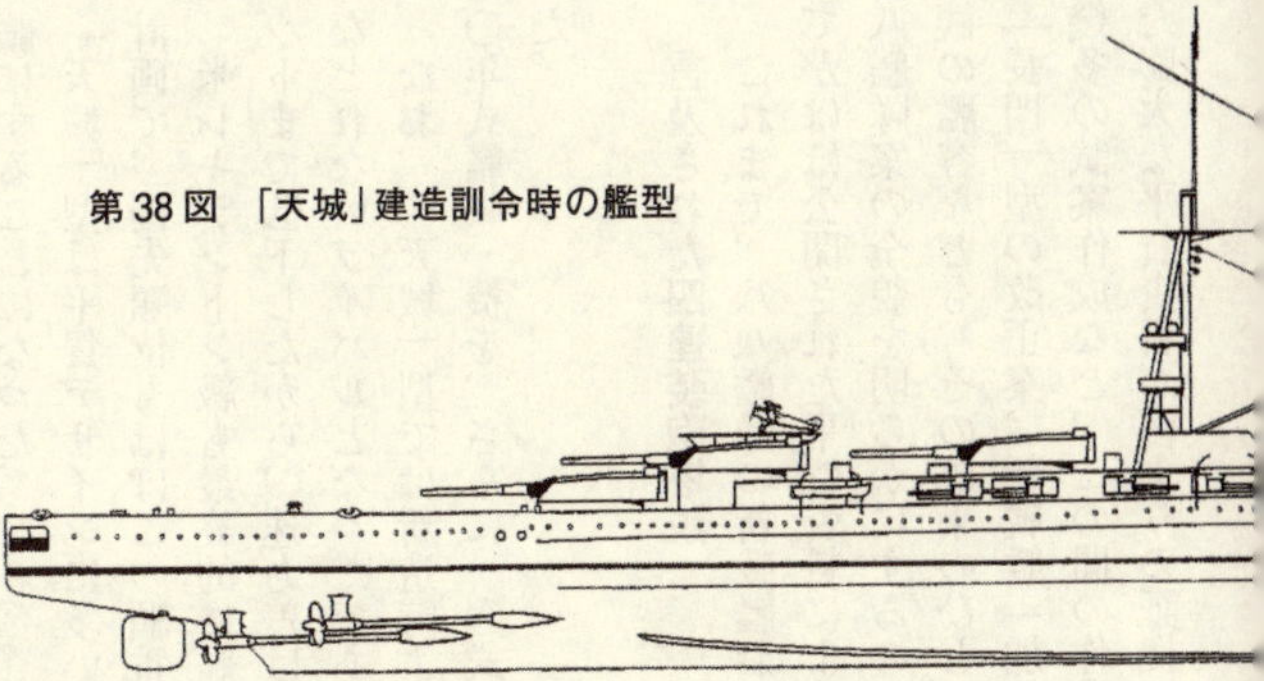

第 39 図　「天城」煙突改正後の艦型

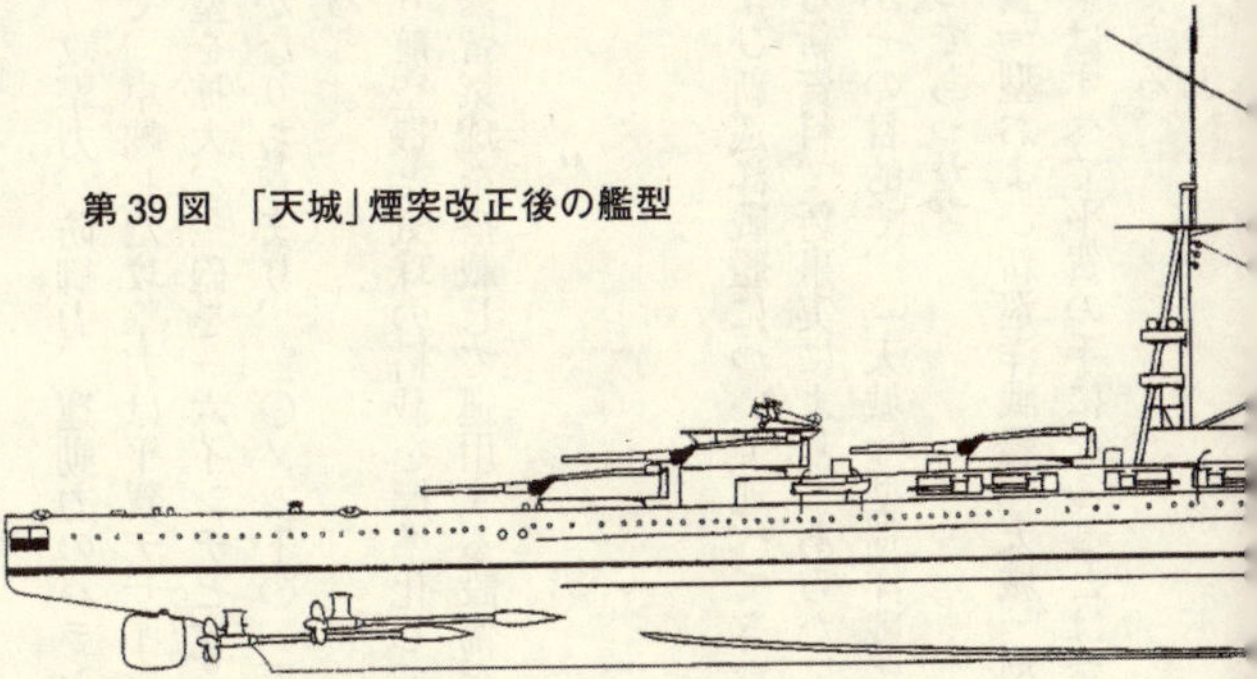

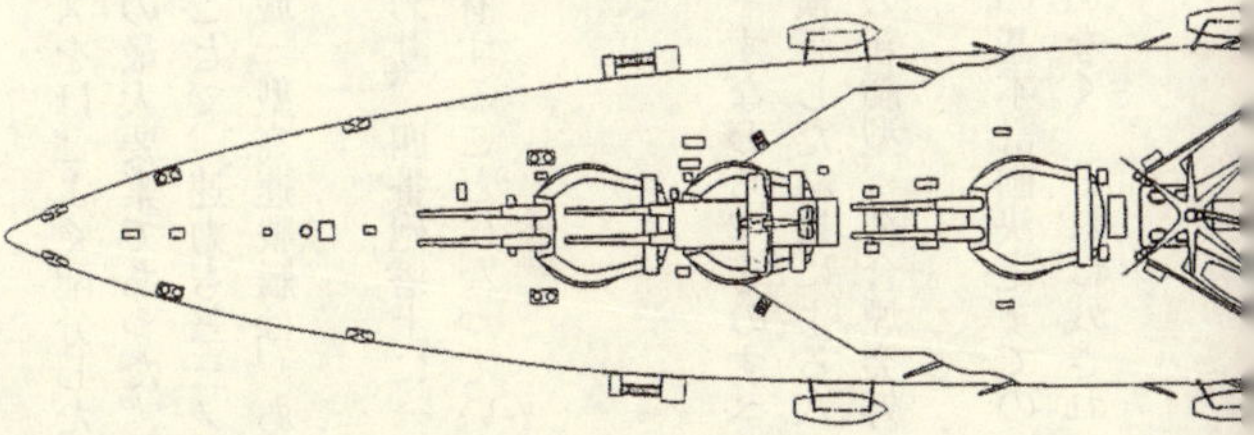

艦にすることになった。

「天城」型は平賀デザインに多い、攻撃力、防御力、運動力のバランスをほどよく配分した計画で、優先順位もほぼこの順番で、卓越した攻撃力は平賀デザインの最大要素であった。米レキシントン級も最終的に艦型を拡大、主砲を一六インチとすることで、速力も三三ノットまで低下したから、速力差はかなりちぢまり、三〇ノットの「天城」型高速戦艦は、あなどれないライバルとなったであろう。

なお、「天城」型では新造時より航空機と気球の搭載を標準化しており、四番砲塔上に一〇年式艦戦一機を、さらに一〇式繋留気球を搭載して運用する設備を有することになっていた。

言及された四連装砲塔説

これまで、八八艦隊の新戦艦および新巡洋戦艦について述べてきた。すなわち、そのすべてがほぼ公開された平賀資料による新資料、新事実により、あらたに検証した結果による八八艦隊案の全貌を明らかにするのがその目的で、「天城」型巡洋戦艦の新艦型、結合煙突外観の艦容なども、その成果のひとつであった。

「長門」型の改正案、新戦艦「加賀」型および新巡洋戦艦「天城」型の基本計画決定までの幾多の試案作成など、この間の作業はすべて平賀の手になることは疑いなく、それは残された膨大な平賀資料が何よりの証拠である。

というのも一部に、ごく一部だが、これらの基本計画は別人の手になるものとの異論を唱える者がいるので、あらためて言及したわけである。もちろん、平賀の手になるとはいっても、すべて平賀個人の力でやったというわけではなく、当然、部下の造船官、技師らに命じてやらせた仕事も多いだろう。

しかし、平賀の設計思想と意図がもりこまれている以上、平賀デザインと称しても何らさしつかえなしとするのはあたり前のことである。

大正八年（一九一九）三月に「天城」型の基本計画案B64が承認されて、「天城」型の計画が決定したことは前回述べたとおりだが、そうなると次は「加賀」型につぐ新戦艦の計画となるのは当然である。

八八艦隊としては、四隻の戦艦と四隻の巡洋戦艦の計画がのこっていることになる。この年の十月に平賀は、「八八艦隊掉尾の六艦計画に関連して」四連装砲塔説という意見具申をしている。ただし、ここにある八八艦隊掉尾の……は平賀遺稿集編者の補足らしく、原資料は「四連装砲塔説」のみである。

「長門」「加賀」「天城」型とつづいてきた主砲の連装砲塔採用にたいして、このころより主砲の多連装砲塔化についての議論が活発化しはじめる。

これはひとつに、アメリカの新戦艦サウスダコタ級の一六インチ五〇口径砲三連装砲塔四基搭載に対抗するのに、日本もこのまま連装砲塔でいいのかという疑問にたいして、用兵側や技本造兵官のあいだより、次期戦艦、巡洋戦艦はどうあるべきかという提案や意見具申が

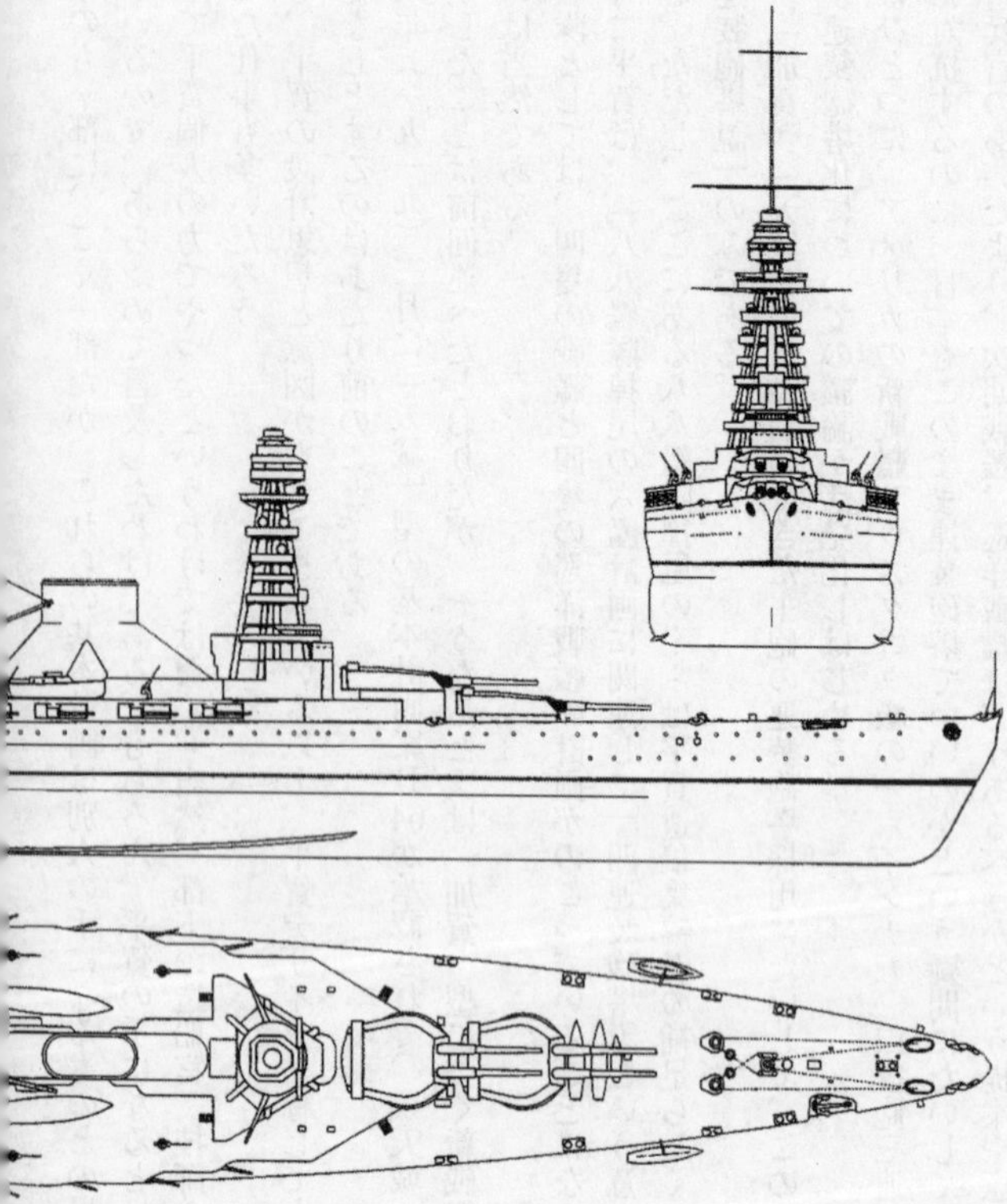

第40図　「紀伊」型完成予想図

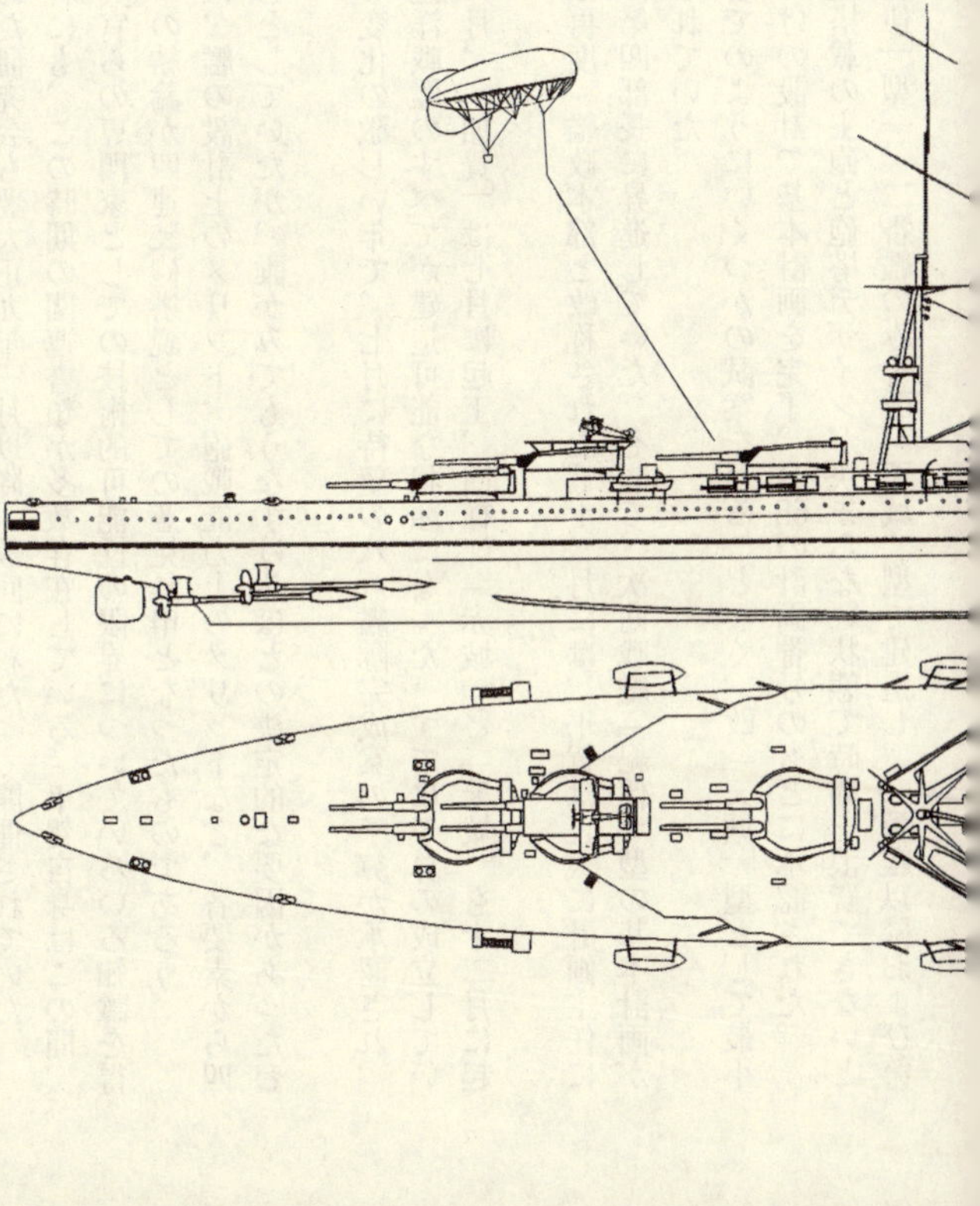

あった。関係者を集めた研究会も翌大正九年三月以降、数回にわたって開催されていた。したがって平賀資料にも、この時期の関連書類が多数存在している。平賀自身はこの間、各関係者の意見や造兵官らの専門家としての技術的可能性の限界についていろいろ知識を得たようで、そのひとつの結論が四連装砲塔説としての意見具申となったものであろう。

平賀の意見としては、艦の設計上のメリット、砲戦能力上のメリットなど、各要素から四連装砲塔を可とすべしとしていたが、誰がみてもうなずけるほどの決定的な要因があったわけではなかった。

大正九年はいろいろ変化の激しい年で、七月に待望の八八艦隊完成案の予算が承認され、ここに懸案の戦艦、巡洋戦艦のすべてが建造可能な状態になった。すでに予算の成立していた「土佐」はこの年二月、「加賀」は七月に起工、同様に「赤城」と「天城」も十二月に起工されている。

十月には技術本部は再度、艦政本部と改称された。十二月には、平賀は正式に計画主任に任命され、山本開蔵は第四部長に昇進していた。そして、次期戦艦「紀伊」型の基本計画が九月四日に承認決定されていた。

「紀伊」型は、これまでのようにいくつかの試案をねることなく、改「天城」型として最小限の改正をくわえるだけの設計で基本計画を完了、B65の計画番号のもとに承認された。

これは、次期主力艦搭載の主砲と砲塔デザインが決まらない状態で時間を浪費できないとして、とりあえず「紀伊」型一、二番艦のみを改「天城」型で建造し、三番艦以降および第八号巡洋戦艦四隻にたいして、新規主砲を適用せんとしたものと思われた。

ただし、ここでもちいられたB65という基本番号は、のちの計画の超甲巡に再度もちいられている。

製艦を完結せしむる方法

大正九年二月二日付けの覚え書き、「大正十六年までに製艦を完結せしむる方法」には、今後訓令される予定の四隻の戦艦は「加賀」と同一とし、四隻の巡戦を「天城」と同一とすること、大正九年着手のものを戦艦にあらため、ただちにその材料（甲鈑）を外国に注文することと。すなわち「加賀」型のものならば、材料一隻分約一万トンをただちに注文し得ることと記されていた。

八八艦隊案の完成時期について当時、海軍当局が危機感をいだいていたことをしめす覚え書きである。

そうした事情もあって、この年の九月に次期戦艦「紀伊」型の艦型が決定されている。平賀の意向としては「土佐」のままというのはあまりに能がなく、それならばということで「天城」型の改型として「紀伊」型を計画したものらしい。

一二九ページの表にしめすように、船体寸法、機関、兵装はすべておなじである。防御計画のみを改正して、水線甲帯厚を一・五インチ、その他バーベット、前部防御隔壁、司令塔、防御甲板、煙路などの甲鈑厚を一インチ前後厚くしている。

これにより計画常備排水量を一六〇〇トン増加し、吃水の変化で水線長と垂間長がわずかに増加、舷側甲鈑厚の増加により最大艦幅がいくぶん変化した。これらにより速力が〇・二五ノット低下したものであった。

こうした改正により、防御力と攻撃力は「加賀」型と同等だが、速力の優速分だけ有利との結論を得たとしている。

「紀伊」型は今日、一般的には同型四隻と解釈されているが、前述のように艦政本部としては三番艦以降は新型として計画する腹づもりだった。翌大正十年十月十二日に製造訓令が発せられたのは呉工廠の「紀伊」と横須賀工廠の「尾張」の二隻のみであった。

この時点はワシントン軍縮会議開催の一ヵ月前で、当然この二隻も起工にいたる前に建造とり止めとなる運命にあった。

大正十年八月に平賀の作成したメモがあり、軍縮会議の開催をひかえて将来、主力艦にたいする制約が課せられることを前提として、現在建造中、計画中の戦艦、巡洋戦艦にたいして、現時点でどこまで改正、改良をもりこめるかについて、次のように述べている。

「加賀」「土佐」は工事が進捗しているため無理、「天城」「赤城」は即時決定すれば、まだ改正の余地あり、「高雄」「愛宕」は未起工につき可能、「紀伊」型についても設計変更可能としている。

具体的には「天城」型については、水線甲帯厚を一インチ増加、防御甲板厚を三・七五インチから四インチに増加、砲塔天蓋厚を五インチから六インチに増加とした。これらによる

	天城型	紀伊型
垂間長(m)	234.70	234.87
水線長(m)	249.94	250.11
全長(m)	252.37	同じ
水線部幅(m)	32.37	32.49
水線下幅(m)	31.32	同じ
深さ(m)	18.06	同じ
平均吃水(m)	9.45	9.75
計画常備排水量(t)	41000	42600
主機	オール・ギァード・タービン×4	同じ
缶	専焼缶×11　混焼缶×8	同じ
回転数(rpm)	210	同じ
軸馬力(SHP)	131200	同じ
速力(ノット)	30.0	29.75
石炭搭載量(t)	2500	同じ
重油搭載量(t)	3900	同じ
航続距離(ノット/浬)	14/8000	同じ
主砲	41cm/45口径II×5(100rpg)	同じ
副砲	14cm/50×16(120rpg)	同じ
高角砲	12cm/50×4 (150rpg)	同じ
発射管	61cm水上×8	同じ
探照灯	110cm×10	同じ
主砲用水圧機	650HP×5	同じ
発電機	300kW×3、150kW×1	同じ
舷側水線主甲帯(mm)	254VC	＋38mm
舷側水線後部甲帯(mm)	229VC	同じ
前部防御隔壁(mm)	229VC	＋38mm
後部防御隔壁(mm)	203-229VC	同じ
バーベット(mm)	178-279VC	＋25mm
司令塔・側部(mm)	254-330VC	＋25mm
・上部(mm)	152NVNC	＋25mm
・床部(mm)	76NVNC	同じ
・交通筒(mm)	51-102NVNC	同じ
煙路・機械室通気口(mm)	102-203VC	177-216VC
甲板・上甲板中央部(mm)	95HT (高張力鋼)	同じ
・中甲板機関部(mm)	22-32HT	同じ
・中甲板弾薬庫(mm)	48HT	同じ
・中甲板中央傾斜部(mm)	70HT	同じ
・中甲板後部(mm)	19-44HT	同じ
・下甲板前部(mm)	51-95HT	51-117HT
水雷防御隔壁(mm)	73HT	同じ
水雷防御横隔壁(mm)	89HT	同じ
VC:ヴィッカーズ式浸炭鈑	NVNC:新ヴィッカーズ式非浸炭鈑	

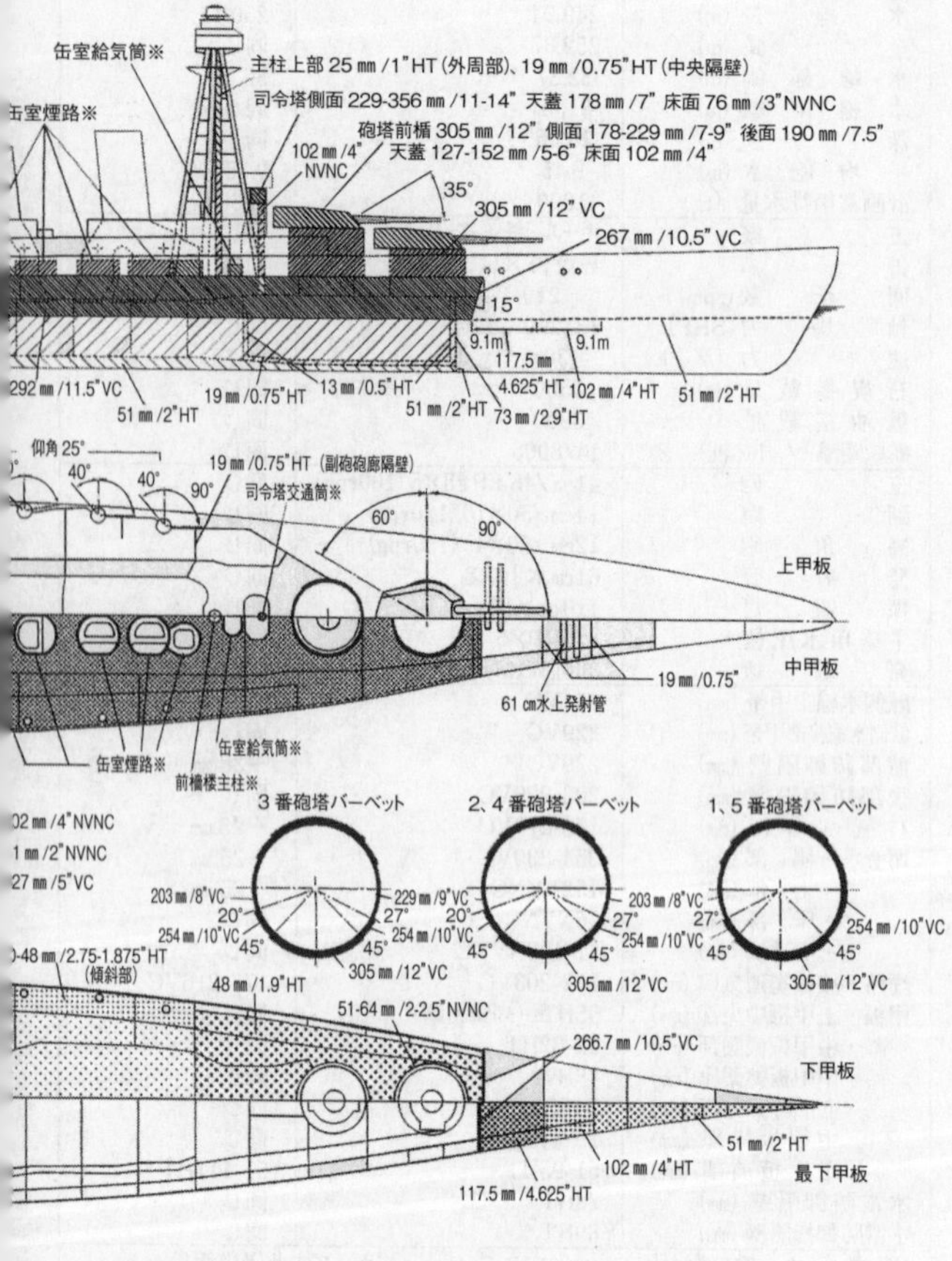
缶室給気筒※
主柱上部 25 ㎜ /1" HT (外周部)、19 ㎜ /0.75" HT (中央隔壁)
缶室煙路※
司令塔側面 229-356 ㎜ /11-14" 天蓋 178 ㎜ /7" 床面 76 ㎜ /3" NVNC
砲塔前楯 305 ㎜ /12" 側面 178-229 ㎜ /7-9" 後面 190 ㎜ /7.5"
102 ㎜ /4"
天蓋 127-152 ㎜ /5-6" 床面 102 ㎜ /4"
NVNC
35°
305 ㎜ /12" VC
267 ㎜ /10.5" VC
15°
9.1m
9.1m
117.5 ㎜
4.625" HT
102 ㎜ /4" HT
51 ㎜ /2" HT
292 ㎜ /11.5" VC
19 ㎜ /0.75" HT
13 ㎜ /0.5" HT
51 ㎜ /2" HT
73 ㎜ /2.9" HT
51 ㎜ /2" HT
仰角 25°
40°
40°
90°
19 ㎜ /0.75" HT (副砲砲廊隔壁)
司令塔交通筒※
60°
90°
上甲板
中甲板
19 ㎜ /0.75"
61 ㎝水上発射管
缶室給気筒※
缶室煙路※
前檣楼主柱※
3 番砲塔バーベット
2、4 番砲塔バーベット
1、5 番砲塔バーベット
02 ㎜ /4" NVNC
1 ㎜ /2" NVNC
27 ㎜ /5" VC
203 ㎜ /8" VC
229 ㎜ /9" VC
20°
27°
254 ㎜ /10" VC
254 ㎜ /10" VC
45°
45°
305 ㎜ /12" VC
203 ㎜ /8" VC
20°
27°
254 ㎜ /10" VC
45°
45°
305 ㎜ /12" VC
27°
254 ㎜ /10" VC
45°
45°
305 ㎜ /12" VC
0-48 ㎜ /2.75-1.875" HT
(傾斜部)
48 ㎜ /1.9" HT
51-64 ㎜ /2-2.5" NVNC
266.7 ㎜ /10.5" VC
下甲板
51 ㎜ /2" HT
102 ㎜ /4" HT
最下甲板
117.5 ㎜ /4.625" HT

第41図　「紀伊」型防御配置図

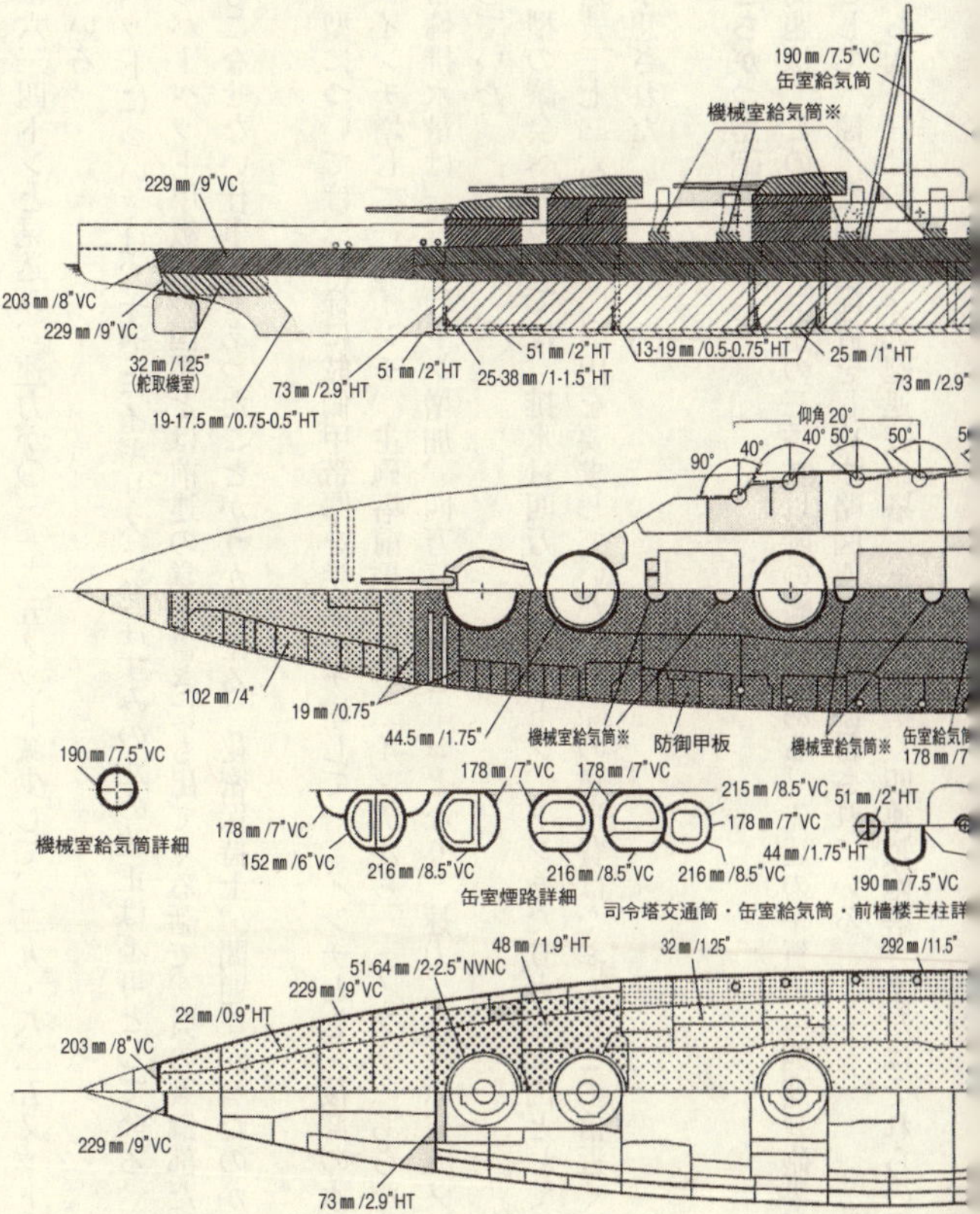

重量増は六三四トンと見込み、速力が〇・一二五ノット減少して、二九・八二五ノットになるとしている。

バーベットについては、すでにイギリスに発注ずみのため改正は不可としている。「天城」型のバーベット甲鈑が外国製とは前述の覚え書きにも出てくる話で、呉の製鋼部だけではとてもこなせない仕事量であったことがうかがえる。秘密保持上、問題なかったのか気になる。

「紀伊」型については、同様に舷側甲帯厚を半インチ増して一二インチとし、後部の水線甲帯厚を一インチ増して一〇インチ、主砲塔前楯厚を一二インチから一三インチにあらためることで常備排水量は一三三〇トン増加、四万三九九〇トンとなり、速力二九・六二五ノットと計算していた。

「紀伊」型の議会への説明では、排水量四万一〇〇〇トン、トンあたり九〇九円として、一隻の建造費三七二六万九〇〇〇円を要求していた。実際の建造費はたぶん、この倍近くに達したと予想された。

列強とちがった砲塔配置

さて問題は、この「紀伊」型の三番艦以降の艦型である。先述の平賀の「四連装砲塔説」の付図として、簡単な砲塔配置をしめす略図A〜Mが添付されている。

このうちA〜Hは四一センチ砲連装砲塔、三連装砲塔、四連装砲塔、またはそれらの混載により一〇〜一六門搭載のバリエーションをしめしており、K〜Mは四六センチ砲八〜一二門を提示していた。速力はすべて三〇ノットに設定している。

主砲以外の兵装はすべて「天城」型とおなじとし、舷側水線甲帯の厚さを一〇インチから一六インチまでに変化させていた。常備排水量は四万六六〇〇トンから五万七二〇〇トンまで変化している。

このうち、D案とH案については別図として、より詳細図が添付されているので第42、43図に掲げてみた。

D案は、二連装砲塔を限界と思える六基搭載した一二門艦で、常備排水量は五万二七〇〇トンに達しており、この大きさで速力三〇ノットを発揮するには、一五万軸馬力以上が必要であろう。当然ながら四一センチ砲搭載艦では、主砲関係の重量はもっとも大きく一万一五四トンに達し、主砲一門あたり九二九・五トンとなる。

日本海軍では「扶桑」「伊勢」型で連装六砲塔艦を経験しているが、さすがに甲板に占める砲塔面積はおおきく、また弾火薬庫の配置や爆風対策上も不利となる。連装砲塔のメリットである発射速度の速さ、射撃指揮上の有利さ、一砲塔あたりの発射衝撃の小ささを考慮しても、けっして有利なレイアウトではない。

これにたいしてH案は、四連装砲塔三基と二連装砲塔一基を混載することで、四一センチ砲一四門艦としたレイアウトである。常備排水量五万六〇〇〇トン、主砲塔関係の重量は一万二九四トン、主砲一門あたりの重量は七三五・三トンと、先の連装六砲塔艦にくらべて一九

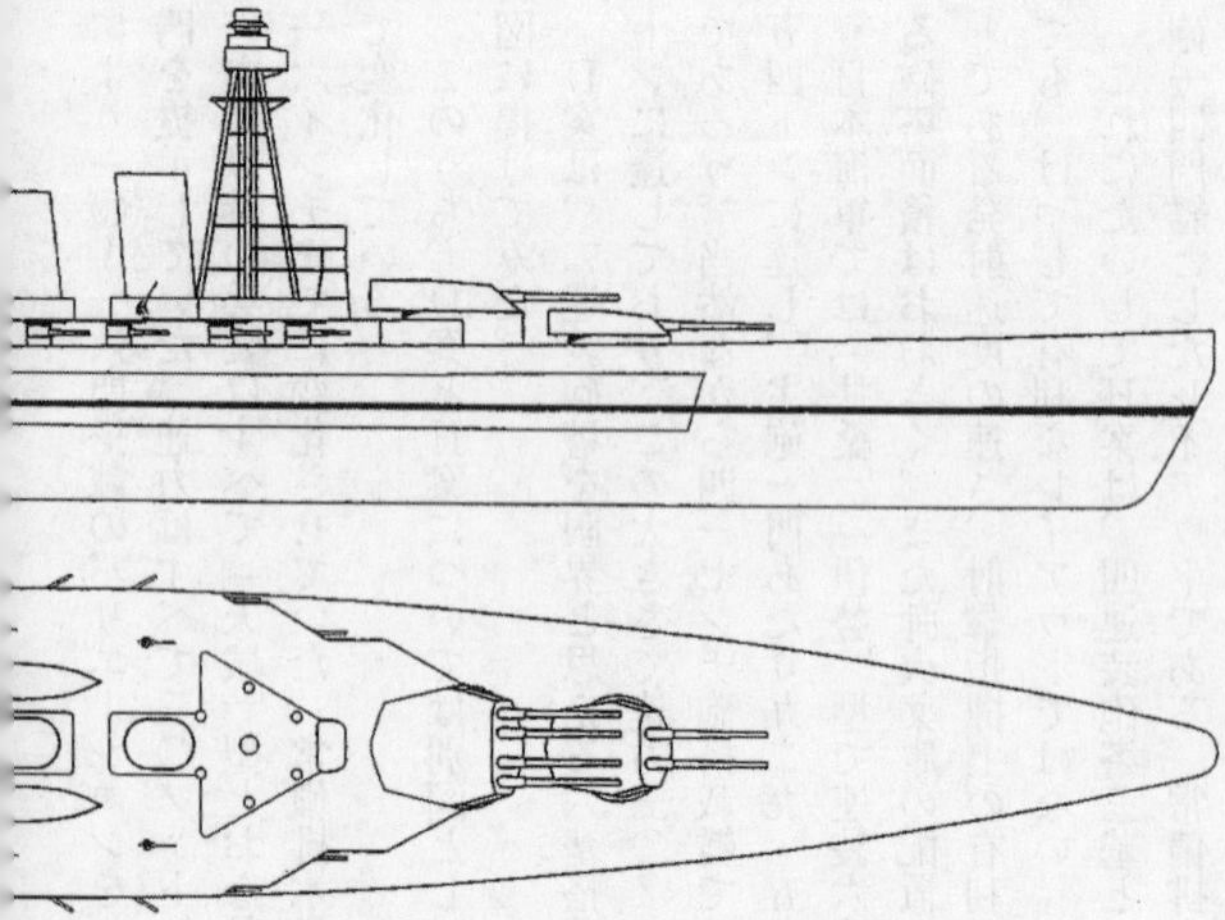

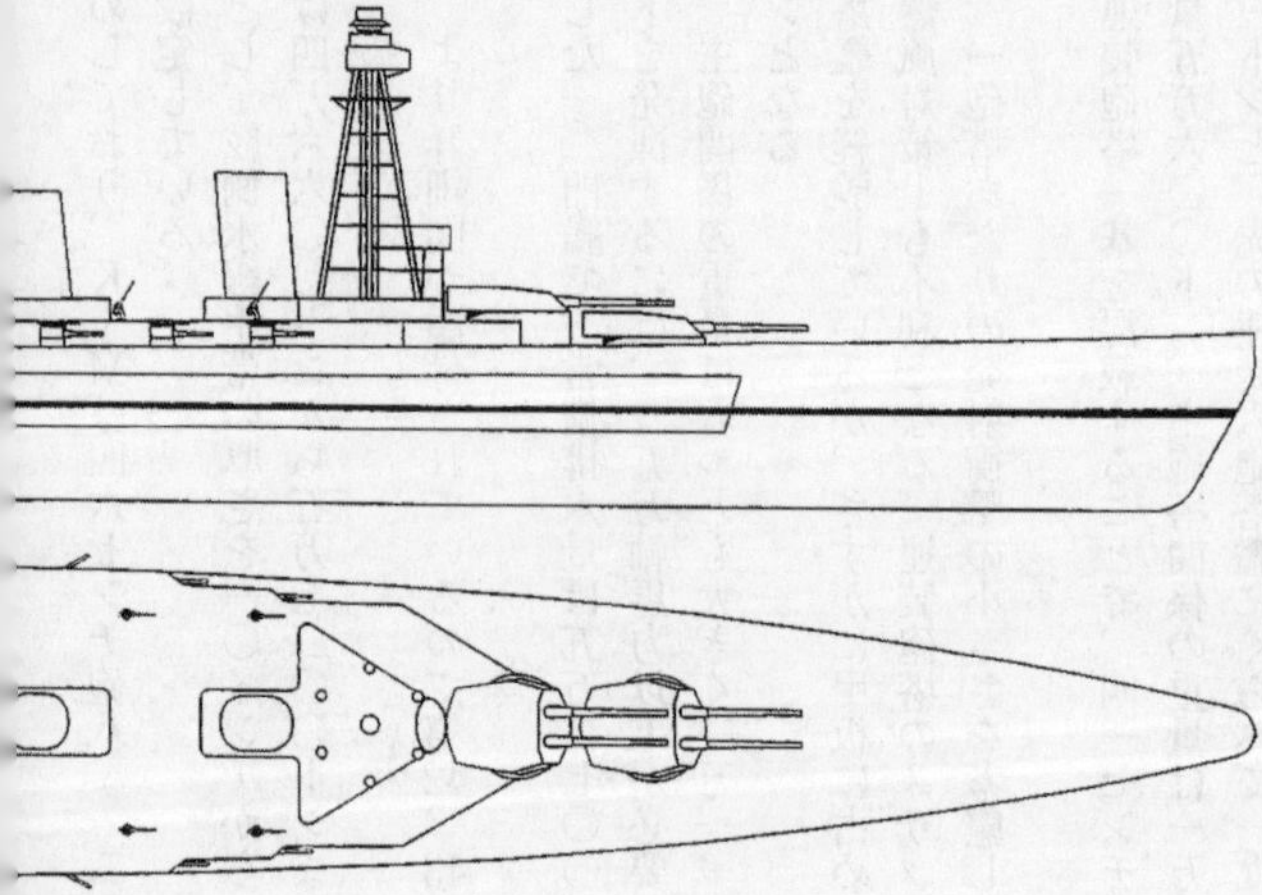

第42図　H案(50600トン)

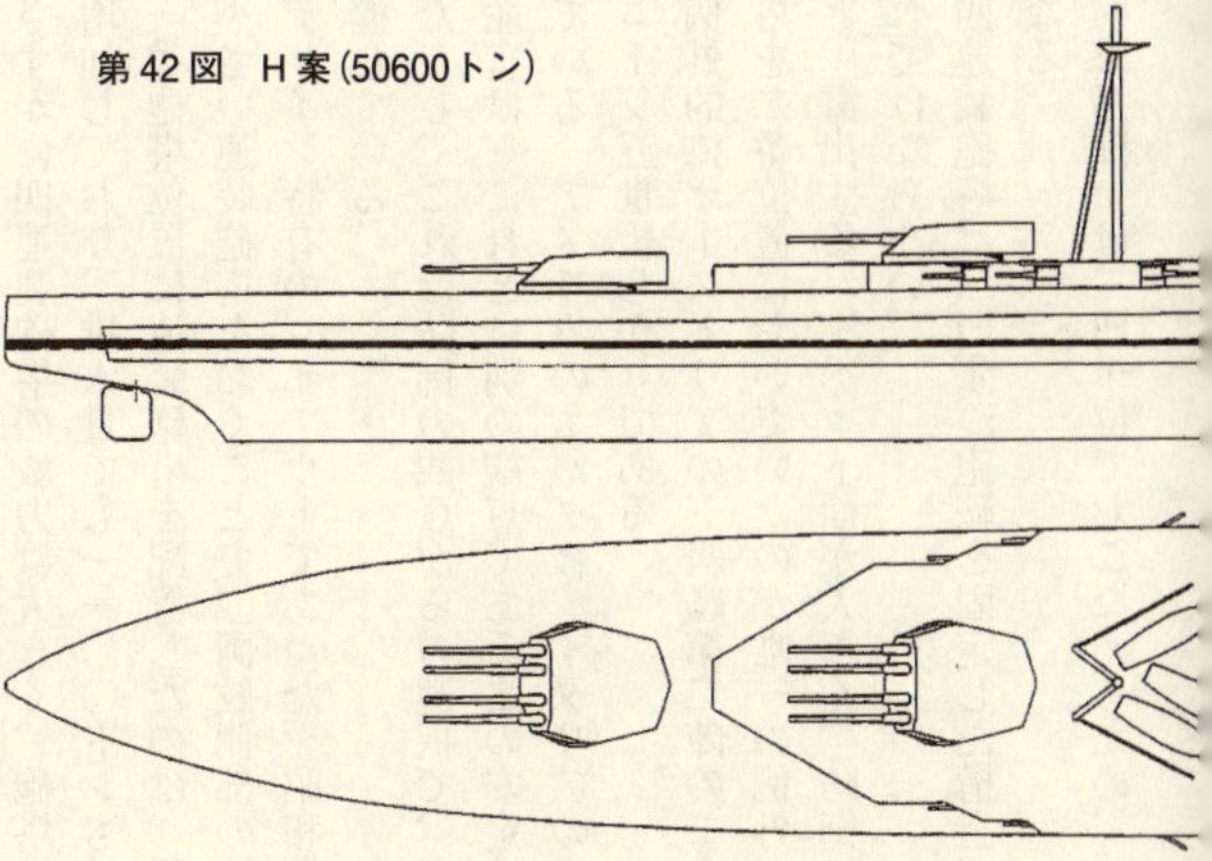

第43図　D案(52700トン)

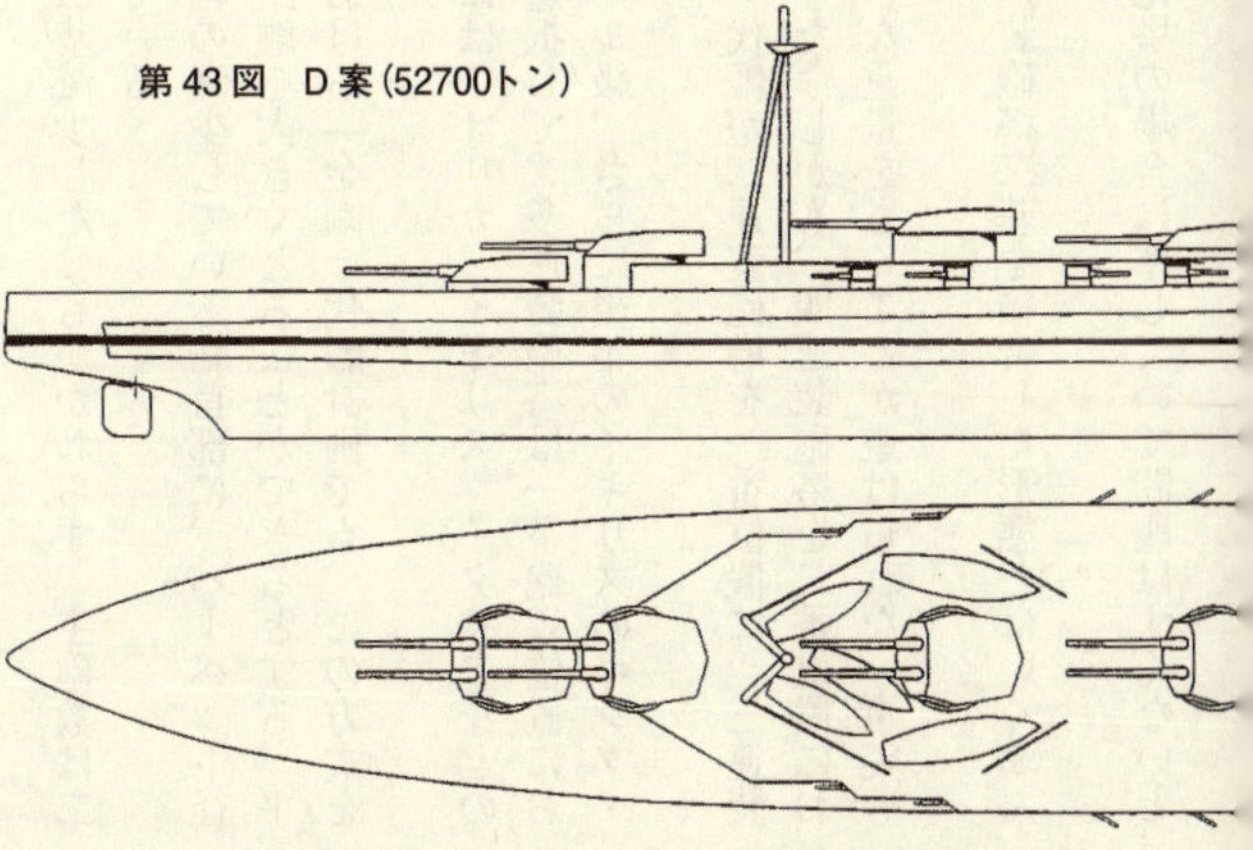

四トンも減少している。

さすがに四連装砲塔の威力は大きく、砲塔数で二基減少したにもかかわらず、主砲数は二門増加しており、排水量でも一一〇〇トンも減じている。

一番砲塔位置に連装砲塔を配置したのは、船体幅の減少している艦首部に、バーベット径の小さい連装砲塔をおくことで、両舷側部の防御距離を大きくとることができるとする、平賀デザイン特有のレイアウトであった。昭和期における「金剛」代艦計画でも、この方式を踏襲している。

ただし、これは防御の観点からの選択で、実際にはアメリカ、イギリス、イタリアなどの造船官は、これとは別の観点である艦の安定性を選択して、多連装砲塔は一番砲塔位置においている。アメリカのネバダ級、イタリアのカブール級、さらに後年のイギリスのキング・ジョージ五世級しかりである。

例外的にオーストリアのド級艦第二陣のモナーク代艦が二連装砲塔を一番位置に、三連装砲塔を二番位置においていたのが唯一の例外であった。しかも、四連装砲塔を二番位置におくと、露出するバーベット面が大きく、防御に大きな重量をさくことが避けられない事実も忘れてはならない。

四連装砲塔は二門ずつ砲鞍を固定した構造で、連装砲塔二基を結合した形態とはいくぶん異なる。

射撃指揮上は二門単位でおこなえるため、連装砲塔の場合に準じていて問題はすくないとされている。しかし、発射速度ではいくぶん劣るわけで、また四門同時の斉射は、船体にかかる衝撃が大きいため避けざるをえないであろう。

最後の巡洋戦艦について

「紀伊」型までは計画番号もとられて、防御配置図も存在するので、その詳細については明確となっているが、いわゆる八八艦隊案掉尾の六艦については、どこまで計画が進行していたのであろうか。

これに関しては、膨大な平賀資料のなかにも、その存在は知られていない。すなわち、戦艦についてはA127以降、巡洋戦艦についてはB65以降、正式に計画番号を付与した基本計画は、平賀資料にはすくなくとも存在していない。

これについての唯一の具体的な平賀自身の説明は、大正十年六月十二日付の意見書「新艦型に就いて」のなかで触れているだけである。

本来、この意見書は自身の計画した「夕張」型軽巡が、いかに建造費を節約して優れた性能を具備しているかを提唱するのが目的の意見書で、最後につけたしのかたちで「八八艦隊最後の四隻の巡洋戦艦に就いて」として、この問題に触れている。

その趣旨を記すと、次のようなものとなる。

大勢より考えて、この四隻は一八インチ砲を搭載する流れにあり、一八インチ砲の開発にいかなる支障があっても、最終的に成功するのは明白で、すみやかに本型の艦型決定を切望している。

本型は四五口径一八インチ砲八門を搭載する以外は「紀伊」型と同様とし、

一、速力――二九〜三〇ノット＝三〇ノットを目標とするが、一ノットまでの減少は経済性を考慮した船体設計により生じるおそれあり、設計者に一任されたし

二、防御力――

舷側防御＝戦闘距離一万二〇〇〇メートルにて一六インチ砲弾に対応できること

甲板防御＝戦闘距離二万メートルにて一六インチ砲弾に対応できること

砲塔防御＝舷側防御におなじ

水雷防御＝二〇〇キロの炸薬に対応

三、航続距離――一四ノットにて八〇〇〇海里

四、混焼缶の力量――「紀伊」型に準じる

以上の仮定において、本艦排水量は最小限四万九〇〇〇トン付近と推定するが、経済性を考慮すると、約四万七五〇〇トンで収まることを目標としたい。

最後は、今後建造予定の五五〇〇トン型を「夕張」型におきかえることで節約できる金額をもってすれば、この四隻がいかに安く建造できるかという自説の主張で終わっている。

要するに、この文脈から読みとれるのは、この時点では最後の四隻、実質は六隻とすべき

であろうがは、平賀にたいして、これまでのようなたたき台とする基本計画の試案作成命令がくだされていなかったことがわかる。

この時点で基本計画の作成を命じられなかったということは、このあとに軍縮条約開催をひかえていた状況から考えても、これ以降に作成するとは考えられず、結局、超「紀伊」型の具体的な基本計画案は存在しなかったと断定せざるを得ない。

砲は一八インチか一六インチ

大正十三年十二月十八日の皇太子（のちの昭和天皇）にたいする進講「列強軍艦設計の大勢に就いて」のなかで平賀は、この最後の四隻について、次のように述べている。

『八八艦隊中、残余の四隻は全然未定なりしといえども、一八インチ砲八門か、もしくは少なくともアメリカ戦艦同様一六インチ三連装四基一二門の高速戦艦にして、排水量も四万八〇〇〇トンに達するのは確実であった状況にあったと推察する。しかし、この艦型について研究中に一〇年末、ワシントン条約の開催となった』

これから読み取れることは、平賀自身の腹づもりとしては、超「紀伊」型については、基本は「紀伊」型の手法を一八インチ（四六センチ）砲連装四基または一六インチ（四一センチ）五〇口径砲三連装四基におきかえる。

それに合わせて船体の設計をおこない、速力三〇ノットを前提として線図を決定、必要な機関出力をそなえるとした。防御計画は四六センチ砲を搭載した場合でも、対応防御は対一

第44図　「紀伊」型の比較

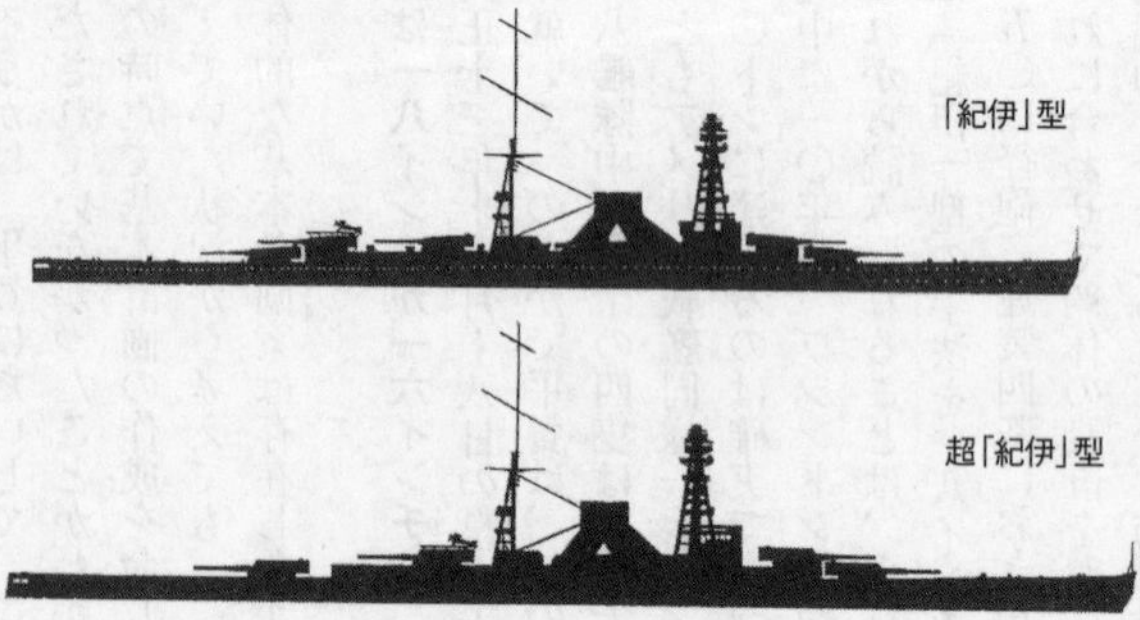

六インチ砲防御にとどめている点は注目すべきである。

これは一つに、当面のライバルである計画中のアメリカ戦艦群が一六インチ五〇口径砲搭載が明白であったため、対一六インチ砲防御で十分と判断したものらしい。

しかし、アメリカ海軍自身は当時一八インチ砲の試作をおこなっており、必要に応じて途中より一八インチ砲にきりかえる可能性はあったが、たぶん、こうした情報は得られていなかったと推測される。

当時、次期主力艦の主砲として海軍内部で多くの議論、研究会などがもたれて、かなり徹底した検討がおこなわれたことがうかがえる。しかし、明確な結論は出ておらず、最終的には四六センチ八門または四一センチ五〇口径一二門で、いずれも四砲塔艦のどちらかにしぼられる傾向にあったことは、平賀の認識とおなじであった。

また当時、日本海軍における超四一センチ砲の大口径砲の計画は、五年式三六センチ砲の秘匿名称のもと、四八センチ四七口径砲の試作を大正五年頃に着手している。大正九年十二月には試射にまでこぎつけたが、九発目で腟発を生じて砲身を損傷した。

以後、大正十三年までに砲鞍部、装填機を完成したが、その後は計画を中止していた。この経験からも、造兵関係者は四六センチ砲の実用化に、ある程度の自信をもっていたはずで、平賀自身も四六センチ砲の搭載を望んでいたものと推測される。

「紀伊」型の艦型決定から「紀伊」型の製造訓令が発せられるまでの約一年間、すなわち大正九年九月から翌年十月まで、平賀としては超「紀伊」型の基本計画着手命令を待っていたと思われるものの、彼の頭のなかには、ある程度の構想はできていたと考えるのは、それほど不自然ではない。

掛け図に描かれた新戦艦

この前後、平賀は主力艦計画により軽巡「夕張」の設計にかなりのめりこんでいたふしがあるが、やはり平賀の神髄は主力艦デザインにあり、これを裏づけるひとつの証拠がある。

それは前述した大正十三年十二月の皇太子にたいする進講「列強軍艦設計の大勢に就いて」用に用意された掛け図にあった。

この掛け図は、先に巡戦「天城」の結合煙突発見の発端となったもので、じつはこの掛け図に、さらに空母改造後の「天城（赤城）」と、五万一〇〇〇トン新戦艦の輪郭を追加加筆した、もう一つの掛け図が平賀資料から発見されたのである。

その掛け図は図45図に掲載したが、かなり不鮮明で、拡大しないと輪郭は明瞭ではないが、それを抜き出して、ほぼ「天城」とおなじディテールを書きくわえたのが、第46図に示した超「紀伊」型のプロフィールである。

ここには五万一〇〇〇トン戦艦としか記されていないが、これは平賀の超「紀伊」型の腹案であることはほぼ間違いなく、顕示欲の強い平賀としては、なんとかして八八艦隊掉尾の超「紀伊」型の艦型を、皇太子に見せたかったのかもしれない。

艦型は「紀伊」型に準じたもので、上部構造物の形態はあまり変わらない。ただ、前檣楼前部の構造物が前方に拡張されているていどで、四基の主砲塔レイアウトは「金剛」型に似たものであって、三番、四番砲塔間に後部機械室が配置されているようである。

全長は約二七二メートル、「天城」より約二〇メートル長く、甲板上の主砲レイアウトはかなり余裕のあるものとなっている。

かんじんの主砲は、側面図からでは四六センチ砲か四一センチ砲かの区別はできないが、ここでは四六センチ砲と断定して作図してみた。

これがワシントン条約なかりせば、超「紀伊」型として「紀伊」型の三、四番艦に充当するものであったことは想定できるが、最後の四隻の巡洋戦艦枠にまで継続建造されたかというと、その可能性は高いといっていい。

なぜなら、五万一〇〇〇トンが計画常備排水量とすると、これ以上大型化すると、当時の工廠や民間造船所の建造能力を超えるおそれがあったからだ。

第45図　帝国巡洋戦艦及び英国商船比較

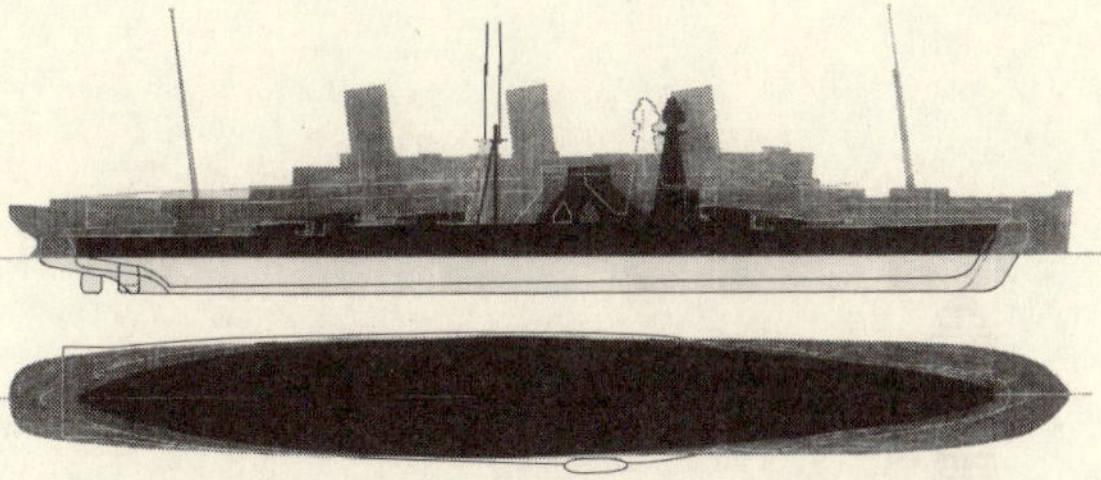

大正13年12月13日の皇太子（のちの昭和天皇）に対する進講「列強軍艦設計の大勢に就いて」に用意された掛け図。巡洋戦艦とイギリス商船の比較であるが、「白線ノモノハ五万一千噸ノ戦艦」という注釈がくわえてあった。

このときの考えでは、もはや戦艦、巡洋戦艦の区別はあまり意味がなく、「天城」型以降は三〇ノットの高速戦艦のカテゴリーに統一するのが自然であった。これは戦艦「紀伊」型が、巡洋戦艦の計画番号であるB65でまとめられたことからも認められる。

この超「紀伊」型の主要要目を推定すれば、次のとおりである。

計画常備排水量：五万一〇〇〇トン
全長：二七二メートル
幅、深さ、吃水：「紀伊」型に準じる
主機：ギアード・タービン四基四軸
缶：専焼缶および混焼缶
出力：一五万～一六万軸馬力
航続距離：一四ノットにて八〇〇〇海里
速力：三〇ノット
主砲：四六センチ五〇口径連装四基

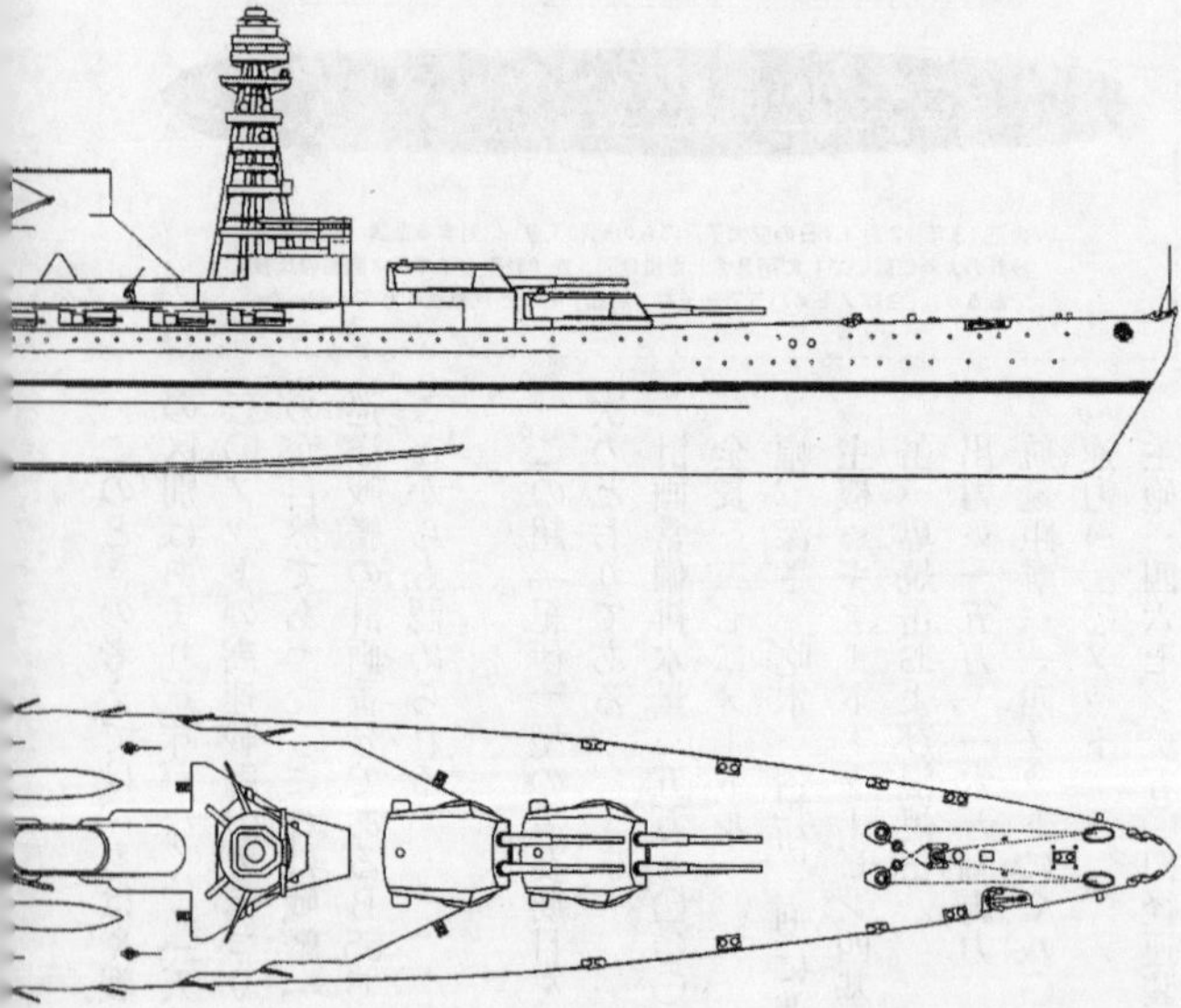

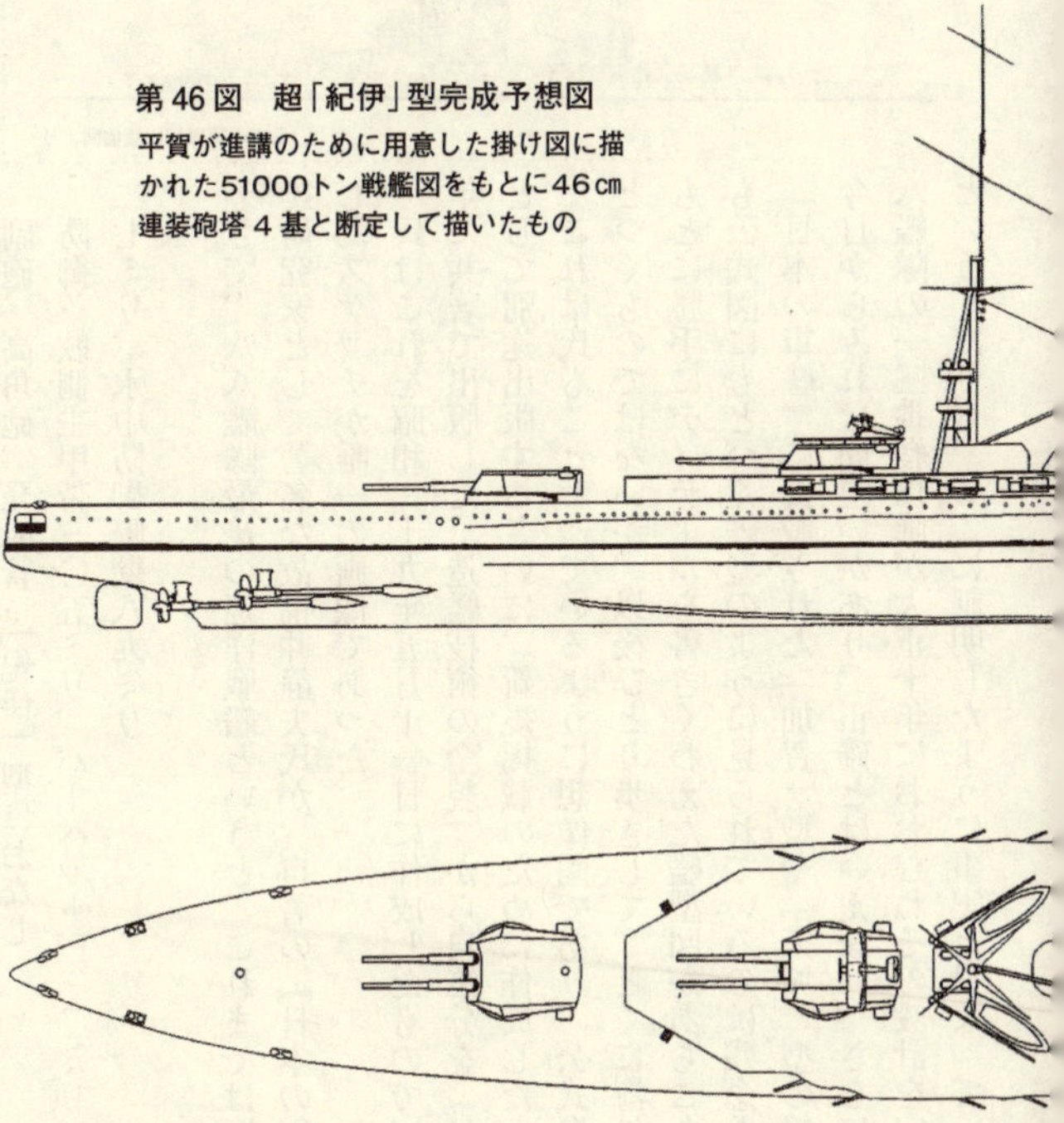

第46図　超「紀伊」型完成予想図
平賀が進講のために用意した掛け図に描かれた51000トン戦艦図をもとに46㎝連装砲塔４基と断定して描いたもの

第47図　福井静夫氏の筆による八八艦隊13番艦完成予想図

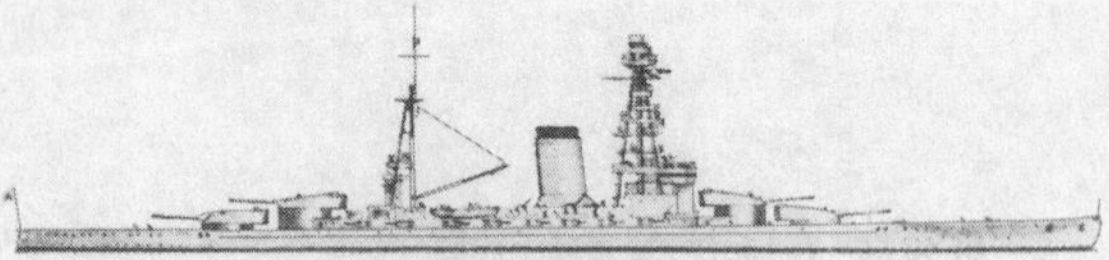

『日本の軍艦』出版協同より

副砲、高角砲、発射管：「紀伊」型におなじ
防御：舷側主甲帯三〇五ミリ、バーベット三三〇ミリ、防御甲板一二七ミリ、水中防御隔壁八九ミリ

さて、八八艦隊最後の巡洋戦艦というと、これまでは旧造船官で艦艇研究家として著名な故福井静夫氏が、自著の『日本の軍艦』に掲載したスケッチが唯一の画像であった。

氏はこれを昭和二十九年五月十一日に作成したもので、昭和二十七年に共著で出版した『造艦技術の全貌』から自筆分を『日本の軍艦』として別途出版するさいに、新規掲載のために作成したものらしい。

これは氏もことわっているように想像図であり、公式資料などにもとづくものではないが、以後ひとり歩きして、とくに海外で、これをもとに勝手にディテールを書きくわえた艦型図があちこちで、あたかも公式図にもとづく艦型のように見られているのは残念なことである。『日本の軍艦』に掲載された「加賀」型や「天城」型の艦型略図も、今日からみれば間違いがあり、正確とはいえない。さらに本文で、八八艦隊の一三番艦以降が大正十年におおむねその設計を完了していたというくだりも、ここに証明したように事実と異なっている。

というのも、平賀資料が昭和五十年に保管者であった長男が亡くなられるまで、その存在が造船官のあいだでも知られていなかったらしく、福井氏も平賀資料を知っていたら、より正確な作図ができたであろう。

外国人の見た「八八艦隊」

第48図に掲げた八八艦隊の全容は、すくなくとも「天城」以降の艦姿は、これまで定説としてきたものとは、かなり異なっているものである。

一方、八八艦隊第一艦の「長門」完成のころより、日本海軍は完成艦船の要目公表に制約をくわえはじめる。

これまで公表要目を作為的に変更することはなかったが、「長門」の公表要目ではじめて速力を二三ノット（実際は二六・五ノット）といつわっており、また、主砲の四一センチ砲も一六インチ砲として公表している。

その他の公表要目はほぼ事実どおりであったが、次の「加賀」型および「天城」型については未完成に終わったため、その要目はもちろん、いっさい公表されなかった。

大正十二年（一九二三）二月に刊行された「造船協会会報三二号」は、創立二五年祝賀記念号として、「過去二五年間における帝国軍艦の発達について」と題した正員、工学博士山本開蔵の講演内容が収録されていた。

山本開蔵はいうまでもなく当時造船中将、艦本第四部長をしりぞいて待命中であったが、

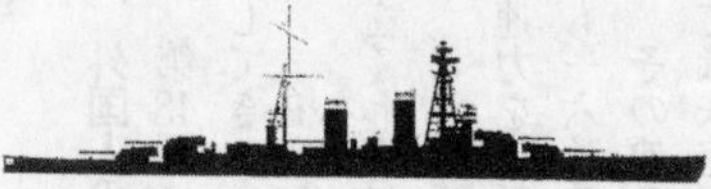
「長門」
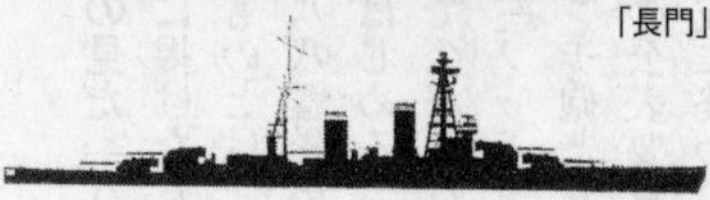
「陸奥」
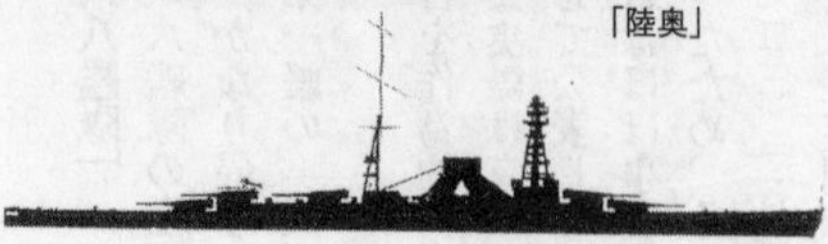
「天城」
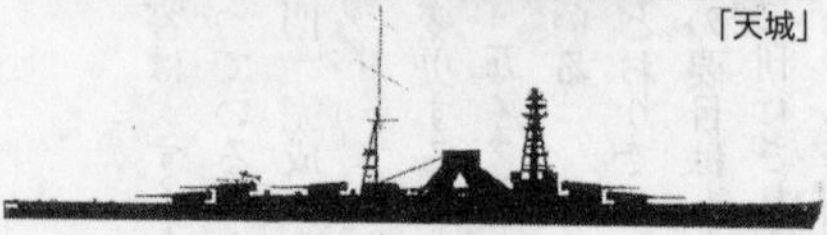
「赤城」
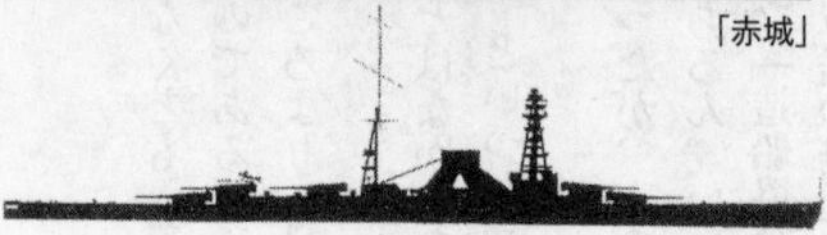
「高雄」
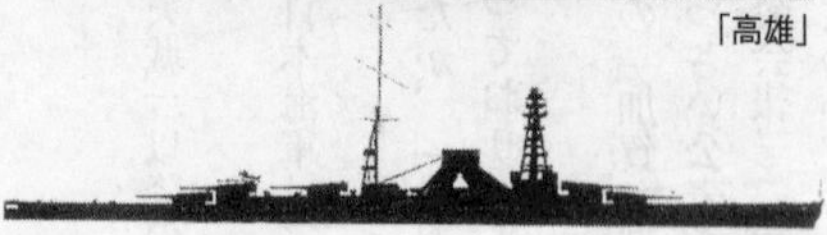
「愛宕」
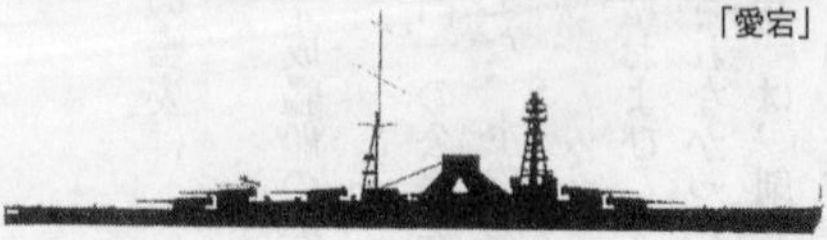
「紀伊」
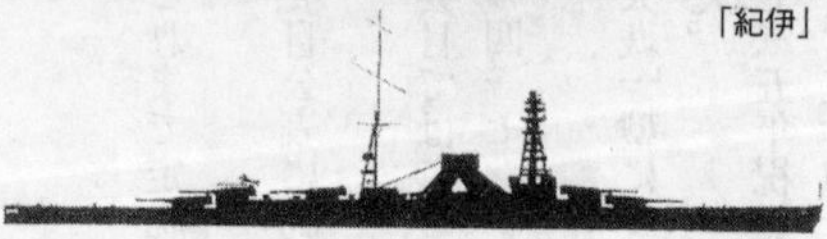
「尾張」

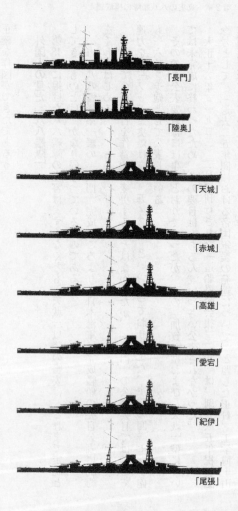

第48図　八八艦隊完成予想図

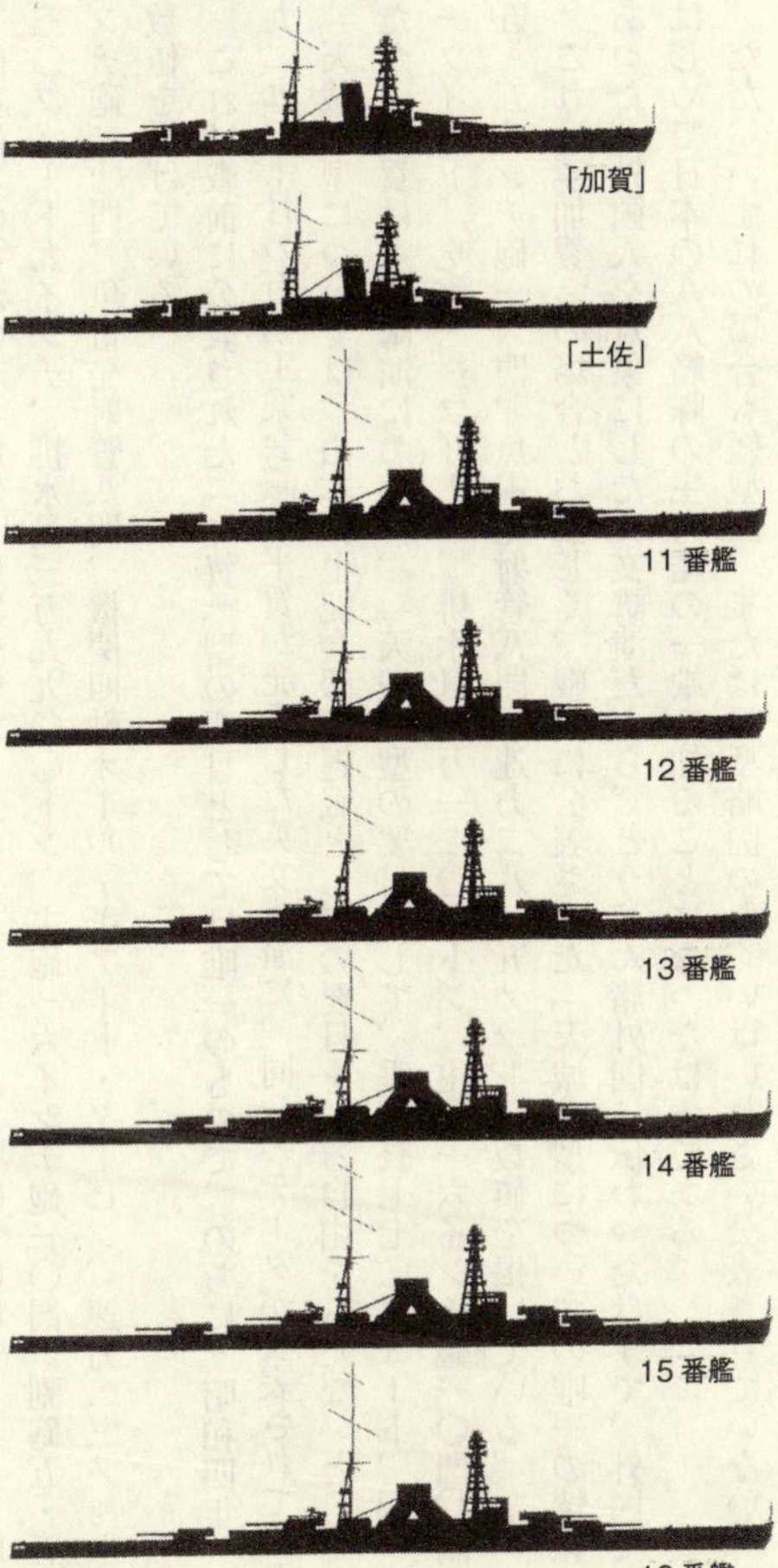

平賀とともに八八艦隊生みの親といっていい人物であった。

山本はこのなかで、「加賀」型について、長さ七一五フィート、幅一〇〇フィート、吃水三〇フィート九インチ、排水量三万九九〇〇トン、主砲一六インチ砲一〇門、副砲五・五インチ砲二〇門、魚雷発射管八門、機関四軸オール・ギアード・タービン、速力二三ノットの数値を掲げている。

これは戦前に公表された「加賀」型の要目としては唯一のもので、のちに昭和四年（一九二九）十月の万国工業会議で平賀が発表した英文講演に、同一のデータが公表されていた。

「天城」型については、山本は上記会報で巡戦としての要目を語る自由をもたないとしていたが、平賀は上記講演において、「天城」型の要目として、垂間長七七〇フィート、幅一〇一フィート、吃水三一フィート、排水量四万一二〇〇トン、主砲一六インチ砲一〇門、副砲五・五インチ砲一六門、魚雷発射管八門、速力二八・五ノットの数値を掲げている。

これは「加賀」の場合とおなじく、戦前に公表された「天城」型についての唯一の情報であった。外国人を対象にした英文講演だから、とうぜん諸外国に伝わったはずで、外国ではじめて日本の八八艦隊の主力艦の一端を知ることになったはずである。

ただ、いずれの場合も艦型図、または艦型略図のたぐいはいっさい公表されていない。

一方、外国人で最初に日本の八八艦隊の主力艦について、具体的な数値をあげて論評した人は、当時イギリス人の海軍評論家として著名であったヘクター・C・バイウォーター氏が記したSea - Power in the Pacificで、大正十一年（一九二二）に軍令部が部内の研究資料として翻訳、「太平洋海権論」の邦題で水交社が印刷、非売品として関係部署に配布したものであった。

バイウォーター氏の推論

このなかでバイウォーター氏は、当時の日本海軍の実体について、歴史的な背景をふくめて、きわめて精緻に、かつ正確さをもって論じている。しかし、日英同盟が希薄になり、日本側の情報伝達がかぎられたものとなった大正後期以降の事実関係になると、その説明もあいまいなものに変わっているのは、いたし方ないところである。

八八艦隊の主力艦について、ここではまず「長門」型については、速力二三・五ノットとしているほかは公表要目によったもので、防御についてはいっさい不明としている。

ただ、主砲の一六インチ砲は呉と室蘭で製造されたと鋭い観察をしている。この巨砲の最大射程は四万四〇〇〇ヤード（四万メートル）、弾丸重量二二〇〇ポンド（九九八キロ）と述べているが、実際の「長門」の最大仰角三〇度では三万メートル強、改造後の四三度で四万メートル弱、徹甲弾の弾重一〇二〇キロだから、当たらずとも遠からずといったところか。

「加賀」型については、一九二〇年に起工せる「加賀」と「土佐」については、はじめ「長門」型の同型艦と聞いていたが、その後の情報によれば、いっそう強大なることを知ったという。

日本の新聞報道によれば、この二艦はアメリカのインディアナ級に対抗したものというが、排水量四万六〇〇トンにて、米艦の方が二六〇〇トン大型である。

非公式情報によれば、この二艦は長さ七〇〇フィート、幅一〇〇フィート、速力二三・五ノット、主砲一六インチ四五口径砲一〇または一二門(連装五または六基)、副砲五・五インチ砲二〇門、発射管八門、主甲帯一四インチ、砲塔前楯一五インチ、艦致命部甲板三層合計厚六インチ、艦腹は海軍当局が考案した特殊の「コッファーダム」(?)を採用し、魚雷、機雷の爆発力を防御しているという。

「コッファーダム」については詳細は不明だが、おそらく大戦中に英艦に装備されたバルジに似たものらしい。

主砲一六インチ砲一二門搭載により、米インディアナ級に匹敵する砲力となったが、当局は議会の承認後も設計の改正を実施、新聞の報道では、この二艦のために二〇〇〇万ポンド(一億九五二〇万円)をくだらざる金額を用意したといい、これは世界でもっとも高価な軍艦といえる。

この記述は当時、海軍当局がいっさい完成要目を公表しなかったため、無理もないが、「コッファーダム」などの記述はいささか不可思議で、さらに二億円ちかい建造費はさすがに誇大すぎて、実際は一隻あたり七〇〇〇万円ていどであろう。

さらに、次の「紀伊」型戦艦については、次のように推測していた。

最近認可された造艦計画による四戦艦は「加賀」型よりいっそう強大で、排水量、攻撃力を増し、主砲は一八インチ砲を採用するものと予想されている。この巨砲は一九二〇年に呉海軍工廠にて設計を完了、現在試験砲一門ないし二門以上を製造中であることは疑いないとしている。

これは呉工廠で五年式三六センチ砲の秘匿名称で試作中の試験砲、四八センチ四七口径砲の情報が漏れていたことを示す重大な記述で、日本海軍が一八インチ砲搭載を意図していることを早くに予想していたのは、鋭い観察であった。

また、巡洋戦艦「天城」型については、四艦の起工時期と建造所をあげたあとに、この四艦については排水量四万三五〇〇トンという以外にはなんら確実なる情報なし、日本の新聞の報じる軍艦や技術的事項についてはまったく信頼がおけないのが常でありとし、四艦がすべて同型かどうかも明らかでないが、同型と考えていいと推定している。

排水量四万三五〇〇トンは常備排水量か満載排水量かは不明だが、常備排水量とすると、目下建造中のアメリカ巡洋戦艦と同排水量である。日本の新聞報道では「天城」型の要目を、長さ八八〇フィート、幅一〇三フィート、排水量四万三五〇〇トン、速力三三ノット、航続距離地球半周とあるも保証のかぎりではない。

主砲は一六インチ八門と報道されているが、あるいは一八インチ砲である可能性を報じるものあり、「愛宕」と「高雄」は主砲を変更するかもしれないという。建造費は一隻九〇〇万ポンドと伝えられているが、たぶん一一〇〇万ポンド近くを要するであろう。

また、日本はさらに四隻の巡洋戦艦を計画、議会の協賛を得ており、一九二二年末までには起工するはずなり、要目等についてはまったく不明であるとしている。

こまかいところではいろいろ間違いも多いが、一九二一〜二二年の時点で、これだけの推測をしたのは、さすがに海軍ジャーナリストとしてさまざまなスクープをおこない、名声の高かったバイウォーター氏だけのことはあり、軍令部が翻訳して配布するだけの価値ありと判断したのもうなずける。

平賀資料に残る昭和三年に、たぶん軍令部か艦本が作成したと思われる「資料弩級艦」と題した、列強各国の弩級艦に関する部内向けの詳細な要目表がある。

この日本の項目では「紀伊」型の三、四番艦と一三〜一六番艦の要目については、わざわざヘクター・バイウォーター氏の著書によると断わって、四万五〇〇〇トン、四〇センチ五〇口径砲一二門、または四六センチ四五口径砲八門、速力二三ノットとしていたが、さすがに速力に関しては二九・七五ノットと訂正している。さらに、最後の四艦は四万六〇〇〇トン、四六センチ五〇口径砲八門、三四ノットの数値を掲げている。

これなども、超「紀伊」型について日本側が正式に基本計画案を作っていなかった証拠のひとつで、バイウォーター氏の推測があたらずとも遠からずといったことによるものであろう。なお、この「資料弩級艦」で参考にされたバイウォーター氏の著書は、「太平洋海権論」とは別物と推定する。

かなり奇妙な完成予想図

これとは別に、昭和八年（一九三三）の「海軍要覧」（有終会編）には「華府会議なかりせば」と題して、第49図のような艦型シルエット略図が掲載されていた。

すなわち、ワシントン条約がなければ米日英の三大海軍が完成させたであろう主力艦隊構成を図式化したものである。アメリカとイギリスについてはほぼ公表されていたが、問題は日本の八八艦隊の主力艦である。

小さな艦型シルエットであまり明確ではないが、かなり勝手に空想した艦型がならんでいる。すくなくとも昭和四年以降なら、「加賀」型と「天城」型については平賀の公表した要目数値があり、それによればいいと思うが、「加賀」型については、ほぼこれにならっているものの、「天城」については別の数値がならべられている。

これから見ると大正十二年以降、昭和三年ごろまでに出版された洋書よりとったものであることは明らかで、一三番艦型の要目は、先のバイウォーター氏の著作よりとったとする要目に似ていることからも、これがバイウォーター氏の著作に掲載されていた図表である可能性が強い。

拡大したシルエットの艦型からは、この図の作者は造船関係のプロではなく、素人、それも軍艦の知識があまりない人間と思われ、はっきりいって、ひじょうに稚拙である。「紀伊」型の艦型など、連装砲塔を前後に三基ずつピラミッド状においた形状は「古鷹」型重巡より思いついた艦型らしく、信憑性に欠けている。「天城」型、「紀伊」型三、四番艦および一三番艦型の艦型も、昭和初期の初期改装後の日本戦艦の艦型をミックスした、かなりイメージの異なるものである。

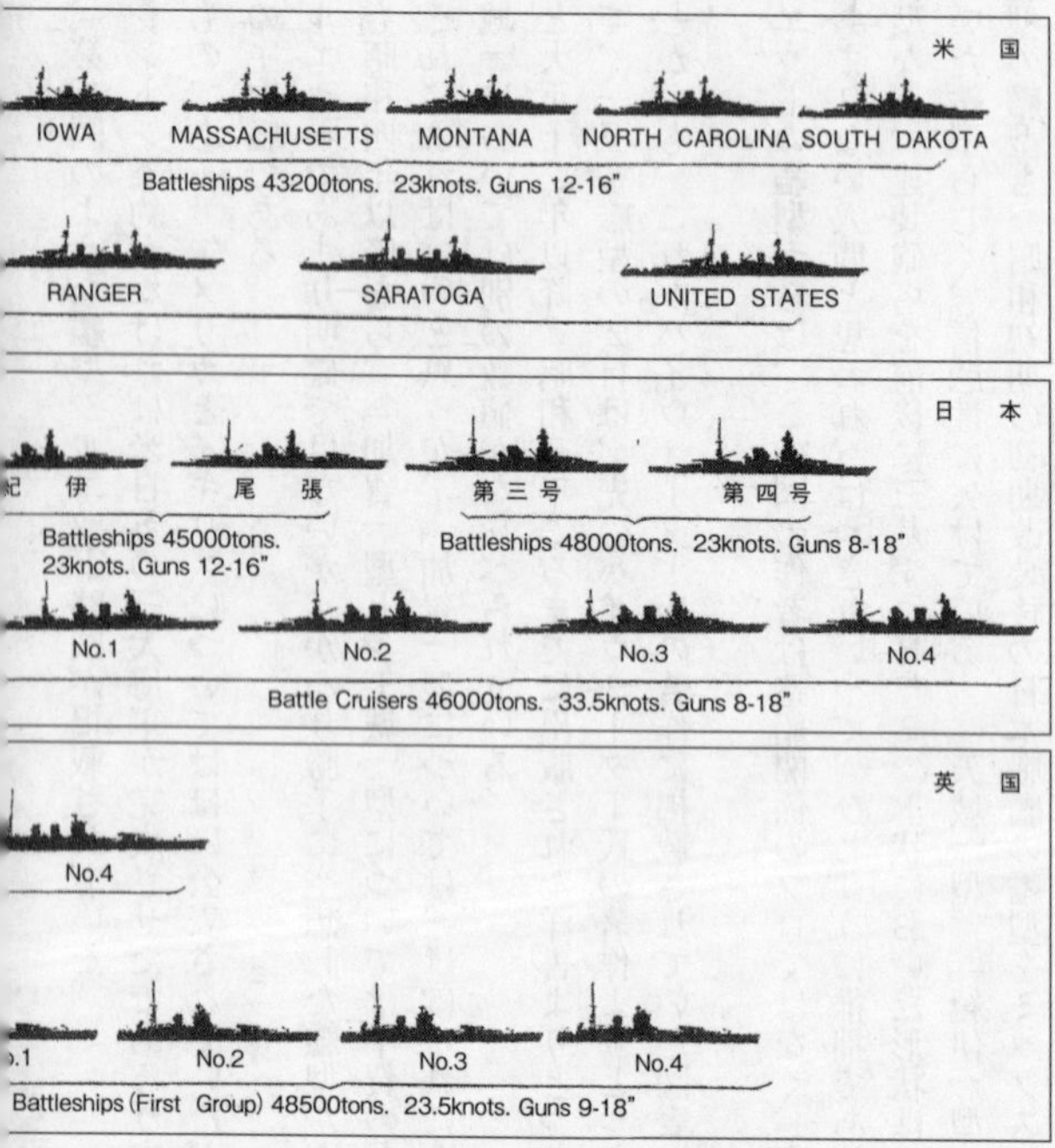
米　国
IOWA
MASSACHUSETTS
MONTANA
NORTH CAROLINA
SOUTH DAKOTA
Battleships 43200tons. 23knots. Guns 12-16"
RANGER
SARATOGA
UNITED STATES
日　本
紀　伊
尾　張
第三号
第四号
Battleships 45000tons. 23knots. Guns 12-16"
Battleships 48000tons. 23knots. Guns 8-18"
No.1
No.2
No.3
No.4
Battle Cruisers 46000tons. 33.5knots. Guns 8-18"
英　国
No.4
No.2
No.3
No.4
Battleships (First Group) 48500tons. 23.5knots. Guns 9-18"

第49図　ジュットランド海戦以後の戦艦
(ワシントン会議なかりせば)

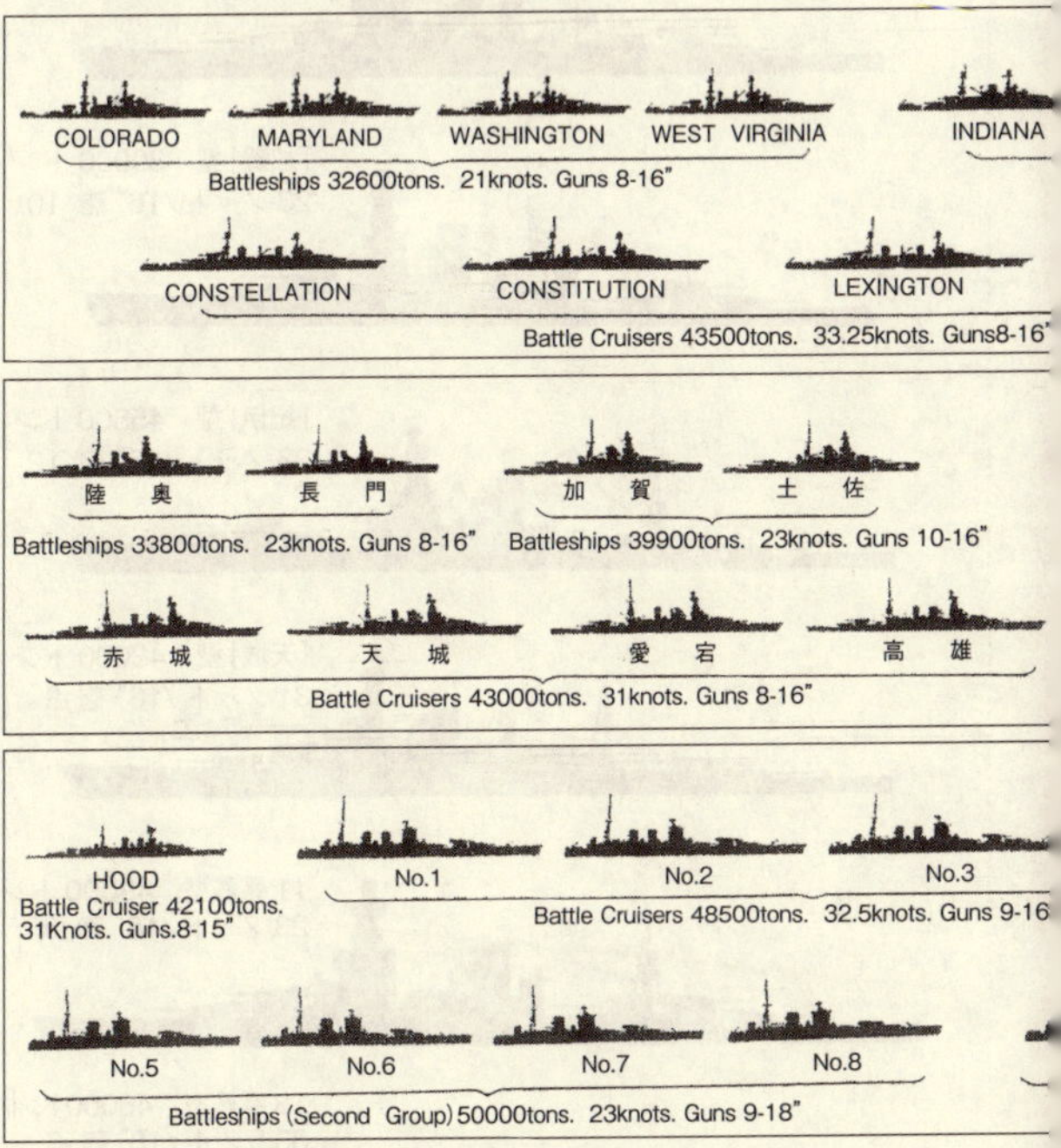

第50図　第49図の日本軍艦のシルエットを補正拡大したもの

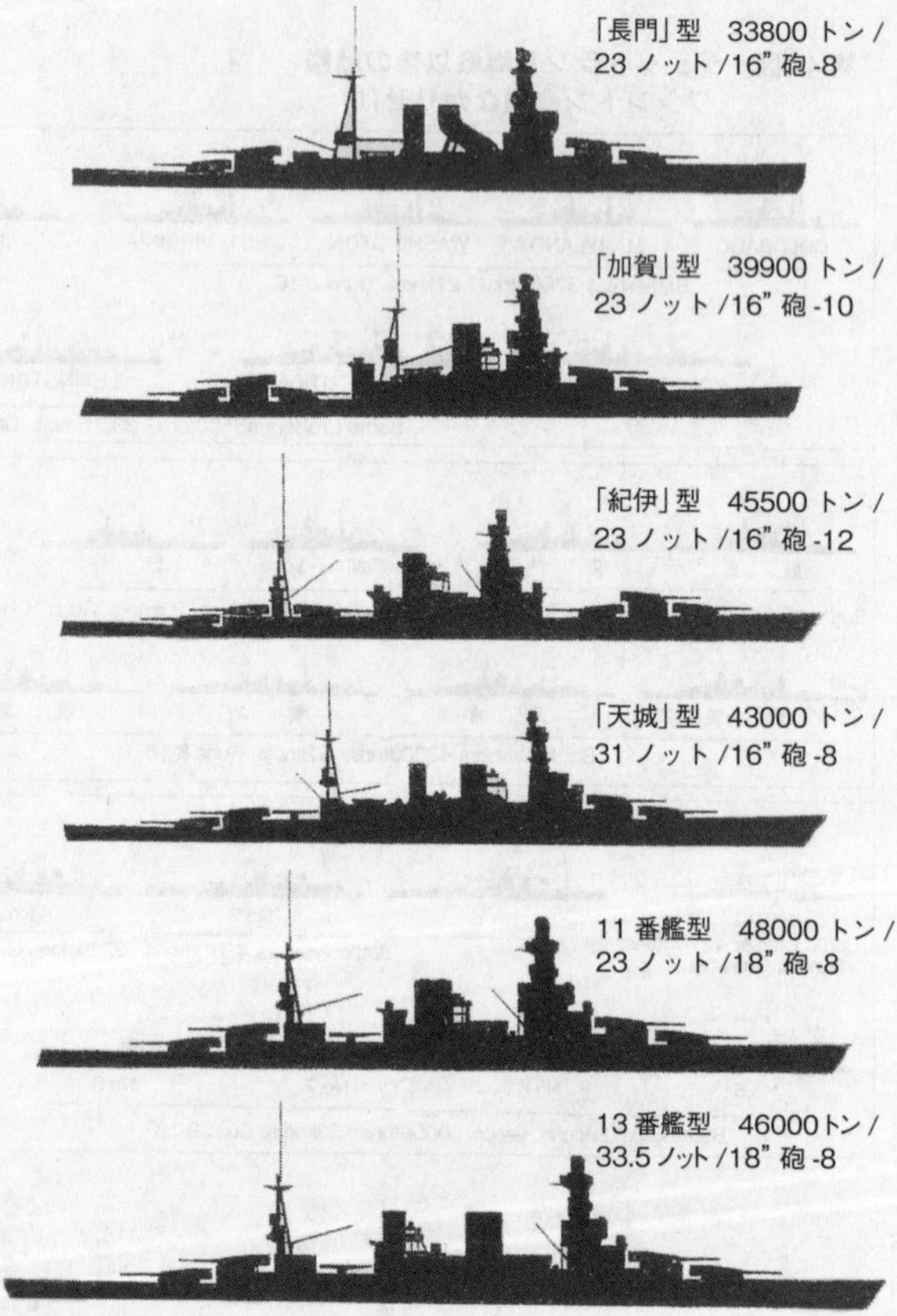

第51図　アメリカ海軍が収集した日本戦艦「紀伊」型の完成予想図

第50図に掲げた略図では、もっとも信頼できる八八艦隊完成予想図とくらべてみても、「天城」以降の主力艦が、速力三〇ノットの高速戦艦というカテゴリーでまとめようとしていた平賀のデザイン思想を、まったく予想していなかったことがわかる。

　これは日本海軍が、「長門」型が二六・五ノットの高速戦艦であったことを秘匿するため、二三ノットといつわっていたことから、戦艦群と巡洋戦艦群にわけて、戦艦はアメリカと同様二三ノットの低速戦艦を想定したことで、すべての予測がかたよったものとなってしまい、推定艦型にも影響しているのかもしれない。

　第51図は当時、米海軍が収集した日本の「紀伊」型の完成予想図で、例のシルエットと同様、連装砲塔六基を前後に搭載した「古鷹」型艦型で、市販のなにかの図書よりとったものらしい。

　戦艦の主砲レイアウトとしては、低速戦艦ならこうした配置も不可能ではないが、甲板スペースの確保、爆風対策上は好ましいものでなく、平賀はけっしてこうしたレイアウトは採用しなかったであろう。副砲の数もすくなく、あまり合理的な完成予想図とはいえず、空想画のたぐいかもしれない。

ライバルはアメリカ戦艦

これまで平賀資料により解明された多くの新事実にもとづく八八艦隊の解明をおこなってきたが、それでもまだ未知の事実は数多くのこっている。

とくに超「紀伊」型として分類した「紀伊」型戦艦の三、四番艦以降の艦型については事実、具体的な計画に着手するにいたる前に、ワシントン条約の締結により中断されたことはほぼまちがいない。

ただし、「加賀」型の艦型が確定した大正七年(一九一八)ごろより、日本海軍においても、アメリカ海軍の新戦艦サウスダコタ級が一六インチ五〇口径三連装砲四基一二門を搭載することにたいして、四一センチ四五口径連装砲五基一〇門で対抗するには、限度のあることが問題になりはじめた。

このさい、日本戦艦も四一センチ五〇口径三連装砲を採用すべきか、あるいは新たに四六センチ砲を選択すべきかということが、議論の中心であった。

日本海軍では、戦艦の主砲として「富士」型の一二インチ四〇口径砲よりスタートし、「香取」型の同四五口径砲、最初のド級艦「河内」型で同五〇口径砲を搭載した。「金剛」型巡洋戦艦では予定していた一二インチ五〇口径砲に換え、新たに一四インチ四五

（上）「長門」の41センチ砲、（中）サウスダコタの16インチ砲、（下）米海軍47口径18インチ砲MkA

第52図　50口径41㎝3連装砲塔（計画のみ）

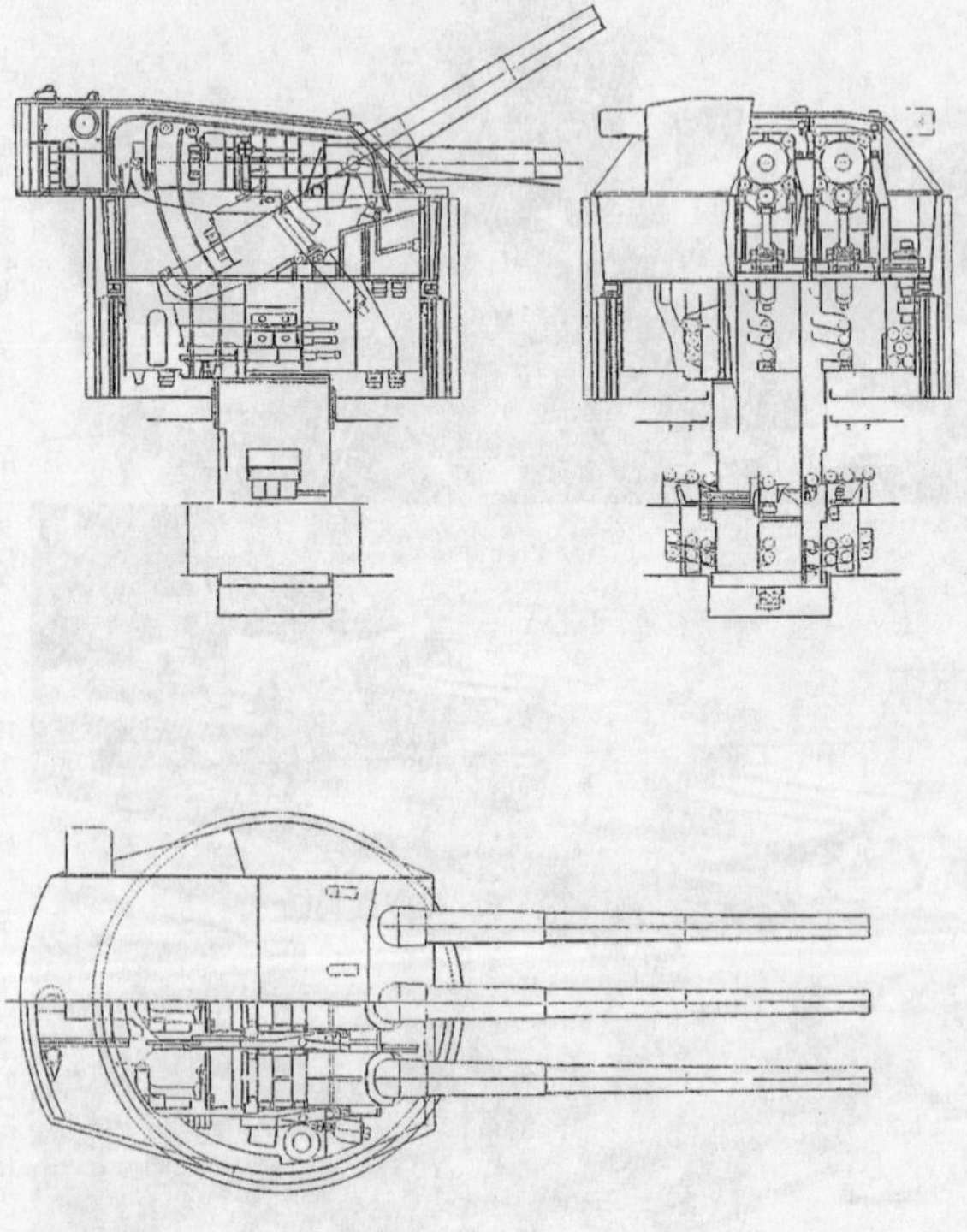

口径砲を採用し、「扶桑」「伊勢」型戦艦で同砲を搭載する。

八八艦隊の第一陣の「長門」型ではじめて日本国産の一六インチ四五口径砲を採用し、つぎの「加賀」型戦艦、および「天城」型巡洋戦艦で同砲を搭載する。これはイギリス海軍が一・五インチきざみで主砲口径の増加をはかってきたのにたいし、二インチきざみで主砲口径を増加させてきたもので、アメリカ海軍でも同様であった。

したがって、ここで一八インチ（四六センチ）砲にステップアップすることは、ある意味では自然の流れでもあった。

事実、大正五年に呉海軍工廠では四八センチ四七口径砲の試作に着手している。五年式三六センチ砲の秘匿名称のもとに試作をつづけ、大正九年には試射の実施にまでいたっていた。このとき、なぜ四六センチ砲を選択しないで、四八センチなどというサイズを選んだのか、公式な理由は明らかではない。しかし、この口径で試作可能なら、四六センチ砲は容易に製造可能と読んだのかもしれない。

平賀資料には、この四八センチ砲についての資料や図面は存在しないが、四六センチ砲については、五〇口径砲身図面、同連装砲塔組み立て図や各種データが残されている。

平賀自身は造船官だから、こうした砲熕兵器については当然、部署のことなる造兵官の分野になるわけで、こうした資料が、平賀側からの要求により作成されたものなのか、技術本部（艦政本部）の作業として作成されたものなのかは明確ではない。

平賀自身もこの時期、主力艦の主砲塔についてかなりの関心を示しており、三連装砲塔や四連装砲塔などの多連装砲塔のメリット、デメリットについての自説をいろいろ残している。

興味を示した四連装砲塔

個々の論文にたいする詳細については、平賀遺稿集や平賀アーカイブを参照してほしいが、一般的にいえることは、多連装砲塔の搭載は艦のレイアウトや防御配置上からは、搭載砲数の増加に対処するうえでメリットは多く、これは各国のド級艦以降の主力艦計画を見ても、ひとつの流れではあった。

すなわち、主砲口径と砲数の増大ということに対処するうえで、主砲の多連装化ということが、艦型の増大を抑えるために避けてとおれないことであったことは事実といえる。

ただ、砲塔多連装化にあたって、当時導入されはじめた方位盤射撃装置をもちいた射撃指揮方式においては、全砲の一斉発砲ということよりは、交互発砲ということで、一砲塔の砲数が奇数か偶数かで、発砲数が不規則になることを嫌う場合もあった。

平賀はこうした射撃指揮方式や砲塔構造をかなり熱心に勉強したらしく、自説としては四連装砲塔にひじょうな興味を示している。

四連装の場合、二門ずつの砲鞍固定構造となるものの、これはこれまでなれ親しんだ連装砲塔を二基並列したかたちとなり、砲塔構造上も新規の設計を要せず、射撃指揮方式もこれまでの連装砲塔と変わりないところから大いに推奨していた。

平賀の試案では、全砲塔を四連装砲塔としないで、艦幅のせまい艦首の一番砲塔だけは、

第53図　50口径41㎝4連装砲塔（計画のみ）

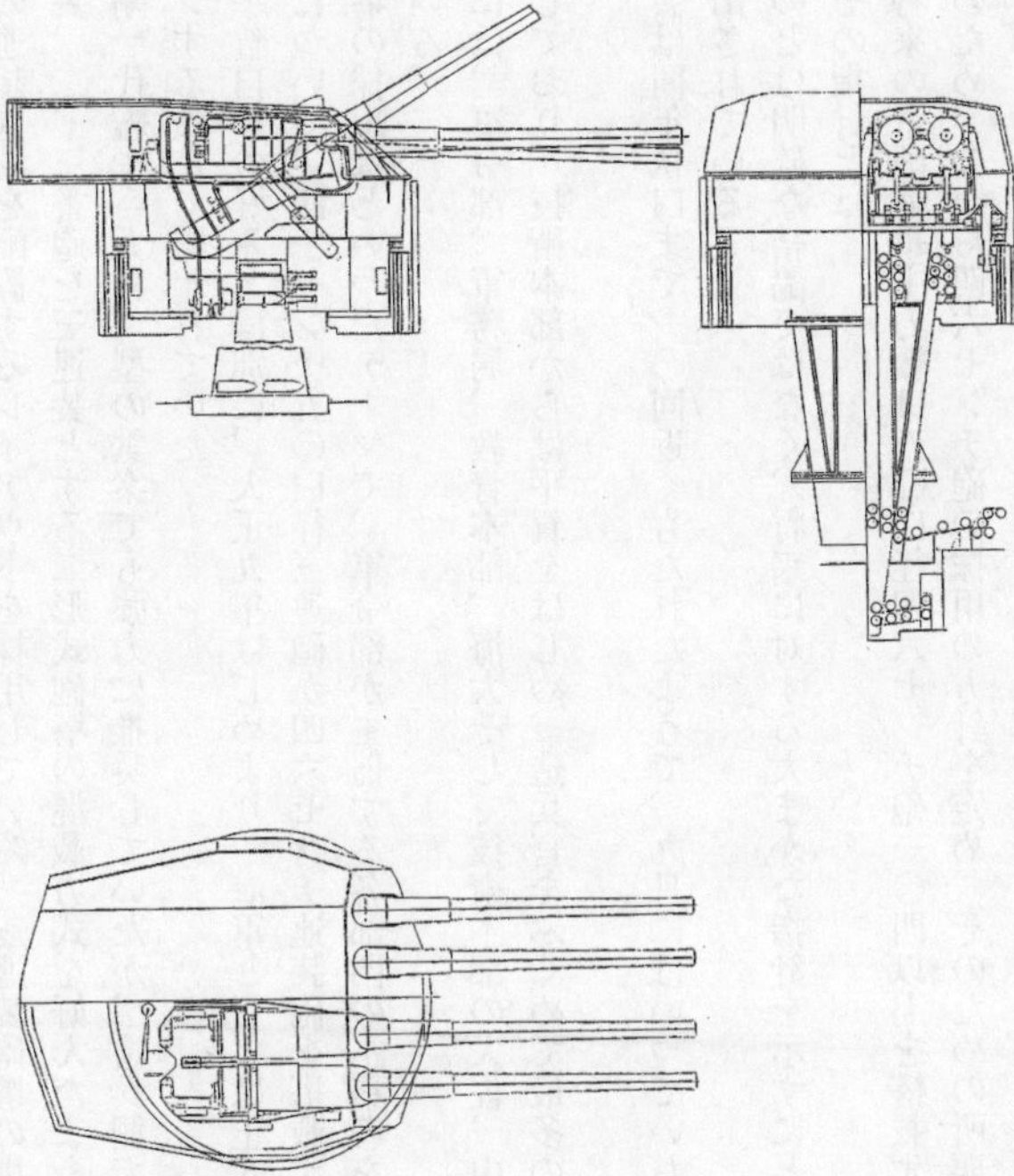

従来どおりの連装砲塔を配置するレイアウトを採用している。三連装砲塔の場合でも、一、四番砲を連装、二、三番砲を三連装とする二形式砲塔の混載方式を好んだようだ。

後の「金剛」代艦や「大和」型の試案でも強力に推奨していたが、造兵側では二種類の砲塔をデザインすることで嫌われていた。

こうした平賀自身の好みとは別に、大正九年はじめより、海軍としては正式に次期主力艦の搭載主砲について、四一センチ五〇口径三連砲か四六センチ連装砲を搭載すべきか、または四連装砲塔の採用はといったテーマで、軍令部が主催する各部門の主務者を集めた研究会がもたれている。

この会合には、軍令部、軍務局、教育本部、海大そして技術本部の大佐、中佐級の課長クラスが参加しており、技術本部からは平賀をはじめ、造兵官をふくめて最多の五名が出席していた。

この研究会は同年秋口まで一〇回近くもたれたようで、九月にはいっていちおうの結論らしきものが出されている。

らしきものとは明確な結論ではなく、将来に対する大まかな指針を示すにとどめているためである。その指針とは、

一、近い将来の帝国海軍主力艦は五〇口径四六センチ砲一〇門以上を搭載することを要する。そのため、今から四六センチ砲の採用の方針を定め、そのための所要の設備の整備を要する。

二、ただし、目下計画中の新主力艦に上記要求を適用することは困難な事情にあるため、このさい四一センチ砲の搭載数を増加するため、できるだけ早く三連装砲塔四基一二門艦を建造することを適当とする。砲身は五〇口径として砲力の増加をはかること。

四六センチ砲の意外な事実

この背景には、主砲口径のステップアップは将来の傾向としては避けられず、日本がやらなければ、いずれアメリカ海軍に先をこされるのではというあせりがあったようである。一部の情報では、アメリカ海軍はすでに一八インチ砲の試作をおえ、サウスダコタ級の最後の二隻に搭載するという新聞記事があったという。

事実は、この時期、アメリカ海軍も最初の一八インチ砲の試作に着手していたが、試作途中でワシントン条約締結で中止となった。アメリカ海軍が一八インチ砲の試作を再開したのは、のちの太平洋戦争開戦直前の一九四一年で、以前に試作した一六インチ五六口径砲を改造して、一八インチ四七口径ＭｋＡ砲を完成させたのが最初であった。

研究会では、四六センチ砲連装四基八門艦と四一センチ三連装四基一二門艦では、その優劣を決定づけることができず、一砲塔の重量、サイズもほぼ同一であるところから、艦型もほぼ同一におさまった。

四六センチ砲の優越性を発揮するには、八門ではだめで、一〇門以上が必要と判断されたために、前記のような表現になったらしい。なお、四一センチ三連装四基一二門艦または四

第54図　50口径46㎝連装砲塔（計画のみ）

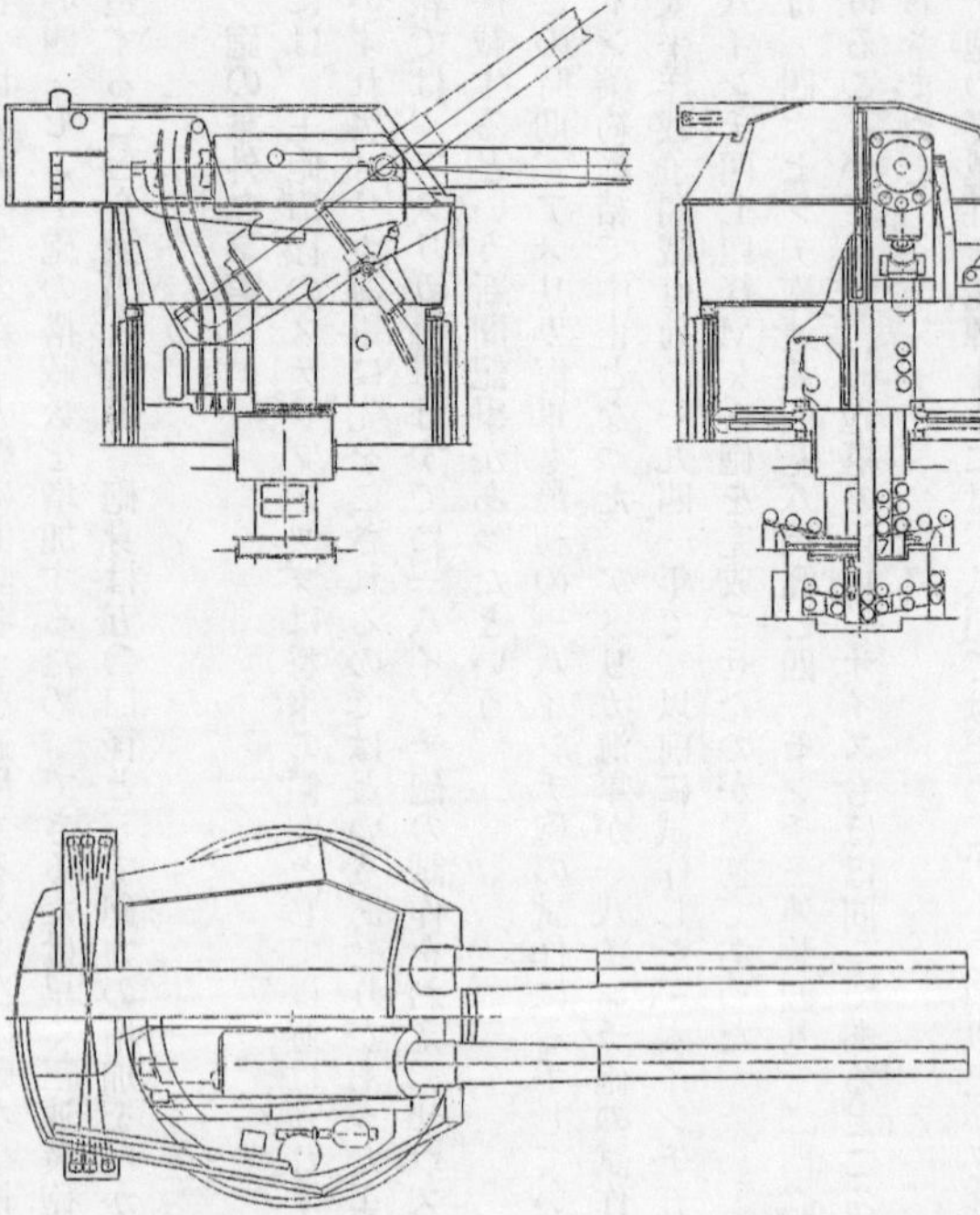

第55図　超「紀伊」型想定図
(46㎝砲搭載例を示す)

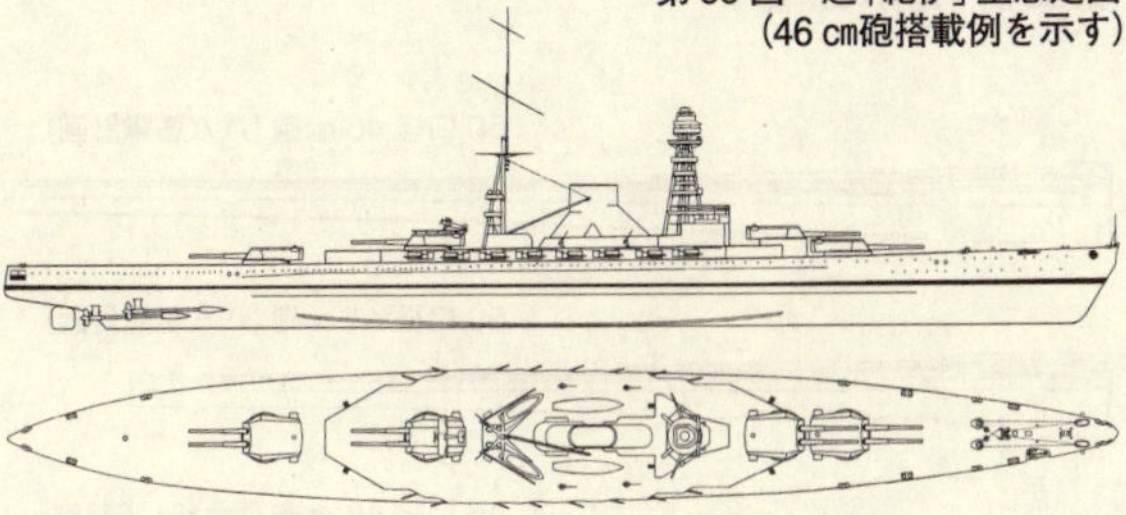

六センチ連装四基八門艦なら、防御および速力を「紀伊」型ていどとすれば、排水量四万八〇〇〇トンていどにおさめることが可能と見られていた。

また、四六センチ連装五基一〇門艦だと、予想排水量は五万七〇〇〇トン前後に達するとも推定されていた。

当時の日本海軍の見積もりでは、四一センチ三連装砲塔の年間製造能力は呉工廠で七基、横須賀工廠で二基であった。さらに、呉工廠四基、横須賀工廠二基ていどの製造力の増加を必要としており、その設備完成には三年を要するとしていた。

これは四六センチ連装砲塔の場合でもほぼ同様で、ただ四六センチ砲身の製造については、現状では四二口径が限度であった。五〇口径砲については、新規設備に約八〇万円と建設に二年を要するとしていた。

すなわち、八八艦隊計画がこの後に中断することなく推移したとしても、大正十年度に四六センチ砲の製造施設の予算が認められれば、大正十三年ごろには製造が可能となるはずで、最後の一三番艦以降については、その搭載の可能性は微

第56図　砲身の比較

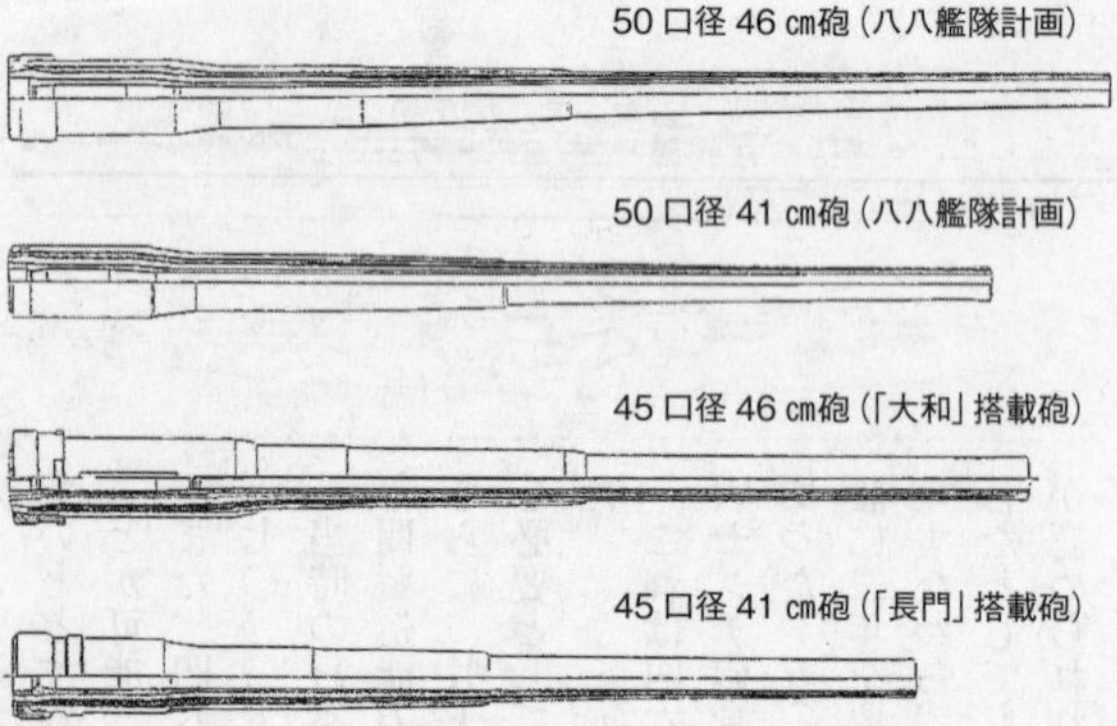

妙ではあったが不可能ではなかった。

設計を四六センチ砲にあわせて詳細設計をおこなえば、大正十六年（一九二七）の八八艦隊完成予想期には最初の四六センチ砲搭載艦が出現した可能性は大きい。こうした流れから、「紀伊」型の三、四番艦は五〇口径四一センチ砲三連装四基一二門艦として計画された可能性は大きく、排水量は四万七〇〇〇トン前後に達したと想定される。

平賀自身は四六センチ砲の採用に期待していたらしく、研究会の終わったあとの大正十年六月の「新艦型について」という意見書では、八八艦隊最後の四隻、一三〜一六番艦には、研究会の指針とはいくぶんトーンダウンした四五口径四六センチ砲連装四基八門艦を四万九〇〇〇トンを必要としながらも、四万七五〇〇トンでまとめたいと述べている。

かくして八八艦隊案はワシントン条約の締

結で実現しなかったものの、日本海軍自体の四六センチ砲への対応がかなり進んでいたことは、この平賀資料にふくまれる多くの公式図面などからも、十分に認識することができる。

ここに掲げた五〇口径四六センチ砲の砲身や同連装砲塔組み立て図などからも、当時の技術本部第一部の造兵官は四六センチ砲の兵器採用に十分な自信をもっていたようである。

約二〇年後の「大和」型戦艦の計画にあたって、日本海軍が全力で未知の四六センチ砲の採用に努力したという通説とはことなり、日本海軍の四六センチ砲にたいするノウハウは、すでにここにほぼ完成していたと見ることもできる。

ただ、この時期の日本海軍は四六センチ砲搭載艦にたいして、搭載砲に対応する対応防御をそれほど厳密に考慮していず、これはのちの「大和」型の計画と方針を異にしている。

これは、速力を三〇ノット前後の高速戦艦仕様とすれば、厳密に対応防御をほどこすと艦型の巨大化がさけられず、四一センチ砲対応防御の延長でとどめていたのは、ひとつの見識であった。

のちの「大和」型が、この対応防御にこだわるあまり、速力二七ノットどまりの中速戦艦になってしまったのは、ひとつに平賀が速力重視より、全体のバランスを重視する傾向にあったこととと無関係ではないようである。

第3章　平賀の乱と改造空母

「金剛」代艦平賀案の謎

平賀自身は「長門」型の改正計画から「加賀」型、「天城」型、「紀伊」型の基本計画を担当し、計画主務者としてかかわってきた。最後の一三番艦以降については、正式な基本計画作業にかかる前に、ワシントン条約の締結により計画を中止せざるをえなかった。

大正十二年（一九二三）に艦本を追われた平賀は以後、艦本にもどることはなく、技術研究所において基礎研究に従事することになる。その平賀がふたたび戦艦の基本計画にかかわったのは、昭和四年（一九二九）の「金剛」代艦の艦型を審査する技術会議においてであった。

「金剛」代艦とは、ワシントン条約により主力艦（戦艦、巡洋戦艦）の新造を一〇年間休止するという規制が解除される昭和六年以降、艦齢二〇年に達した主力艦は、新造艦による代替えが認められていたことから、日本の主力艦でもっとも艦齢の高い「金剛」は、昭和七年

（一九三二）に新造艦と代替えすることができたのである。

したがって、三年前の昭和四年には代艦の艦型を決定、起工する必要があった。結果的には、条約明け前の昭和五年にロンドン条約が締結され、主力艦の新造休止はさらに五年間延長されることになるので、実際には「金剛」代艦の建造は実施されずに終わっている。

この「金剛」代艦の最初の艦型審査は、昭和四年七月三十一日の海軍技術会議においておこなわれた。海軍技術会議とは、主力艦や重要艦船の新造にあたって、その計画の是非を海軍各部署の幹部をあつめて詮議する場であった。

議長は艦政本部長で、基本的には艦本四部でまとめた新造艦の基本計画を提示して審議することになっていた。当然、このとき艦本四部の設計主任であった藤本造船大佐がまとめた新戦艦案が俎上にあがるはずであった。

しかし、技術研究所の所長の地位にあった平賀造船中将が、この艦本案に対抗して独自の設計になる新戦艦案を提示して艦本案との優劣をきそうという、異常な事態にいたったのである。

平賀は技術会議のメンバーの一人ではあったが、技術研究所長の立場では、こうしたやり方は越権行為であった。平賀はこの日のために、事前に艦本にいる息のかかった者を通じて藤本の艦本案を入手していたらしく、これを上回る艦を計画して、藤本の鼻をあかすのが目的だったらしい。

平賀としては、艦本で自分の部下だったにもかかわらず、才気ばしった藤本とは馬があわ

（上）全力運転中の「金剛」、（下右）平賀譲、（下左）藤本喜久雄

なかったようで、確執がつづいて艦本を追われたことで、ますますそれが増幅したらしい。平賀は平賀案の計画資料を詳細に準備し、かんたんな模型まで用意して、この日にのぞんでいる。艦本案にたいする優位性を主張したらしく、当時造船中将の最高位にあった平賀をいさめる者もいなかったらしい。

結局、この場では具体的な結論のないままおわり、その後、ロンドン条約の締結で「金剛」代艦計画は立ち消えとなったが、このとき藤本は、平賀先輩の越権行為にめずらしく怒りを隠さなかったという。

平賀資料に残された艦本別案

この「金剛」代艦の具体的内容について一般に公開されたのは、戦後の昭和二十七年(一九五二)に刊行された『造艦技術の全貌』(興洋社刊)において、執筆者の一人の旧造船官福井静夫氏の記述が、最初にして最後のものであった。

ここでは艦本案と平賀案を対比するかたちで、かんたんなシルエットの要目を掲げて、短い説明がなされているが、以後、福井静夫氏の著作『日本の軍艦』に同内容のまま、ひきつづき掲載されている。

「金剛」代艦の平賀案については、当然ながら平賀資料に一式残されており、この時期、平賀としては昔とったきねづかで、ひさしぶりに新戦艦の設計に注力した様子が資料からうかがわれる。

第57図　「金剛」代艦の比較

(1) 艦政本部計画試案（藤本造船大佐）
基準排水量 35000 トン　公試状態排水量 39250 トン
吃水線長 237m　吃水線最大幅 32m　平均吃水 8.7m　速力 25.9 ノット
軸馬力 73000　主砲 40 ㎝砲 9 門（3 連装 3 基）　副砲 15 ㎝砲 12 門（連装 6 基）

(2) 平賀造船中将試案
基準排水量 35000 トン　公試状態排水量 39200 トン
吃水線長 232m　吃水線最大幅 32.2m　平均　吃水 9.0m　速力 26.3 ノット
軸馬力 80000　主砲 40 ㎝砲 10 門（3 連装 2 基、連装 2 基）
副砲 15 ㎝砲 16 門（連装 4 基、砲廓式 8 門）

一方、このときの艦本（藤本）案については、不明な部分があまりにも多い。というのも、この福井氏記述の艦本案については、これを裏付ける元資料の存在が不明で、先年亡くなった福井氏の資料をひきとった県の「大和ミュージアム」にも、これに関する資料が発見されていないことである。

今にして思えば、生前の福井氏とは何度かお会いする機会はあったものの、当時はこれらの疑問がわからず、お聞きすることができなかったことが惜しまれる。もしかすると、福井氏自身の資料も相当数が被災したという、昭和二十九年の防衛庁技術本部の火災で焼失したのかもしれない。

ところが、膨大な平賀資料のなかに、唯一この時期の「金剛」代艦の一つの原案と推定される艦型図が発見されたのである。

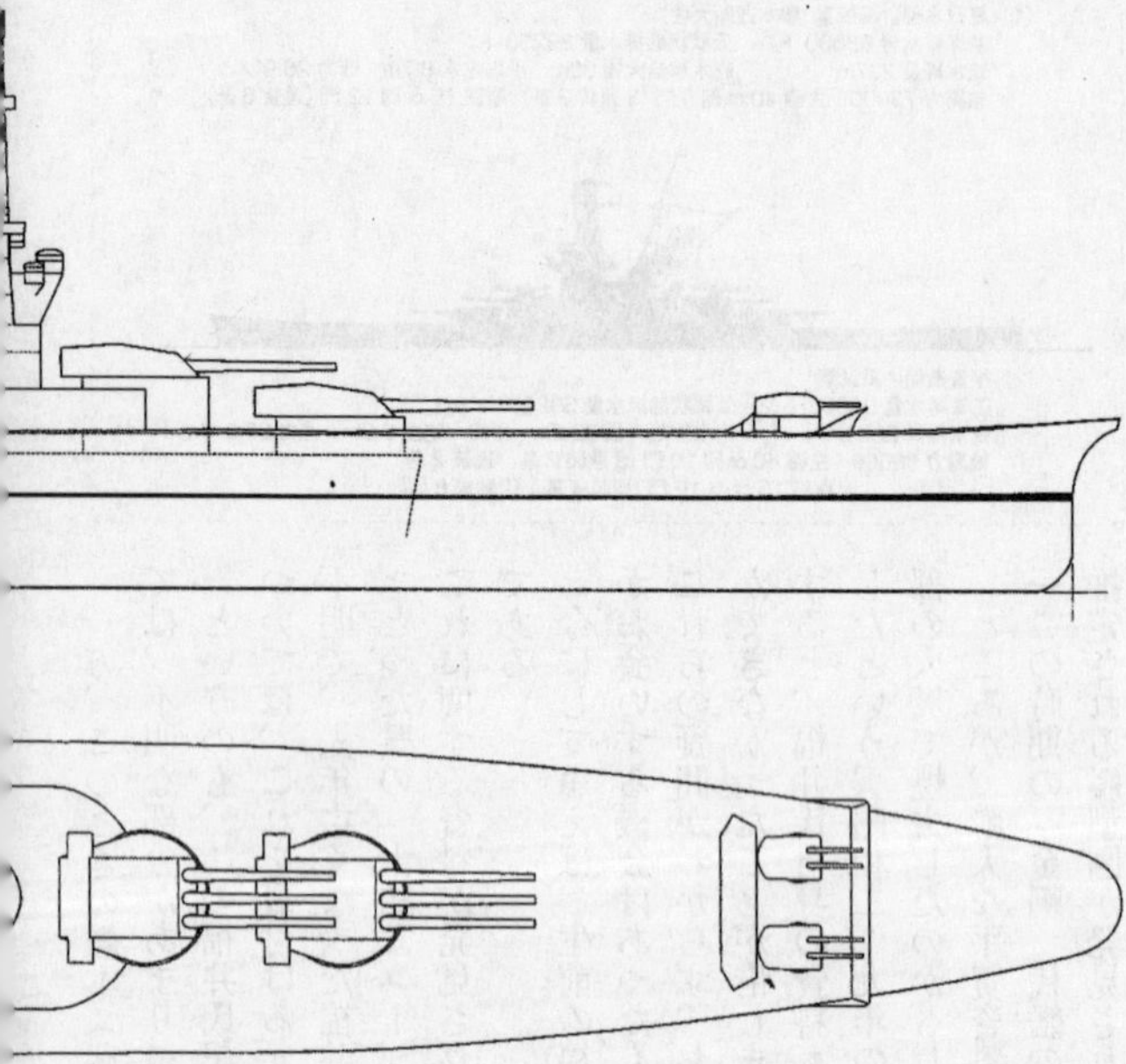

第58図　平賀資料に残る「金剛」代艦別案

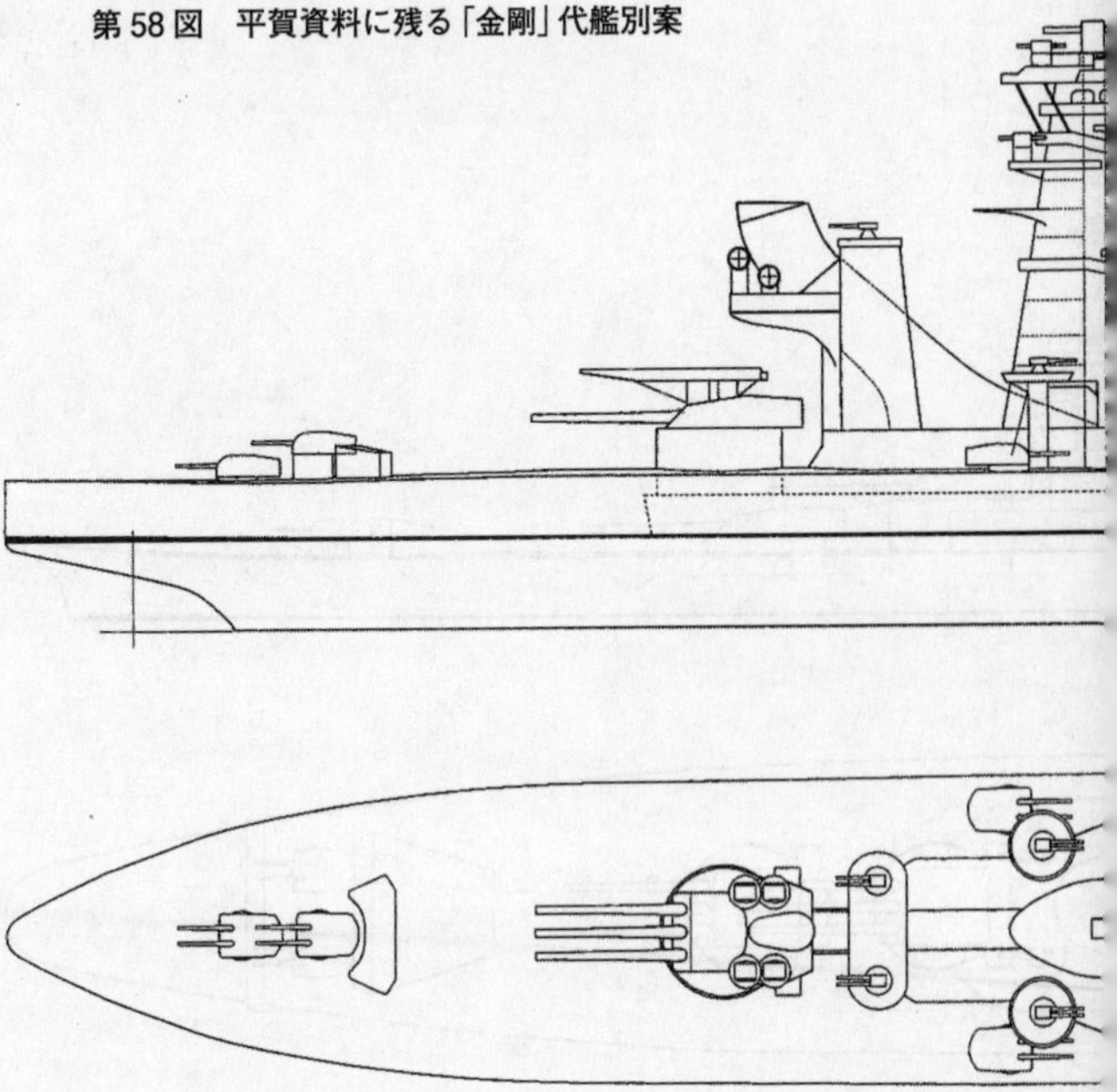

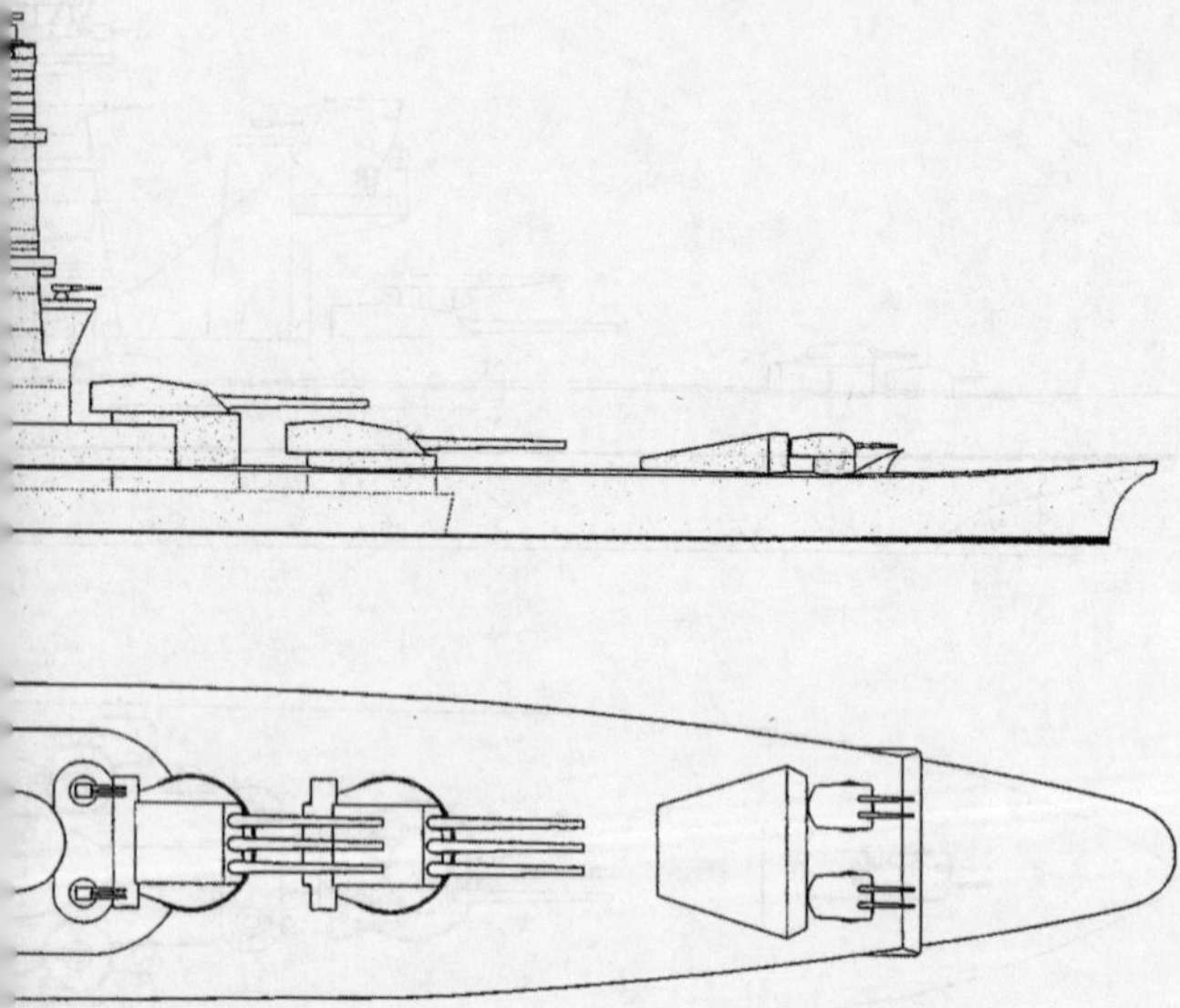

第59図　「金剛」代艦艦本案修正図

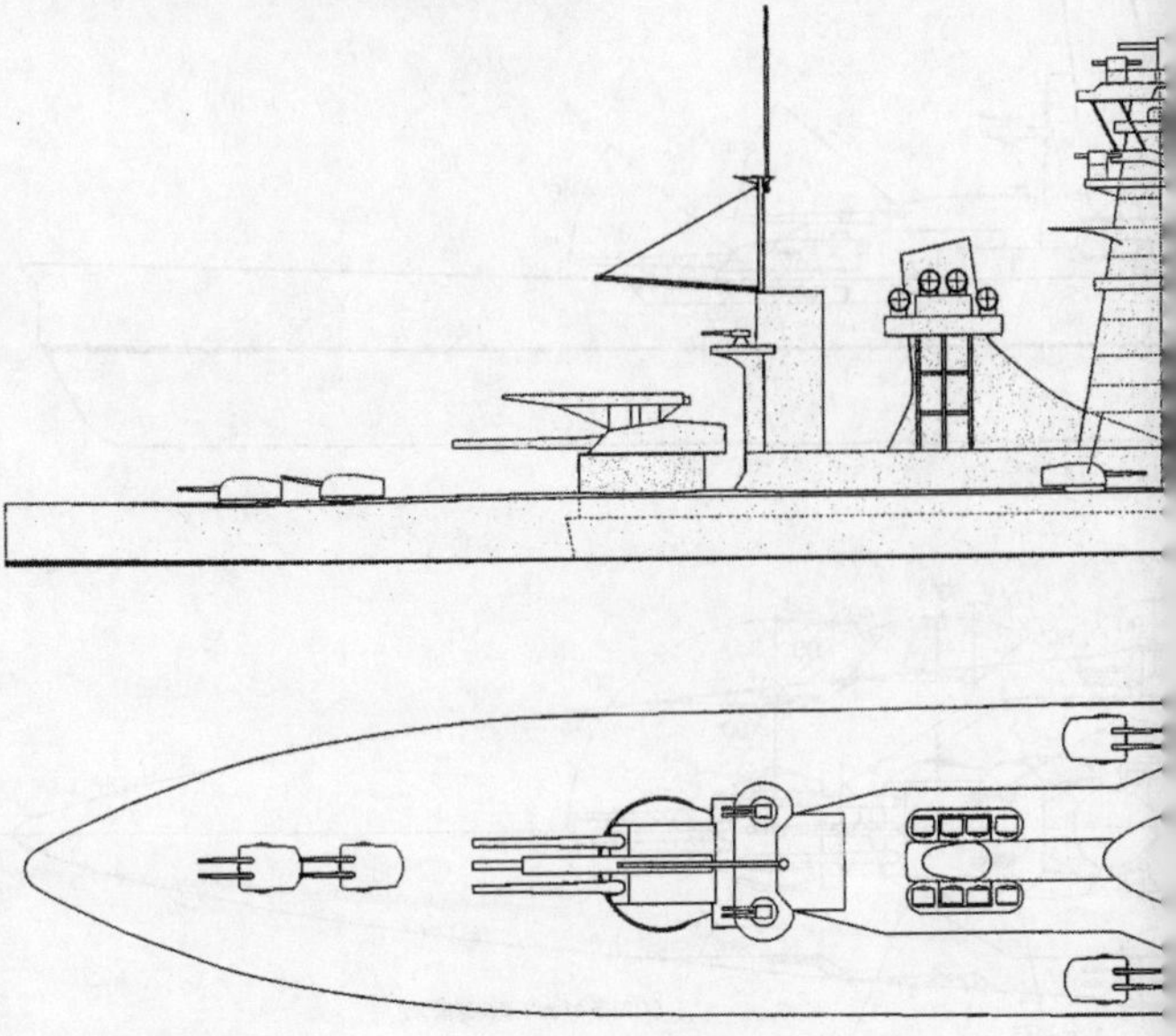

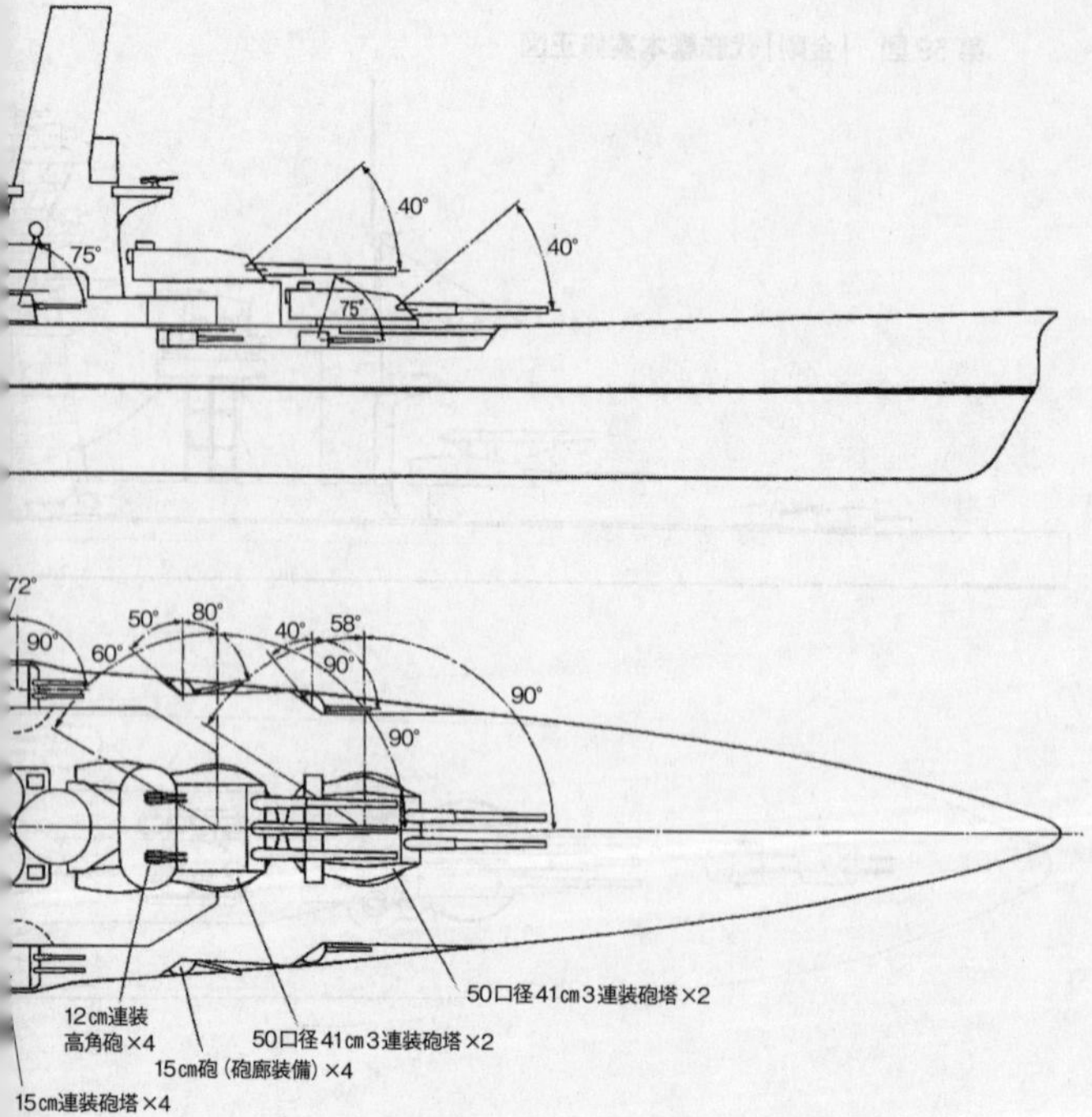
40°
40°
75°
75°
72°
90°
50°
80°
60°
40°
58°
90°
90°
90°
50口径41㎝3連装砲塔×2
12㎝連装
高角砲×4
50口径41㎝3連装砲塔×2
15㎝砲（砲廊装備）×4
15㎝連装砲塔×4

第60図 「金剛」代艦平賀案

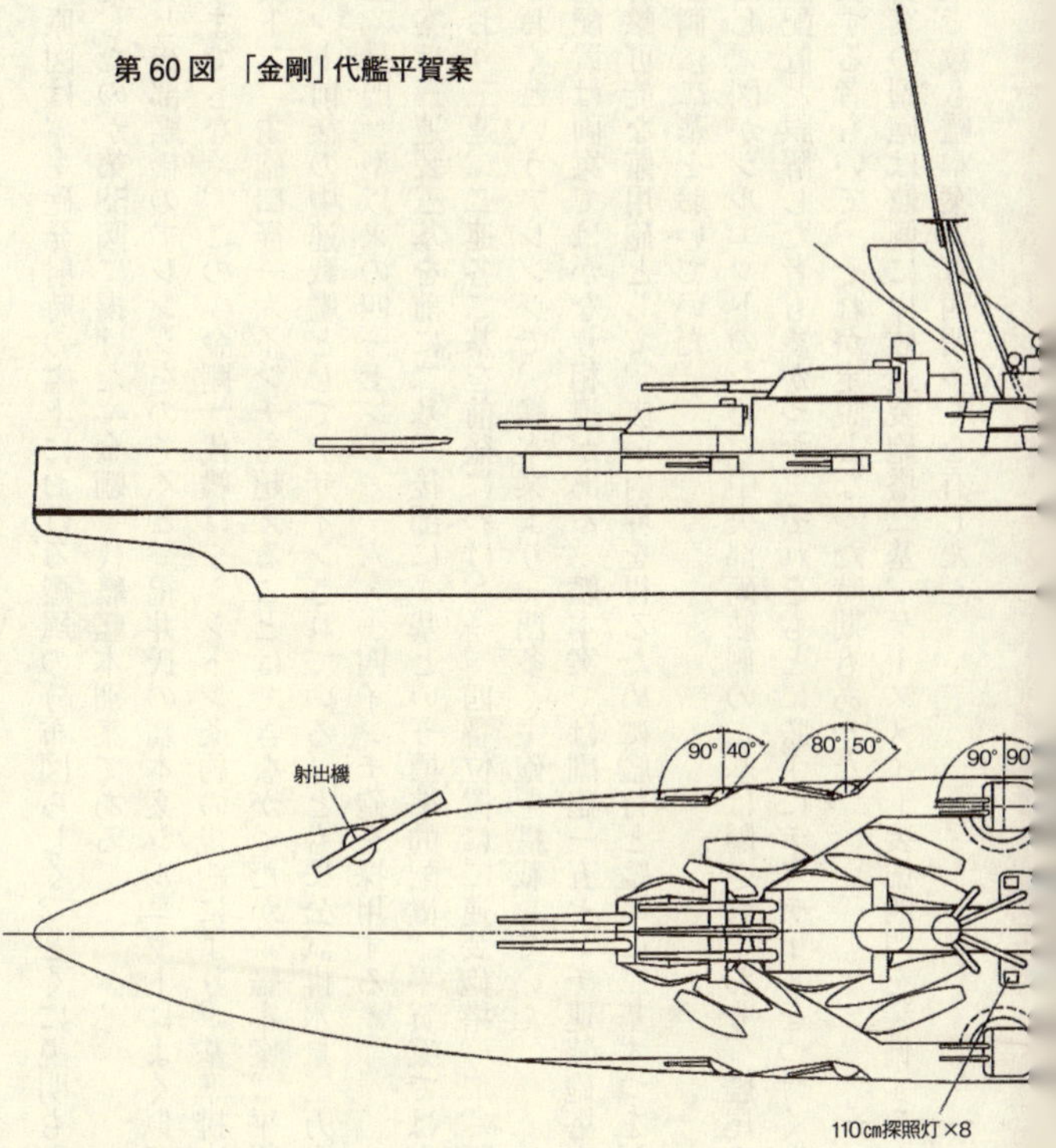

この原図は、主砲発射時の艦上における爆風の分布図らしく、とくに説明もないが、それを復元したのが第58図に掲げた「金剛」代艦艦本別案である。

煙突と後部艦橋のアレンジをのぞくと、福井氏の艦本案シルエットによく似ている。

いうまでもなく、この「金剛」代艦はワシントン条約の規約により、基準排水量三万五〇〇〇英トン、主砲口径一六インチを超えることはできなかったが、艦本案、平賀案とも速力二六ノット前後の中速戦艦としてデザインされている。ともに公試排水量三万九二〇〇トン、主砲は「長門」型以来の四一センチ／一六・一四インチ砲を採用する。

艦本案は三連装三基を前に二基、後部に一基という標準的配置、平賀案ではかねてからの持論どおり三連、二連各二基を前後にわけ、一、四番位置に二連装砲塔、二、三番位置に三連装をおくというアレンジで、艦本案より一門多く主砲を搭載していた。

副砲配置は両案ではかなり相違がある。艦本案では副砲一五センチ連装砲塔六基一二門を対空射撃可能な兼用砲として、広い射界を得るために艦首と艦尾に二基ずつを配置し、中央部両舷側に二基をおいていた。

ただし、図がシルエットのため、中央部両舷側の二基は隠されており、艦尾の二基を並列に四基配置と誤解した者も多かった。それをもとに勝手にディテールをつけくわえた艦型図を発表する者もいて、それが定説となった時期もあった。

平賀案の副砲は舷側に片舷連装砲塔二基、ケースメイト装備四門を装備するという、新旧折衷案で数も艦本案より四門多くを有した。

こうして、艦本案のディテールを復元して平賀案と対比してみると、一見まったくの別設計のように見えるが、平賀資料より発見された艦本別案とアレンジはよく似ている。中央部に集約した上部構造物、とくに煙突と後部艦橋部の配置などには、きわめて類似点が見られる。

長砲身四一センチ三連装砲塔

うがった見方をすれば、平賀資料に一点のみ混在しているこの艦本別案は、平賀が艦本関係者から内密に入手した図面の一つで、平賀デザインの「金剛」代艦案作成にさいして、たくみにその特徴をとりいれたものと見られないこともない。

平賀としては、何が何でもすべての面で藤本案の上をいくデザインを完成させて、積年の鬱憤をはらしたかったのかもしれない。

この「金剛」代艦の主砲については、ひとあし早く昭和二年に砲身一門、砲架、砲塔の一部の試作訓令が呉工廠に発せられていた。平賀資料にも、この主砲三連装砲塔の概略配置図と、二連装と三連装砲塔の船体に配置した場合の位置関係図が残されている。

主砲砲身は五二・五口径という長砲身を採用した。三連装砲塔の場合、最大仰角四〇度、装填は俯角五度、仰角一五度の範囲での自由装填式、最大射程四万二五〇〇メートルという高性能砲であった。

砲塔の装甲厚は、これまでの主力艦砲塔としてはもっとも重装甲で、前楯二〇インチ／五〇八ミリ、側面一〇〜一二インチ／二五四〜三〇五ミリ、天蓋、後面九インチ／二二九ミリ、床面四インチ／一〇二ミリが図面に記されている。復元した砲塔の三面構造図を第61図に掲げておく。

試作砲身は完成度四四パーセント、砲塔関係は一四パーセントの完成度で、昭和五年にロンドン条約の締結で中止された。

「金剛」代艦基本計画において、艦本案と平賀案のどちらが優れていたか、軽々には結論を出すことはできないが、こういう変則的な場面ではあったが、この「金剛」代艦が平賀が設計した最後の日本戦艦となった。

昭和九年（一九三四）の「友鶴事件」により、艦本の藤本造船少将は引責、失脚する。藤本の計画主任時代の艦艇の基本船舶性能の欠陥の責任を問われたもので、謹慎後、再度艦本にもどる予定といわれていたが直後に急逝、四七歳で生涯を終えた。

平賀は昭和六年三月に予備役となり、翌年七月、東京帝国大学工学部教授を拝命、「友鶴事件」では設置された「臨時艦艇性能調査会」の事務嘱託となり、事件後の後始末に活躍する。

昭和十年四月には海軍省事務嘱託を解かれ、艦本造船業務嘱託となる。以後、「大和」型新戦艦の基本計画を担当した計画主任の福田啓二造船大佐を補助するかたちで、大なり小なり「大和」型の基本計画に影響をあたえることになる。

昭和十三年十二月、平賀は東大総長となり、昭和十八年二月十七日病没、六四歳だった。

第61図　「金剛」代艦搭載予定41㎝52.5口径3連装砲塔

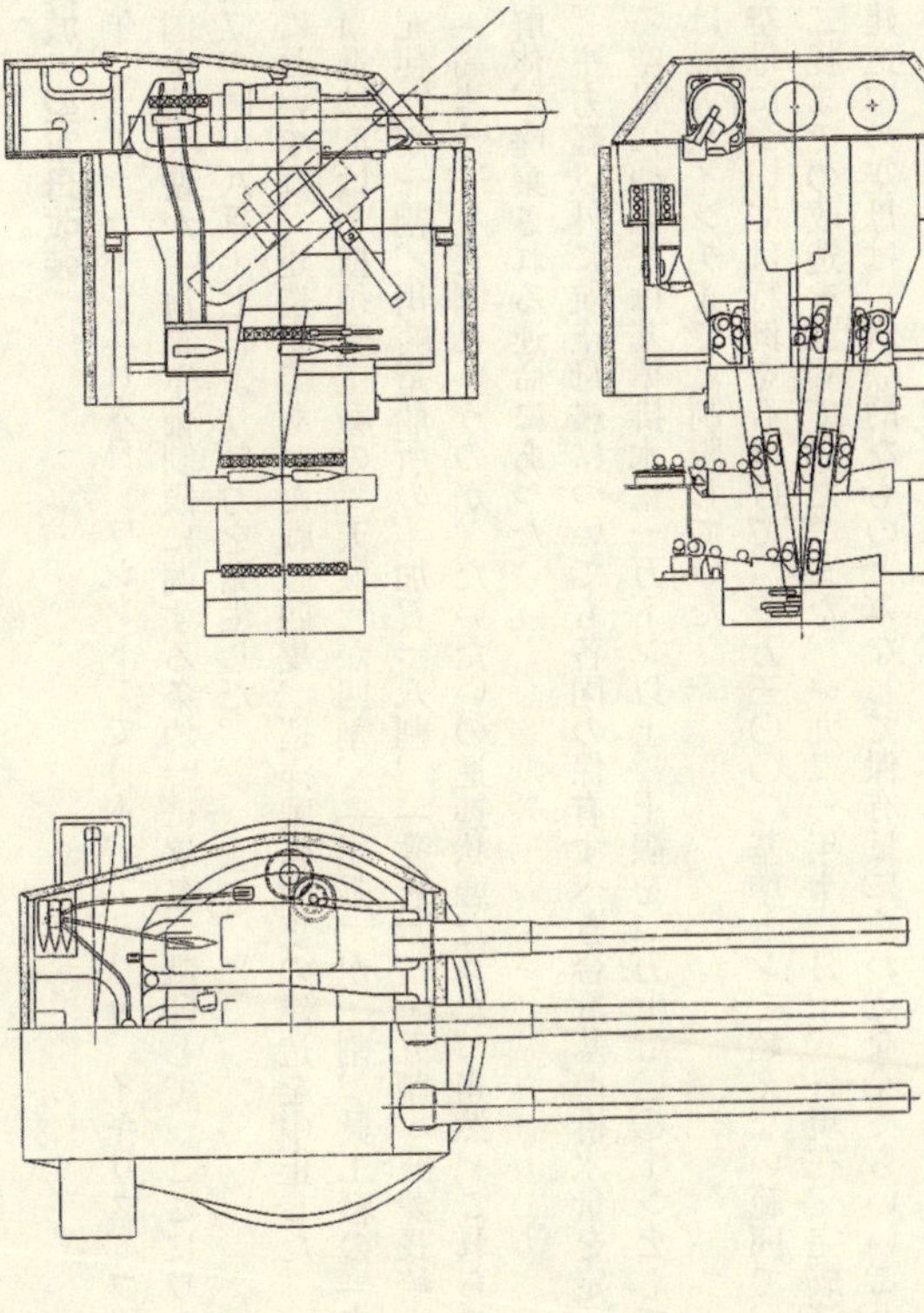

巡戦「天城」型空母改装

一九二二年（大正十一年）二月六日、ワシントンで日本、アメリカ、イギリス、フランス、イタリア各国全権大使が「海軍軍備制限に関する条約」に署名、調印して、ここにワシントン条約は成立、同年八月十七日より効力を発生した。

日本海軍においては、建造中であった戦艦四隻、巡洋戦艦四隻の建造を中止した。

各艦の工事進捗度は、横須賀工廠の「天城」が四割、「尾張」が一割、呉工廠の「赤城」が四割、「紀伊」が一割、川崎造船所の「加賀」八割、「愛宕」一・五割、三菱長崎の「土佐」八割、「高雄」一・五割というのが、だいたいの進捗状態だった。当然、これらの艦は条約により解体、廃棄される運命にあった。

条約では、主力艦以外に航空母艦についても各国の保有すべき合計基準排水量を定め、新たに建造する空母については基準排水量一万トン以上、上限を二万七〇〇〇トンとして、その備砲口径は最大八インチまでと制限していた。

ただし、空母については特例をもうけて、三万三〇〇〇基準トンを超えない範囲で、建造中の主力艦二隻までの改造を認めていた。また、一九二一年十一月十二日現在、完成済みの空母または建造中の空母は、試験的なものとみなして保有量にくわえなくてもいいことになっていた。

条約による日本の空母保有量は八万一〇〇〇基準トンで、米英の一三万五〇〇〇トンの六割におさえられていた。

当時、日本海軍は世界最初の新造空母といえる「鳳翔」を完成させたばかりで、さらに大型の「翔鶴」型二隻の建造に着手しかかっていたが、条約締結により、特例を生かして巡洋戦艦「天城」「赤城」を空母に改造することとし、「翔鶴」型の計画を中止したのであった。

この特例を適用した空母に、アメリカのレキシントン、サラトガ、イギリスのカレイジャス、グロリアス、フランスのベアルンがある。最大の三万三〇〇〇トン型を実現したのはアメリカだけで、日本の「天城」型は二万六九五〇トンといういくぶん小さめの空母として、中型空母二隻分の保有量を残すことになった。

「天城」「赤城」の巡洋戦艦としての工事は、大正十一年二月七日付官房機密第三六三号艦政本部長通牒により工事を中止していたが、同年十二月十五日付官房機密第一七〇七号の三をもって航空母艦に改造方訓令が発せられていた。

この時期、日本海軍においてこうした大型空母の改造計画は前例がないだけに、その採用すべき形態には試行錯誤がおおく、飛行機自体がたぶんに過渡期的要素がおおく、その計画も紆余曲折はさけられなかった。

今日、平賀資料には、これまで知られることのなかった初期の「天城」型空母改造案と見られる図面資料をいくつか見ることができる。この「天城」型空母改造計画に平賀自身がどれだけかかわっていたか、明確ではない。

最初の新造空母「鳳翔」の基本計画は田路造船中佐が担当しており、「天城」型（赤城）

の基本計画は藤本造船中佐の担当として知られている。平賀は当時、計画主任として部下の造船官の仕事を監督する責任があり、それなりに各計画に関与したことは否定できない。

ただ、航空母艦というまったく新しい艦の計画においては、平賀自身においても未経験の事項がおおく、どうしても当事者としての航空関係者の意向に左右されることがおおかったのではと推測されることが少なくない。

ひな壇式か全通甲板型か

平賀資料に見られる平賀の自筆の航空母艦についての意見書として、大正十一年十一月六日付のものが残されている。水平甲板型ひな壇式三段飛行甲板の第一案と、全通甲板島型艦橋をもつ第二案について、その優劣を説いており、簡単な艦型図（第62、63図）が添付されている。

平賀自身の航空母艦にたいする当時の意見具申としては、ほとんど他に見ることがないだけに、注目に値する。

平賀の鉛筆書きのこの意見書は、独特の癖字のためかなり読みづらい。一字一句は判読できないが、要するに第一案の水平型多段式飛行甲板形態を採用すべきとして、第二案のアイランド型一段全通甲板の形態を二の次としていることである。

二案とも、本来の巡洋戦艦の防御甲板より下部はほぼそのままとして、防御甲板と舷側甲鈑厚を減じて、舷側六インチ、防御甲板二・八七五インチとした。

これにより最大艦幅を三〇・八メートルから二八メートルに、吃水を九・五メートルから六・七メートルに減じ、計画基準排水量を二万六九五〇トンとしたもので、これによるGM値は六・八フィートとしている。

日本海軍は先の「鳳翔」の経験からも、飛行甲板は甲板上になにも突起物のない水平甲板型を重視した。しかも、飛行甲板をひな壇式に二段式として、上部を帰着兼発艦甲板、下部を発艦甲板専門とすることで、帰着と発艦の作業を個別におこなえ、飛行作業を大幅に改善することを発案したのであった。

この時期、こうした多段式飛行甲板を採用したのは他にイギリス海軍がある。大型軽巡より改造したフュリアスの再度の改装と、同グロリアス、カレイジャスの改造にさいして採用されたが、日本海軍がこの事実を知っていたのか、または日本が独自に発案したものかは明らかではない。

アメリカ海軍の場合、同大の巡洋戦艦レキシントン、サラトガの改造にさいしては、島型全通甲板というもっとも常識的な空母形態を採用した。その一つの理由は一八万馬力という高馬力の煙路処理上、どうしても島型構造として舷側に直立せざるをえなかったともいわれている。

当時の計画では、搭載機はできるだけおおくと要求され、格納庫もおおくの収容数を要求されていた。計画では攻撃機、戦闘機、偵察機各一二機の合計三六機とされ、他に若干の補用機を用意していたものらしい。

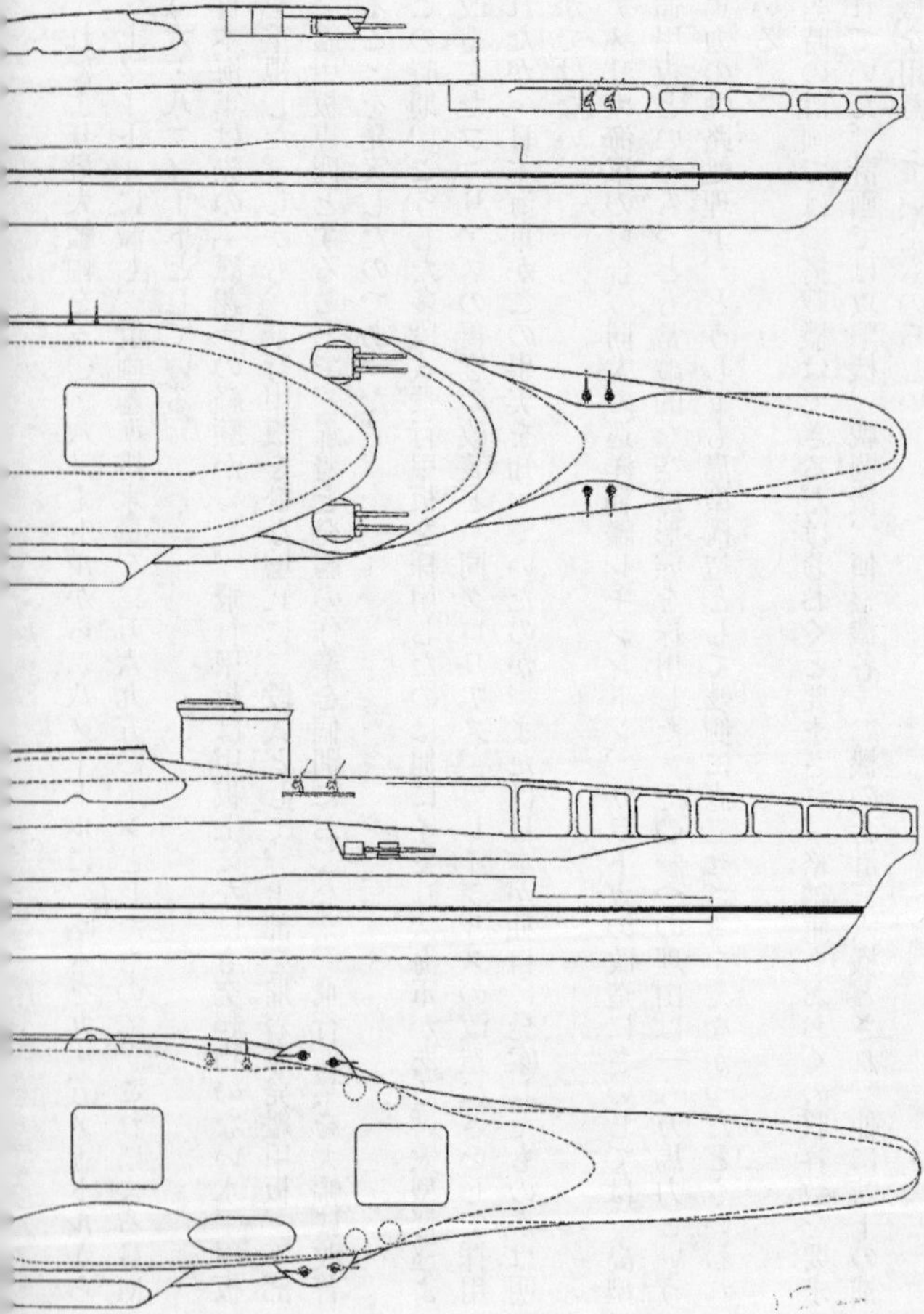

第62図　「天城」型空母改造案1（1911-12年）

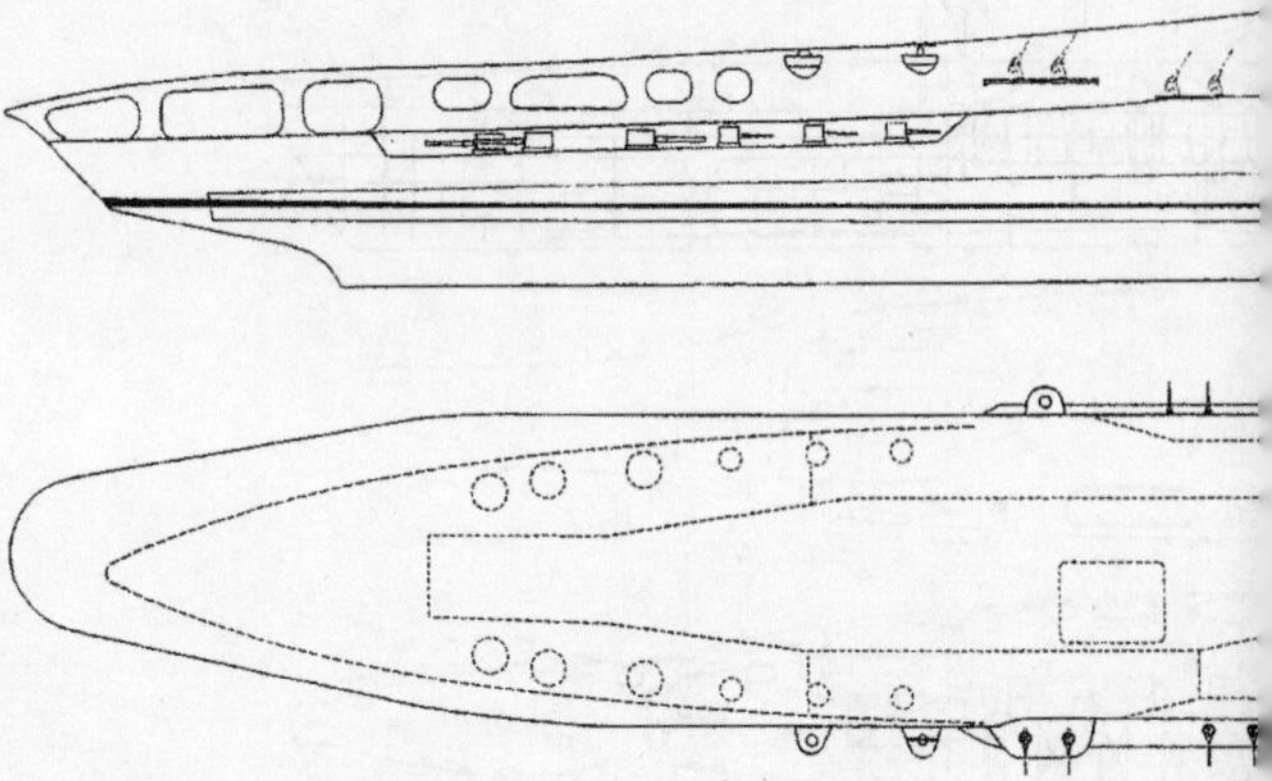

第63図　「天城」型空母改造案2（1911-12年）

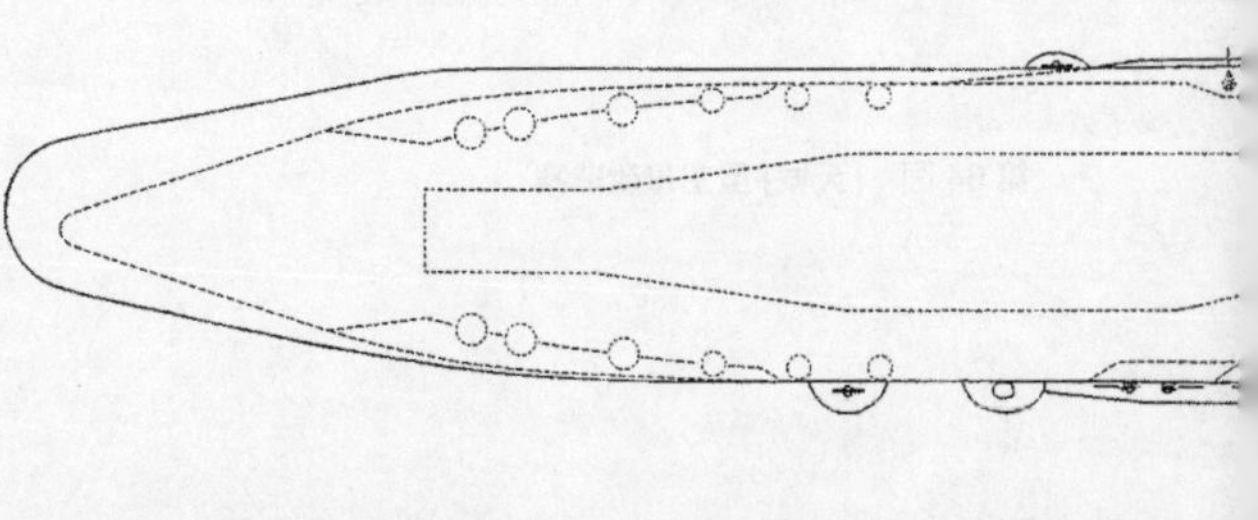

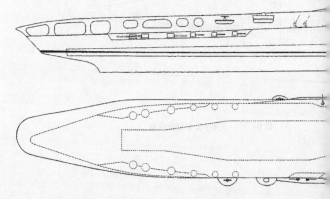

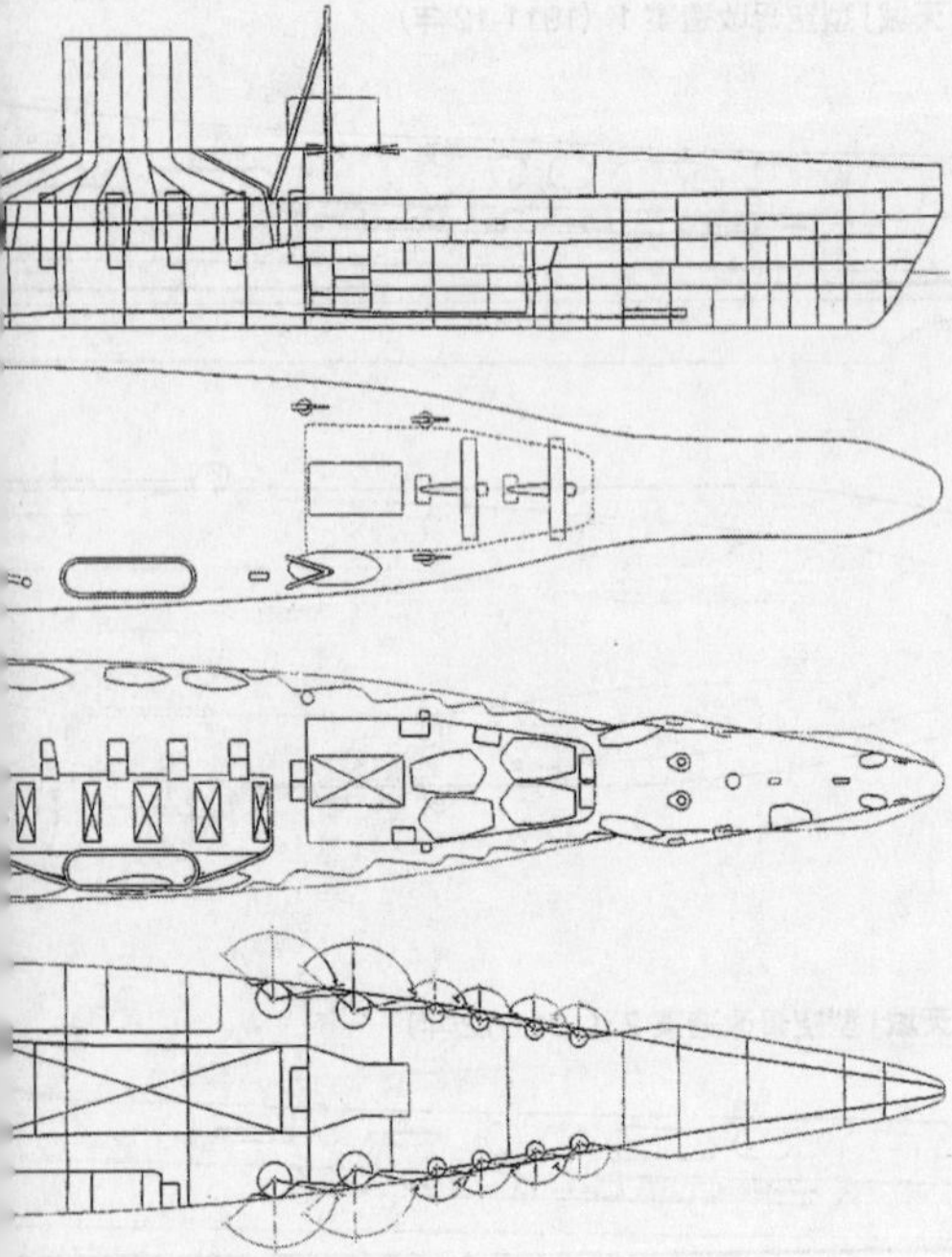

第64図　「天城」型空母改造案

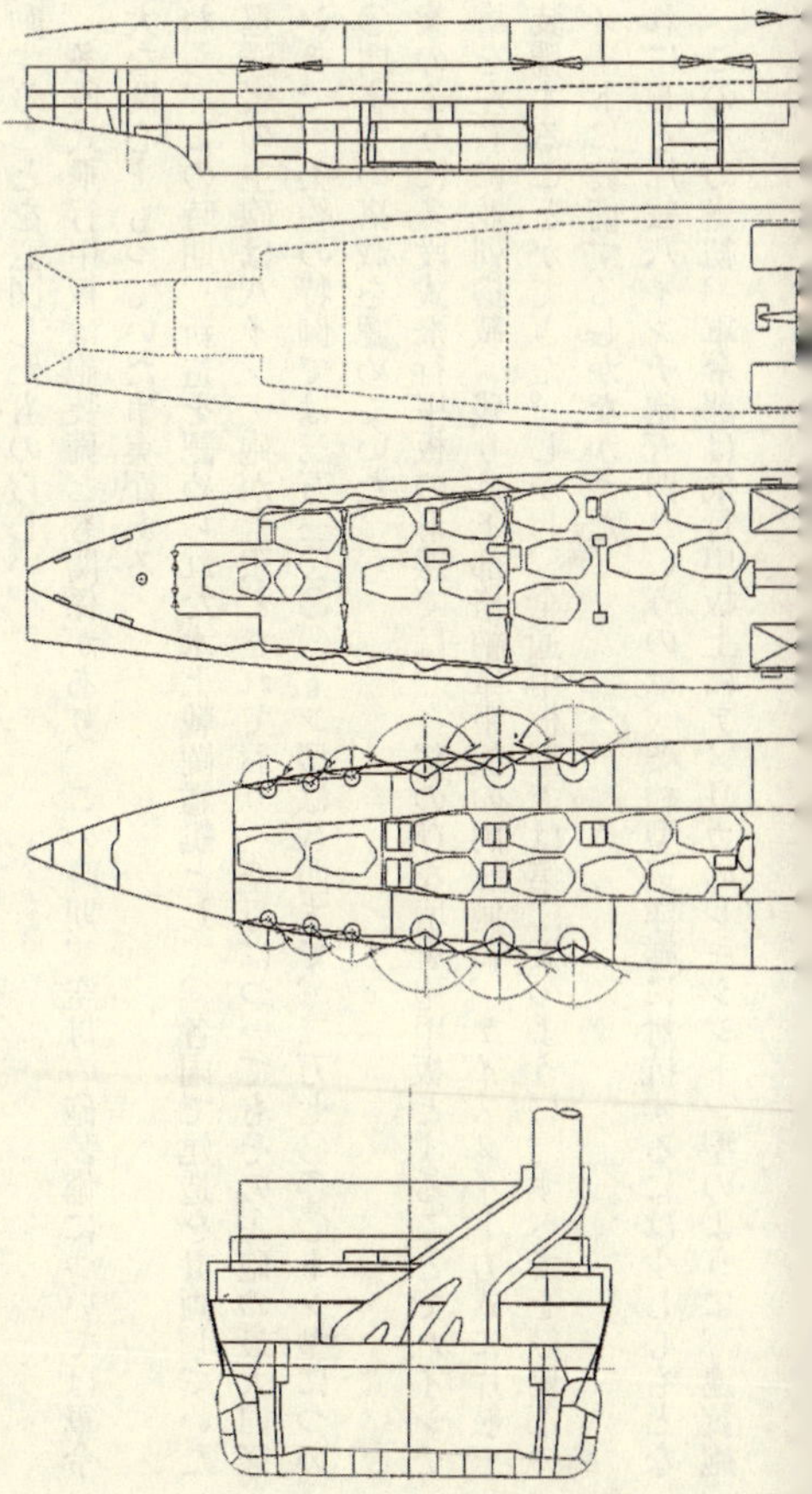

格納庫は上下二段、下部格納庫は缶室煙路の配置から後部のみにかぎられた。第一案では、後部リフトはこの下部格納庫と上部格納庫を連絡するもので、帰着甲板に通じるのは前部リフトのみである。大型の攻撃機（雷撃機）は下部の発艦甲板より発進するもので、戦闘機などは上部の帰着甲板の先端部からの発進も可能である。

この時点では、帰着甲板は艦尾部を低く、艦前方を高くした関係で、帰着機はこの傾斜により制動することを意図したものらしい。

また、多段式飛行甲板は砲装備とも関係があり、この時期、空母の砲装備については軍令部も多大な関心をもっていた事実がある。

すなわち、この時期、新造を認められた水上戦闘艦艇として、各国で建造を計画していた条約型巡洋艦の主砲は八インチ砲が上限とされており、空母についてもその主砲の最大口径は八インチで、条約の特例では三万三〇〇〇トン型は八門まで、二万七〇〇〇トン型については一〇門までの搭載を認めていた。

第一案のように多段式飛行甲板の形態では、一部のひな壇を砲甲板とすることで八インチ連装砲塔を左右に並列搭載、残りは下部格納庫甲板の両舷側に、ケイスメイト方式に片舷三門ずつ装備することができた。しかし、全通甲板型では第二案のように、すべてを舷側部のケイスメイトに装備するしかなかった。

いずれにしろ片舷八インチ砲五門というのは、条約型巡洋艦に対抗するには少し心もとなかった。このため当初、軍令部は飛行甲板上にアメリカのレキシントン型のように、連装砲塔として両舷に指向できる三基ないし二基の搭載を要求していたが、結局、飛行甲板上を平坦にすべしとの要求をのまざるをえなかったものらしい。

平賀資料には第64図として示すアイランド型全通甲板型の「天城」改造案もあったらしく、今日的にみれば、もっとも常識的な大型空母への改造案らしく見える。時期的に先の二案比較前の時期とも推定されるが、単に図面だけがのこされており、平賀の担当でないことは明らかである。

この案では飛行甲板へのリフトは三基もうけられ、中央部の煙路処理が正直すぎて、格納庫が前後に二分されるかたちとなり、格納庫機能をそこなっているが、形態的には正統派である。

ただし、よく見ると、この飛行甲板に一段飛行甲板をかさねると後の多段式飛行甲板に進歩するわけで、その意味では多段式が魅力的に見えてしまうのはやむをえないかもしれない。

かくして、「天城」空母改造計画は水平甲板型かつ多段式飛行甲板案が本命として、この第一案が以後、より改良をかさねて、ほぼ基本計画を完成したのは大正十二年の夏ごろであったと、平賀は昭和四年の英文講演で述べている。

塗りつぶされた平賀資料

しかし、この年の九月一日、関東大震災が勃発して、空母に改造を予定していた横須賀工廠の「天城」が船台上で被災した。船体をささえる盤木が倒れて、船体が約一・二メートル後退して盤木上に墜落したことで、外観的にはめだった被害はなかったものの、船体が五〇センチ近く屈曲してしまった。

船台上での復元は無理と判断されて、「天城」の空母への改造は断念され、かわりに川崎造船所で建造中だった戦艦「加賀」が空母への改造をうけることになった。

平賀自身も、この年の十月一日に計画主任を解任され、艦本を去ることになる。したがって、平賀自身が「天城」型の改装にかかわることは少なかったといえる。

平賀資料には、この他に「天城」型の空母改造図（第65図）がある。これはほぼ最終案というべき、後の完成艦と大差ないが、図面になにか改正点を描きくわえた跡があり、それも墨で塗りつぶすようなかたちで残っている。「天城」型としているから、元図は「天城」の空母改造断念前の作図と想像される。

事実、大正十四年二月の技術会議の第一分会において、「赤城」の改造案にたいして研究されてきた「加賀」改造案に準じて、いくつかの改正点をもりこんだ改訂案を提出している。

この改正では、

一、下段の発艦甲板の長さを一八〇フィート（六二メートル）に延長、甲板上の一二センチ連装高角砲二基を後部にうつす。

二、帰着甲板を二フィート九インチ（八四センチ）高めて、両側は上部重量の増加をふせぐために開放式とする。下部の砲甲板は、平時は飛行機運搬通路、飛行準備スペースとして使用、有事は戦時格納庫として舷側部にキャンバス製スクリーンをもうける。
三、中部格納庫は攻撃機、偵察機用格納にあて、縦隔壁の一部にアーチをもうける。
四、下部格納庫は戦闘機格納用にあてる。
五、中部、下部格納庫に予備機格納庫をもうける。
六、前部リフトのサイズを長さ五三フィート（一六メートル）、幅三五フィート（一〇・七メートル）に拡大、さらに後部に長さ四三フィート（一三メートル）、幅二七・五フィート（八・四メートル）のリフトを新設して、帰着甲板から下部格納庫まで通す。
七、格納庫後端部付近の両舷に飛行機積みこみ用起倒式クレーンをもうけ、前部リフト付近に予備一基を残す。
八、その他、省略。

以上から第65図は、これらの改正前の状態で、墨で塗りつぶしたのは上記改正点の一部と推定される。「赤城」は震災直後に改造工事を開始していたが、当面は計画どおりの機関、缶や主機の積みこみなどで、大正十四年四月二十二日に進水を終えた。

上記改正点は、これ以降の艤装段階で改訂したものであろう。

完成は昭和二年三月二十五日で比較的早くに完成したものの、艦隊編入は搭乗員の育成が遅れ、同年十月以降にずれこんだ。

「赤城」の完成時の基準排水量は三万二七七四トンと計画を大きく超過しており、実質的にレキシントン級に匹敵する三万三〇〇〇トン型となっていたが、日本海軍としては二万六九

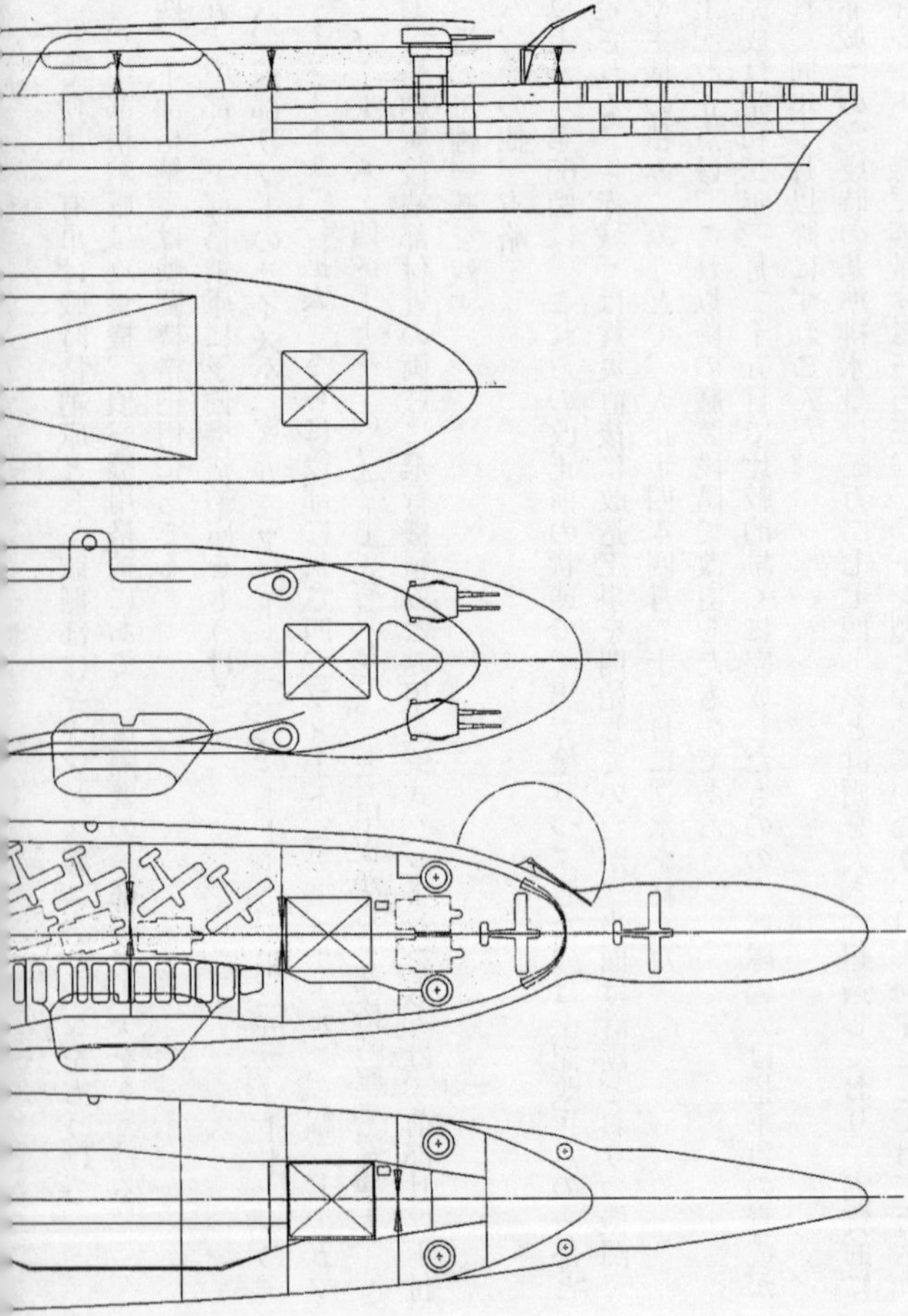

第65図　「天城」型空母改造案（1924年？）

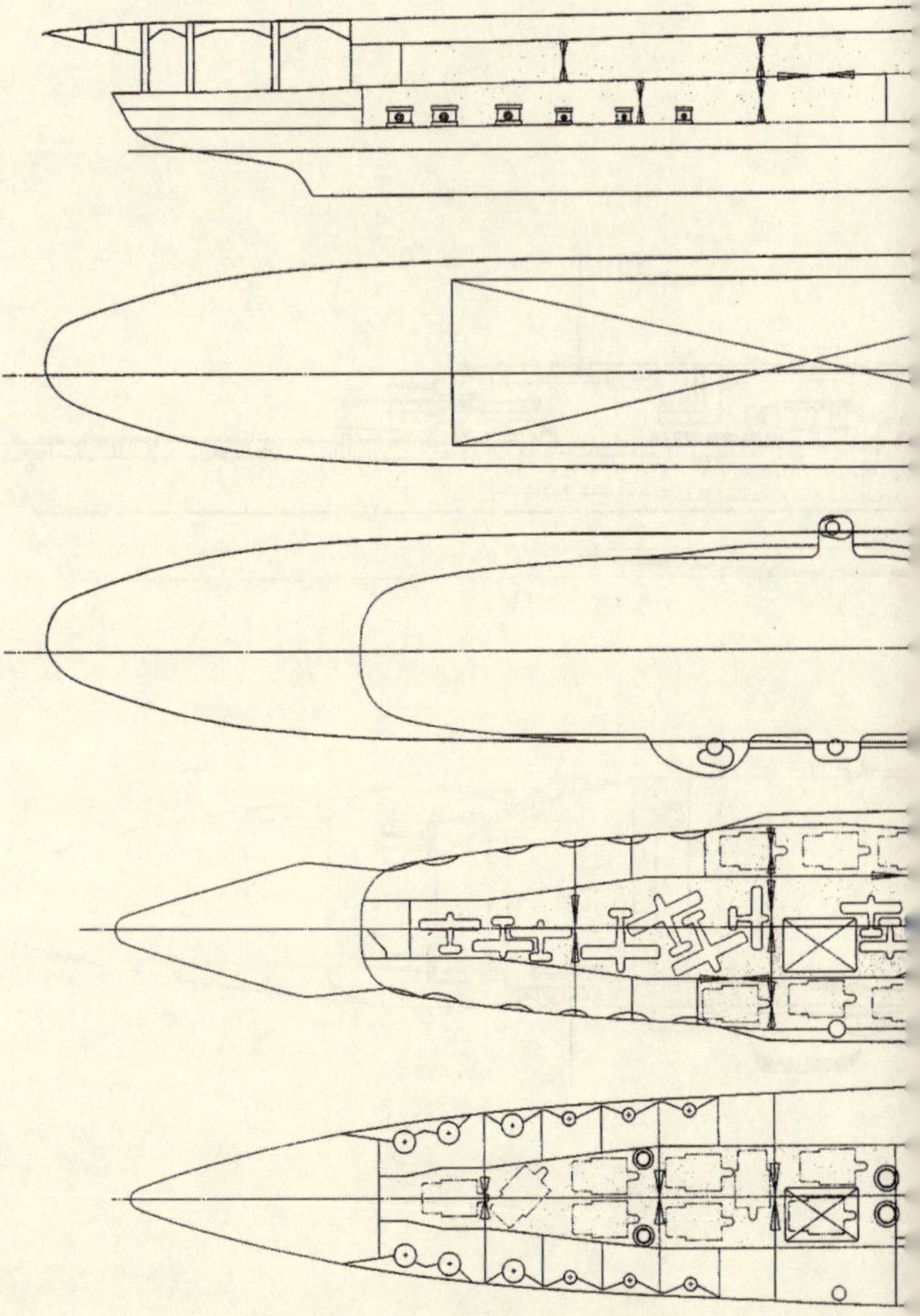

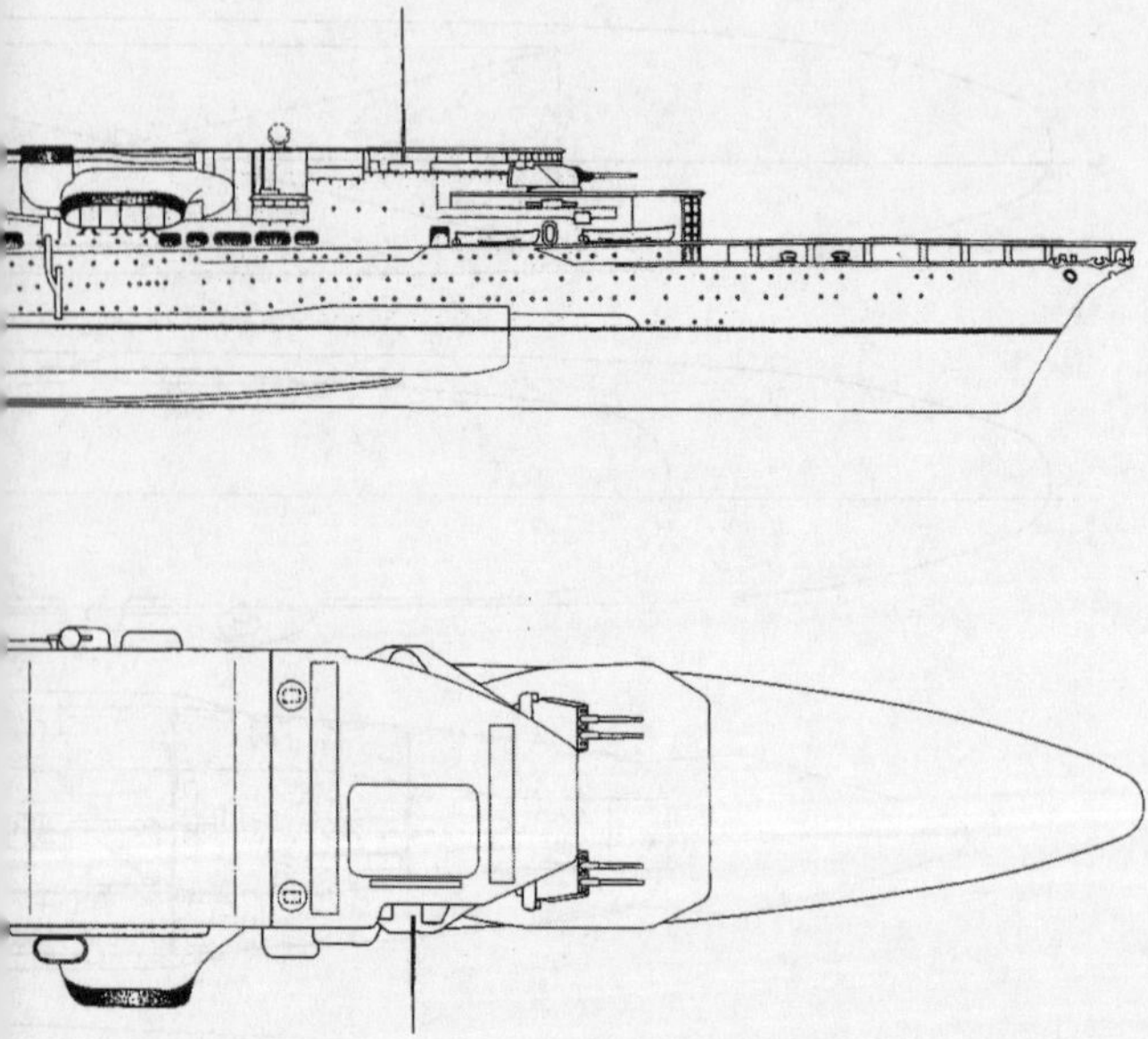

第66図　「赤城」完成時（1927年）

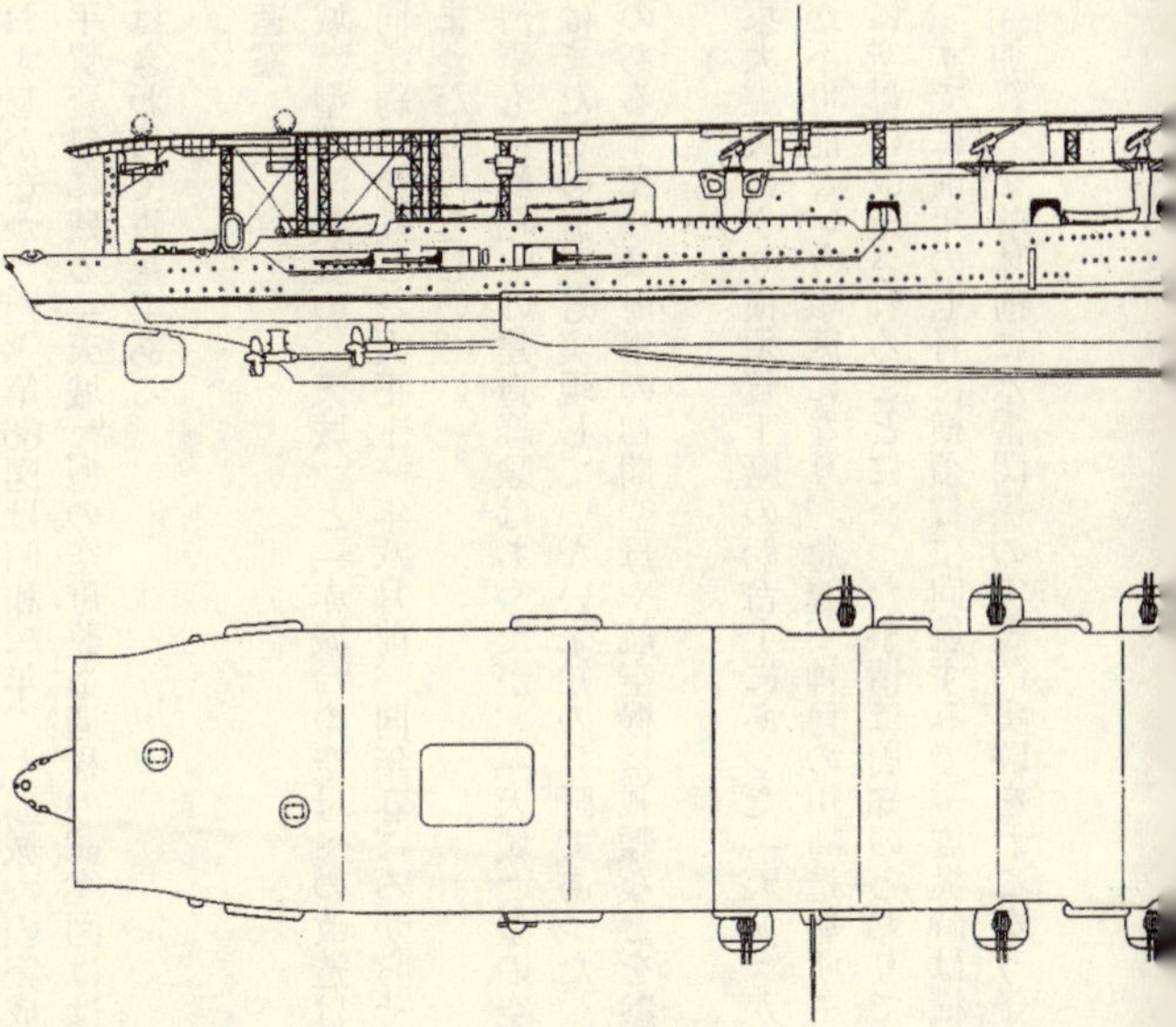

五〇トンのまま押しとおすしかなかった。第66図は昭和二年、「赤城」の完成時の艦型。

いずれにしろ、この平賀資料に残る「天城」型の空母改造過程の試案図ははじめて見るもので、研究者にとってはきわめて貴重である。

戦艦「加賀」空母改造案

いうまでもなく「天城」型巡洋戦艦の「天城」と「赤城」の空母への改造はワシントン条約による選択であり、同条約の発効した大正十一年八月前、同年春ごろからその改造に関する検討、試案等がはじまったものらしい。

述べたように、日本海軍も「鳳翔」の建造経験はあったが、「天城」型の空母改造は当時、こうした大型高速空母はまだどの海軍も実現していない未知の分野であった。その艦型については、もっとも実績のあるイギリス海軍の初期空母や航空機搭載艦などを参考に模索するしかなかった。

大正十二年九月の関東大震災により横須賀工廠の船台上にあった「天城」が破損、そのまま工事を進めても進水が不可能という事態になり、急遽、神戸の川崎造船所で建造途中の戦艦「加賀」が、代わりに空母に改造されることになった事情は周知のとおりである。

このとき「加賀」は、すでに前年の七月に横須賀に回航ずみで、震災時は横須賀に係留されていた。この回航は「加賀」を解体前に水雷関係の実艦的実験をおこなう予定であったためらしい。

上から空母「赤城」、空母「加賀」、空母「鳳翔」

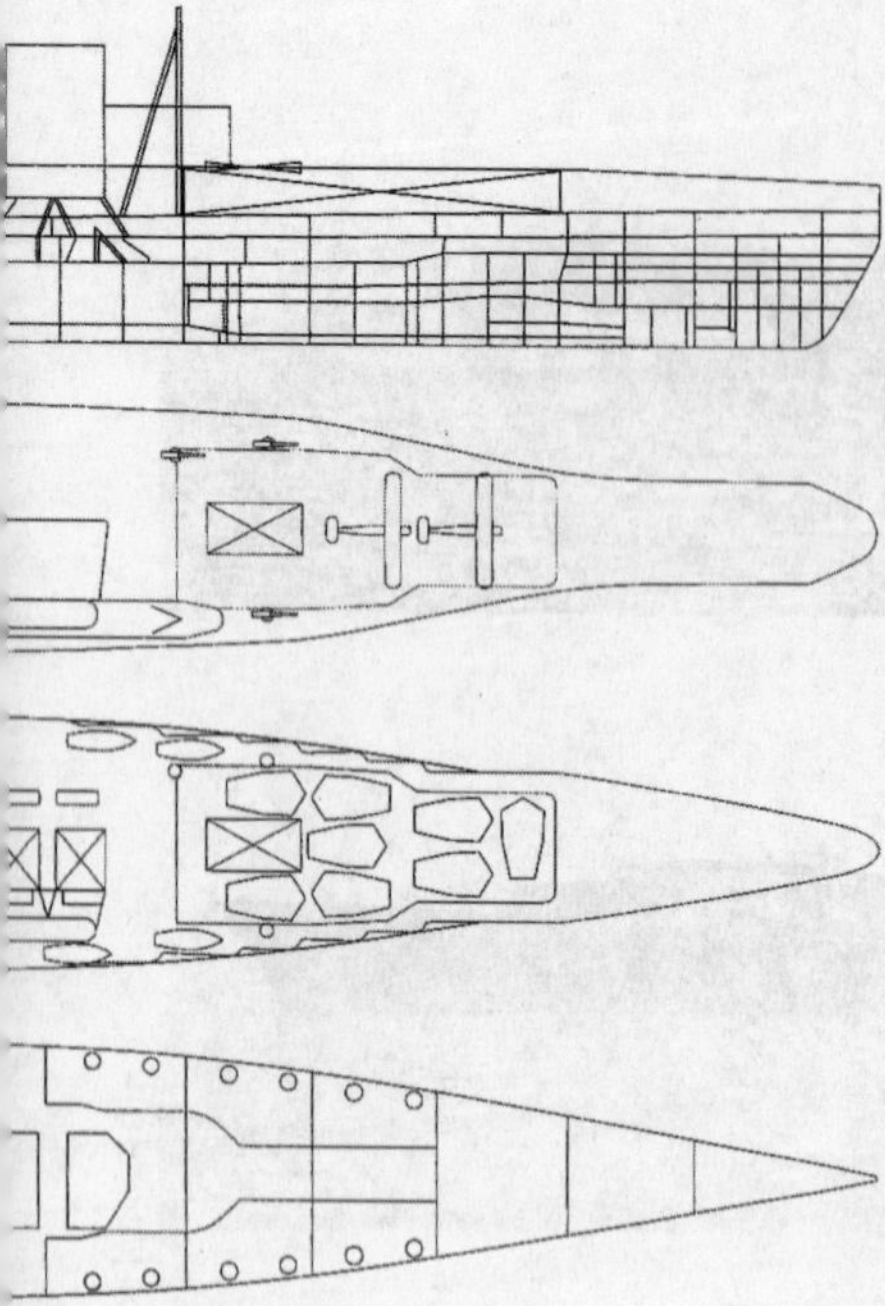

第67図 「加賀」空母改造案1

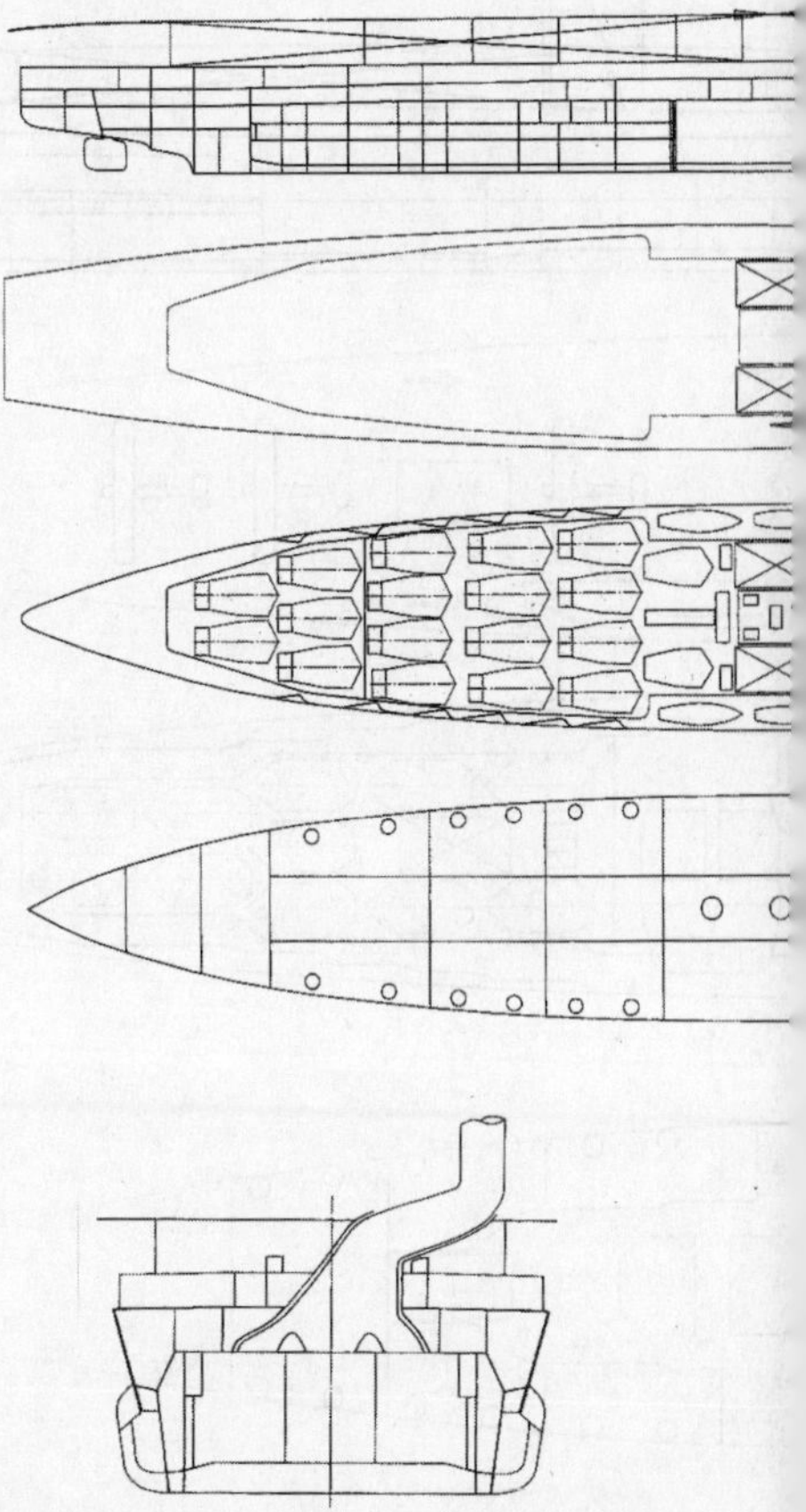

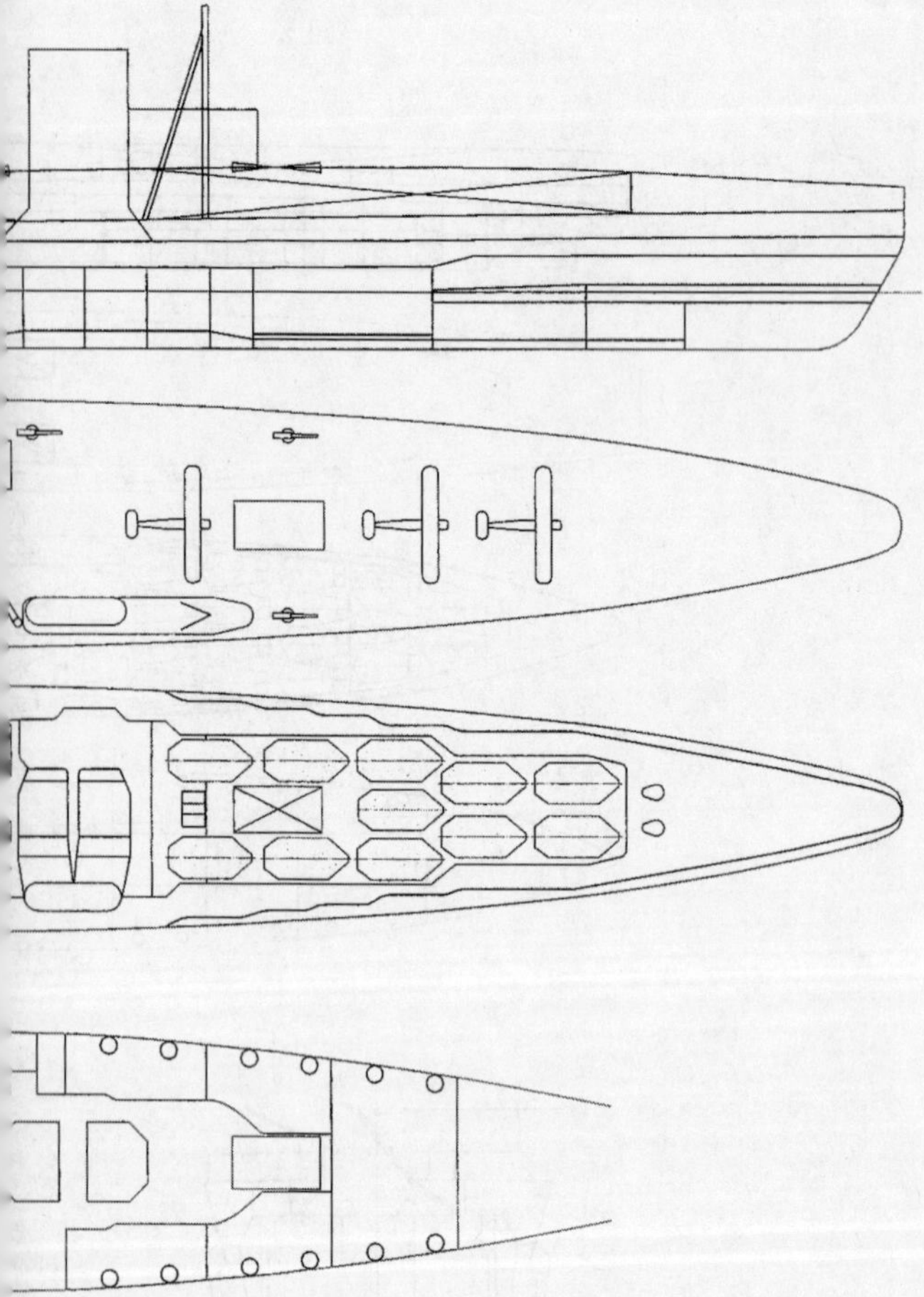

第68図 「加賀」空母改造案2

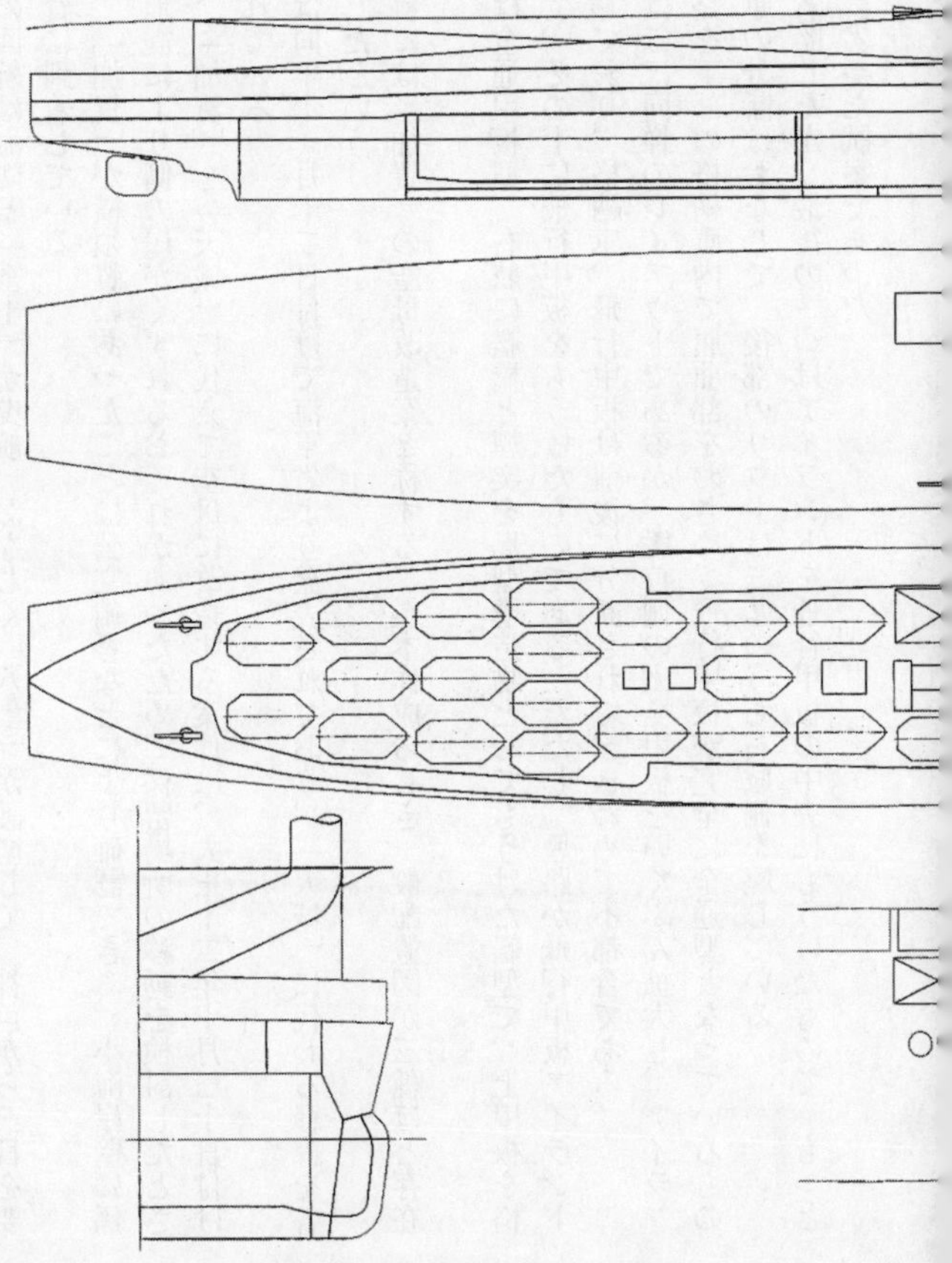

「加賀」の回航は海防艦「富士」が曳航、おなじく「八雲」が護衛して、神戸から三日を要して横須賀に到着している。

震災時、「加賀」が横須賀にあったことは公文備考などにより確認できる。小海岸壁に係留中で、地震により側の崖がくずれるおそれがあったため、係留場所の移動を検討したとされている。「加賀」を「天城」に代えて空母に改造する案件は、大正十二年十月三十日付けで提出されている。

公式には同年十一月十二日付けで海軍省より発表されており、「天城」に代わる経緯を各国に通牒したという。

平賀資料には「加賀」の空母改造案と称する、艦本作成らしき一般配置図が三種ほど存在する。

第67図は全通甲板型、右舷に艦橋と煙突を島型構造物としてもうけた艦型で、上甲板を格納庫として、その上に飛行甲板をもうけたものである。ただし、煙路が飛行甲板アイランド横に突出しており、格納庫、飛行甲板は前後に分断されて、きわめて不都合である。

第68図はほぼ同様のレイアウトであるが、艦首側の出発甲板をいくぶん拡大し、アイランド横の煙路を下部の格納庫内で屈曲部をおさめ、飛行甲板が完全に全通型となっているものの、格納庫の分断はおなじで、後部のリフトは二基のうち右舷側を廃している。

図示は省略したが、最後の一つはアイランドを飛行甲板の中央にもうけたもので、もっとも近代性に劣った試案であった。

各案とも飛行甲板上に一二センチと推定できる高角砲を装備するほか、戦艦当時の中甲板部にケースメイトをもうけて片舷一二門の一四センチ砲を装備しているが、二〇センチ砲についてはは未装備である。これらがいつの時期に作成されたものか不明だが、形態的には「天城」の初期試案と共通するところがあり、初期の試案と推定される。

しかし、ここで疑問となるのは、「加賀」空母改造が正式に決定した先の決裁案に参考として添付されている主要目が、後の完成要目にちかい二段飛行甲板型で、二〇センチ砲一〇門装備のものになっていることである。

とすると、ここに掲げた試案はこれより前になされたものなのか。大震災前に「加賀」の改造を検討するのも矛盾しており、まことに不可解である。

いずれにしても平賀自身は、震災直後の十月一日付けで艦本の計画主任を解任されており、「加賀」の改造計画にタッチする時間はなかったのではと推定される。

技術会議分科会の議事録

「天城」型の空母改造では、いつごろに二段式飛行甲板の採用が決まったのか。これが日本海軍独自の案であったのか、またはイギリスがグロリアスとカレイジャスの改造で採用した二段飛行甲板案を知ってならったものかは明確ではないが、どうも後者の可能性が強いのではと感じられる。

いずれにしても、当時のもっとも重い雷撃機でも、艦首の五〇メートル弱の甲板長で発艦可能であったことは事実で、その意味では、この形態はそれなりに有用なものと評価された。

かくして「加賀」空母改造決定時に、すでに「天城」型空母改造案が二段式飛行甲板型に決まっていたとすると、当然「加賀」もこれにならった形態を採用したのは当然といえた。

平賀資料には、大正十三年末から同十四年前半にかけての「加賀」改造に関する技術会議分科会会議の議事録が残されている。

一部の開催通知は平賀宛てになっているが、この時期、平賀は長期の外遊から帰国したばかりで艦本には席もなく、冷や飯を食っていた頃である。主催者の鈴木艦本第四部部長が、単なるオブザーバーとして呼んだのかもしれない。

ここでは大正十三年十二月五日付けで「加賀」の航空母艦改造方案第一回の報告と審議をおこなっている。

すでに二段飛行甲板型の形態が決定していたことがわかり、別個の項目として、

一、出発甲板を現在の長さ一五八フィート（四八メートル）から一八〇フィート（五五メートル）に延長する。これは当時のイギリスにおける実状からも、攻撃機（雷撃機が搭乗員二人、魚雷一本一五〇〇ポンド搭載）が合成風速二〇海里で発艦するには長さ不足で、一八〇フィートを必要とする。
二、出発甲板の一二センチ高角砲を後方にうつし、甲板面積の拡大をはかる。攻撃機一二機を迅速短時間に発艦させるために、帰着甲板に六機を準備、三機を出発甲板後方にお

き、さらにその後方の格納庫内で三機を準備させておく必要がある。

三、帰着甲板はほぼ現状で可とする。ただし、後方に傾斜するのは不可、水平または前方に傾斜とする。

四、格納庫は上中下三ヵ所として、下部は予備機の格納庫とする。中部格納庫の高さを二フィート減じて、代わりに上部格納庫の高さを二フィート高めて攻撃機の格納を容易にする。

五、帰着甲板の拘束用ワイヤー位置をすこし前方にうつし、後部リフトを新設する。前部リフトは攻撃機が翼をひろげたまま搭載可能、後部リフトは攻撃機の翼を折りたたんで搭載可能とす。

六、煙突は、現在の右舷舷側にあるものを、水平煙路として飛行甲板後端より排出するようにする。これはイギリスにおけるイーグル、ハーメスの実績からも帰着甲板の気流を乱すとされ、アーガスおよびフュリアスの改造のように艦尾端からの排煙を可とする。

七、缶を重油専焼として燃料の重油化をはかることで排煙を減少、着艦を容易にするとともに、石炭庫を廃することで艦内施設の有効利用をはかる。

さらに、同年十二月二十六日の第二回会議では、飛行機積みこみ位置、爆弾庫および魚雷庫、着艦装置、ガソリンタンク、艦橋、檣および空中線展張装置などについて論じている。このうち着艦装置については、当時イギリス空母の採用していた縦ワイヤー式を可として、長さ三〇〇フィート、幅九〇フィートとしている。

また、艦橋については上部格納庫の前方におき、両舷側に艦橋よりつながる通路をもうけ、一段高くして、そこに立つと上半身が帰着甲板に出るようにして、甲板指揮所または入出港時の艦長の指揮所となるようにするとしている。

この「加賀」の改造方案は、先行する「赤城」の改造方案にも反映することとなり、大正十四年二月の分科会で提出されている。ただ「赤城」で採用しなかったのは煙路の艦尾誘導で、これは「赤城」の機関出力が「加賀」よりも相当大きく、水平煙路を断念したものらしい。

いうまでもなく、「加賀」のこの艦尾への誘導煙突は、後の実績も不評で失敗であったことは明白であるが、どうもこの時期、こうした不規則な煙路の屈曲や誘導にはいろいろ抵抗があったようで、先の「加賀」の空母改造案などからも、煙路の屈曲にきわめて臆病であったことがうかがえる。

手さぐりで進む空母改造

完成後の「赤城」「加賀」を見てもわかるように、艦首先端が原型のスプーン型から、先端部をクリッパー型のように延長しているのは先の出発甲板延長要求にこたえたもので、凌波性とは直接関係なく、最近の出版物に見る戦艦「加賀」型と巡洋戦艦「天城」型の凌波性改善後の艦首形状などの艦型は、ナンセンスもはなはだしい。

「加賀」の改装費用については、造船費だけで四四一・一二万円という記録があるが、平賀資料には先の分科会で決定した分の追加項目に関する記録があり、総計で二八〇万円、うち二五九・一万円が造船費、二〇・九万円が造兵費という。とくに煙突改造に要する費用だけで二五九・一万円を要しているのはいただけない。

「加賀」の場合は完成度約八割といわれており、主機もボイラーも搭載ずみであった。計画排水量二万六九五〇基準トンは「赤城」と同値であったが、これはたぶんに条約による公称値であった。「赤城」の新造時の基準排水量が三万二七七四トンであったことからも、三万トンを超えていたことは間違いない。

舷側甲鈑厚は一五二ミリ、防御甲板は三八ミリに減じて、水中防御隔壁の七六ミリは原計画のままである。機関出力は九万一〇〇〇軸馬力とこれも原計画のままで、常備状態で二八・三ノット、満載状態で二七・六ノットを予定しており、戦艦時代とは一ノットちかく増速している。

飛行甲板(帰着甲板)の長さで「赤城」より二〇・五メートルほど短く、速力も「赤城」では常備状態で三一・七五ノットと三・五ノットほど劣速である。兵装と搭載機数(攻撃機、戦闘機、偵察機各一二機、常用合計三六機ほかに補用機各機種四機合計一二機)はおなじでも、空母としての機動力では劣っていた。

呉における「赤城」の空母としての工事は大正十二年に再開されたらしく、同年末から翌々年にかけて缶および主機の積みこみを実施した。この間、新甲鈑の取りつけ、空母とし

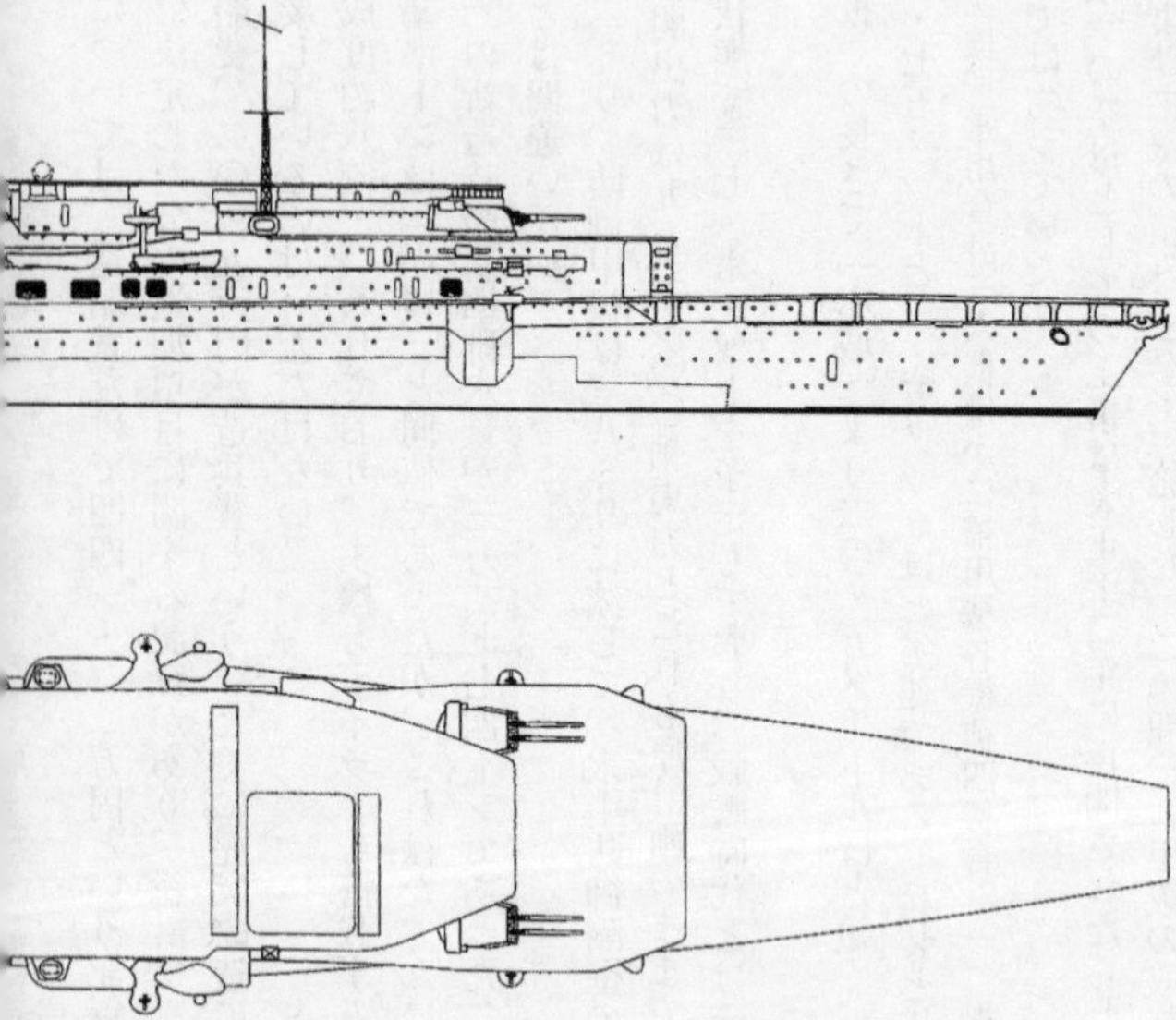

第69図　空母「加賀」完成時（1928年3年3月31日）

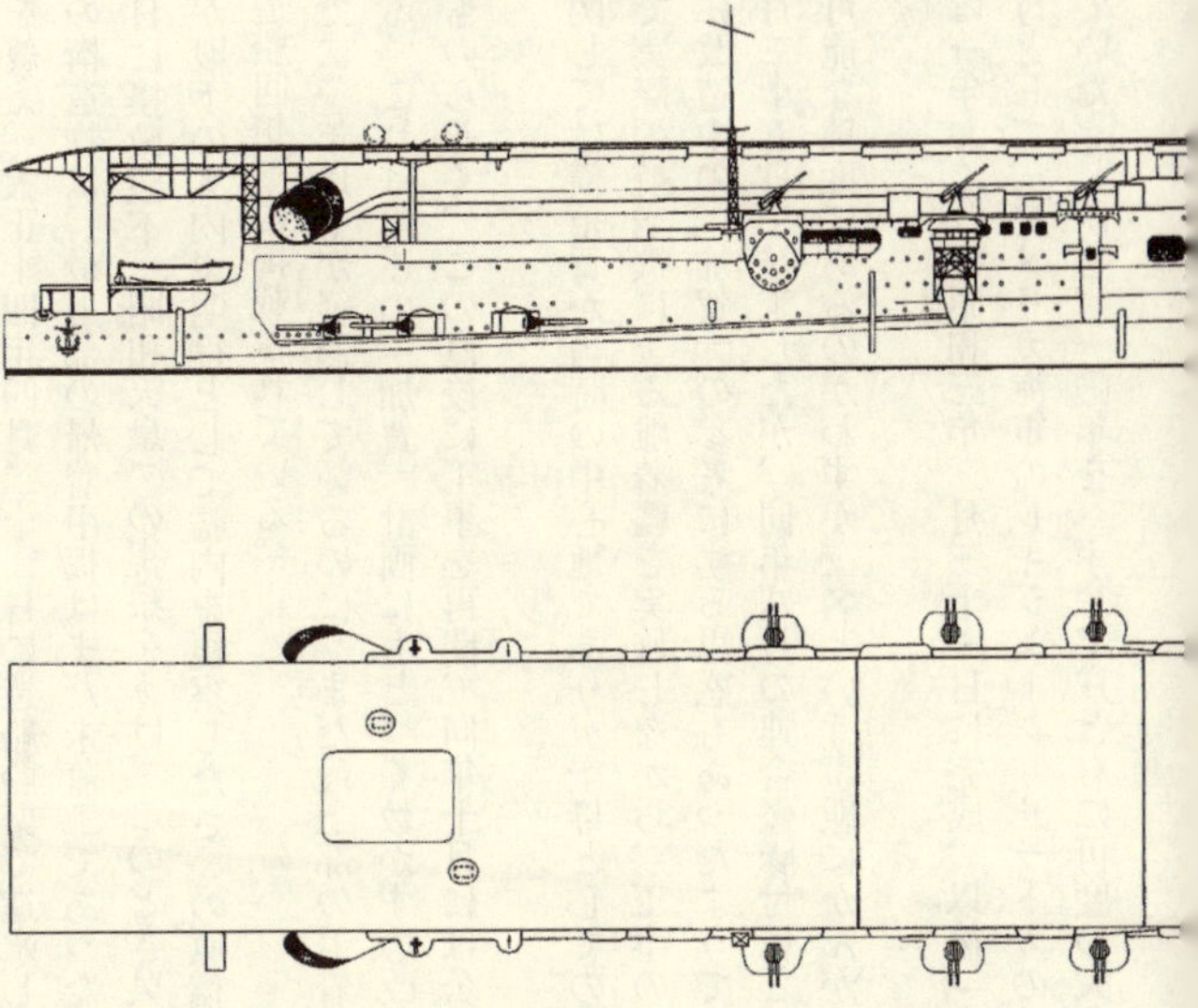

ての上部構造物の工事を終え、大正十四年四月二十二日に造船渠で進水した。

進水時、空母としての構造物は、最上部の帰着甲板はまだ未着工であった。ほぼ一年後の大正十五年五月二十七日に摂政殿下（昭和天皇）の視察をうけ、このとき呉工廠造船部長であった永村清造船少将が殿下の案内説明役として艦内を視察したさいの原稿が、同少将（後中将）の戦後の著書『造船回想』に掲載されている。

このとき進水からすでに一年以上が経過しているのに、まだ最上部の帰着甲板が未工事であることが記されている。これは前述の「加賀」計画にもとづく数かずの改正点の適用のため工事を中断していたものらしく、この直後に工事を再開、同年十月には公試未完の状態で横須賀に回航された。

これは、海軍航空に関しては横須賀が当時の中心地であり、空母としての最終仕上げは、航空部隊のある横須賀で実際の航空機による離着艦を実施しながら、工事の手直しと公試を実施したらしく、同時に改造中の「加賀」の参考にする思惑もあったようである。

「赤城」は昭和二年三月二十五日に竣工したが、同年八月の連合艦隊付属としての艦隊編入は、当時搭乗員で着艦可能な錬度にあるのがわずか三名という事態にかんがみ、しばらく延期した経緯もあった。

一方、「加賀」はほぼ一年おくれで昭和三年三月三十一日に完成、以後「赤城」とともに日本海軍の二大改造空母として、アメリカ海軍のレキシントン、サラトガのライバルとして、その特異な艦型を誇っていた。しかし、一〇年をへずして、ともに再度の大改造を余儀なくされることになり、空母としての先見性では米空母におくれをとったのは否めなかった。

いずれにしろ、これまで「赤城」「加賀」の初期計画段階での公式な試案図面などはまったく知られていなかっただけに、平賀資料に残るこれらの資料は、歴史的にも貴重なものであるといえる。

第４章　帝政ロシア・ソ連海軍の巨艦

帝政ロシア海軍のド級艦

帝政ロシア海軍はいうまでもなく、日本の命運を賭けた日露戦争における日本海軍の相手である。日本海軍はこの帝政ロシア海軍に対抗せんがために、約一〇年間にわたり営々と兵力整備につとめてきた。

日露戦争においては、日本海海戦に象徴されるように、ロシア太平洋艦隊を文字どおり壊滅させて、日露戦争に勝利した。これにより、日本はいちやく世界の列強の仲間入りをはたした。

反対に、世界第三位にあったロシア海軍は、この戦争後、第六位に転落することになった。この時代の帝政ロシア海軍については、腐敗、低能率、モラルの欠如等、ニコライ二世の国内統治の不安定さから国民の不満が充満し、革命の気運が高まりつつあった。日露戦争後の海軍再建もあやぶまれていた。

これだけの惨敗を経験したロシア海軍であったが、永年つづいた官僚体制を打破して、改革を実行することは至難のわざであった。戦後のロシア海軍の再建は遅々としてすすまず、一部には水雷艇や潜水艦を海軍の主力とすべしとする、戦艦不要論すらみられるにいたった。いうまでもなく日露戦争直後の列強海軍は、イギリス海軍の新戦艦ドレッドノートの出現という、今後の兵力整備の大転換をせまられる事態に直面していた。その意味では、帝政ロシア海軍の再建は絶好のタイミングにあったといえる。

しかし、こうした時代の流れを読むには、ロシア海軍当局はあまりに鈍感であった。一九〇九年八月にいたって最初の本格的海軍再建計画、一〇年計画案が議会に提示され、一億ルーブル余の予算が求められたのであった。

議会は予算を削減して、一九一〇年三月に計画の一部を承認した。これにより建造に着手されたのが、ロシア海軍最初のド級戦艦ガングート級（二万三二八八トン）四隻で、各艦とも国内の工廠、造船所に発注された。

当時、ロシア国内の工廠、造船所の施設の非能率化などから、建造費は外国に発注するより数十パーセント割高になるとされていた。建造期間も長期にわたると危惧されていたが、一九〇九年に起工されたガングート級は一九一四〜一五年に完成して、どうにか第一次大戦に間にあった。

このような国内事情から、ガングート級の建造にさいしては、海軍の艦艇メーカーから多くの引きあいがあったようである。とくに、イギリスのヴィッカーズ社はいくつかのデザインを提示して、積極的に売りこみをはかっていた。

実はガングート級の設計にあたっては、ロシア海軍当局はその設計を公募するという思いきった手段をとっていた。

この今日的にいうと国際コンペは、一九〇八年一月二十三日に公開され、提示した基本仕様にしたがって、同年三月十二日を締め切りとして公募された。国内五ヵ所の工廠、造船会社、海外八ヵ所の工廠、造船会社および個人五名から合計五一種のデザインが集まった。

設計は、砲塔配置からは中心線水平配置と中心線背負い配置の二つにわけられ、このなかから水平配置デザインがえらばれ、さらにイタリアのアンソルド社とドイツのブローム＆フォス社の二社にしぼられた。

アンソルド社のデザインは、イタリア海軍造船官ヴットリオ・クニベルティの作品であったが、強度計算に過小見積もりがあるとされた。彼自身がサンクトペテルブルグにきて、いろいろ弁明したものの、結局はブローム＆フォス社が最終的にえらばれ、二五万ルーブルの賞金を得た。これにたいして、ドイツ皇帝カイザーよりお褒めの電報がとどいたという。

ちなみに、クニベルティの設計はイタリア海軍最初のド級戦艦ダンテ・アリギエール（一万八四〇〇トン）として採用されて、ガングート級とまったく同時期の一九〇九年六月に起工されており、ガングート級より数年早く一九一二年に完成していた。

水平配置と背負い式主砲

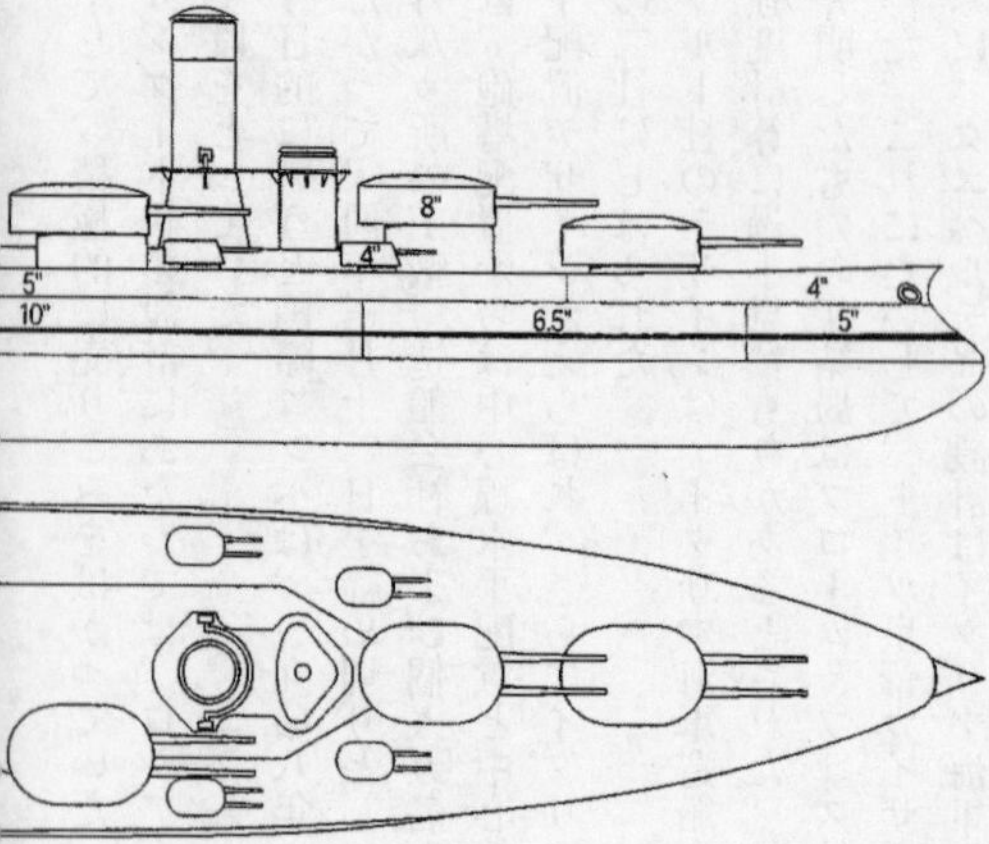
8"
4"
5"
10"
6.5"
4"
5"

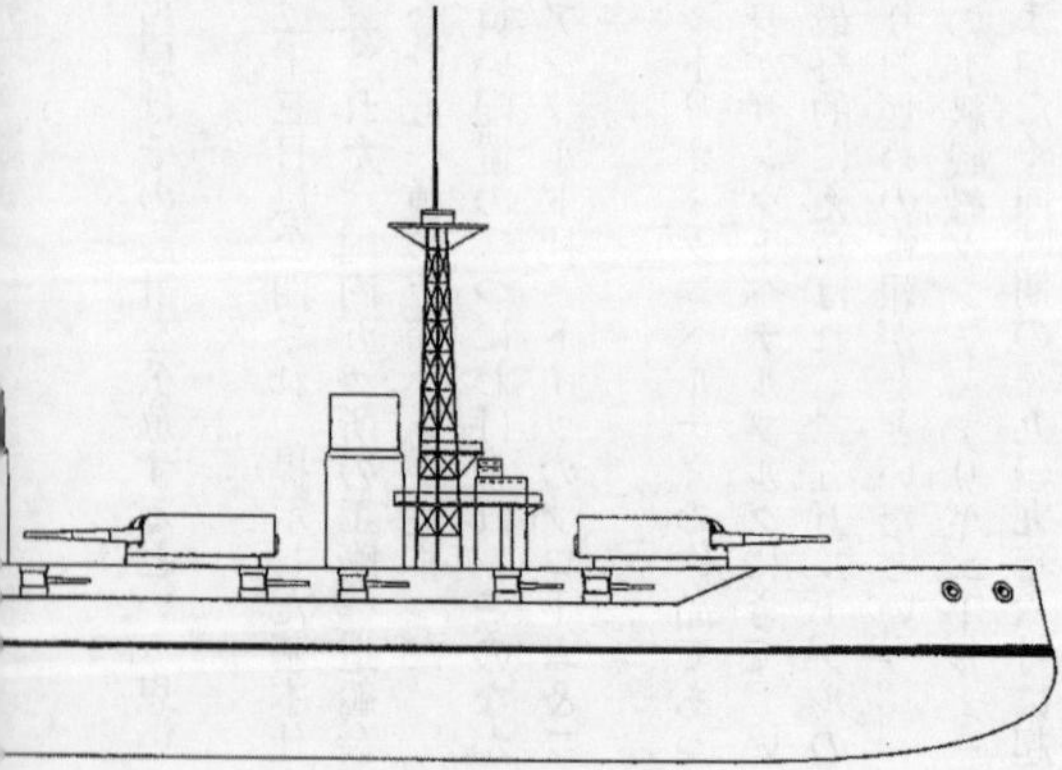

第70図
ロシア海軍のド級艦(23500トン)
設計試案のひとつ(数字は装甲厚を示す)

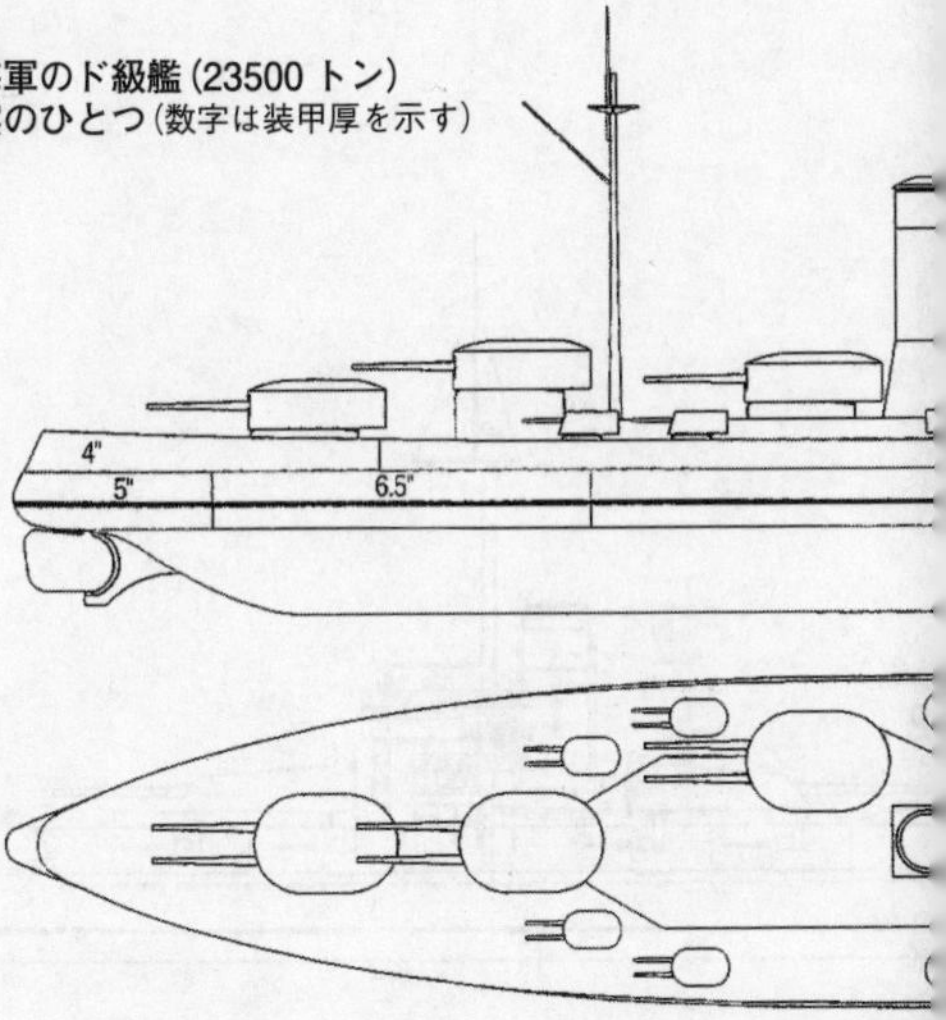

第71図
1908年の国際コンペで第1位をとった
ドイツのブローム&フォス社の設計案

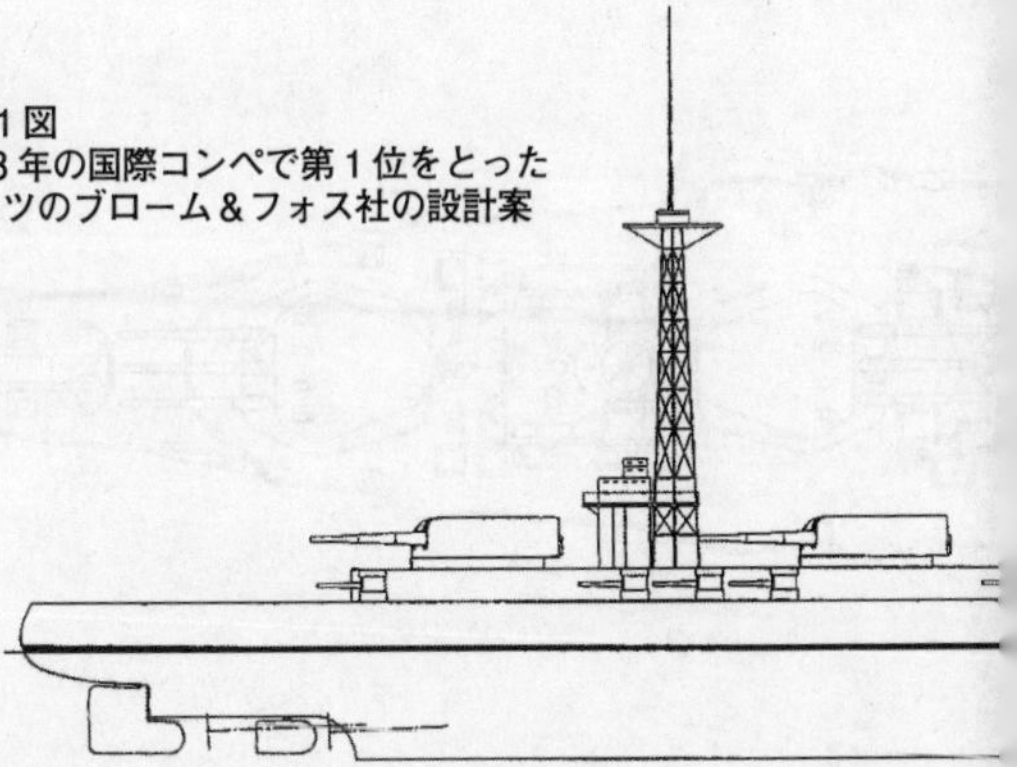

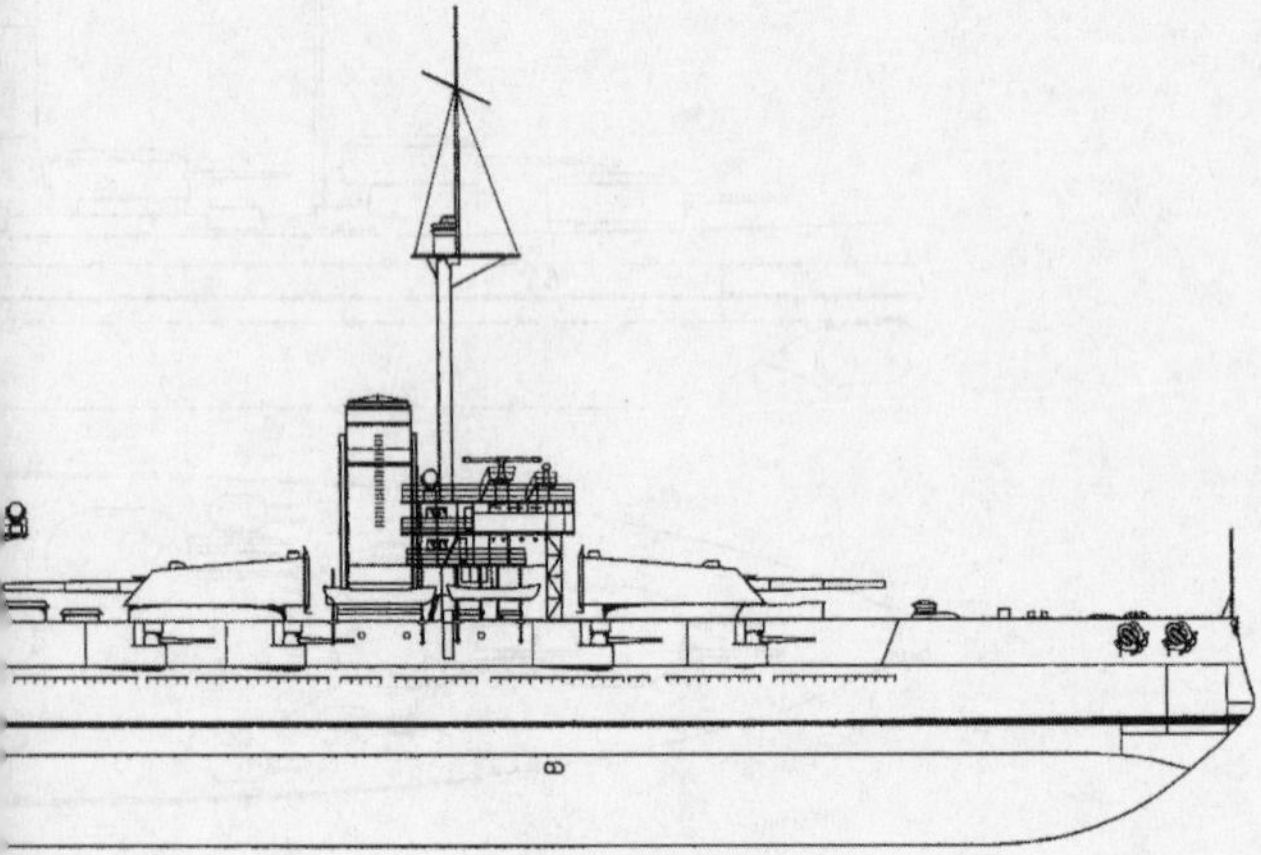

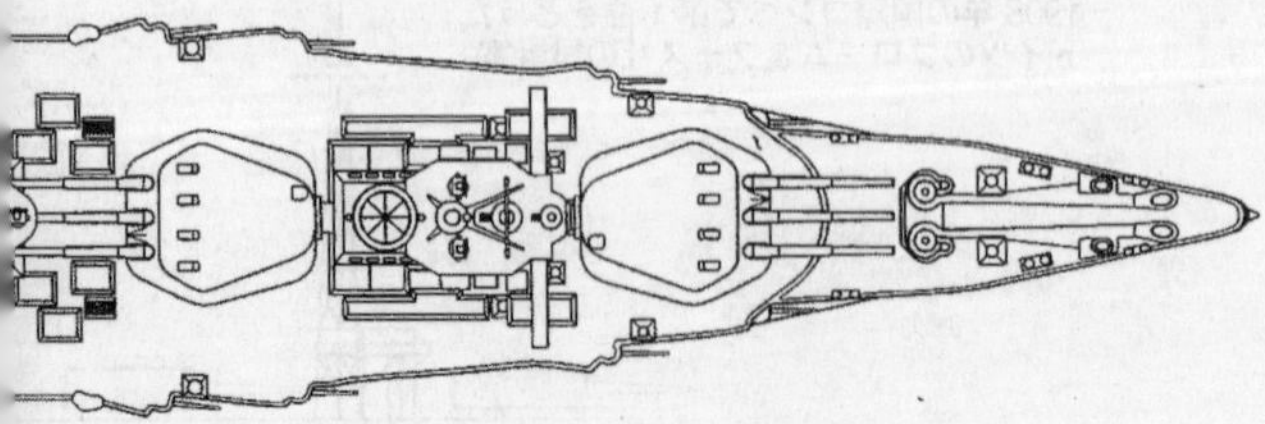

第72図　ロシア最初のド級艦となった
ガングート級の１艦セバストポール(1915年)

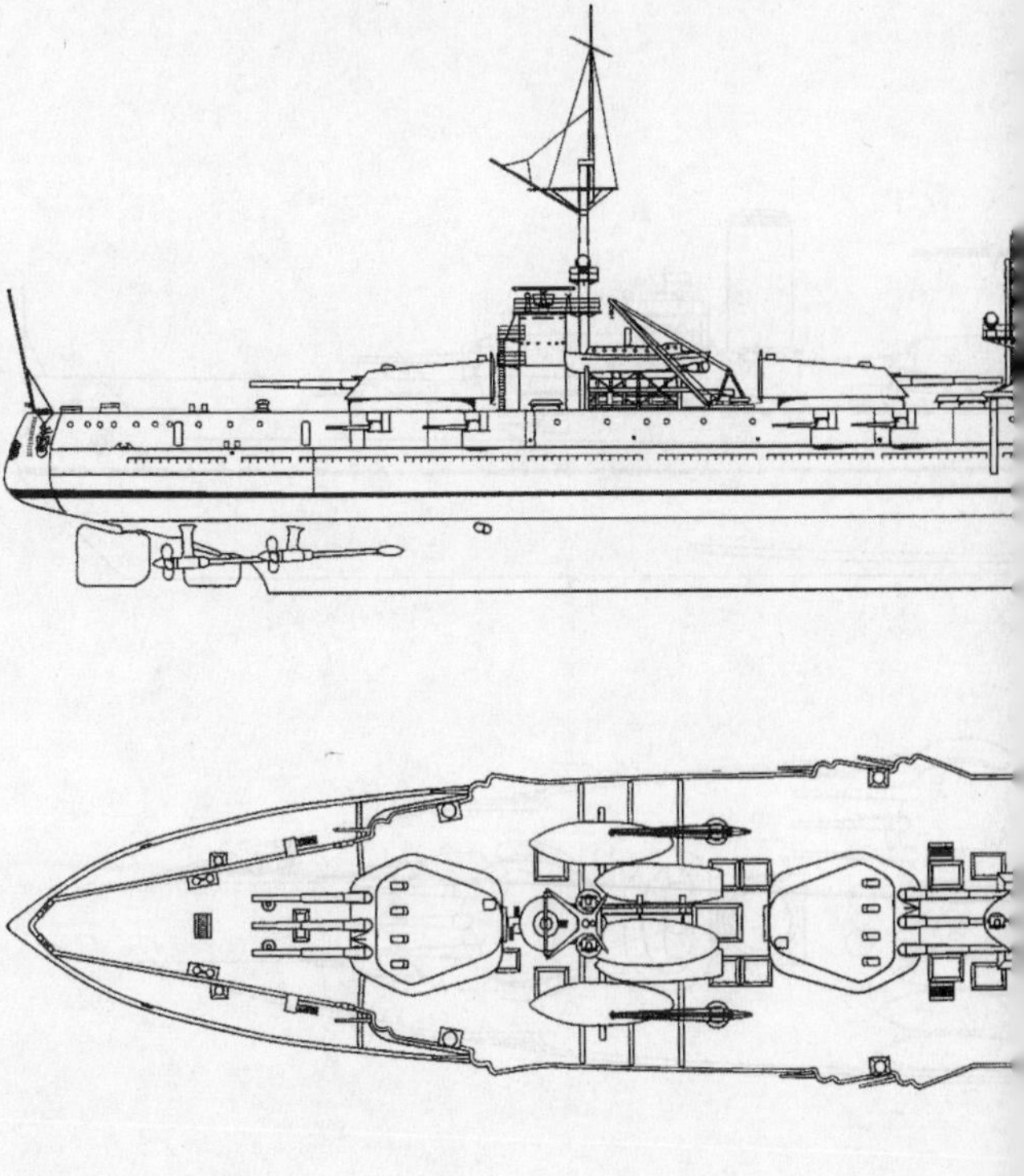

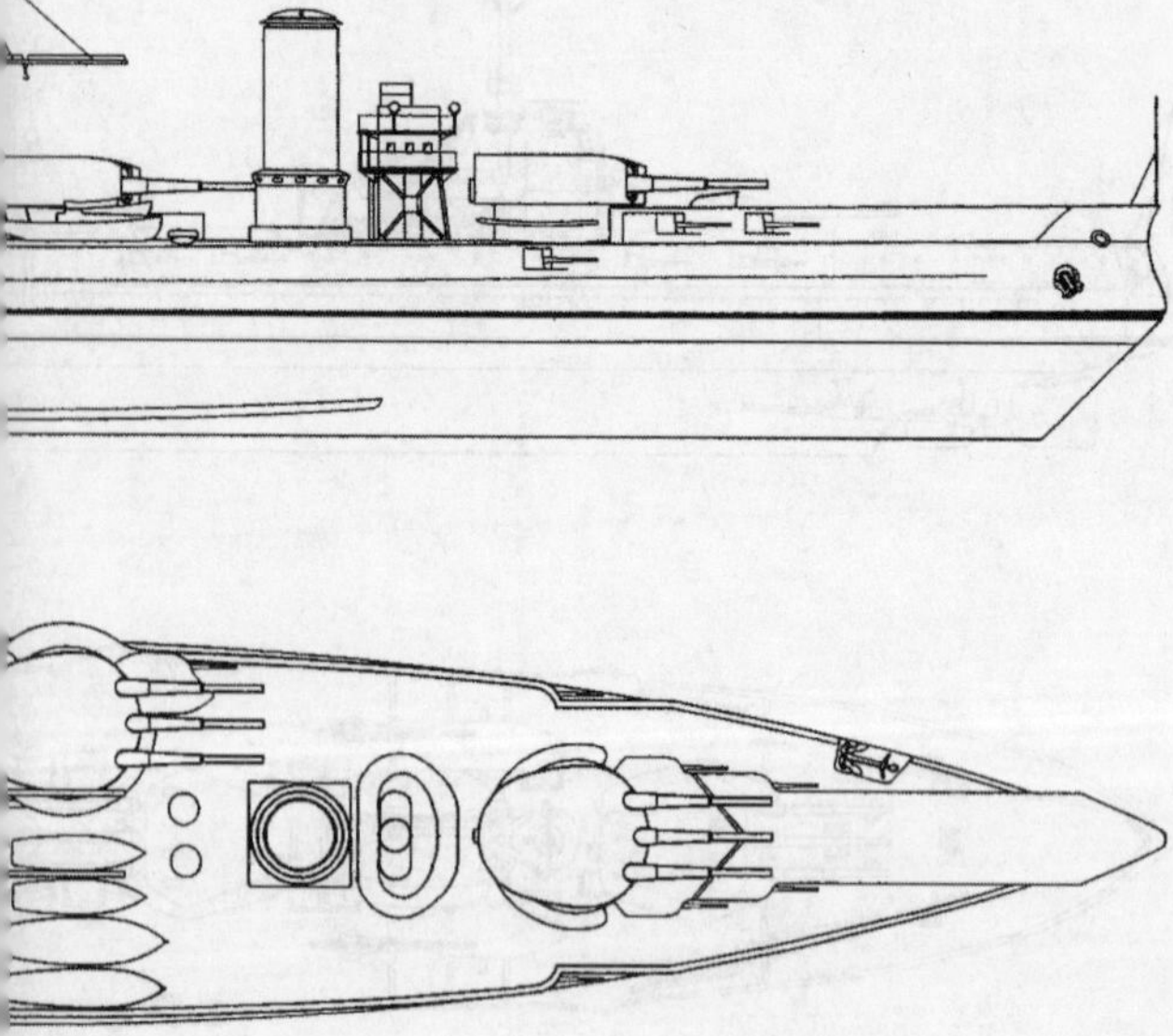

第73図　1908年の国際コンペで注目された
イタリアの造船官クニベルティの
応募したデザインのひとつ

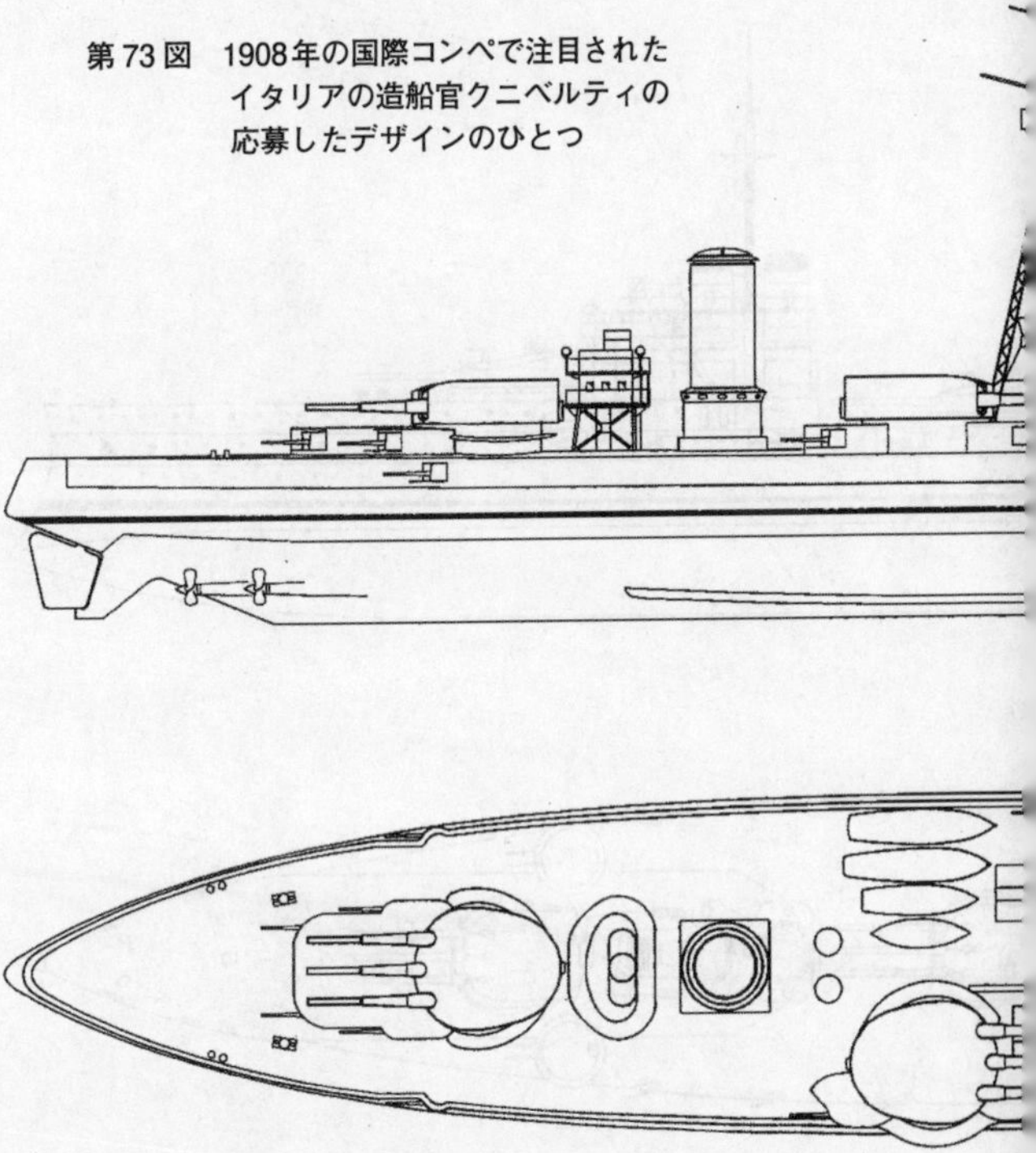

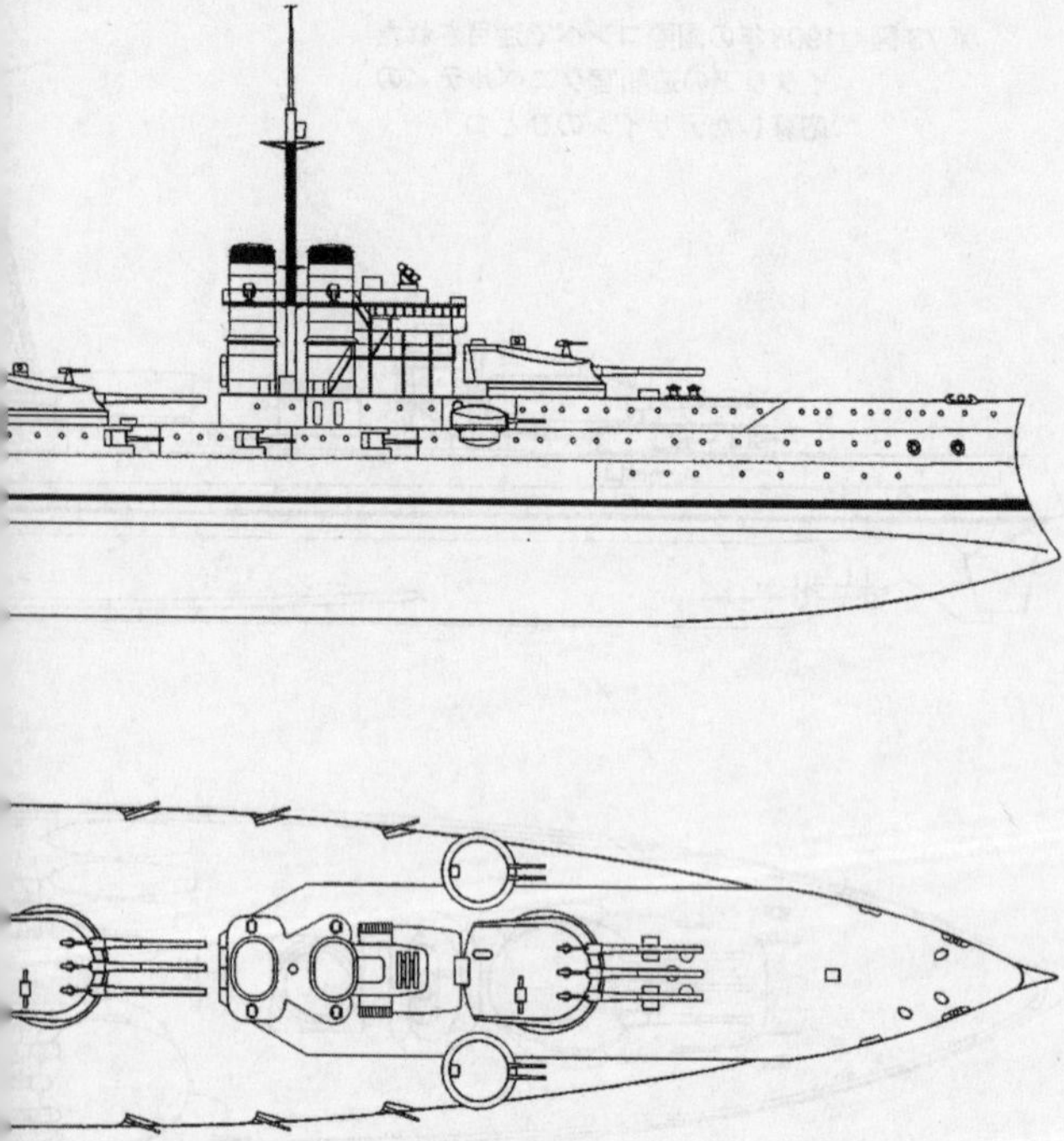

第74図　クニベルティが本国で設計、建造されたイタリア最初のド級艦ダンテ・アリギエール（1912年）

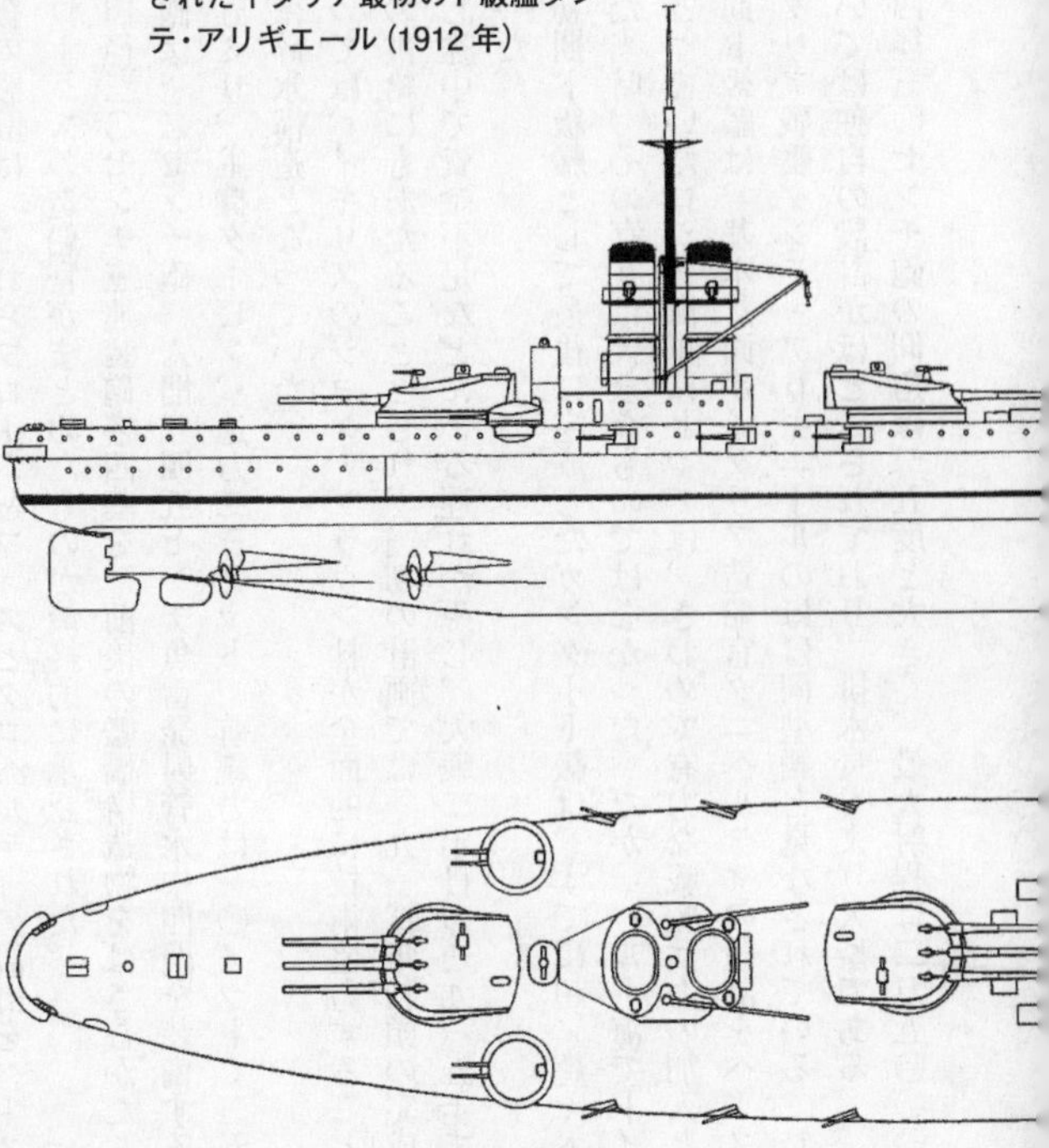

ガングート級の設計は、これらブローム&フォスとクニベルティの設計をベースにして、バルチック・ワークスの造船官がまとめたものが最終的に承認された。

主砲は五二口径三〇センチ三連装砲塔四基を、前後の艦橋構造物をはさむかたちで水平に配置した。副砲は一二センチ砲一六門、四五センチ魚雷発射管水中四門を装備する。

主甲帯二二五ミリ、主機タービン、速力二三ノット、航続力は一〇ノットで三五〇〇海里と短く、艦首は砕氷構造となっていた。

建造にあたっては、イギリスのジョン・ブラウン社が全面的に技術協力することになった。機関やパーツの供給にもあたることとされ、当初の計画では一九一三年初頭の完成を見込んでいた。しかし途中で資金不足などによる遅れが生じ、大戦二年目の一九一五年まで完成することはなかった。

列強海軍の初期ド級艦として最後に完成したガングート級は、すでに超/超々ド級艦時代にはいっていた当時、その存在は大きなものではなかった。だが、バルト海でドイツ海軍に大きく遅れをとっていたロシア海軍にとっては、きわめて有力な戦艦兵力の加入となった。

ロシアの初期ド級艦は、基本計画がイタリア造船官クニベルティの設計をベースにしていることで、イタリア戦艦ダンテ・アリギエールのほぼ同型艦と見なされている。しかし、主砲配置をのぞいては独自の設計がほどこされており、排水量もより大型である。

主砲の五二口径三〇センチ砲の仰角は二五度と大きく、最大射程は二万五〇〇〇メートル弱。

機関は混焼缶を採用しており、主甲帯は二二五ミリといくぶん薄めで、水平防御もそれほど厚いものではなかったが、バルト海でドイツの前ド級戦艦を相手にするには十分であった。

この主砲配置は、艦の安定性ではメリットがあるものの、甲板上に占める主砲塔の面積が大きく、上部構造物の形態と配置を制約した。かつ弾火薬庫を分散することで、集中防御策に反することになり、被害分散の意味合いがないわけではない。

一般的には好ましい主砲アレンジとはいえず、三連装砲塔四基を前後に背負い式に装備したオーストリア海軍初のド級艦ヴィリブス・ユニテスと好対照をなす存在であった。現にイタリア海軍でも、二陣目のド級艦コンテ・ディ・カブール級では、そうそうに主砲配置を背負い式にあらためている。

このへんはたぶん基本計画担当造船官の個人的な好みもあるものと思われ、このあともロシア海軍は、この主砲配置を踏襲することになる。

ロシア大型戦艦の第二陣

一方、このとき黒海艦隊においては、とくにド級戦艦の建造計画は予定されていなかった。これは当面の相手であるトルコ海軍の兵力が弱小勢力で、現在のロシア黒海艦隊の兵力で十分に対抗できたからであった。

ところが、一九一一年はじめにトルコが超ド級戦艦二隻をイギリスに発注したことで、状況は大きく変わった。

これに対抗するため、ロシア側も急遽、一九一一年十月に、ニコライエフの二ヵ所の造船所で三隻のインペラトリッサ・マリア級ド級戦艦を起工した。インペラトリッサ・マリア級はガングート級のほぼ同型艦として、バルチック・ワークスの造船官が設計したものといわれている。

この級は排水量二万二六〇〇トン、ガングート級の改型で、水線長は一二メートル短く一六八メートル、幅は逆に〇・五メートル増して二七・四三メートルとなり、吃水は八・五メートルから八・三六メートルといくぶん浅くなっている。

すなわち、ガングート級よりはずんぐりした船体で、これは計画速力が二一ノットと低下していることにもよる。また、とうぜん砕氷型艦首形態も改正された。

兵装は基本的におなじだが、主砲仰角は二五度から三五度に高められた。これはトルコ艦の三四センチ砲の射程に対抗するためで、副砲も五五口径一三センチ砲にかえられて強化され、防御甲鈑の厚さも増している。

計画速力は前述のように二一ノット、二万六〇〇〇軸馬力とされ、ガングート級より二ノット低速である。ただ、三番艦のインペラトル・アレキサンドル三世のみは、イギリスのヴィッカーズ社の設計コンサルトの進言で、船体寸法をいくぶん増加して線図をあらためている。

一、二番艦の工期は三年半ほどと順調で、大戦二年目の一九一五年なかばに完成した。タービン主機、補機類、推進軸などはイギリスのジョン・ブラウン社が供給することになっていた。

ただし、三番艦のタービン主機は、第一次大戦の勃発で海路輸送ができず、北極海のアルハンゲルスク経由でロシア内陸水路を通じて輸送されたため、多大の日時を要し、完成は一九一七年にずれこんだ。

結局、トルコ海軍は第一次大戦にさいして、イギリスで建造中の新戦艦を接収された。かわりにドイツ海軍の巡洋戦艦ゲーベンと軽巡ブレスローがトルコに売却されるかたちでトルコ海軍にくわわり、黒海でインペラトリッサ・マリアらと対峙することになった。

これより先、ロシア海軍は一九一四年六月の第一次大戦直前に、黒海のニコライエフでもう一隻のド級戦艦インペラトル・ニコライ一世を起工していた。これはトルコがイギリスで建造中の新戦艦以外に、当時イギリスやアメリカで建造中であったチリやアルゼンチン注文の戦艦を購入するとの情報から、黒海艦隊の補強を意図したものであった。

建造にさいしては、インペラトリッサ・マリア級と同兵装なら三年で完成、主砲を三六センチ八門（連装四基）に換装した場合は、さらに八ヵ月延長となった。また主砲を三六センチ砲一〇～一二門の新デザインとした場合は、建造機関は四・五年を要すという選択肢があったという。

このときの選択は、最初のインペラトリッサ・マリア級と同等の兵装ということで、最短の工期が優先されたことになる。兵装は同等であったが、排水量は二万七八三〇トンと五〇〇〇トンちかく増加された。船体寸法もガングート級より大型となり、全長一八二メートル、

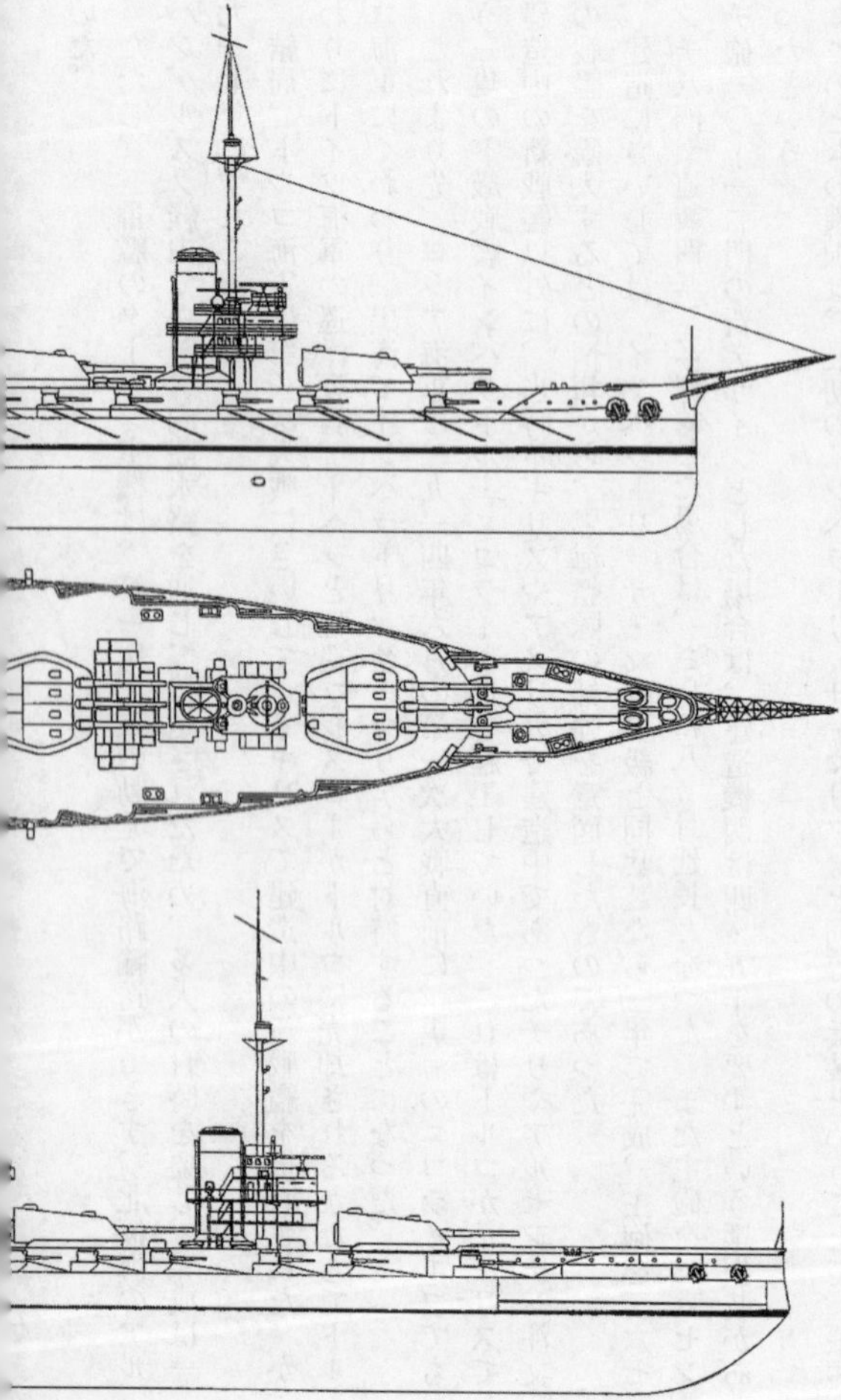

第75図　インペラトリッサ・マリア級
2番艦エカテリーナ二世（1915年）

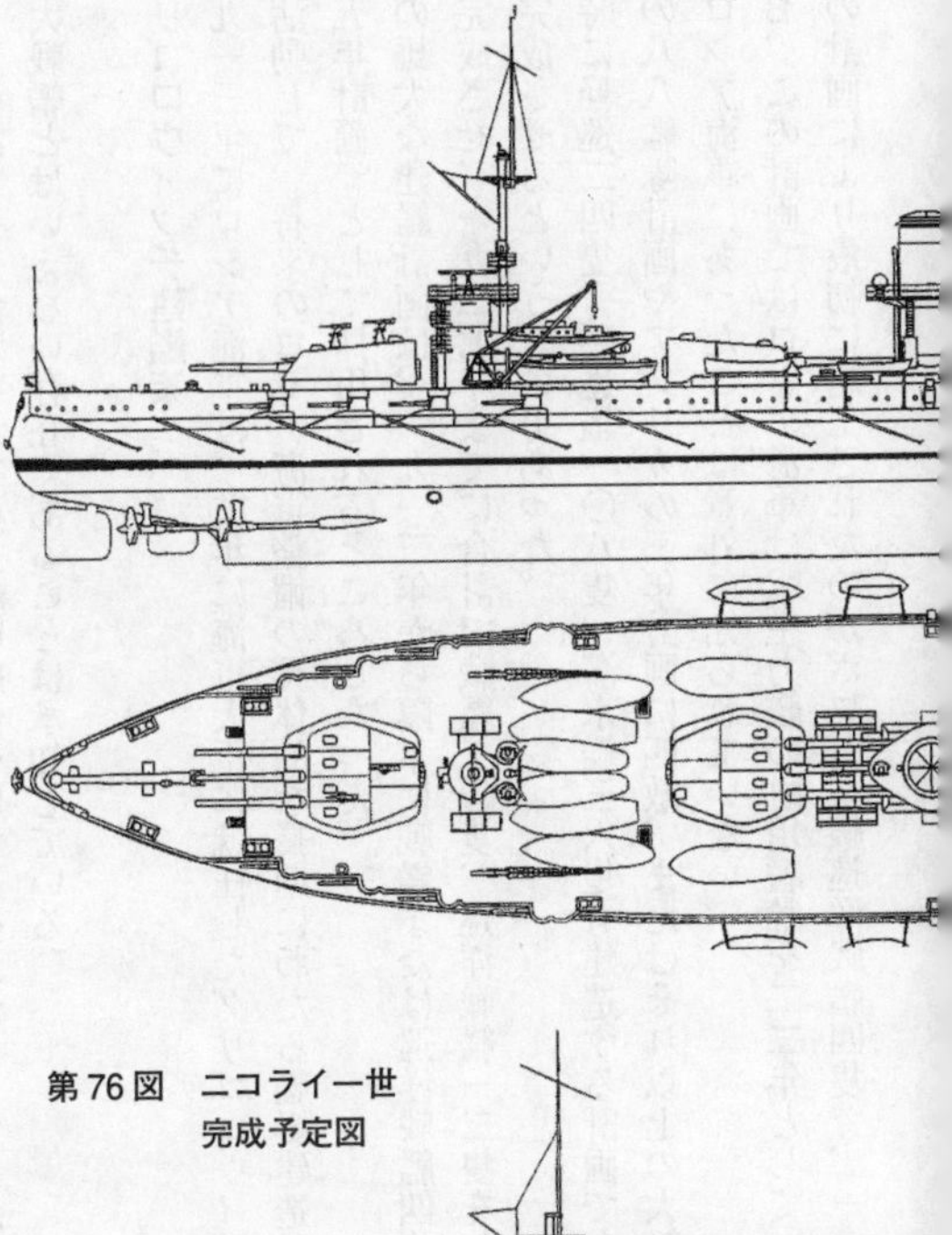

第76図　ニコライ一世
完成予定図

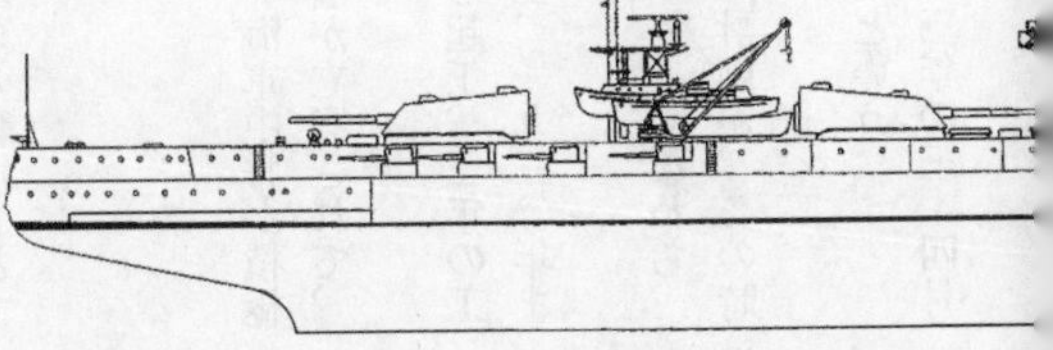

幅二九メートル、吃水九メートルとなった。

速力も二一ノットのままとされたため、増加重量は防御甲鈑の追加補強と船体構造の改善にあてられた。

以上、帝政ロシア海軍の最初のド級戦艦について述べたが、もちろんこれらの艦は、とても巨大戦艦とはいえない存在であることは承知している。

グリゴロウィッチ建艦策

一九一三年にロシア海軍は、前年に海軍大臣に就任したグリゴロウィッチ海軍中将が積極的に活動して、将来のロシア海軍整備の具体的な長期にわたる艦艇建造計画が立案されて、「一五年計画」として採用されるところとなった。

この雄大な建艦計画は、一九一三年から隔年に戦艦または巡洋戦艦四隻を起工、三年の工期で完成させ、一九二七年までに合計で戦艦二〇隻、巡洋戦艦一二隻を起工、一九三〇年までに完成させるというものであった。

同時に軽巡二四隻、駆逐艦一〇八隻、潜水艦三六隻も建造する計画であった。すなわち、日本の八八艦隊計画やアメリカの三年計画に匹敵、またはそれ以上の大艦隊計画が、この時期にロシア海軍にあったことは意外に知られていない。

なお、この計画ではロシア海軍は、主力艦の耐用艦齢を二二年としていたという。

この計画により最初に起工されたのがボロジノ級巡洋戦艦四隻で、一九一三年の三〜四月

第77図　ボロジノ級の防御配置

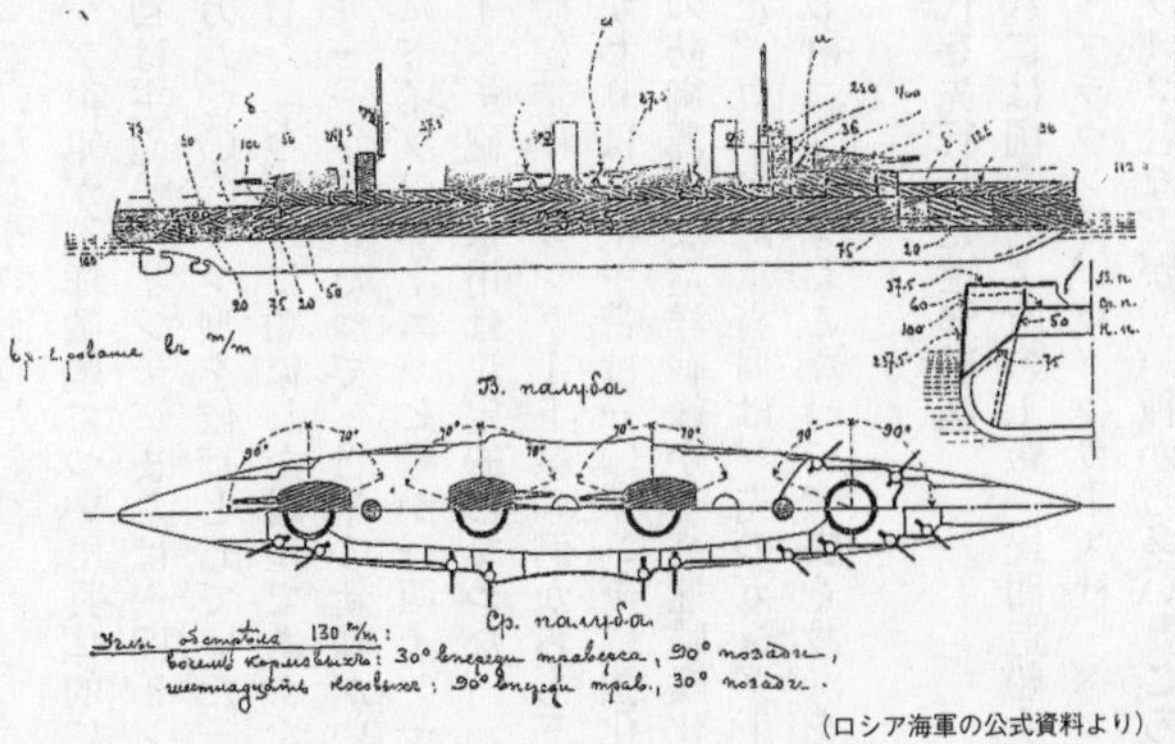

（ロシア海軍の公式資料より）

に、先にガングート級が進水したサンクトペテルブルグのバルチック造船所と海軍工廠の二ヵ所で着工された。ちょうど日本の巡洋戦艦「金剛」が、イギリスのヴィッカーズ社で完成に近づいていたころである。

ロシア海軍では、従来より有力な大型装甲巡洋艦兵力を有していた。日露戦争中のウラジオ艦隊の活躍は勇名だが、戦後もイギリス・ヴィッカーズ社建造の、日本海軍の「鞍馬」型に匹敵する最大級の装甲巡洋艦リューリック（一万五一九〇トン）を一九〇八年に取得、蔚山沖海戦で戦没した先代装甲巡洋艦の艦名を襲名して、戦後のロシア・バルト海艦隊の中核となっていた。

もちろん、本艦も日本の「筑波」、「鞍馬」型とともに、巡洋戦艦の出現により、一夜にして旧式艦のレッテルをはられることになったものの、ロシア海軍ははやくから巡洋戦艦に興味を持っていたようであった。

ロシア海軍が巡洋戦艦について具体的に検討をはじめたのは一九一〇年ごろからであった。当初は主砲一二インチ、または一四インチ砲八門、速力二八ノット、主甲帯八インチ前後の二万八〇〇〇トン型を候補としていた。これは当時、日本がイギリスのヴィッカーズ社に発注した「金剛」に類似した艦型であった。

一九一一年にいたって、日米の新艦がいずれも一四インチ砲を採用したことが確実となり、さらにドイツのケーニッヒ級が一四インチ砲を搭載するという「うわさ」もあったことから、一四インチ砲の採用は決定的となった。

当時建造中のガングート級の例からも三連装三基が望ましく、速力を二六・五ノットに落とすかわりに、主甲帯は一〇インチに強化していた。

この防御薄弱な巡洋戦艦から高速戦艦化への変化は、当時としては先見の明のある配慮であった。ロシア海軍当局は、先のガングート級とおなじく、一九一一年八月に新巡洋戦艦の国際設計コンペをおこなって、広く設計を公募することになった。

時代を先行した巡洋戦艦

これには国内六ヵ所の工廠、民間造船所、海外一七ヵ所の造船所が応募し、イギリスのジョン・ブラウン社、ヴィッカーズ社、ベアードモア社、ドイツのAG・フルカン社、ブローム&フォス社などが、一種から多いところでは一〇種をこえる設計案を提出したといわれている。

しかし、イギリス勢は技術基準に合致しないとして初期に除外され、最終的には国内の海軍工廠案の一つがベストとして選択された。

この計画では、常備排水量二万九三五〇トン、一四インチ砲三連三基、五・一インチ砲二四門、二・五インチ高角砲四門、速力二六・五ノットというものであった。

だが、造兵関係者より三連装四砲塔が射撃指揮上、有利との意見がだされ、抵抗はあったもののこれをいれて計画を変更した。

最終案は、常備排水量三万二五〇〇トン、全長二二三・八五メートル、全幅三〇・五メートル、吃水八・八メートル、主砲三六センチ砲三連四基、副砲一三センチ砲二四門、六・四センチ高角砲四門、四五センチ発射管水中六門、主甲帯二三八ミリ、司令塔四〇〇ミリ、砲塔前楯三〇〇ミリ、バーベット二四八ミリ、中甲板五〇+二〇ミリ、主機ヤーロー式混焼缶二四基、タービン四基、出力六万六〇〇〇軸馬力、速力二六・五ノット、燃料満載量石炭一九七四トン、重油二二八〇トン、航続力二六・五ノットにて二二八〇海里であった。

これは当時の各国巡洋戦艦にくらべても、きわめて有力な巡洋戦艦であった。日本の「金剛」型を凌駕するのはもちろん、ドイツで建造中のデアフリンガー級二万六六〇〇トンをも完全にうわまわっていた。

ボロジノ級四隻は、ボロジノ、ナワリンの二隻がサンクトペテルブルグの海軍工廠で、イズメイルとキンブリンの二隻は同所のバルチック工廠で一九一三年三、四月にいっせいに起

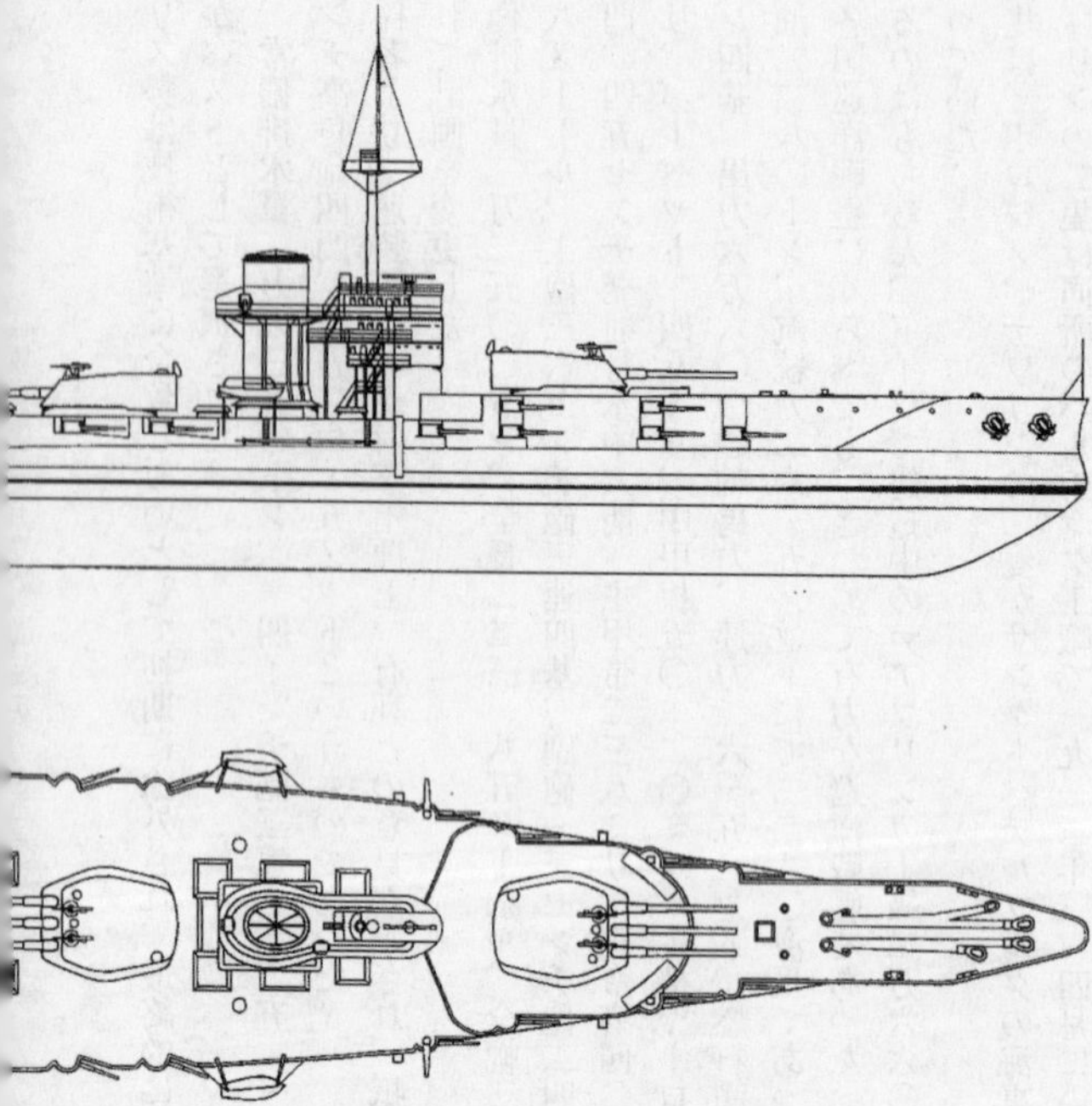

第78図　ボロジノ級巡洋戦艦完成図

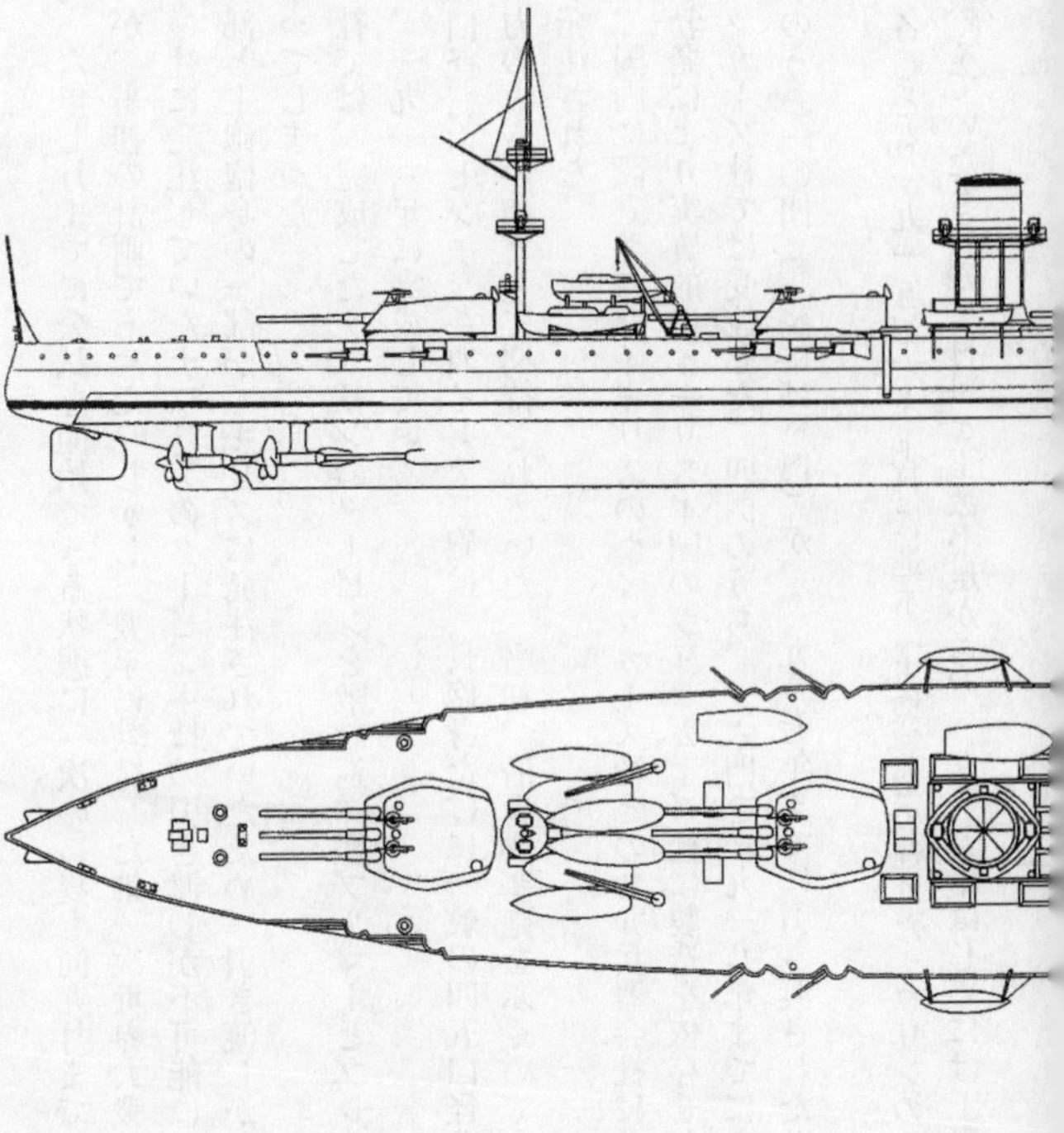

工された。

最初の二隻は一九一六年七月までに公試を開始できる状態に、次の二隻も同九月までに同状態まで完成するのが、当初の計画であった。しかし、翌年に勃発した第一次世界大戦により、ドイツのフルカン社に発注していたナワリンのタービン主機の引き渡しが不可能になり、さらにタービンの一部と主砲砲身の一部がイギリスに発注されていたため、引き渡しがきわめて困難な状況になってしまった。

ドイツのフルカン社では、完成したナワリンのタービンを敷設巡洋艦ブルマーとブレムスの主機に流用して、一九一六年に完成している。

ボロジノ級の五二口径三六センチ（一四インチ）砲は、長砲身だけに一般の四五口径砲より初速も大きく、威力の大きい砲として期待されていた。当初、沿岸要塞砲をふくめて合計七六門という多数が発注された。

このうち三六門は、国内に設立されたイギリスのヴィッカーズ社との合弁兵器会社に発注されたものの、大戦勃発により実質的にイギリス本国のヴィッカーズ社に製造を依存せざるを得なかった。ヴィッカーズ社では受注した二四門のうち、一六門を一九一八年までに完成させたといわれ、このうち一〇門（一説には三門）が、一九一七年までに引き渡されたと伝えられる。

こうしたことで、各艦とも一九一五年六〜十月に進水（主機製造の遅れたナワリンのみ一九一六年十一月）は終えていたものの、材料と工数不足から、一九一七年はじめには工事は実質的に中断されていたという。

結局、内戦の勃発で赤軍の手に渡ったものの、完成は断念された。一九二二年にイズメイルをのぞく三隻はドイツの解体業者に売却され、ドイツ国内に曳航のうえ解体されたという。

かくして、帝政ロシア海軍最後の超ド級巡洋戦艦は進水までこぎつけたものの、完成することはなかった。

一六インチ砲搭載の新戦艦

ただし、前述のようにロシア海軍は隔年ごとに戦艦、巡洋戦艦を起工して、第一線兵力として戦艦二〇隻、巡洋戦艦一二隻を整備する計画を有していたから、ボロジノ級を起工した一九一三年には、次の一九一五年に起工すべき新戦艦の計画が存在したのは当然であった。

この一九一五年度戦艦は、ボロジノ級の進水した二造船所の船台で起工する予定で、これら四隻の新戦艦は一九一八年就役をめざしていた。

計画にあたっては、吃水は三〇フィート以下におさえられた。これはバルト海から北海に抜けるためと、スエズ運河通過を可能にするためであった。

主砲は当然一四インチ砲一二門以上が要求された。一九一三年秋ごろまでに、新主砲として一六インチ砲と四連装砲塔の採用がほぼ決定されていた。

一六インチ砲のラフスケッチ・デザインは、前年の夏にはオブクホフスキー造兵廠でできていたというから、これは日本の「長門」型の四一センチ砲採用と前後しており、きわめて早期の一六インチ砲採用の決断といえる。

四連装砲塔の採用は、フランスのノルマンディー級の採用に影響されたものといわれるが、三連四基と四連三基のメリット、デメリットが比較検討された結果とされている。

とくに四連三砲塔の採用で、船体にたいする砲塔の占めるスペースを集約化することができた結果、缶室を前後に分離配置することが可能となった。機械室を中央部におくことで防御上の改善が期待され、かつバイタルパートの縮小に効果がみられた。

かくして一九一五年度の新戦艦の要目は、次のように決定された。

常備排水量三万五六〇〇トン、水線長二一〇メートル、全幅三二・六メートル、吃水九・二メートル、主砲四〇センチ砲四連三基、副砲一三センチ砲二四門、七・五センチ砲六門、四五センチ発射管水中八門、装甲は主甲帯二八〇ミリ、司令塔四五〇ミリ、砲塔前楯四〇〇ミリ、バーベット三七五ミリ、中甲板七五ミリ、出力六万二〇〇〇軸馬力、速力二五ノット、航続力一五ノットにて五〇〇〇海里。

すなわち、もし完成していたら「長門」より早く、強力な高速戦艦が出現していたことになったかもしれない。

もちろん第一次大戦の勃発で、これら新戦艦の起工は見送られて実現しなかったが、この時期、こうした新戦艦の計画はロシアの民間造船所においても、将来の売りこみを意図して、さかんにおこなわれていたという。

ここに掲げた艦型図は、こうしたルバレ（現在のタリン）の造船会社が提案した計画のひとつである。常備排水量約四万五〇〇〇トン、全長二六五メートル、幅三四・四メートル、出力一二万軸馬力、速力三〇ノットの高速戦艦案で、一九一五年度戦艦と同様、一六インチ四連装砲塔を採用、一基増して四基一六門艦としたデザインであった。

高速艦だけに、防御については一九一五年度艦よりいくぶん減じた計画となっているが、舷側防御についても、甲鈑の配置に新機軸をだしていた。

また、この時期、ロシア国内の大型艦建造能力の限界を知っていた外国メーカーの売りこみも積極的におこなわれ、とくにイギリス・ヴィッカーズ社の提案したデザインは多数におよんでいる。

ここに艦型略図を示したヴィッカーズ案Ｎo.651は、常備排水量二万九六五〇トン、垂線長一八九メートル、一六インチ四五口径砲連装四基、六インチ副砲一六門、出力六万軸馬力、速力二五ノットの初期の高速戦艦仕様で、ヴィッカーズ社の艦艇設計部長サー・ジョージ・サーストンの設計とみられている。

同氏は「金剛」の設計も担当しており、これとほぼ同等のＮo.646デザインを一九一二年に日本側に提案している。この時期に、はやくも一六インチ砲搭載艦を提案していた事実は、注目される。

日本では結局一六インチ搭載艦は自国で建造したため、たぶん主砲配置を背負い式からロシア式の水平配置にあらためて、一九一四年五月にロシア側に提示されたといわれている。

ロシア海軍が当時、一九一五年度艦で一六インチ砲搭載を決定していたのを知ったうえで

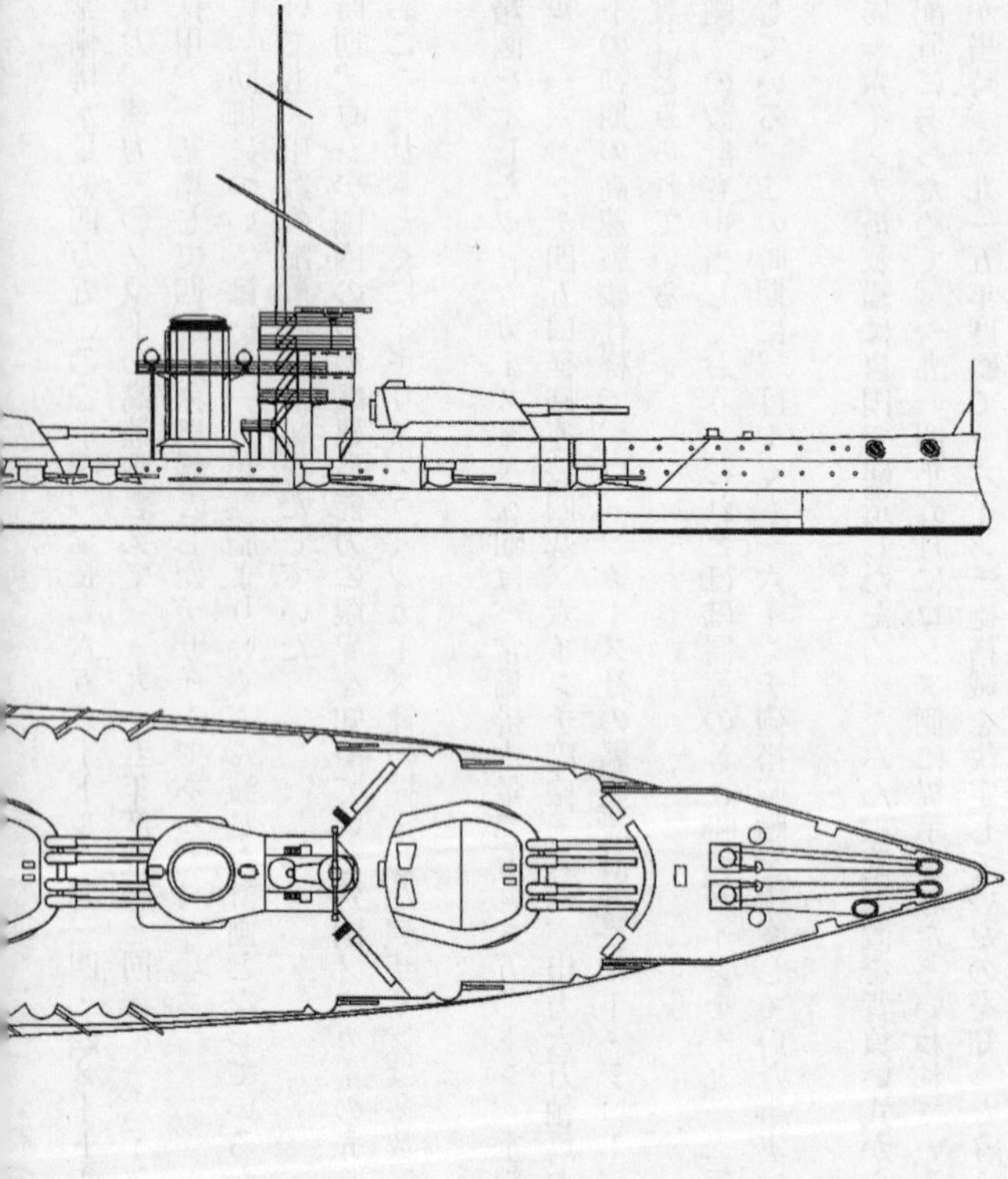

第79図　1915年度戦艦完成図

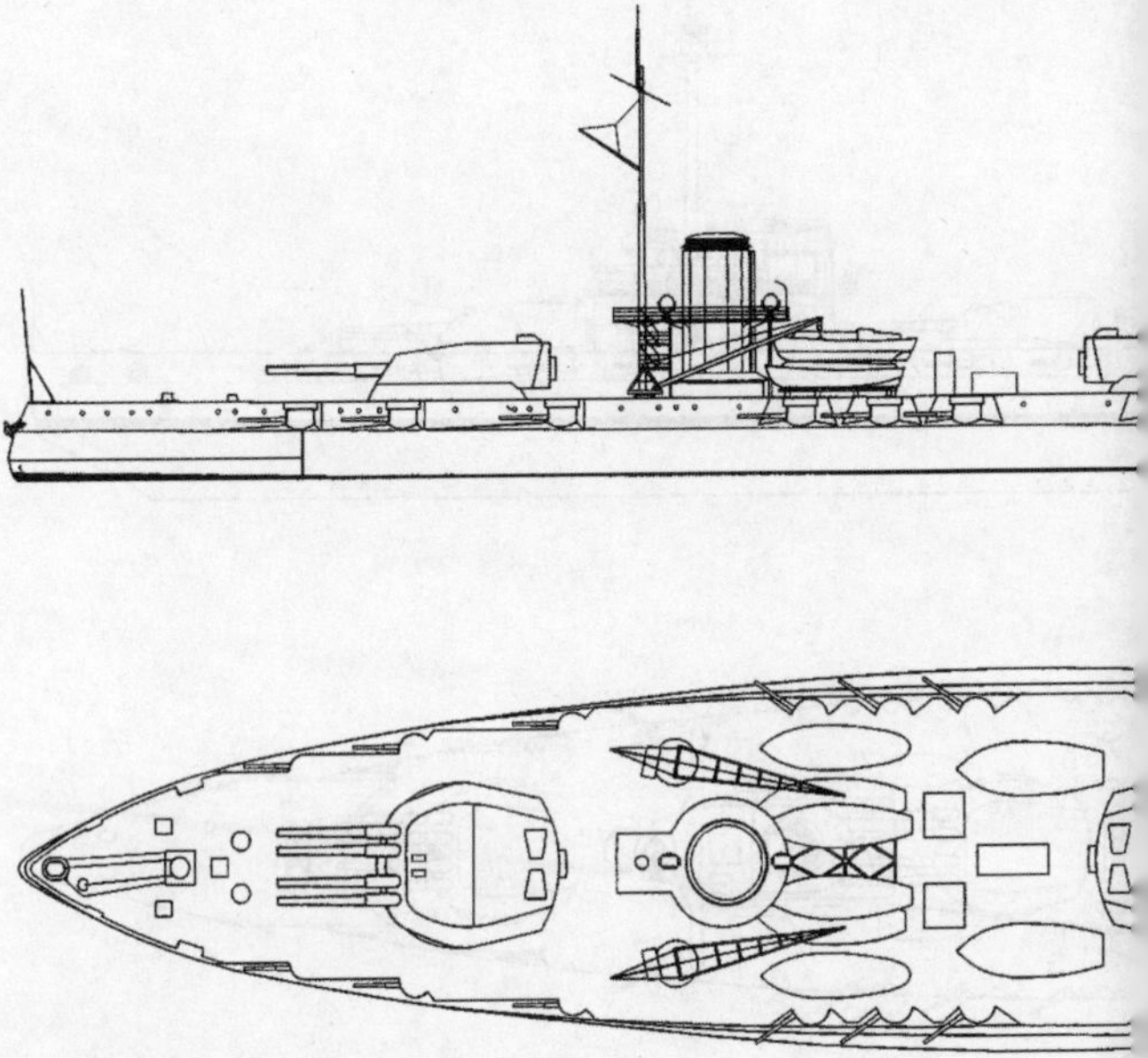

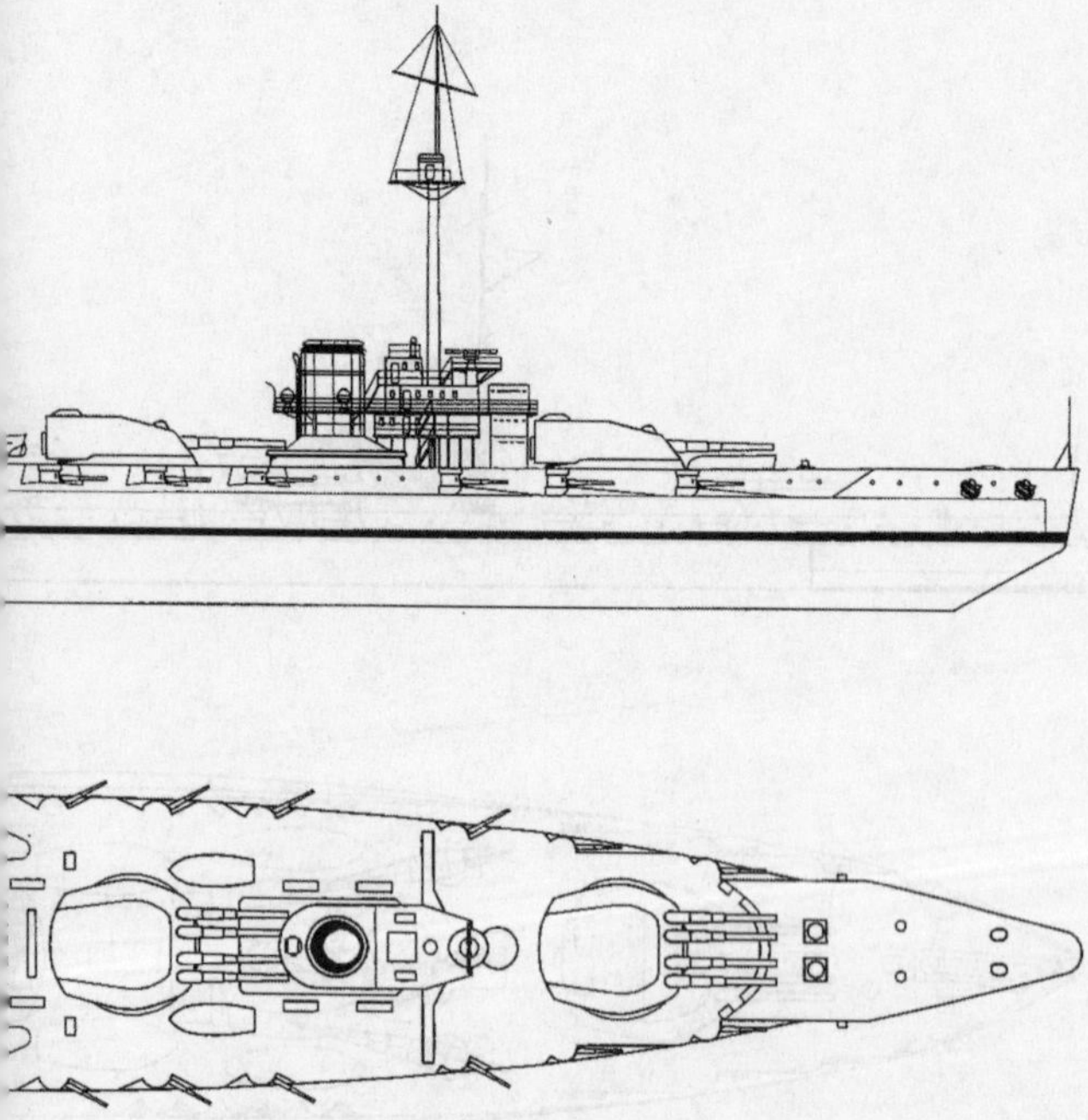

第 80 図　ルバレ造船所提案の 45000 トン型戦艦

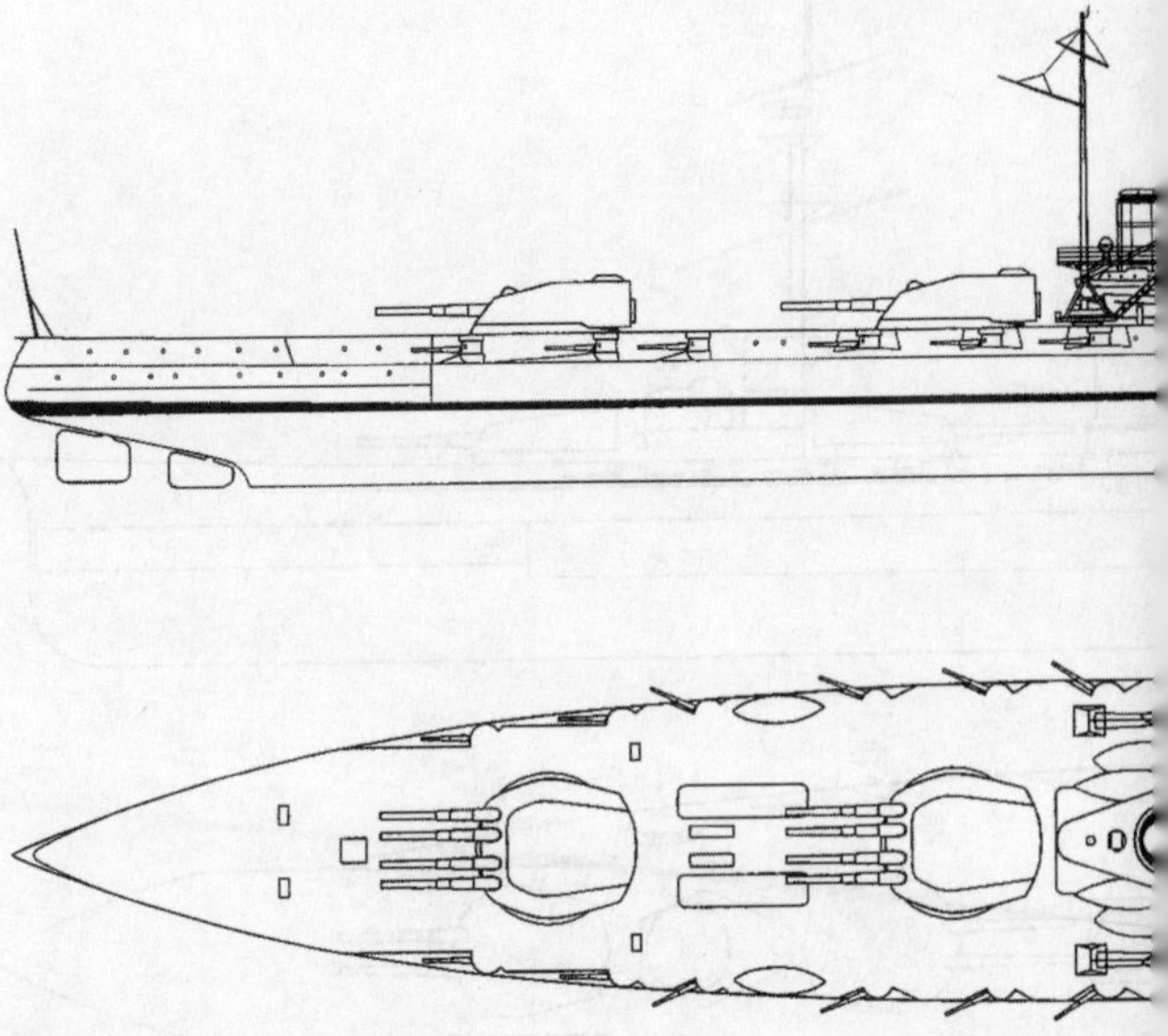

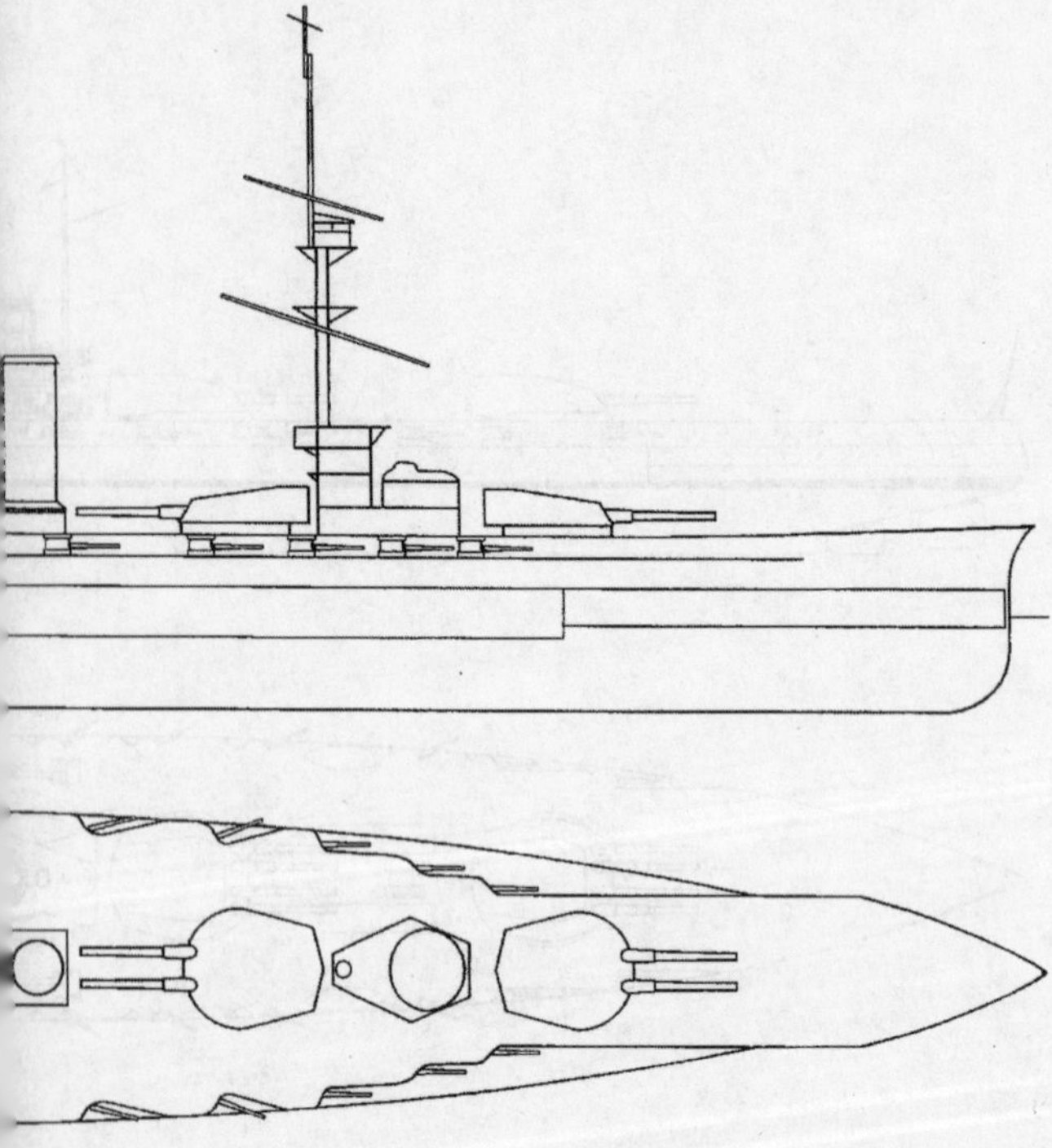

第81図　ヴィッカーズ提案（No.651）の
16インチ砲搭載戦艦

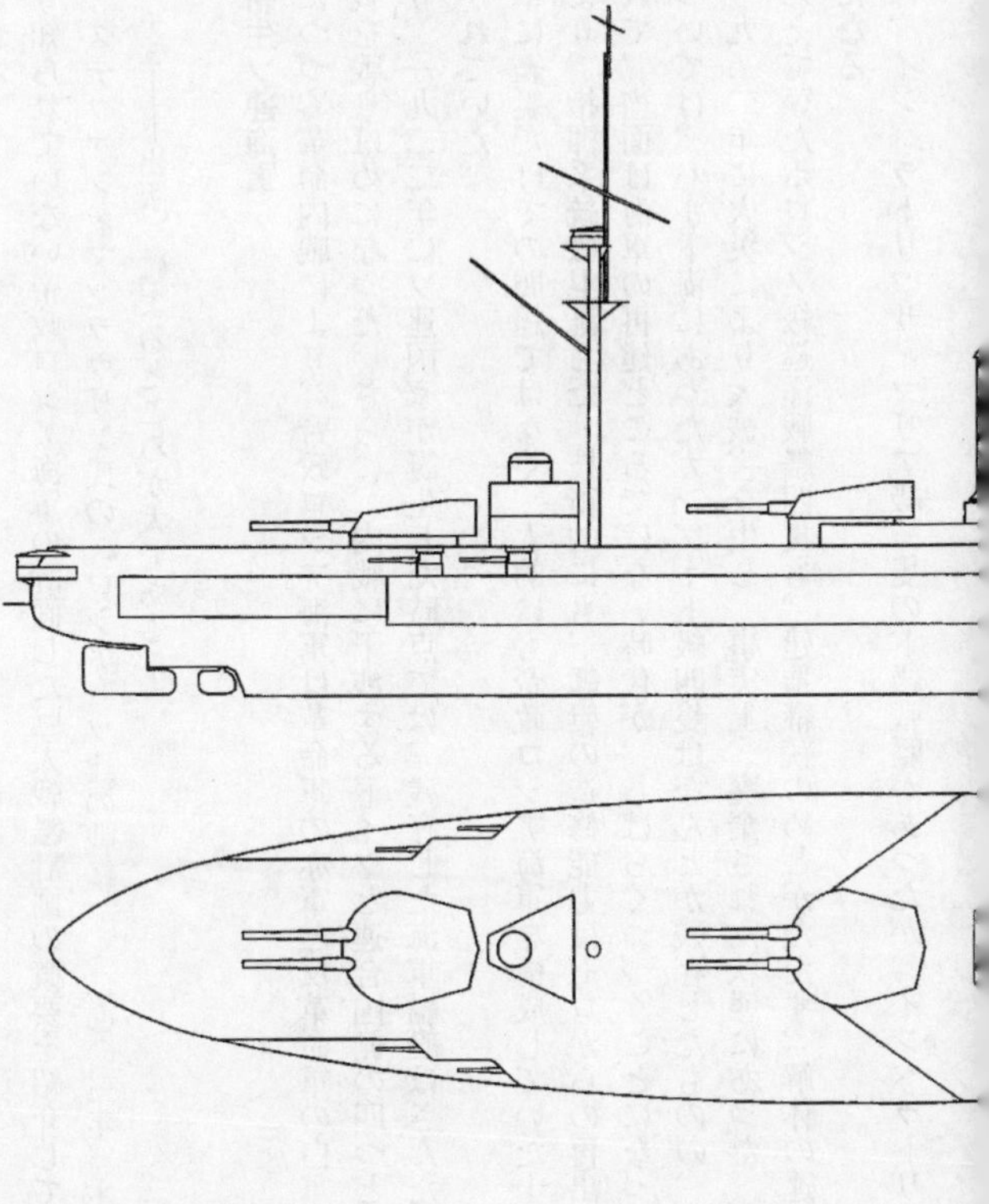

の提案と推定される。

以上、あまり知られていない帝政ロシア海軍の計画した巨大戦艦計画の概要を紹介してみた。この項は、ステファン・マックラウリン氏の『ロシア・ソ連の戦艦』（二〇〇三年、ネーバル・インステチュート出版）によるところが大である。

潰滅状態の新生ソ連海軍

第一次大戦につづく革命内戦により、帝政ロシア海軍は革命軍の赤軍と反革命軍の白軍に二分して、内戦を戦うはめになった。さらに、内戦に干渉するドイツと連合国側の四つどもえの戦いがあり、一九二二年にソ連国家が誕生した時点では、残存した海軍艦艇はさんたんたる状態におかれていた。

もちろん、単に艦艇だけでの問題ではなく、人的にも帝政ロシア海軍を構成していた士官階級の淘汰により、指揮系統は混乱した。技術的にも、艦艇の造修能力はゼロからの再出発をよぎなくされて、当面は海軍の再建どころではない時代が、しばらくつづくことになった。

ド級戦艦については、バルト海にあったガングート級四隻はなんとか残存したものの、うちポルタワは一九二二年に火災により大被害を生じ、事実上、廃棄された状態にあった。また、進水までおえていたボロジノ級巡洋戦艦四隻も、建造継続のめどがたたず、解体の運命をたどることになる。

黒海艦隊では、インペラトリッサ・マリア級三隻のド級戦艦があったが、インペラトリッサ・マリアは一九一六年に火薬庫の爆発事故でうしなわれ、エカテリーナ二世は内戦で自沈処分された。残ったインペラトル・アレクサンドル三世は白軍の手でビゼルタに脱出したが、武装解除されて以後、祖国に帰ることなく同地で解体された。

また、進水後に工事を中止していたインペラトル・ニコライ一世は、完成されることなく解体されている。

一九二八年ごろまで、ソ連海軍の再建策は具体的にみえてこなかったが、これは首脳陣の海軍にたいする理解の欠如と、明確な海軍再建策の立案者がいなかったことによるものであろう。

この間、世界ではワシントン軍縮条約による海軍休日のもと、列強各国は戦艦新造を休止して、既成戦艦の近代化改装がきそっておこなわれていた。

ソ連の立場としては、ワシントン条約とは関係なく主力艦の新造は可能であったが、海軍の再建にさいしては、主力艦の整備よりは、駆逐艦、潜水艦および機雷戦艦艇の再生を優先していた。

ひとつには国内の造船、造兵能力がまだ完全に回復していない事情があった。対外的にまだ信用が回復していないこの時期、海外への発注もままならなかった背景もあった。

まずはガングート級改装

こうしたなかで、ソ連海軍は列強にならったかたちで、ガングート級戦艦の近代化改装に着手した。一九二八〜三〇年に、まず最初にマラート(旧ペトロパブロフスク)に工事をおこなった。改装は主に上構の近代化、艦首部のかさ上げ、重油専焼缶へ換装、兵装の刷新などであった。

前檣楼は太い単檣を新設して、五層のプラットフォームよりなる各指揮所をもうけ、背後の前部煙突は上部を後方に屈曲させている。艦首部は先端部約一九メートルを一・七メートル高めて、艦首部先端もクリッパー形にあらためて凌波性を改善している。

機関の缶換装は過渡的なもので、専焼缶とはいっても従来の混焼缶を専焼缶に改造、三基を減じただけだった。

兵装については、主砲、副砲とも変わらず、四五ミリ高角砲六門が追加され、主砲砲身の換装がおこなわれた程度にとどまった。三番砲塔上に飛行艇の搭載が可能であったが、カタパルトの装備は未装備であった。

全体に改装は、上構の小規模な近代化にとどまり、船体部防御改善には手はつけられなかった。

マラートの完成を待って、一九三一年にはオクチャブルスカヤ・レヴォルチヤ(旧ガングート)の改装がはじまり、一九三四年に完成した。

改装はマラートの場合に準じたものであったが、内容的にはより大規模となった。上構の近代化も、前後の艦橋構造物がより大型化して複雑な形態となり、前煙突の高さも高められた。後檣もやや前方にうつされ、三番砲塔の背後には大型の鉄骨クレーンアームが新設され

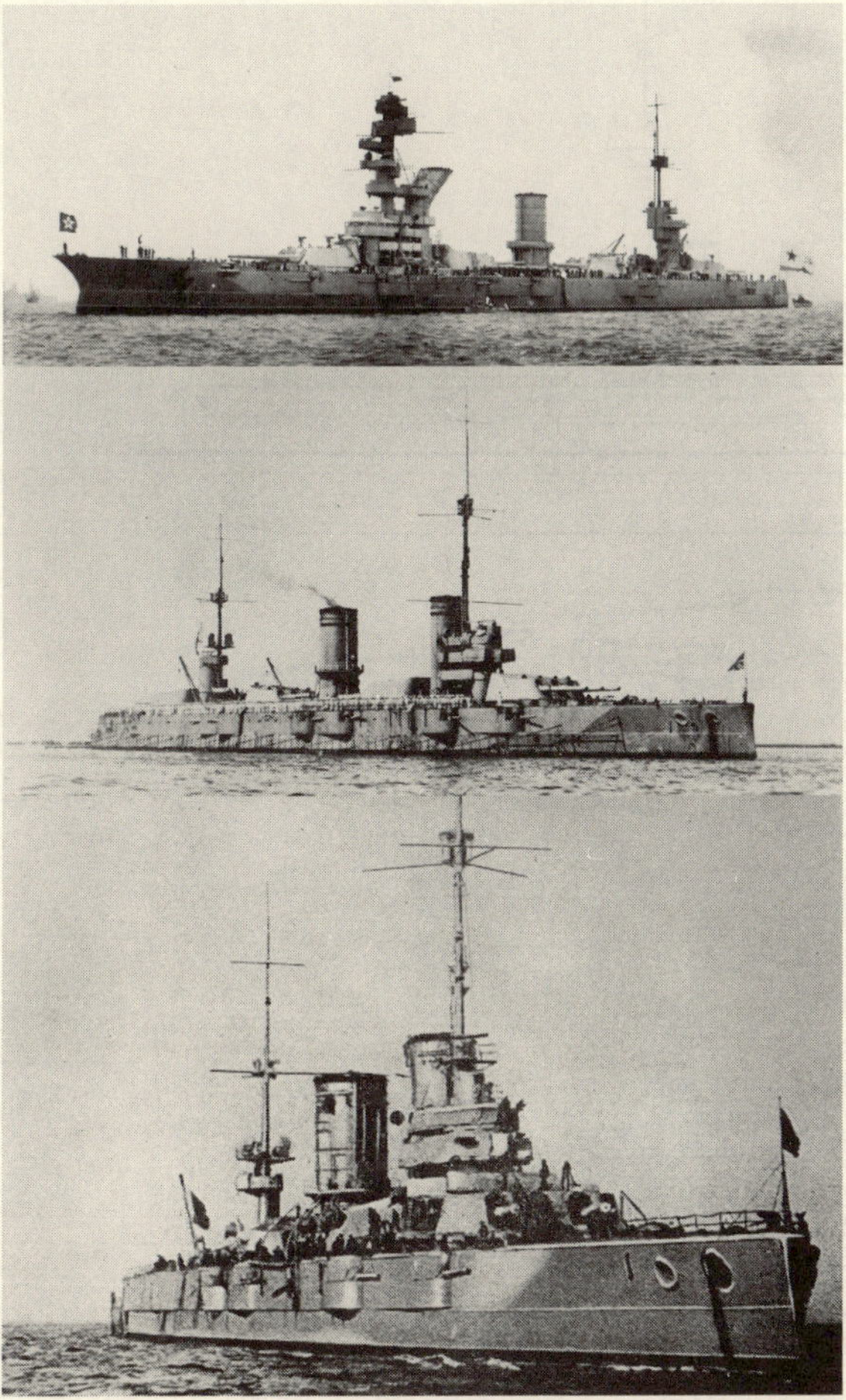

上からマラート、オクチャブルスカヤ・レヴォルチヤ、パリスカヤ・コンムナ

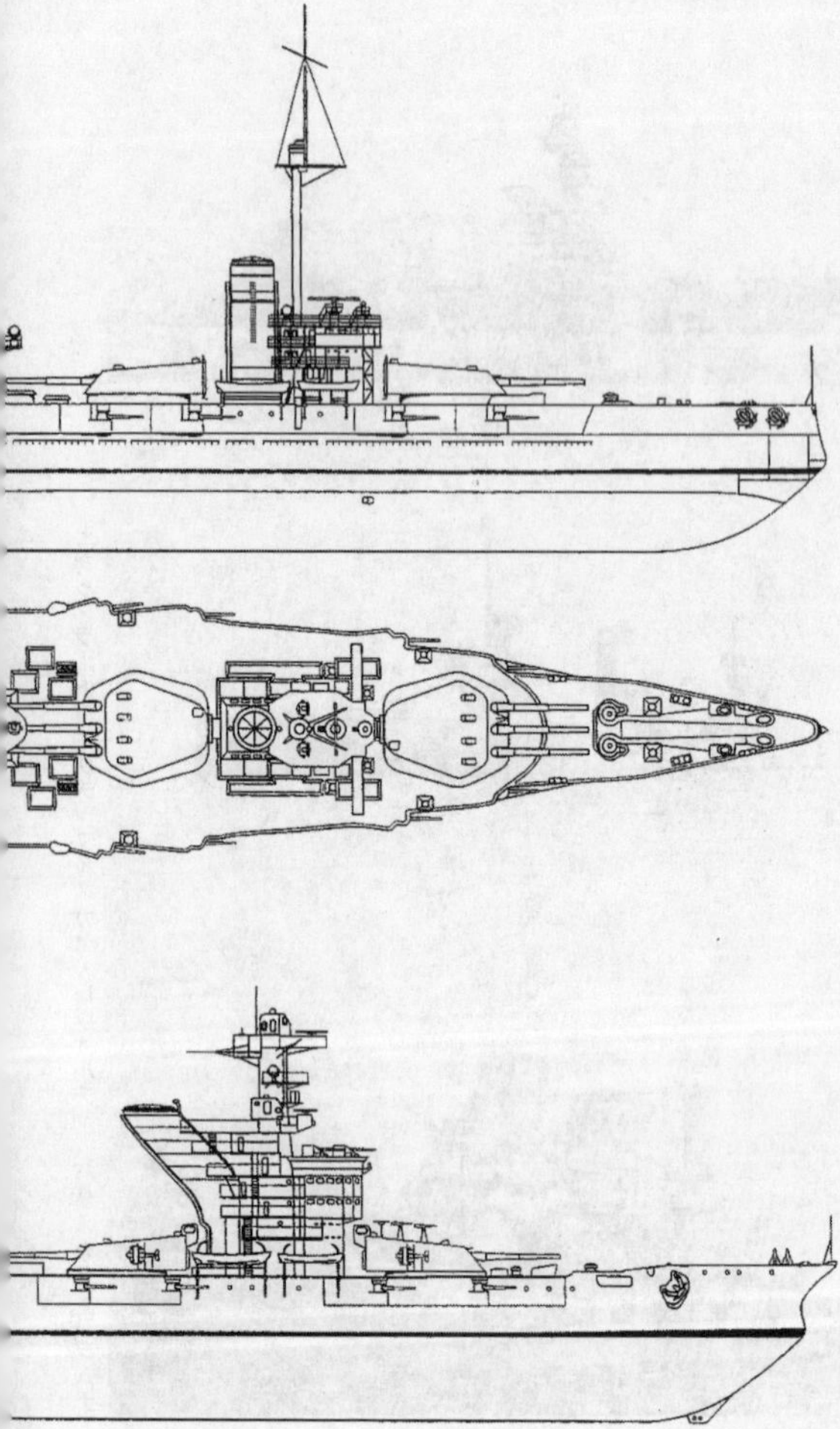

第82図
ガングート級新造時
基準排水量23360トン、
30.5㎝砲3連装4基、
12㎝砲連装16基、
速力23ノット

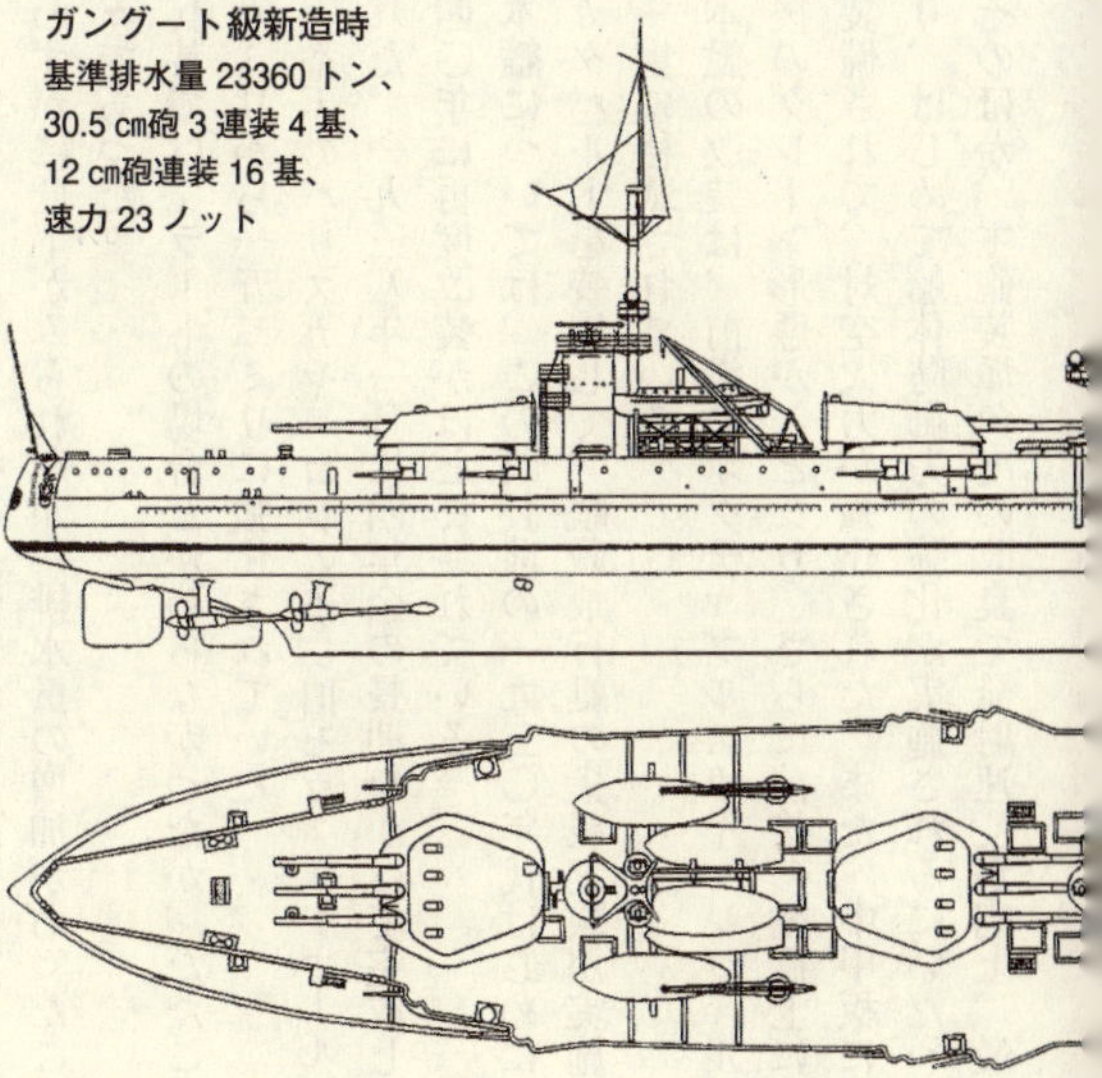

第83図
パリスカヤ・コンムナ（1938年）
旧セバストポール、艦橋上に
76㎜単装高角砲3基を新設

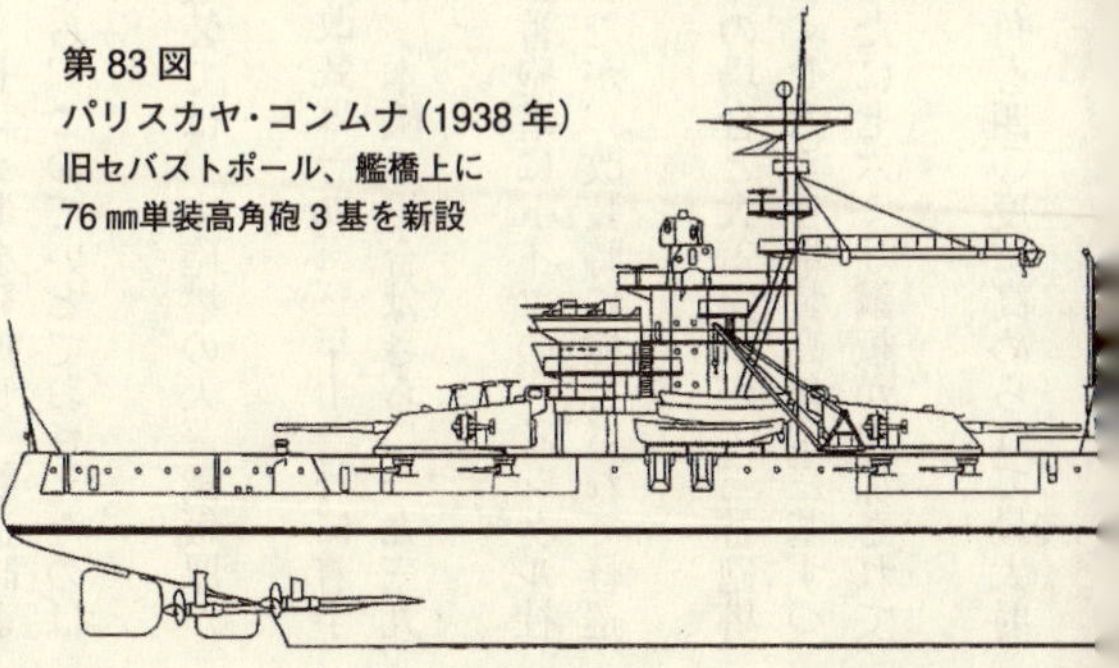

た。

機関部はマラートと異なり、完全に刷新された。従来の缶および主機は、すべて新製の専焼缶一二基とタービン主機に換装された。改装公試では二二・七ノットを発揮し、新造時よりわずかに低下がみられたが、排水量の増加があったことから、このていどでおさえたのは上々であった。

兵装ではマラートの場合とかわらなかったが、ただこの改装では、主砲塔の天蓋鋼鈑厚が七六ミリから一五二ミリに強化されていた。

三番手のパリスカヤ・コンムナ（旧セヴァストポール）の改装は一九三三年十一月に着手された。一九三八年一月に四年余の長期をかけて完成したが、本艦の場合はさらに一九三九～四〇年に再度改装がほどこされている。

本艦については、この改装前の一九三〇年代はじめに、三番砲塔にドイツのハインケル社製カタパルトを装備して、艦載飛行艇の搭載実験が実施されたが、改装時に撤去されて軽巡の一隻に移載されている。

本艦の改装は、前艦のオクチャブルスカヤ・レヴォルチヤの場合と大差ないが、三番砲塔背後のクレーン形態がことなり、さらに前後の艦橋上に新しく七六ミリ単装高角砲三基ずつが装備されて、対空火力が強化された。また、中甲板にあらたに七六ミリ鋼板が追加されており、はじめて船体防御力の強化が実施されるにいたった。

そのほか、主砲装塡角度の改良で発射速度が向上、最大仰角も四〇度に高められて最大射程が大幅に延びている。

さらに本艦の場合は、一九三九〜四〇年の二度目の工事で舷側部に大型のバルジが装着されて、列強海軍では常識であったバルジによる水中防御力の改善策が、はじめて採用されたことになった。

こうした改装で、本艦は一九四〇年の状態で排水量は三万四〇〇〇トンと、新造時より約五〇〇〇トン増加しており、艦幅は三二・五メートルと五・六メートル増加していた。当時、本艦は黒海艦隊にあった。

フルンゼ三つの再生計画

第二次大戦前の既成戦艦の改装はこれでおわったものの、もうひとつの特別プロジェクトが存在した。それは、旧ガングート級戦艦で一隻のみ残っていたフルンゼ（旧ポルタワ）を対象にしたものであった。

フルンゼは前述のように、一九二二年の火災事故で事実上放棄されて、同型艦の部品取りとしてネバ河に繋留されていたという。一九二四年には、本艦の空母への改造案があったというが、これは実現しなかった。一九二六年以降、本艦の再生計画としていくつかの計画案が提示されたといわれる。

一つは、最低限の工事で浮き砲台として再生させるため、一缶室のみ修復して一五ノットていどの航行能力を回復させる。

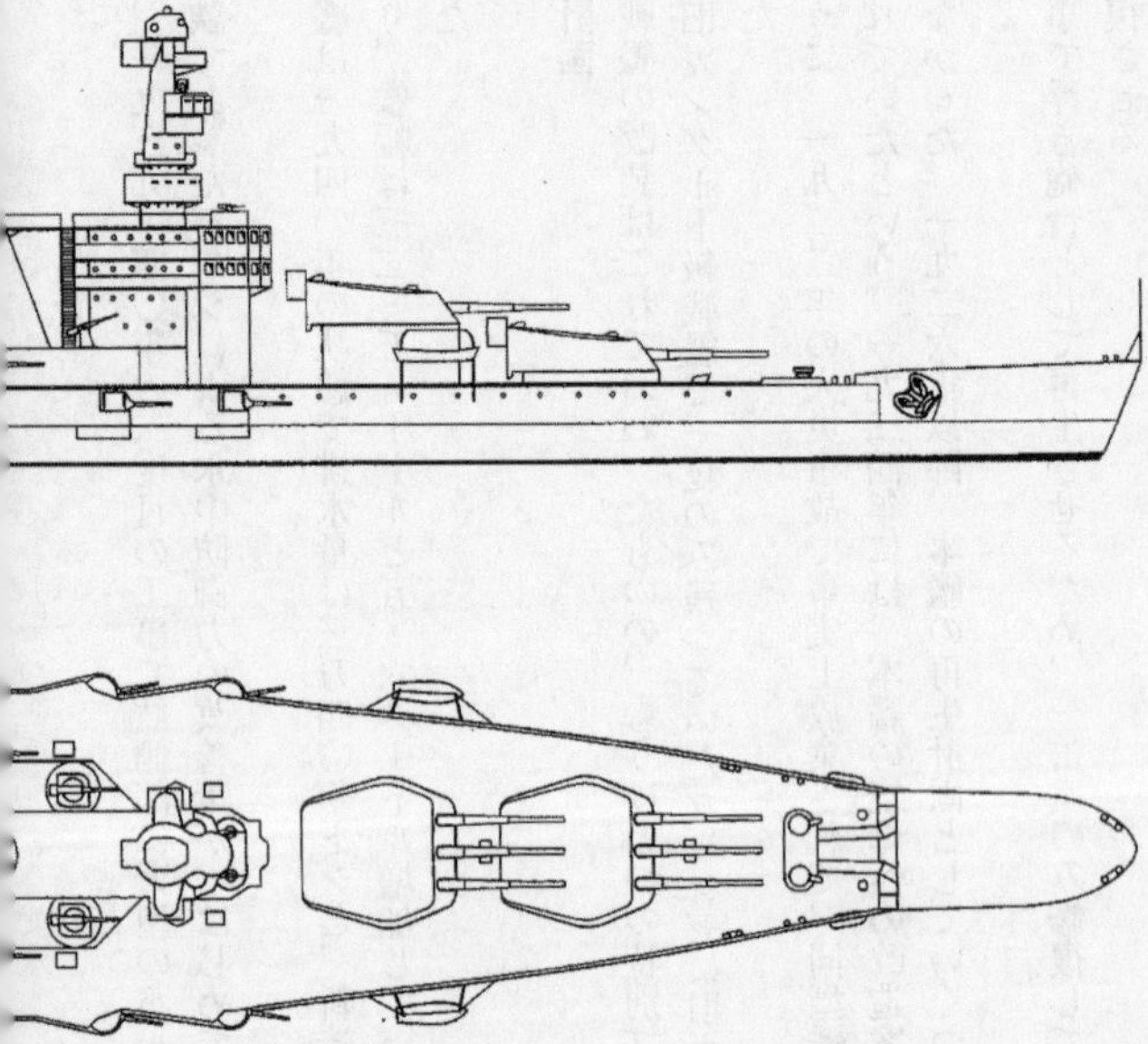

第84図　フルンゼ改装案（1930年）

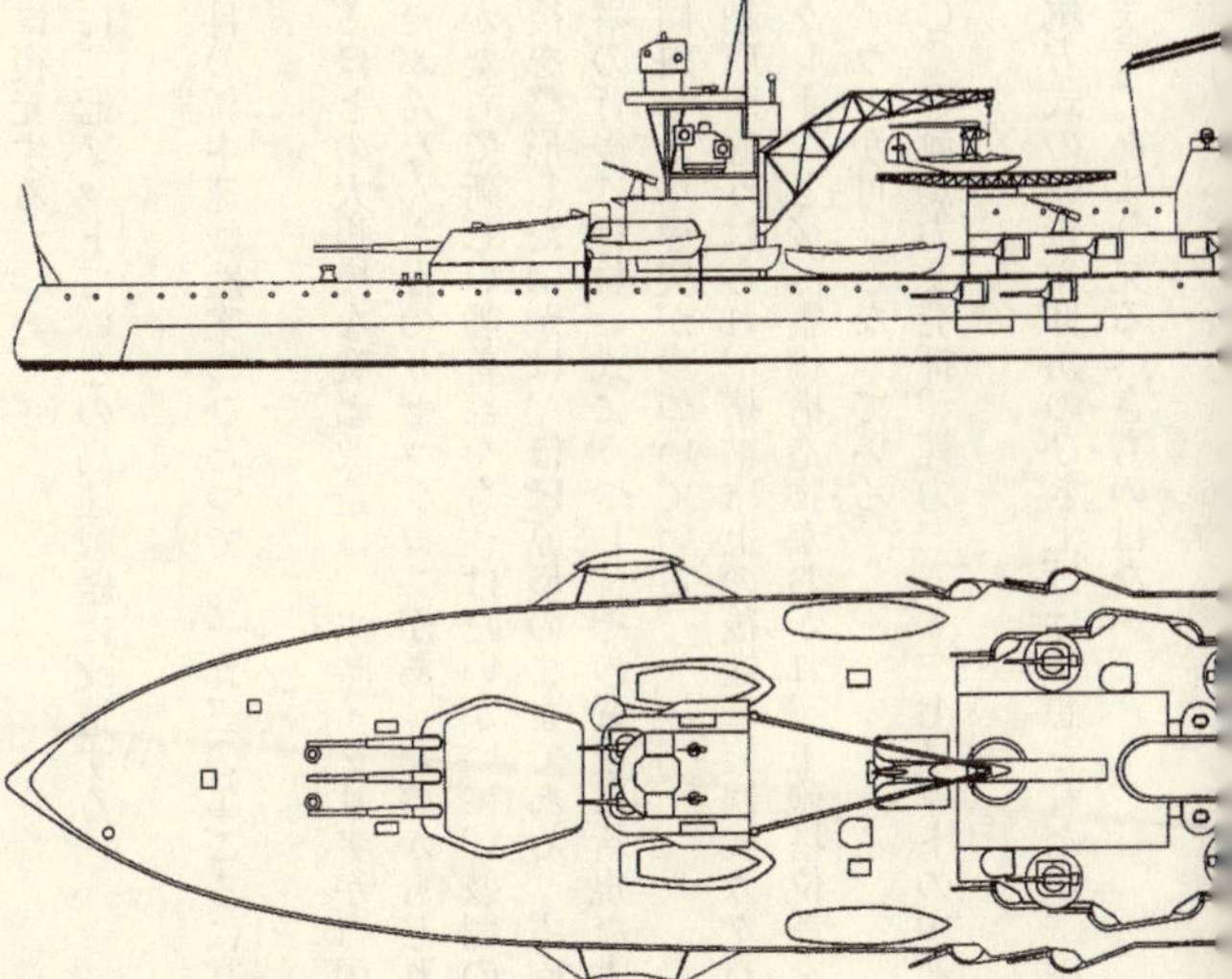

二つは、他の同型艦と同様に復元する。

三つ目は、まったくあらたに二七ノットていどの高速戦艦に改造する。というものであった。

第84図に示したのは、三つ目の新中速戦艦案のひとつで、一九三〇年ごろに試案されたものという。

こうした砲塔位置を変更するほどの大規模な戦艦改造は、当時イタリアが自国の戦艦群に実施を計画していたもので、たぶんなんらかのサゼッションがあったのかもしれない。

船体部は、艦首を延長するかたちで新しい艦首部をもうけたいがいに、舷側の副砲ケースメイトを中央部にうつして前後を整形したほかは、ほぼ原型のままである。主砲塔は三番砲塔を撤去、二番砲塔は一番砲塔の背後に背負い式にうつし、その背後に新規な大型の艦橋構造物と前檣楼をもうけ、太く傾斜した単煙突がつづいている。

煙突の後方には艦載機の格納庫がもうけられ、格納庫上の後端に旋回式カタパルトがおかれている。その後方に大型のクレーンと後部艦橋構造物がおかれ、主砲塔位置を変更したことで、全体によゆうあるレイアウトが可能となっている。

機関は専焼缶四基で八万八〇〇〇軸馬力を発揮、速力二五〜二七ノットの中速戦艦をもくろんでいたようだ。

主砲塔および主砲身は、装填方式の改善や仰角のひき上げは予想されたが、副砲および高角砲の装備と配置も旧態のままで、あまり見るべきものはない。

もちろん、このフルンゼの再生計画は実施にうつされることなく、未実施におわっている。

イタリアからの新艦設計

一九三〇年代なかばになると、日本が軍縮条約から脱退したことで、列強海軍は新戦艦の建造計画を、さまざまに策定することになる。さらに、条約加盟国以外にもドイツが再軍備宣言をして新主力艦の建造にくわわるにいたって、ソ連としても旧式戦艦の改造に甘んじているだけにもいかず、再建海軍の中核となる新戦艦の取得にのりだすことになる。

一九三六年六月に承認されたソ連海軍の海軍拡張計画によれば、新主力艦として三万五〇〇〇トン型八隻と二万六〇〇〇トン型一六隻を整備することを骨子としていた。

計画では、三万五〇〇〇トン型はバルチック艦隊と黒海艦隊に各四隻ずつ、二万六〇〇〇トン型は太平洋艦隊に六隻、バルチック艦隊と黒海艦隊に各四隻ずつ、北洋艦隊に二隻を配置する予定であった。

このうち二万六〇〇〇トン型は、当時ドイツが建造中であったシャルンホルスト級巡洋戦艦に対抗する三〇センチ砲を搭載した大型巡洋艦を想定していた。

しかし当時、ソ連国内でこうした大型主力艦を建造できる能力をもった造船所は、レニングラードと黒海のニコライエフに各二ヵ所、いずれもかつての海軍工廠があったところである。ほかに北洋のモロトフスクに一ヵ所あったものの、造兵、造機については、すべてを国産でカバーするには、設計、製造とも技術力に欠けるところがすくなくなかった。

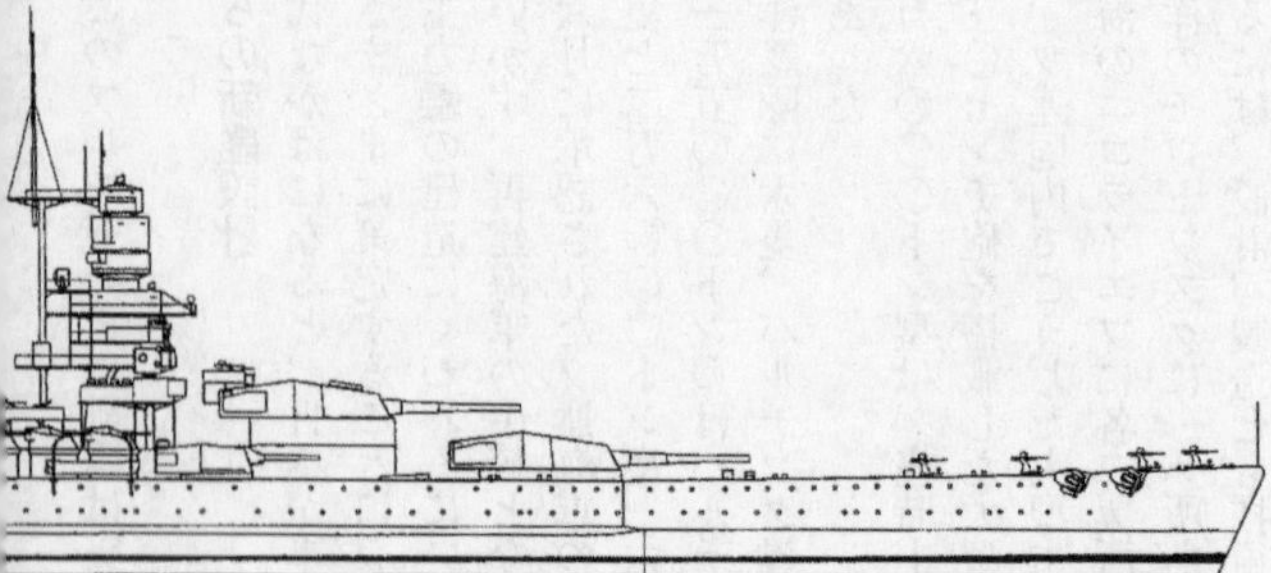

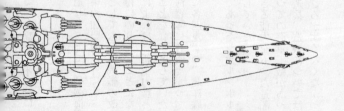

第85図　リットリオ級戦艦（イタリア）
満載排水量45960トン、30.1㎝砲3連装
4基、12㎝砲単装4基、速力30ノット

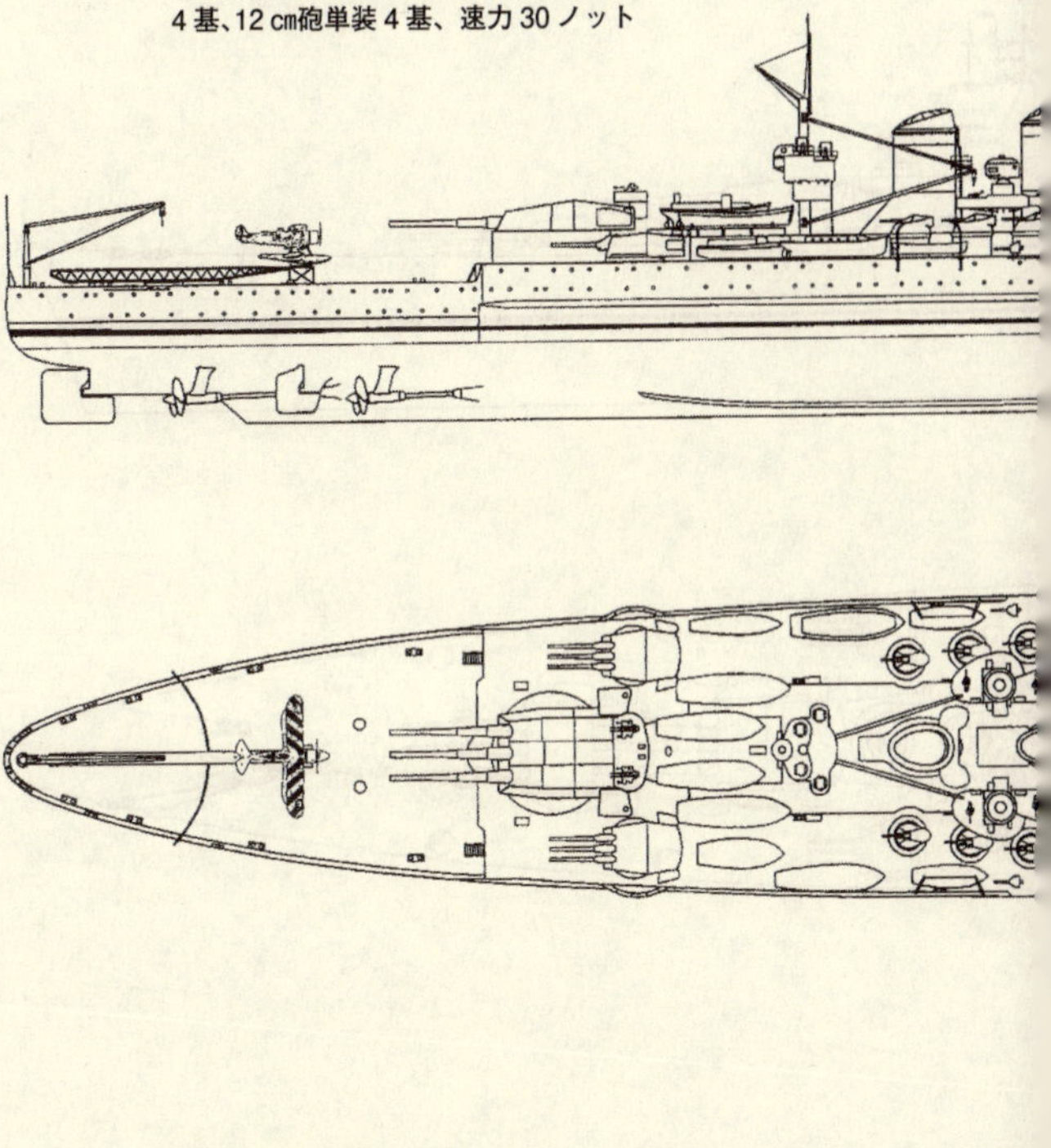

第65図 C-41型巡洋艦(ソ連)
基準排水量8,400トン,30.5ノット
15.2センチ砲9門,魚雷6門

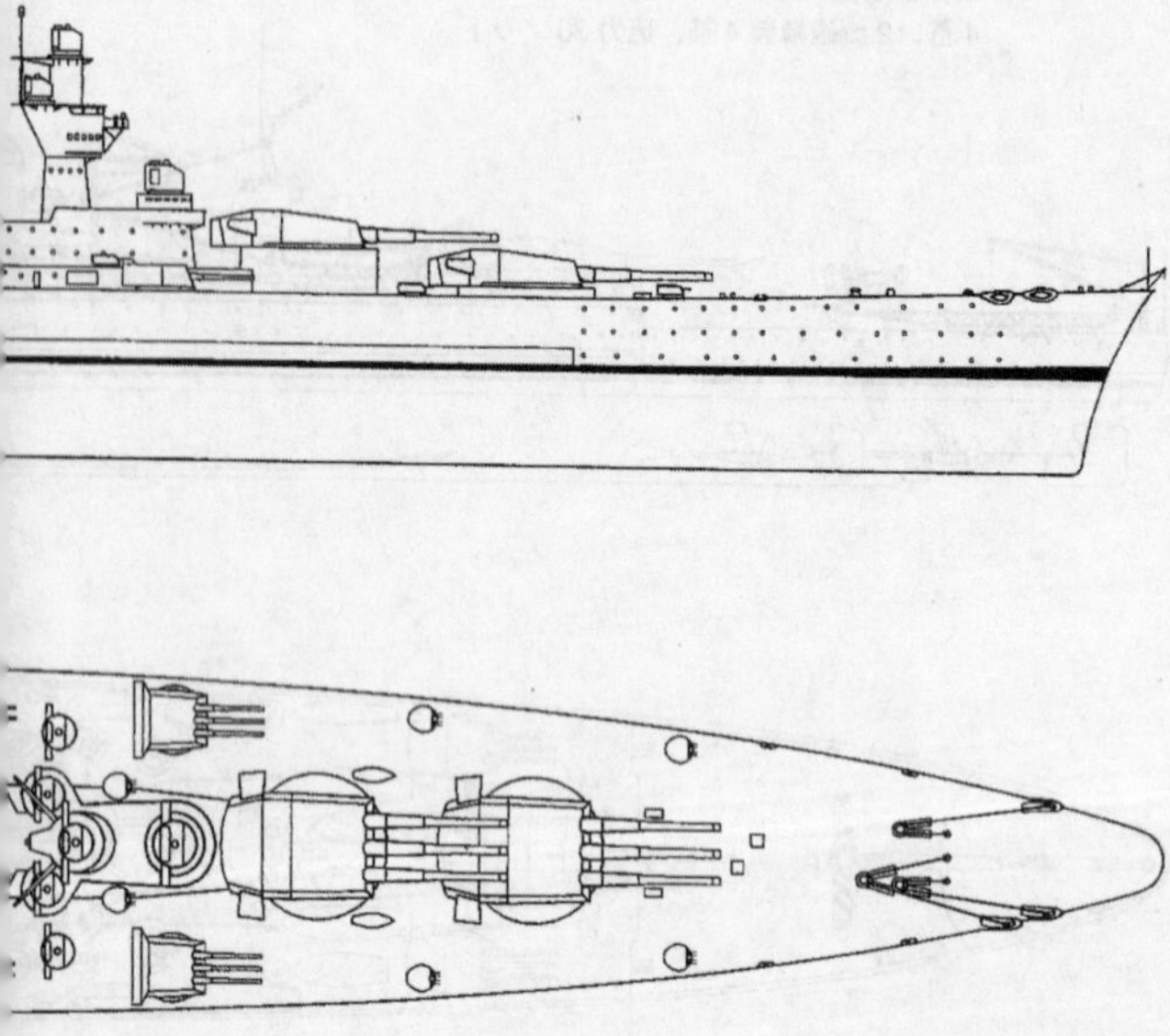

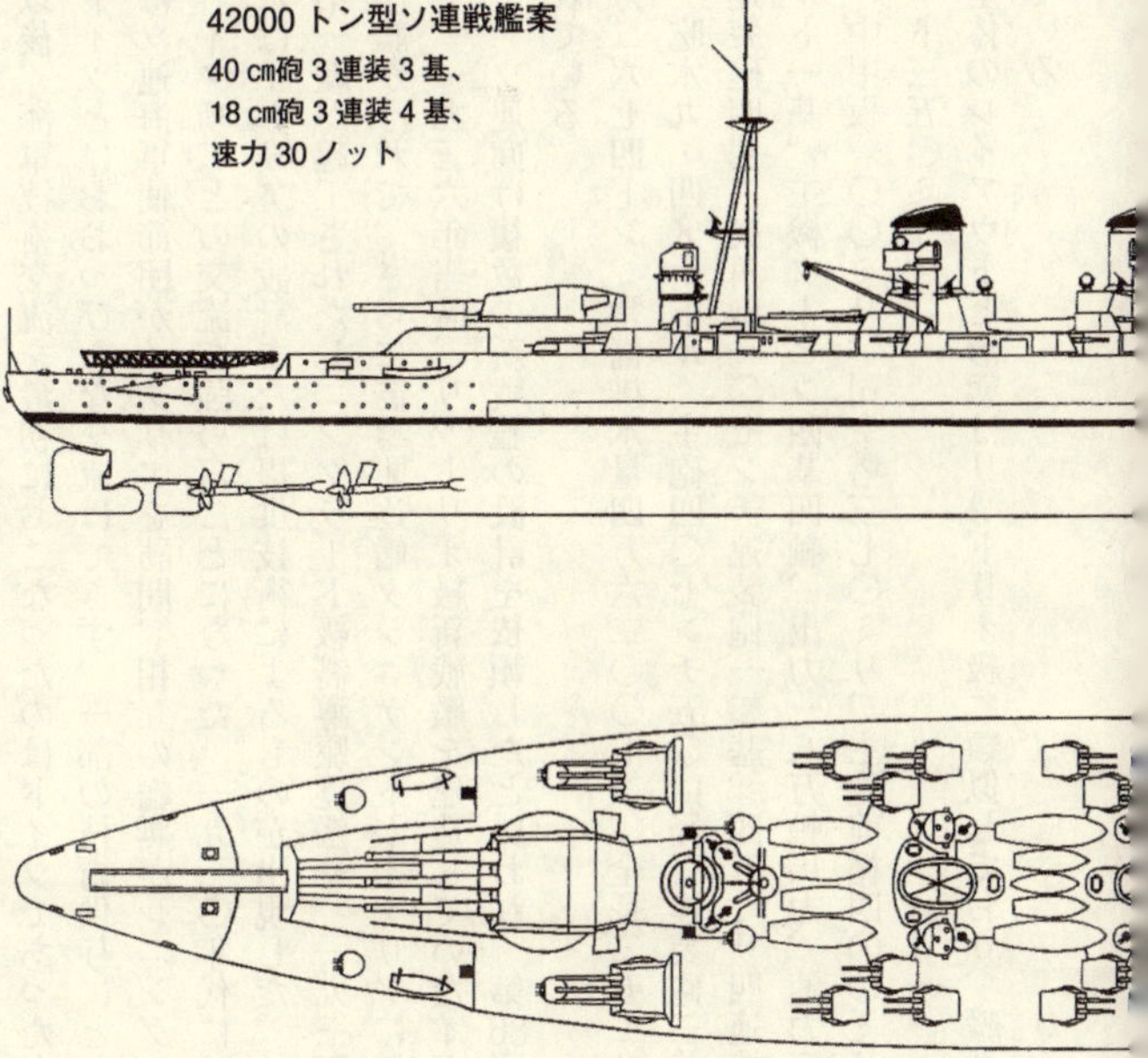

第86図　イタリアのアンソルド社設計
42000トン型ソ連戦艦案
40㎝砲3連装3基、
18㎝砲3連装4基、
速力30ノット

ソ連邦の成立以後、海軍技術交流を最初におこなったのはドイツであったが、ベルサイユ条約下の敗戦国ドイツとはおおっぴらな交流はできず、一部の技術供与にとどまっていた。一九二五年にはソ連海軍使節団がイタリアを訪問、相互の艦艇がレニングラードとナポリを訪問するなど、イタリアとの交流を強めることになった。一九三〇年代にはいると、ソ連海軍の新造艦艇にはイタリアの設計または提供技術によるものが出現した。

一九三二年に第一艦が起工されたレニングラード級嚮導駆逐艦や、一九三五年に起工されたキーロフ級巡洋艦がそれで、さらに嚮導駆逐艦タシュケントがイタリアに発注されていた。

こうしたなかで一九三六年当時、リットリオ級新戦艦を建造していたイタリアのアンソルド社にたいして、ソ連向け複数の新戦艦の設計を依頼したといわれ、第86図に示したのはそのひとつとされている。

基準排水量四万二六七四トン、常備排水量四万六二〇〇トン、全長二五二メートル、幅三五・五メートル、吃水九・四メートル。主砲四〇センチ五〇口径三連装砲三基、副砲一八センチ六〇口径三連装砲四基、高角砲一〇センチ連装砲一二基、四五ミリ四連機銃一二基、搭載機四、カタパルト一基。主機タービン四基四軸、出力一八万軸馬力、速力三二ノット。主甲帯三七〇ミリ、中甲板一〇〇ミリ、司令塔三七〇ミリ、主砲前楯四〇〇ミリ、同天蓋二〇〇ミリ、バーベット三五〇ミリ。

当然ながら、全体のレイアウトと形態はリットリオ級に類似しており、艦型的にはひとまわり大型化されている。

兵装もきわめて強力で、副砲には当時の各国新戦艦の一五センチ砲より強力な、キーロフ級巡洋艦の主砲である一八センチ砲を採用した。高角砲も数的にはひじょうにおおくを装備しており、当時の水準を超えていた。

これらは当然、ソ連側の要求仕様により設計されたもので、排水量でも、公称三万五〇〇〇トン型として建造されたドイツのビスマルクと同大の四万二〇〇〇トン型となっており、ソ連が三万五〇〇〇トン型に満足していなかったことを示している。

結局、この設計では建造されることはなかったものの、一九三九年にソ連が国内で起工したソビエツキー・ソユーズ級新戦艦に影響したところは、けっしてすくなくなかった。

いずれにしろ、ソ連とイタリアのこの関係は、当時スペイン内戦でイタリアとドイツがフランコ派に、ソ連が人民戦線側について戦っていた事実と考えあわせると、妙な関係だったといえよう。

アメリカへの新戦艦発注

一方、この時期にソ連は、アメリカにたいしても、戦艦用装甲板や主砲塔の供給を打診していた。一九三六年五月には、ソ連通商使節団が渡米、カーネギーのイリノイ製鋼所と戦艦用装甲板の購入でコンタクトしていた。

また、ソ連政府はアメリカに代理店としての輸出入会社を設立、ニューヨーク銀行に口座をもうけ、さらにアメリカ海軍に顔のきく退役軍人をやとって、アメリカにおける調達業務を本格化するにいたった。

もちろん、こうしたソ連のアメリカ国内における戦艦部品、または戦艦そのものの調達については、アメリカの民間会社が独断でおこなうわけにはいかず、とうぜんアメリカ政府の承認、承諾が必要であった。しかし、時のルーズベルト大統領は、ソ連のこうした動きに好意的であった。

その背景には、ソ連海軍が新戦艦を太平洋艦隊に配置することになれば、太平洋における最大のライバルの日本海軍にたいする牽制となり、米太平洋艦隊の負担をいくらかでも軽減できるという思惑があったことは当然であった。

一九三七年春には、ベスレヘム鉄鋼会社とニューヨーク造船所にたいしてソ連側の基本仕様が提示されて、アメリカで部品を調達してウラジオストクに運び、そこで三万五〇〇〇トン型、一六インチ砲搭載戦艦を組み立て式に建造する計画がたてられた。

ソ連側代理店には、ソ連海軍の兵科および技術士官が派遣されて具体的な商談がおこなわれた。ソ連側としては、装甲板と砲身をふくむ主砲塔三基と徹甲弾九〇〇発の供給を希望したようであったが、けっきょく両社とも同意に達しなかった。

一九三七年八月にはニューヨークにあるギブス&コックス社と接触することができた。同社は自前の造船所はもっていないものの、従業員四七五人をかかえる世界最大の民間艦艇設計会社で、これまでもアメリカ海軍の駆逐艦計画などにかかわってきたという。

一九三八年一月には、同社はソ連の代理店との間で七万ドルの設計料で、ソ連海軍向けの戦艦の設計をうけおった。これはアメリカ政府およびアメリカ海軍の認めた作業であったという。

夢の大型航空戦艦

ここで、ギブス&コックス社が提示したソ連海軍向け新戦艦は、常備排水量で五万五〇〇〇～七万二〇〇〇トンという巨大戦艦で、しかも中央部に飛行甲板をもつハイブリッド戦艦という奇抜なデザインであった。

ここにその艦型図を掲載したのは、「デザインB」として示された最大艦型の設計で、その主要目は次のようであった。

基準排水量六万一八四〇トン、常備排水量七万一八五〇トン、全長三〇六メートル、最大幅三九メートル、吃水一〇・五メートル。

兵装／主砲一六インチ四五口径砲三連装四基、副砲兼高角砲五インチ連装砲一四基、機銃二八ミリ四連装八基、一二・七ミリ単装一二基。

航空兵装／飛行甲板長一二二・五メートル、カタパルト二基、搭載機四〇機、うち四機水上機。

防御／主甲帯三三〇ミリ、防御甲板一二七～一五二ミリ、司令塔三八一ミリ、バーベット三八一ミリ、主砲塔前楯四〇六ミリ、側面二五四ミリ、上面一七八～二〇三ミリ。

機関／タービン六軸、出力三〇万軸馬力、缶数一三、速力三四ノット、航続力二〇ノットにて一万七八〇〇海里。

乗員数／二七〇〇人。

こうした戦艦と空母の機能両方を具備したいわゆる航空戦艦のたぐいは、第一次大戦後、各国でさかんに研究された。とくに、条約で新造艦の建造が可能であった一万トン型条約型巡での採用は、かなり具体的な計画まで進んだものもあったが、けっきょく実現しなかった。

このデザインは、航空戦艦としては最大型で、全長三〇〇メートルを超すこの艦が入渠できる船渠は、当時はイギリスのサウザンプトンとマルタにしかなかったといわれている。

航空艤装で気がつくのは飛行甲板の短さで、これで十分な搭載機の運用が可能なのか疑問がないわけではない。格納庫は二段式で、上部は高さ五・五メートルで艦攻、艦爆用、下部は三・七メートルで艦戦用にわけられているという。リフトは前後に一基ずつ、カタパルトは艦尾にある水偵用のもので、飛行甲板にはない。

艦型は中央部に飛行甲板をもうけた関係で、飛行甲板の右舷側にアイランド式に戦艦の前後檣楼にあたる構造物と、大型スクリーン付きの直立煙突を配置した。檣楼はかつてのケージマスト類似の構造となっている。

この中央部飛行甲板の両側上甲板に七基の五インチ連装砲が配置され、これはアメリカ海軍の制式砲五インチ三八口径両用砲であった。艦型が大きい関係で、アメリカ海軍最初の新戦艦ノースカロライナ級より片舷で二基おおく、二八ミリ、一二・七ミリ機銃もすべてアメリカ海軍の現用艦載兵器である。

船体は水平甲板型で、主砲の一六インチ三連装砲塔は、前後に二基ずつがスタンダードな背負い式に装備していた。全体のスタイルはプロの設計会社の仕事だけに、バランスのとれた形態を示している。

ただ、主砲塔の形態はサウスダコタ級とおなじく古いままだが、実際にはノースカロライナ級とおなじ形態になるはずであった。

防御計画は高速性能を加味したため、一六インチ砲対応防御にたいしてはいくぶん薄弱といえるが、まずまずのものである。

問題は機関関係のスペックにあった。この艦型で三四ノットという高速を発揮するため、過去に例のない三〇万軸馬力という高出力を計画、推進軸も六軸という、あまり前例のない多軸推進を計画していた。

ギブス&コックス社の狙いは、この高速巨大航空戦艦を中心に、護衛部隊として当時ソ連海軍が整備していた大型（嚮導）駆逐艦一八隻を配し、さらに随伴可能な高速給油艦を用意することで、外洋で長期にわたり、通商破壊戦や要所を襲撃する機動作戦を展開することができれば、日本海軍相手に有効な作戦が可能であると、ソ連海軍に売りこむ予定であった。

一九三八年はじめにギブス&コックス社は、このデザインをアメリカ海軍省に提示し、これをみた海軍次官のエジソンはひじょうな興味を示して、ギブス&コックス社がルーズベル

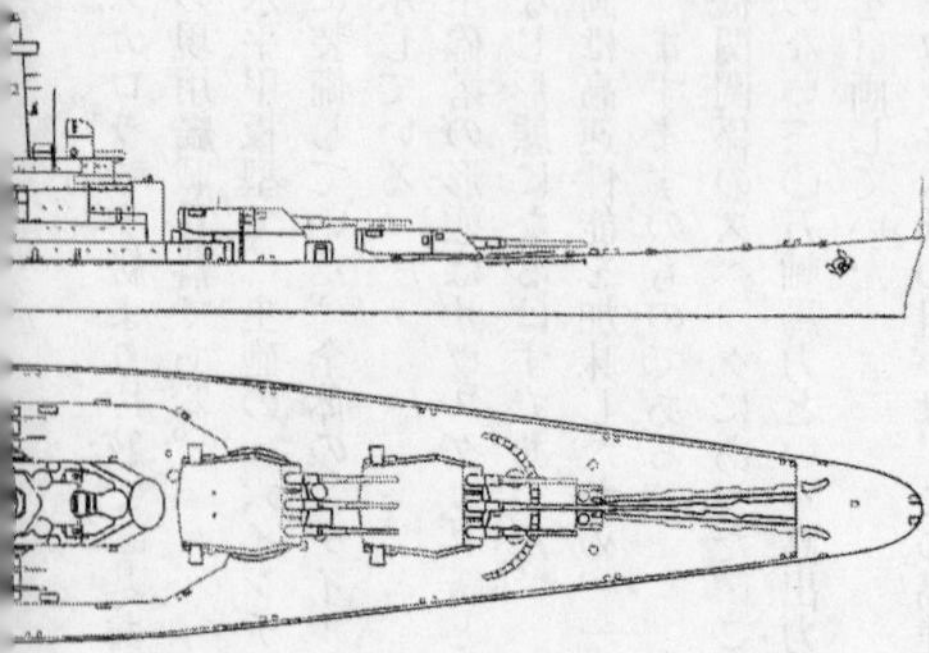

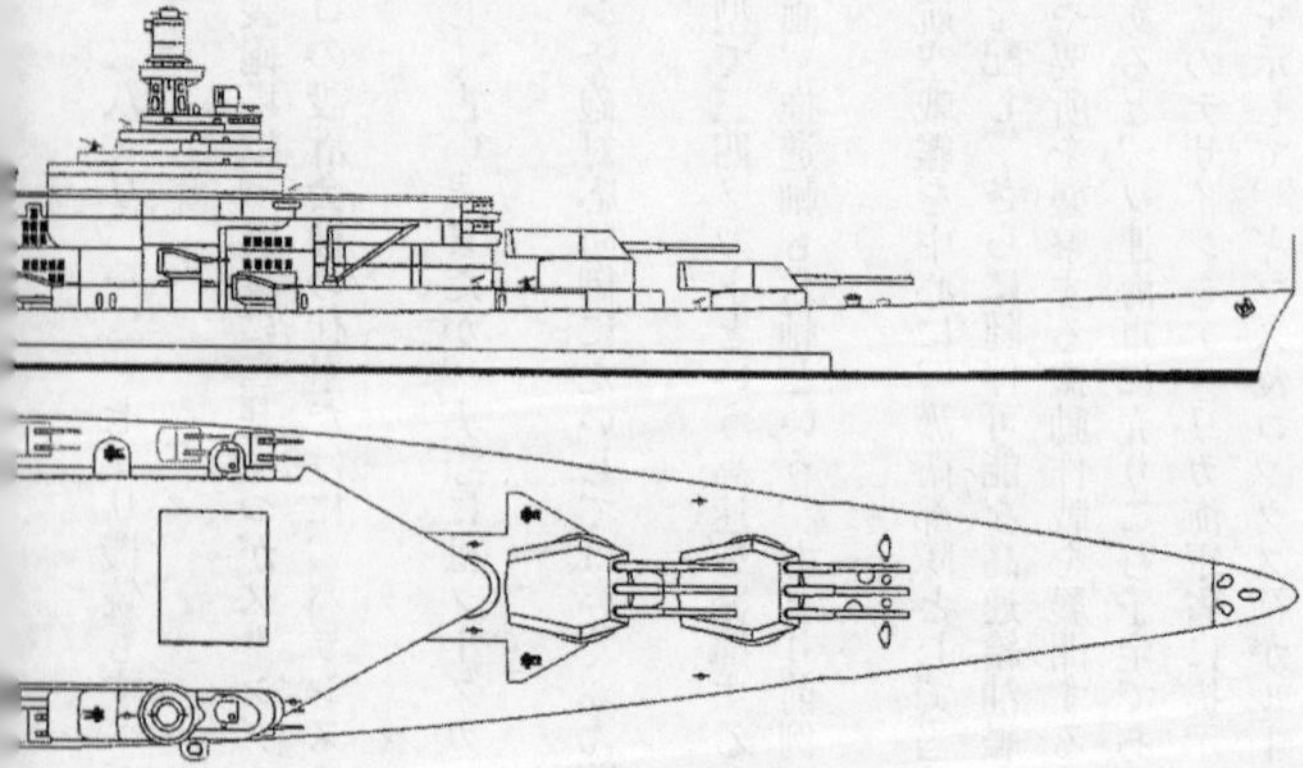

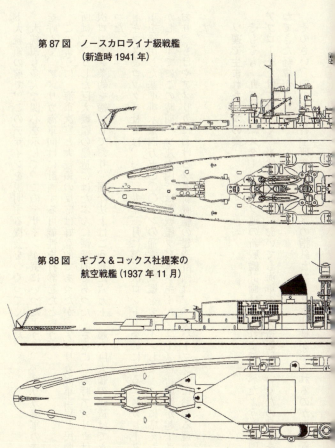

第87図　ノースカロライナ級戦艦
（新造時1941年）

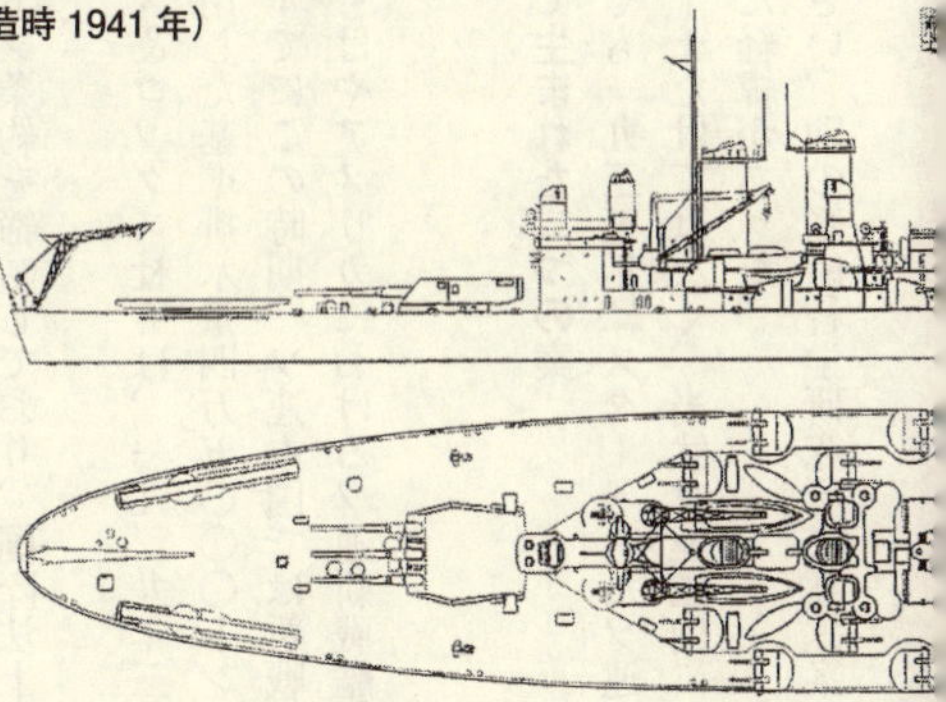

第88図　ギブス＆コックス社提案の
航空戦艦（1937年11月）

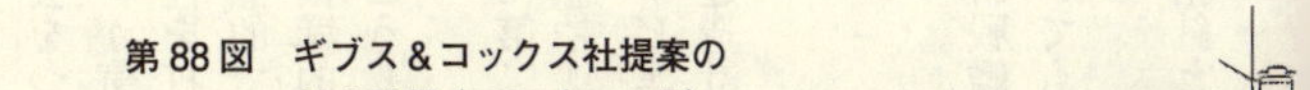

ト大統領の前で、このデザインを説明する機会をつくってくれた。

大統領も多大な関心を示して、このデザインが気にいったようで、アメリカ海軍の造船官を呼んで、アメリカ海軍向けに計画する可能性を打診したという。

このように、海軍次官と大統領の反応は好意的であったが、アメリカ海軍当局と民間造船所は、こうした巨大戦艦の建造にはたぶんに懐疑的であった。さらに、当時アメリカは第二次ロンドン条約を締結しており、国際法上はこうした六万トン超の巨大艦の建造はできなかった。

ギブス&コックス社では、一九三九年三月に第二次ロンドン条約によるエスカレーター条項を適用した基準排水量四万五〇〇〇トンの通常型戦艦をデザインして、これに応えた。しかし、すでにこの時期、ソ連本国では新戦艦ソビエツキー・ソユーズ級新戦艦が起工されており、もはやアメリカにおけるソ連新戦艦の建造計画は、ペーパープランにおわる運命にあった。

ソ連で生まれた二つの案

そもそも一九三五年にスタートしたソ連の新戦艦計画は、これまで述べたような外国へのアプローチだけではなく、当然ソ連国内においても海軍の中央造船局がいくたの試案をかさねてきた経緯があった。

そのさい、別の艦船科学研究所より試案の指針となる基本仕様が示されるのがふつうであった。

こうしたことで、一九三五年末に艦船局が独自に作成した基準排水量四万三〇〇〇トンから七万五〇〇〇トンまでの六種のラフプランが、最初のたたき台となった。主砲は四〇センチ砲八門から四五センチ砲一二門まで、速力は二六ノットから二八・五ノットまでとさまざまであったが、副砲、高角砲、防御計画、機関出力はすべて同一とされていた。

総じて、当時の水準からみれば巨大戦艦の部類に属するデザインで、当時のソ連国内の造船能力で可能性をうたがわれるようなスペックであった。防御計画は、大型化につれてとうぜん薄弱化をまぬかれず、速力も三〇ノットにたっしない中速戦艦仕様となっていた。

これにたいして、科学研究所によりまとめられた太平洋艦隊向けの大型戦艦新造計画「プロジェクト23」にたいする基本要求仕様は、基準排水量五万五〇〇〇トン、主砲四六センチ砲九門、一三センチ両用砲三二門、三七ミリ機銃二四梃、一三ミリ機銃二四梃、主甲帯四五〇ミリ、甲板二〇〇ミリ、速力三六ノット、航続力一五ノットにて一万五〇〇〇海里というものであった。

さらに、将来的には五〇センチ砲の採用も考慮するという、いささか楽観的な仕様であった。実際に承認された要求仕様は、速力は三〇ノットに落とされたものの、主砲は四六センチのままであった。

しかし、こうした机上の空論的ギガント戦艦はしだいに沈静化して、基準排水量は大型四

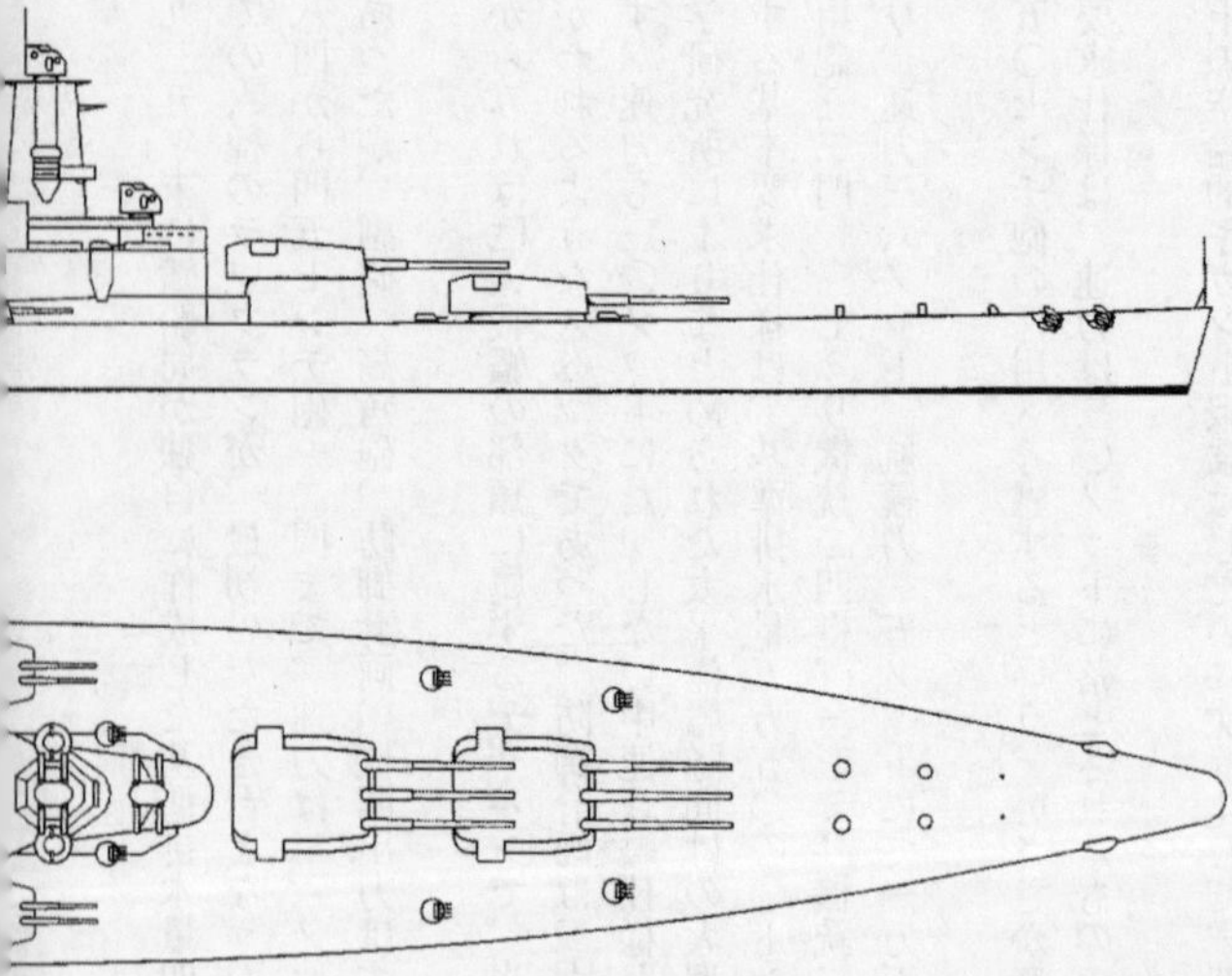

第89図　ソ連艦船局案44900トン
高速戦艦（1937年10月）

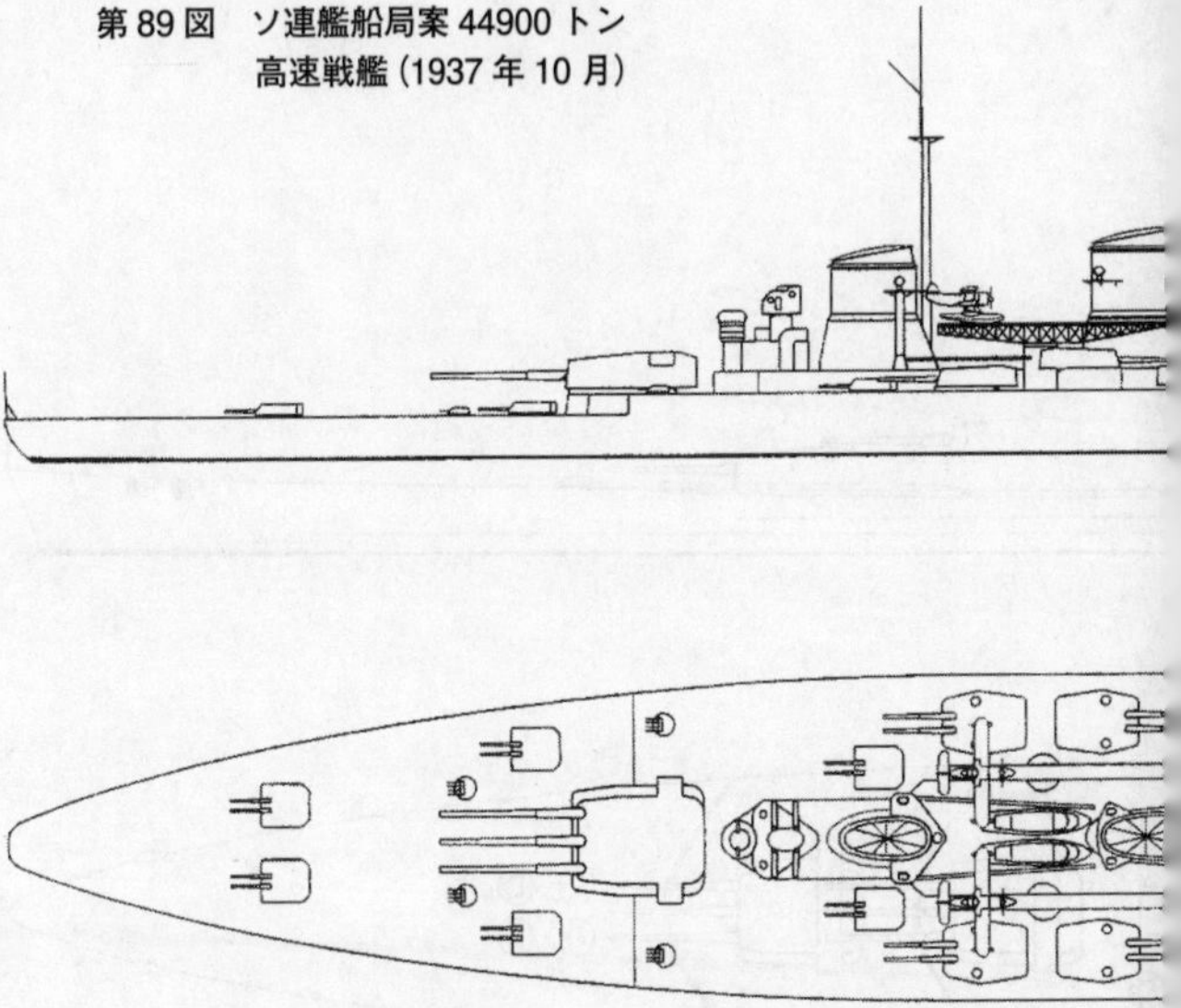

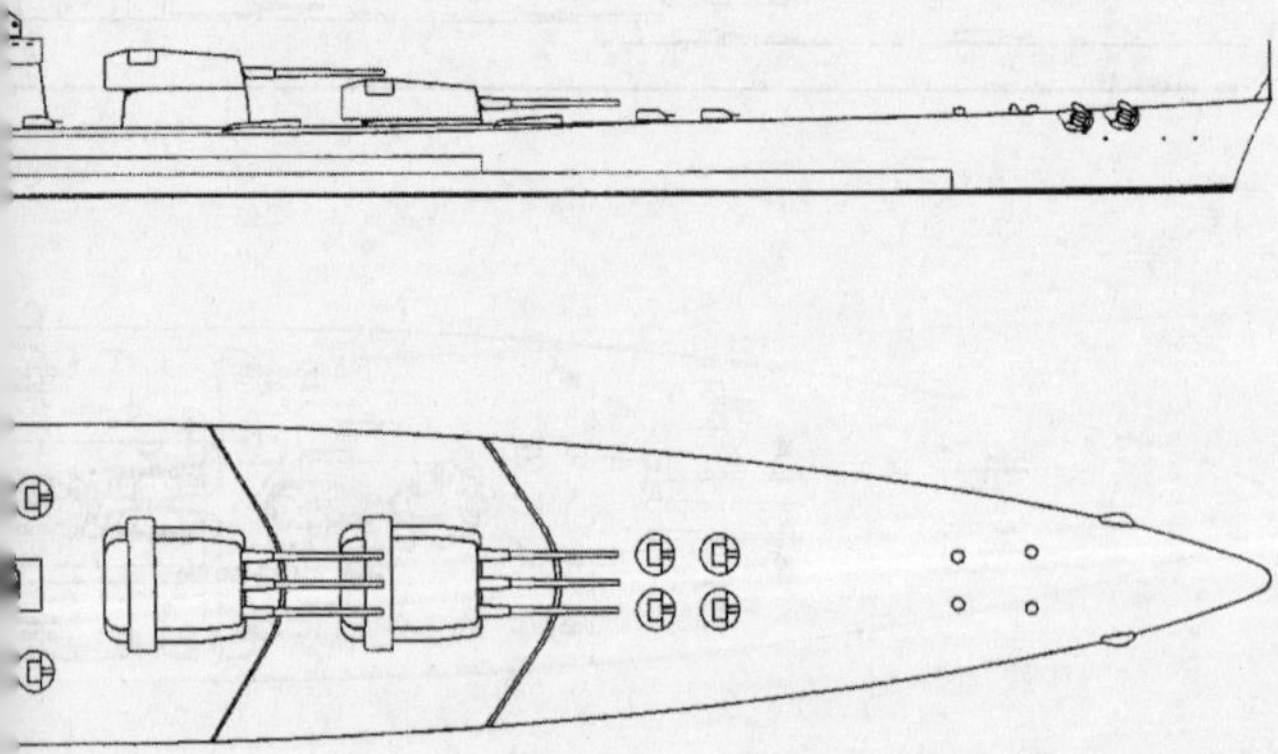

第90図　バルチックワークス工廠案
45900トン高速戦艦（1937年10月）

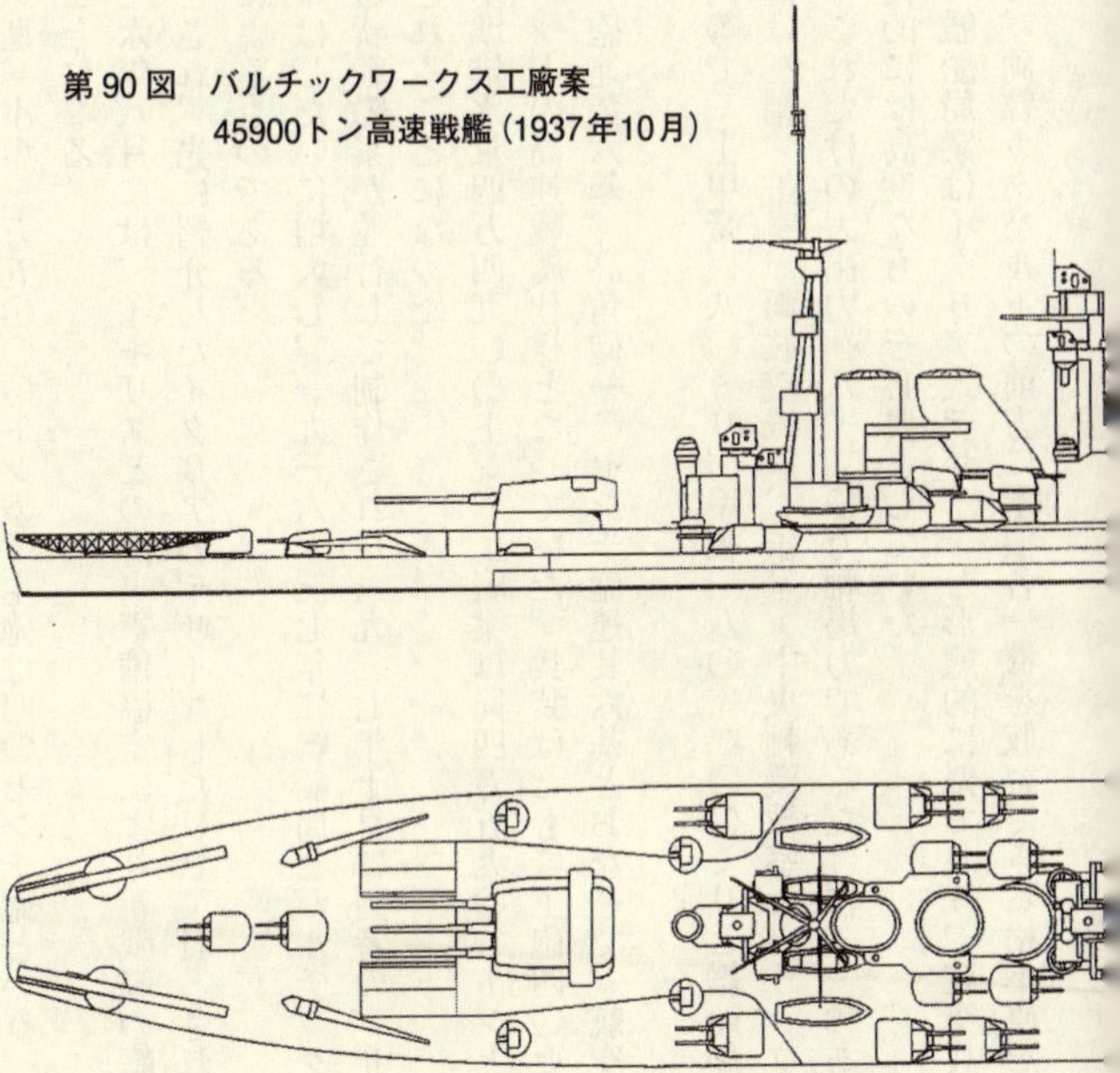

万五〇〇〇トン型、小型三万五〇〇〇トン型、主砲は四〇センチ砲という、実現可能な艦型にまで達することになる。

さらに一九三六年八月には、イギリスとの海軍軍備協定により新戦艦の艦型を四万一五〇〇トンまでおとされ、先に紹介したイタリアのデザインしたUP－41とされた新戦艦案は、この基本仕様によるものである。

しかし、艦型はしだいに増大し、一九三六～三七年に艦船局とバルチック・ワークス工廠のデザインする新戦艦案が並行して制作され、一九三七年十月に両者のデザイン案が完成して、比較検討されることになった。

艦船局案は基準排水量四万四九〇〇トン、工廠案は同四万五九〇〇トンとほぼ同大で、ともに速力三〇ノットの高速戦艦仕様となっていた。兵装はともに主砲四〇センチ砲三連三基、副砲一五センチ砲連装六基、高角砲一〇センチ砲連装六基とおなじで、航空兵装もほぼ同等である。

防御もほぼ同等で、主甲帯三八〇ミリ、甲板一八〇～二〇〇ミリと艦船局の方がわずかに厚い。機関配置は三軸、缶室、両舷機械室、缶室、中央軸機械室というシフト配置を採用している。ただ、これだけの大出力一八～二〇万軸馬力であるだけに、一軸あたりの機関出力は大きく、技術的には高度なものを必要としていた。

艦型的には、艦船局案はイタリア式デザインと形態的に似ており、航空兵装を艦の中央部においたことで、両舷カタパルトの前方に水偵各一機を収容できる格納庫をもうけている。

このため、艦尾甲板に高角砲を集中、後部に対空火力を集めているものの、いささか艦前方の対空火力が心配である。

これにたいして工廠案は、航空兵装を艦尾においたことで、中央の上部構造物を集中してコンパクトで、屈曲煙突などは日本の「長門」型のような印象をあたえる。機関配置はおなじシフト配置であり、艦尾には後部主砲塔の後端両側に水偵格納庫がもうけられている。

この両案が、のちの新戦艦ソビエツキー・ソユーズ級の原案としては、もっとも艦型的には近いもので、プロジェクト23の具体的なスタートともいえる。

ソビエツキー・ソユーズ

第二次大戦前夜、スターリン時代のソ連が、一九三五年からさまざまに模索してきた新戦艦計画「プロジェクト23」については、外国発注計画を中心に述べたが、一九三八年一月に、国産計画の最終案がスターリンに承認されてスタートするにいたった。

この計画予定では、同型四隻を一九三八年に起工し、一九三九年に進水、一九四一年に竣工という、かなり楽観的なものであった。これは、スターリンの承認をもらうための作為的なものであったといわれている。

実際には、こうした大型艦を建造可能な造船施設は当時、国内にはレニングラードと黒海のニコライエフの二ヵ所しかなく、それも施設の拡張が必要条件であった。

こうしたことから当初、レニングラードとニコライエフで二隻ずつを建造する計画をあらため、二隻は北洋のアルハンゲルスクちかくのモロトフスク（現スベロドビンスク）にある新興造船施設で建造する案に変更された。

ただし、部材や部品はレニングラードで製造して、運河と河川を利用してモロトフスクに運搬するという計画であった。

さて、このとき計画された四隻は、ソビエツカヤ・ベロルーシア、ソビエツカヤ・ロシア、ソビエツカヤ・ウクライナ、ソビエツキー・ソユーズである。前二隻がモロトフスクで一九三九年十二月と一九四〇年七月に、のこりの二隻がレニングラードで一九三八年十月、ニコライエフで一九三九年一月に起工されていた。

この四隻の要目は、一九三九年現在で基準排水量五万九一五〇トン、満載排水量六万五一五〇トン、全長二六九・四メートル、最大幅三八・九メートル、吃水一〇・四メートル。

主砲五〇口径四〇・六センチ砲三連装三基、副砲五七口径一五・二センチ砲連装六基、高角砲五六口径一〇センチ砲連装八基、機銃三七ミリ四連装八基、水偵四機、射出機二基。防御甲鈑最大厚は主甲帯四二〇ミリ、甲板一五五ミリ、主砲塔四九五ミリ、バーベット四二五ミリ、司令塔四二五ミリ。

主機タービン三基三軸、出力二一万軸馬力、缶六基、速力二八ノット、重油最大搭載量六四〇〇トン、航続力一四・五ノットにて七六八〇海里。乗員一六六四人となっていた。

見てわかるように、基準排水量では「大和」よりいくぶん下であったが、船体寸法では「大和」をいくぶん上まわっており、当時の列強新戦艦では、日本の「大和」型とともに最大級の艦型を選択していた。

全体の艦型は、さきに紹介したイタリア式デザインを基本としており、あまり新味のあるものではなかった。上構の形態もあまり整理されておらず、高角砲の配置もかなり不規則なもので、とくに兵装と防御計画には、あまり見るべきものはなかった。

これは、日本の艦政本部のような艦艇計画を一元化した組織がなく、中央と現場が独自に計画に関与するソ連独自の技術行政があったように推測される。すなわち、このていどの兵装と防御仕様なら、アメリカのノースカロライナ級ていどの排水量で十分に実現されたはずで、あきらかに艦型は肥大化しすぎであったといえる。

もちろん革命をへて、当時のソ連海軍の造艦技術力がまだ完全に回復しておらず、工業力そのものも欧米の最新レベルに達していなかった現状を考慮しても、このソビエツキー・ソユーズ級の設計意図は、あまり明確に伝わってこない。そのあたりが、日本の「大和」型とのちがいとなっている。

建造中止となった新戦艦

本級の主砲はソ連海軍最初の一六インチ砲で、レニングラードのメタリチェスキー造兵廠で設計され、一九四〇年に最初の試射を実施している。

最大仰角は四五度、最大射程は四万メートル前後に達したとみられる。自由装塡方式で、最大発射速度は毎分二・七発とかなりの速さであった。

主砲塔装備の測距儀は一二メートル、前後の測距儀塔には八メートル測距儀を組みあわせて装備している。高角砲の射撃指揮用高射装置にはスタビライザー装置付きという。

また、本級の発電能力はターボ発電機四基、ディーゼル発電機四基、合計七八〇〇kWで、これは「大和」型の四八〇〇kWを大幅に上まわっているのは注目される。

一九三九年八月現在での現実的スケジュールでは、最初の二隻の進水は一九四一年なかば、就役は一九四三年、三番艦が一九四四年に就役と予定していた。

しかし、一九三九年中に調達しなければならない甲鈑量一万トンのうち、実際に調達できたのが一八〇〇トンという事情と、さらに、厚さ二〇〇ミリ以上の甲鈑の製造が困難であったことから、計画の遅れは現実にはじまっていた。

こうした厚板鋼鈑の製造能力の欠如が暴露したため、けっきょく張りあわせ甲鈑で間にあわせている。

主機のタービン機械はスイスのブラウン・ホベリー社に、プロペラシャフトはオランダとドイツの会社に外注している。こうした重要パーツの外国依存は、さらに問題を複雑にしていた。

ブラウン・ホベリー社は「大和」の主砲塔駆動水圧機の原動機としても採用されたタービン機器の有名メーカーで、最初の一艦分は同社製のタービン主機を搭載、残りはソ連国内で製造する予定であった。

主機については当初、イギリスのカメルレアード社より引きあいがあったものの価格で折

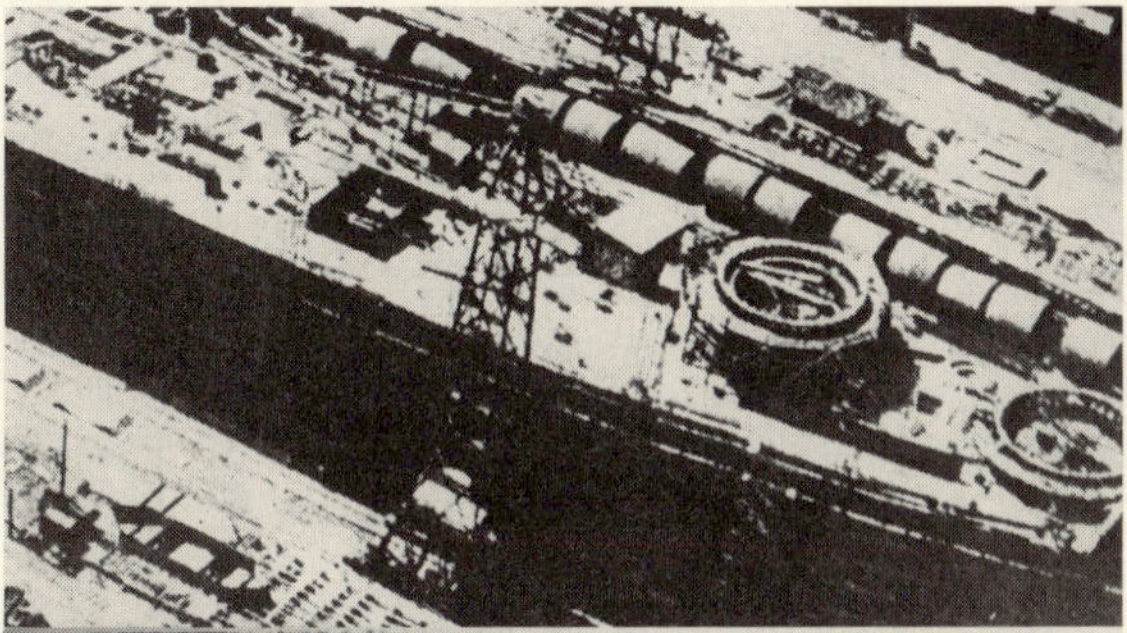

（上中）船台上で建造休止となったソビエツカヤ・ウクライナ。（下）戦艦「大和」

りあえず、ブラウン・ホベリー社にかわった経緯があったといわれており、同社製の最初の主機三機が、一九四〇年にアルハンゲルスクに届いていた。

しかし、一九四〇年十月にいたって、さすがにソ連海軍当局も全体の遅れを無視できなかった。モロトフスクで建造中の一隻、ソビエッカヤ・ベロルーシアの建造中止を決定、三隻に工事を集中することとなった。

この時点では、先行しているレニングラードとニコライエフの二隻は一九四三年なかばに進水すると見こまれていた。

一九四一年六月の独ソ戦の開戦は、ソ連新戦艦の建造に致命的ダメージとなる。一九四一年九月、ソ連当局は正式に三隻の建造中止を決定した。

この時点での先行二隻の工事進捗度は、二〇パーセント前後であったといわれている。のちにドイツ軍に接収されたニコライエフのマルティ工廠のソビエッカヤ・ウクライナの写真を見ても、まだ舷側の外板取りつけは完了しておらず、肋材がむきだしになっているのがわかる。

ドイツ軍は撤退にあたり、同艦を船台上で部分的に爆破したといわれており、ソ連が奪回後、戦後の一九四七年ごろまでに解体されたという。

レニングラード、オルジョニキーゼ工廠のソビエッキー・ソユーズの方は、いくぶん進捗度は高かったようであったが、いずれにしろドイツ軍のレニングラード包囲戦により工事どころではなく、戦後そうそうに解体されたものと見られている。

「大和」をこえた最終案

西側はソ連が戦後、これらの未成戦艦の始末をどうつけるのか注目していたが、けっきょく再開はむずかしくなった。情報としては、新設計の戦艦にあらためて建造中とのうわさもあったものの、実質的にはS・ソユーズ級は、ソ連海軍が実際に建造に着手した最後の戦艦となったのであった。

しかし、ソ連海軍にあっては、この間にいろいろな動きがあり、S・ソユーズ級の着工直後においても、一部造船官のあいだで同級の改型の試案がはやくももたれていた。これは「プロジェクト23ｂｉｓ」と称されており、「ｂｉｓ」とは再演、すなわち再案という意味だという。

ここでは、S・ソユーズ級で不満とされていた速力、対空火力、水中防御計画を改善したものという。第91図に示したのは、こうした箇所を改善した新艦型である。

排水量は基準排水量で一六五〇〇トン増加していた。副砲は連装を三連装にあらため、高角砲を上構中央部に集めて、S・ソユーズ級にくらべて整理された形態になっている。速力は三〇～三一ノットを設定、水線長も二〇メートル増加されて、高速に対処した船型となっている。

水中防御力については、S・ソユーズ級はイタリアの造船官プグリィーズの考案した舷側水線下に同心円筒構造防御方式を採用していたが、ソ連海軍で独自に実物実験をおこなった

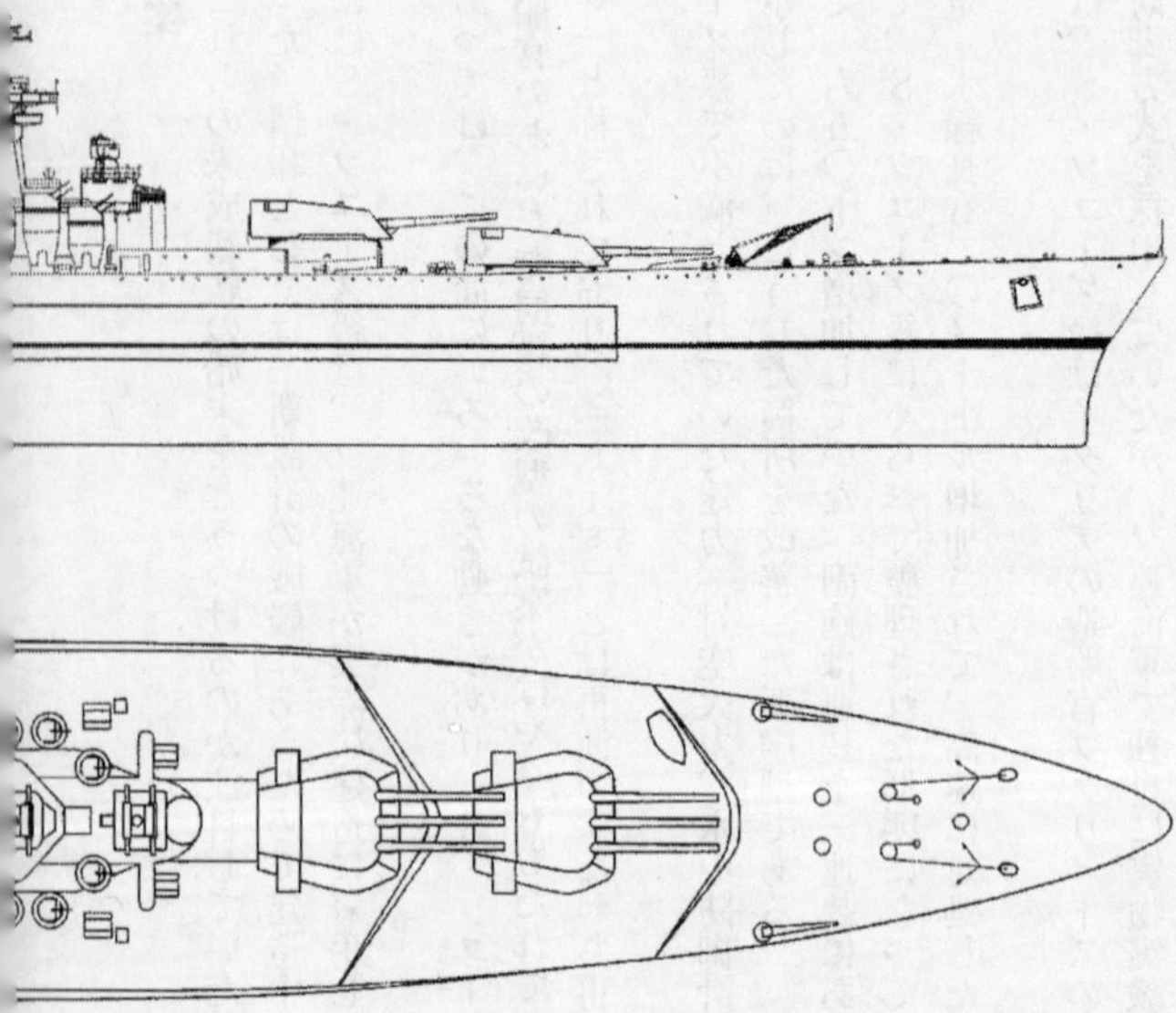

第91図　ソビエツキー・ソユーズ級(1941年)
59150トン、高角砲と機銃は1939年
計画と異なる

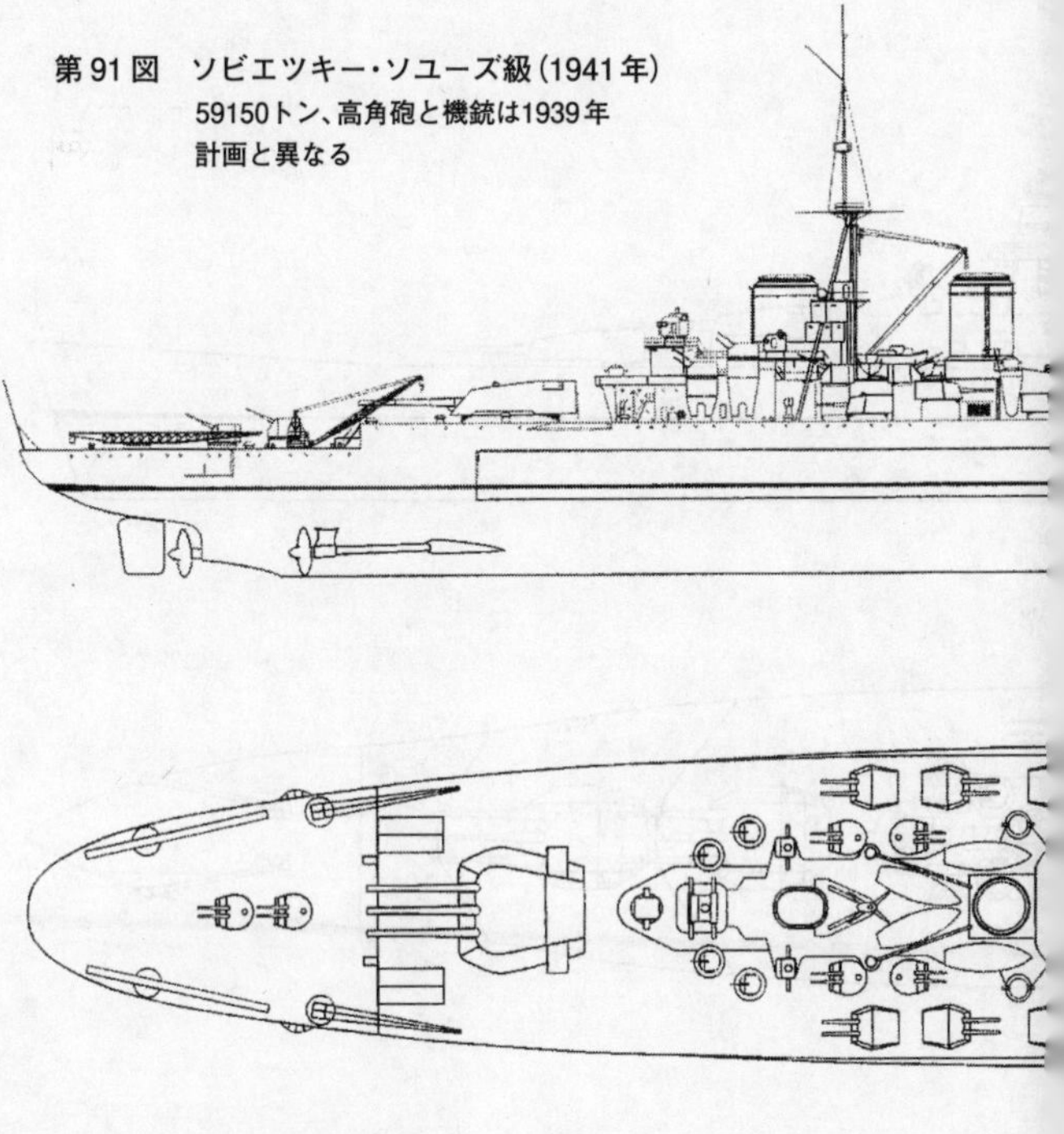

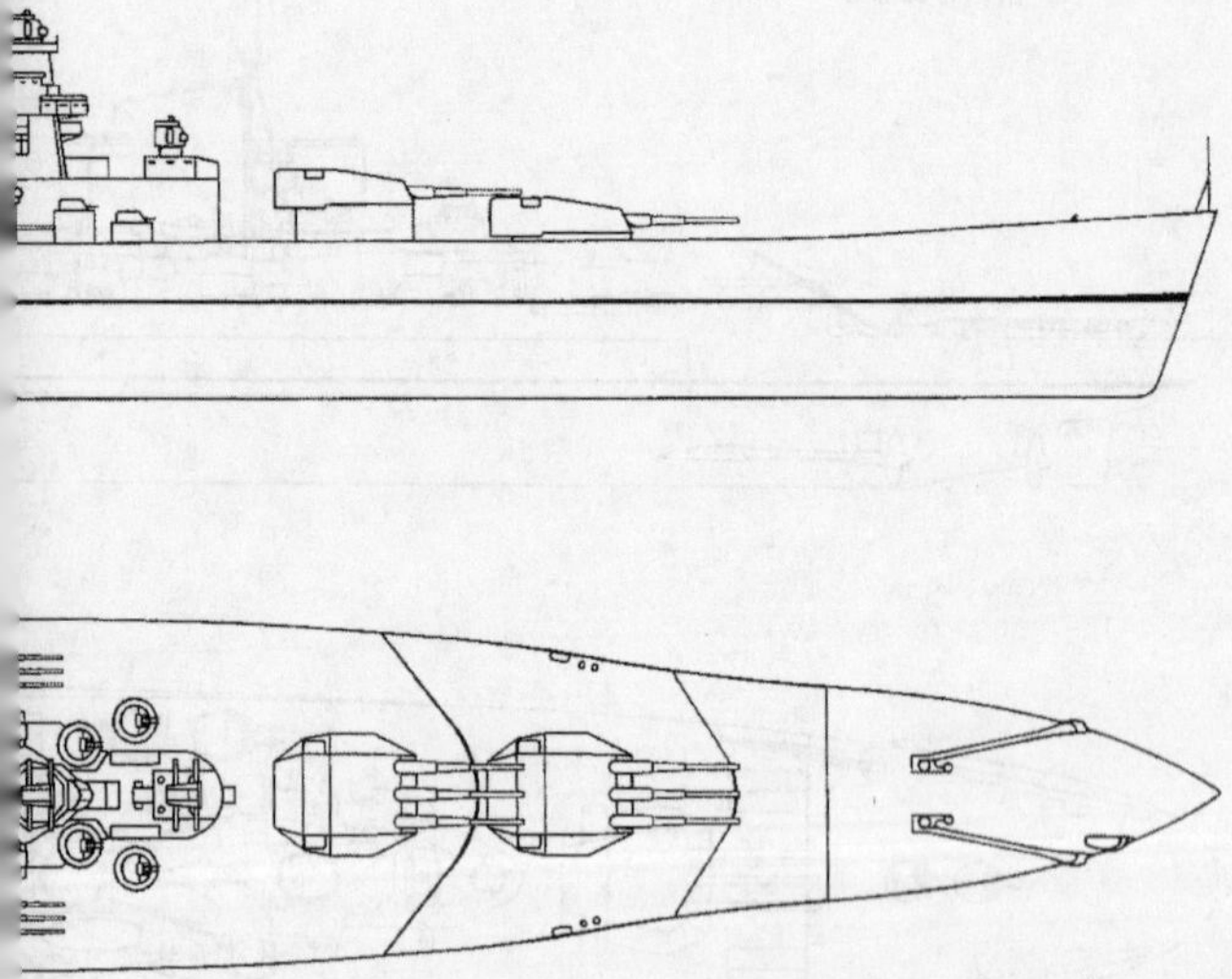

第92図　プロジェクト23bis案（60800トン・1939年）

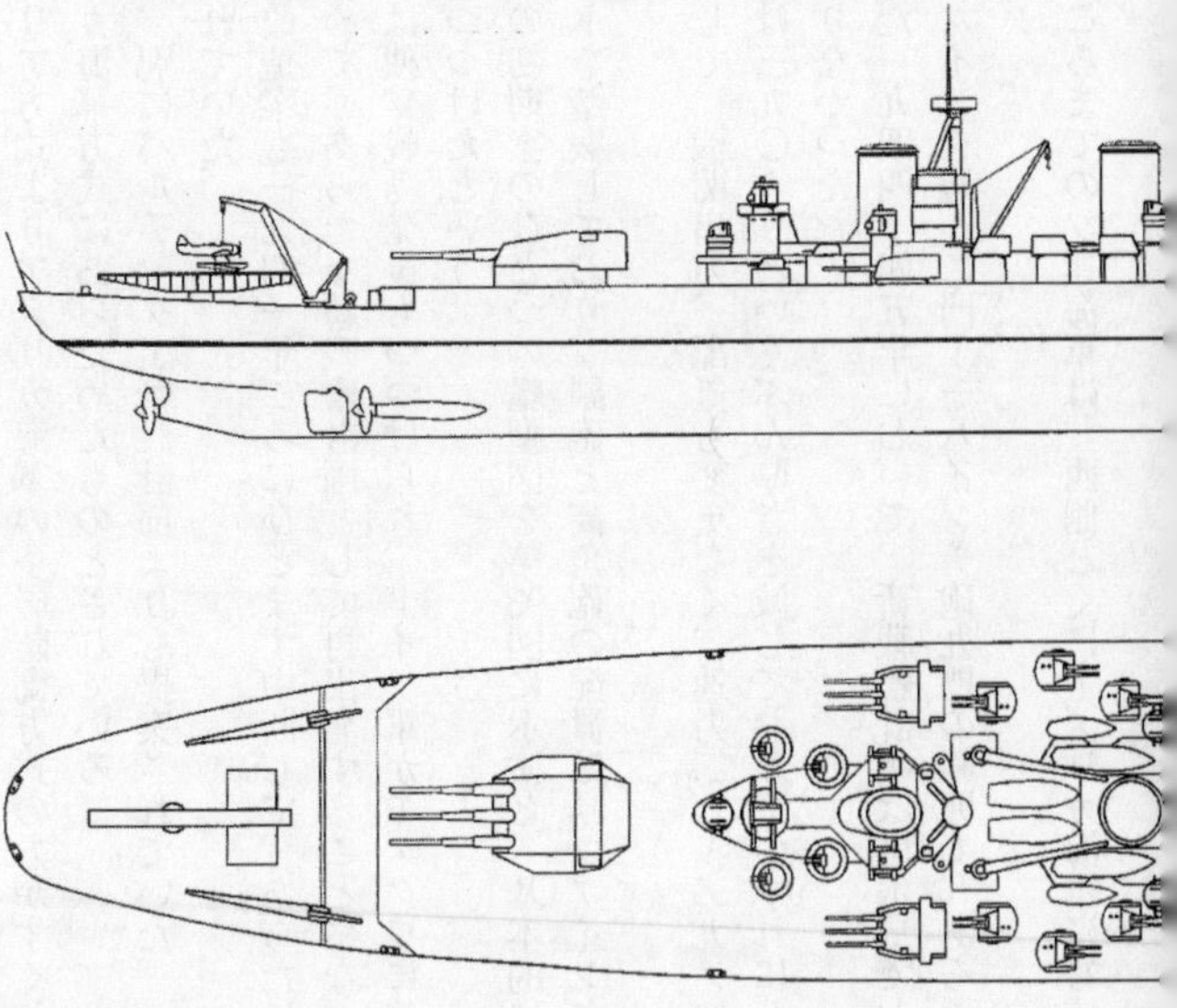

結果では、このイタリア方式よりアメリカ海軍の多層防御方式の方がすぐれているとの結果を得ており、アメリカ海軍方式にあらためたものとされている。

こうした改善案は、別にバルチック工廠設計部よりも提案されていた。これは「プロジェクト23NU」と称されていた。

しかし、こうした改造案も一九四一年ごろにひとまず中断して、あらたに「プロジェクト24」と名称をあらためて、あらたな新戦艦計画として再出発することになった。

このプロジェクトは独ソ戦勃発後もつづけられ、ドイツ軍がモスクワに迫ったさいは、カザン方面に疎開してつづけたという。

このプロジェクトの初期案のひとつの艦型図を第93図に示すと、基本的にはさきのS・ソユーズ級のレイアウトを踏襲しており、副砲と高角砲の配置はリファインされたものにあらためられている。

排水量はほぼおなじで、機関出力、配置も変更なく、速力二八〜二九ノットを予定していた。主甲帯の最厚部は三九〇ミリといくぶん厚さを減じており、いずれにしても大差ない艦型であることはかわりなかった。

大戦も末期になった一九四四〜四五年において、新戦艦計画は排水量で七万五〇〇〇〜一三万トン、主砲で一六インチ砲一二門〜一八インチ砲九門の範囲で、あらためて新戦艦を模索することになる。

戦後の一九五〇年ころまでのソ連海軍は、西側とくにアメリカ海軍に対抗するため、大規模な水上艦艇の建造を考えていた。その中核として、七万トン級戦艦一〇隻を整備することを目標にしていたというが、アメリカ空母兵力の認識とともに、戦艦の時代でないことをさとっている。

最終的に新造戦艦は二隻ていどにしぼり、他にモロトフスクの「プロジェクト23」の残りの一隻を完成させることになったという。これにはスターリンが、新戦艦よりスターリングラード級巡洋戦艦の方を好んだためともいわれている。

こうした「プロジェクト24」の最終案ともいうべきXIII案を最後に示す。

基準排水量は七万二九五〇トン、水線長二七〇メートル、最大幅四〇・四メートル、吃水一一・五メートル。主砲四〇・六センチ三連装三基、両用砲一三センチ連装六基、機銃四五ミリ四連装一二基、二五ミリ四連装一二基。主機タービン四機四軸、出力二八万軸馬力、速力三〇ノット、缶一二基。主甲帯最大厚四一〇ミリ、甲板一六五ミリ、バーベット五〇〇ミリというデータが残されている。

戦後の計画だけに、アメリカのアイオワ級やイギリスのヴァンガードをとうぜん意識した設計であった。副砲と高角砲を統一し、高射装置もドイツ式のスタビライザー付き装置を採用、射撃用レーダーなども併用して、水偵の搭載は廃止し、全体にすっきりしたまとまりを見せている。

艦型は「大和」型よりひとまわり大型で、当時のソ連造船能力で建造できたのか疑問はある。対空火力も強力で、性能どおりの威力を発揮したら、航空機もうっかり接近できないと

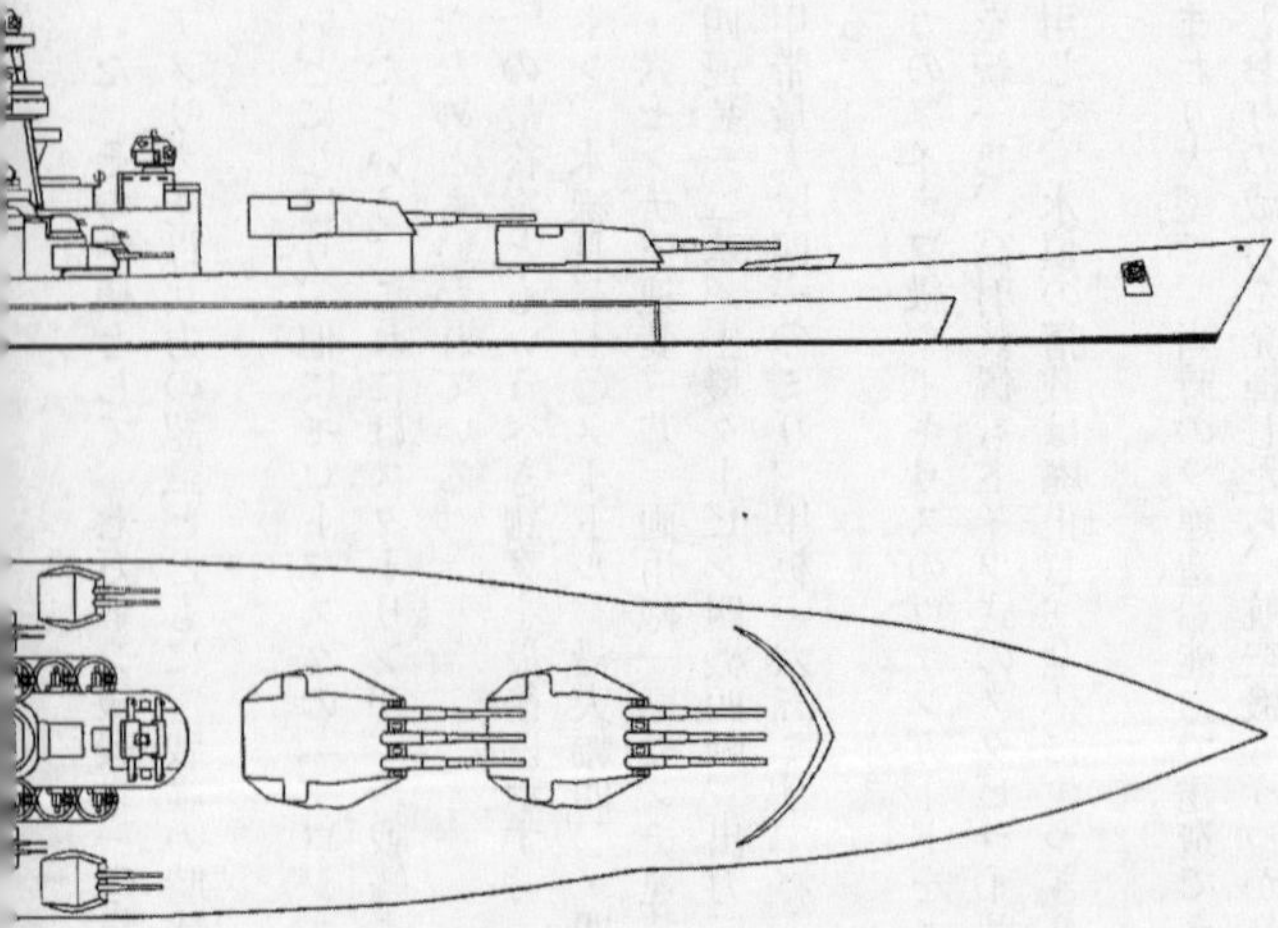

第93図　プロジェクト24初期案(60800トン程度・1941年)

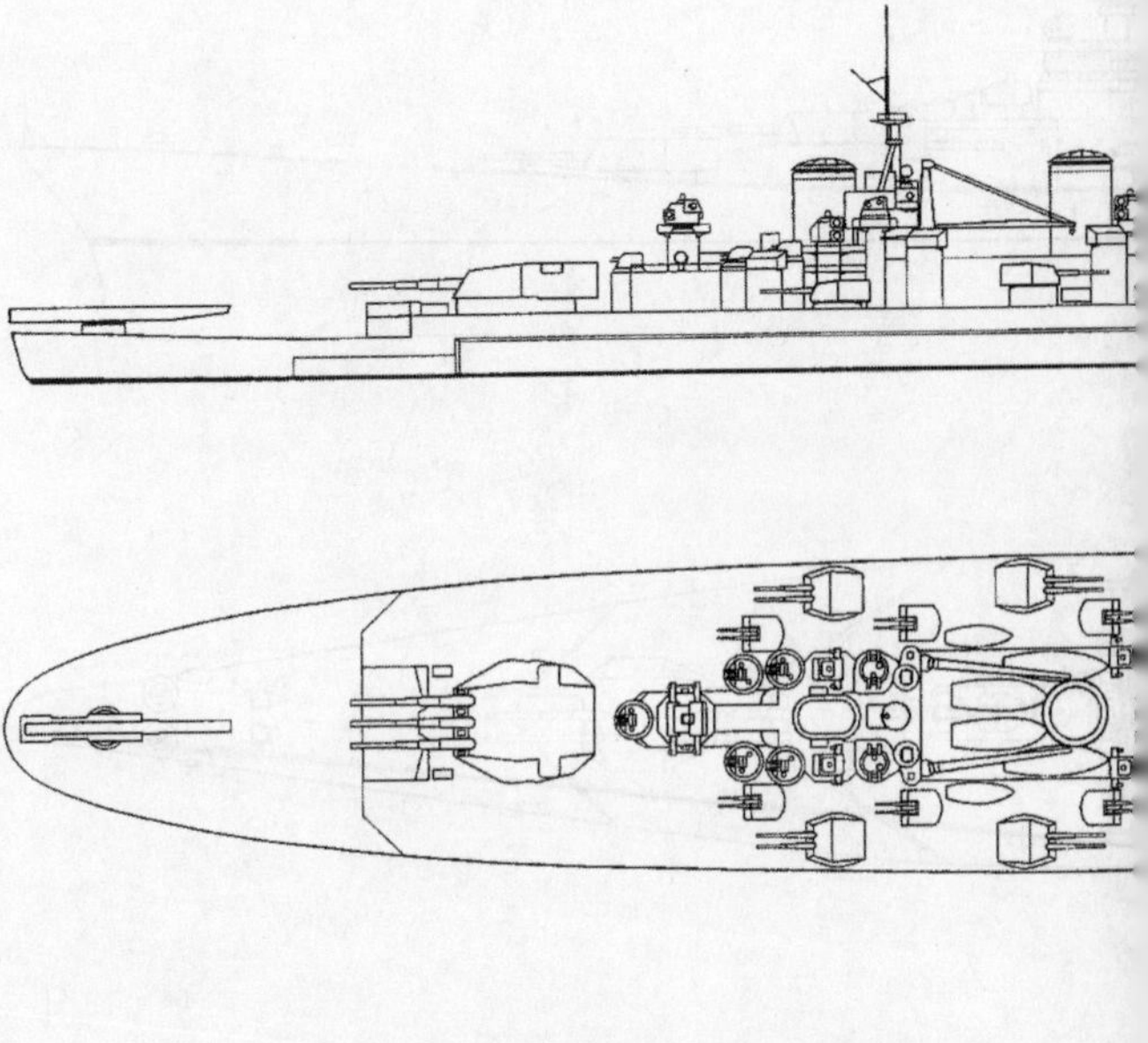

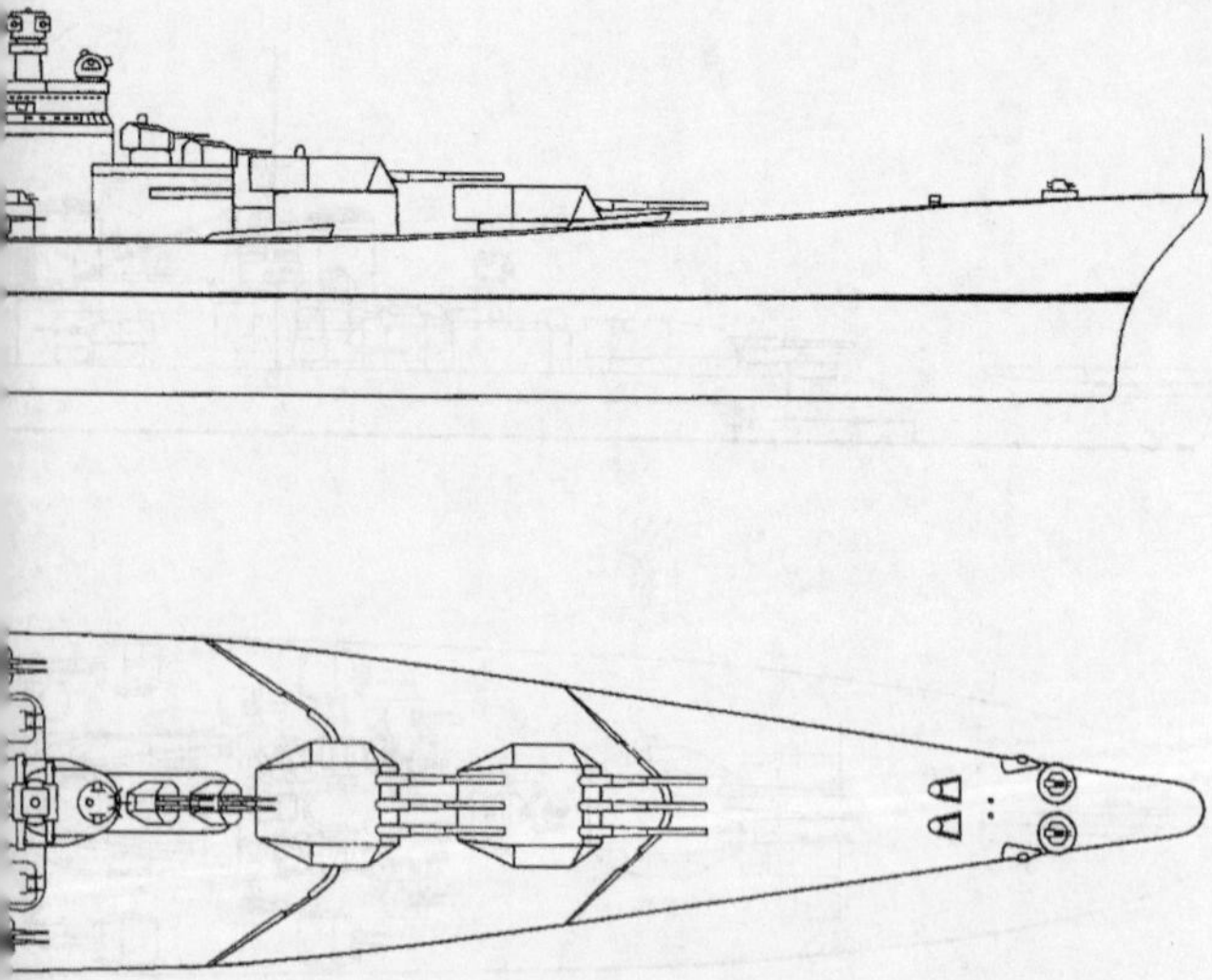

第94図　プロジェクト24XIII案
(72950トン・水線長270メートル・1950年)

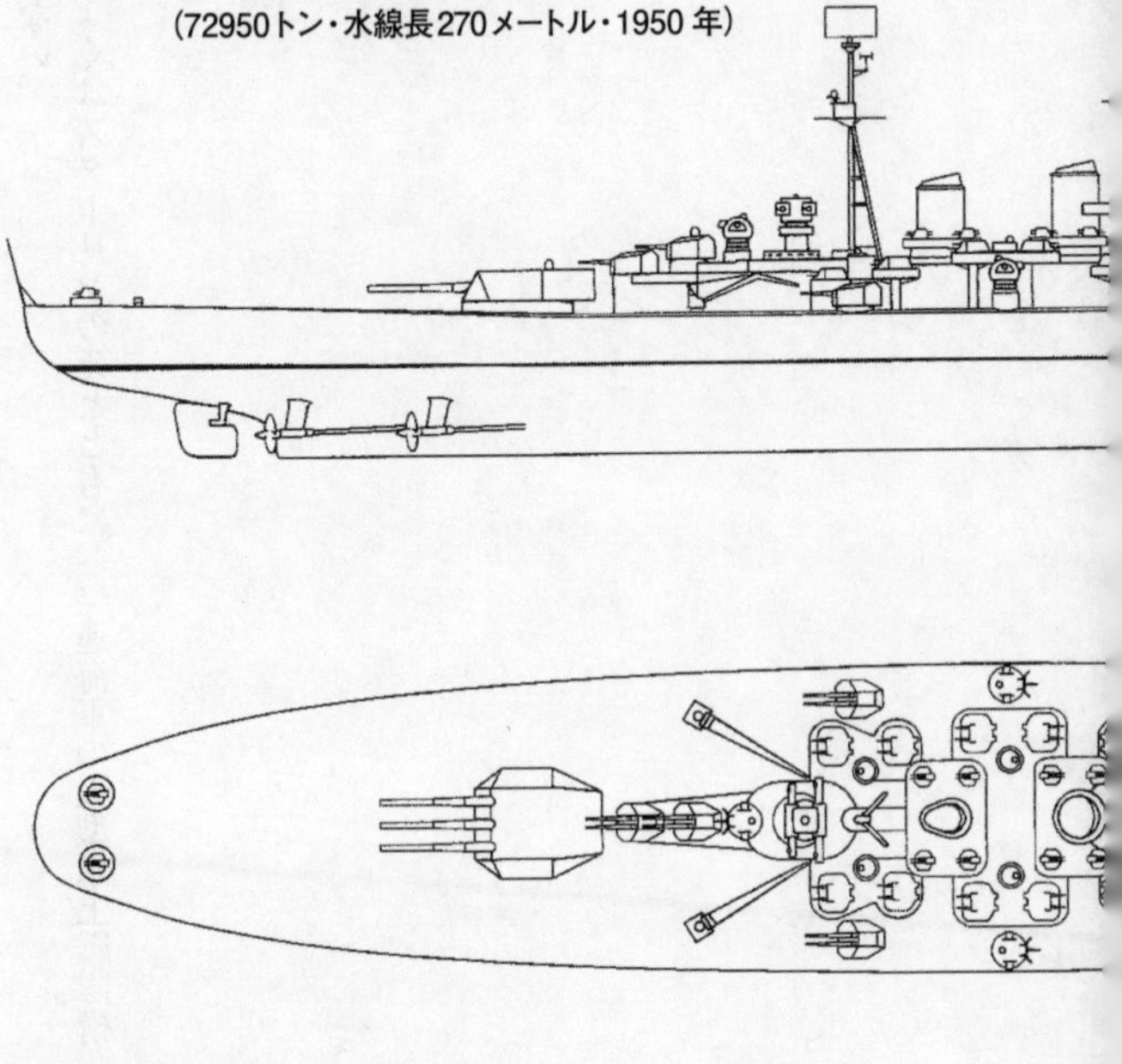

考えたのかもしれない。

しかし、けっきょくはスターリンの死とともに、ソ連海軍の大型水上艦隊構想はついえたのであった。

第5章　欧米列強の大艦巨砲計画

米海軍の「極限戦艦」試案

時代は一九一六年末、アメリカでのはなしである。一九一六年は第一次世界大戦開戦後三年目、この年の五月には英独海軍のあいだでジュットランド海戦が発生していた。日本では大正五年、この海戦の戦訓から戦艦「長門」の起工が延期され、平賀譲造船中監がこの直前に横須賀工廠勤務から海軍技術本部（艦政本部）に転勤、さっそく「長門」の計画改正（防御計画）を命じられて、精力的に仕事にとりかかっていた。

当時、日本海軍では戦艦「山城」「伊勢」「日向」の三隻が建造中で、太平洋をはさんで日米海軍の軍拡競争は、この年の八月にアメリカ議会が三年計画と称した一大海軍拡張計画案を承認したことで、いちだんと緊迫感を増していた。

三年計画案では合計一五六隻、八一万三〇〇〇トンの艦船を一九一七～一九年の三年間に起工させる計画で、その建造費は五億八八〇〇万ドルという巨額なものである。かつ二割の増額を無条件で認めており、この建造量は過去一〇年間の建造量をうわまわるものであった。新造艦の中核は、戦艦一〇隻（サウスダコタ級）と巡洋戦艦六隻（レキシントン級）で、当時日本海軍が完成をめざしていた八八艦隊案に対抗したものであったことはいうまでもなかった。

こうした正規の海軍軍拡計画とは別に、当時アメリカ上院海軍委員会の委員長をつとめていたティルマン議員が、海軍当局にたいして、当時建造可能な最大限の艦型による戦艦の基本計画案の作成を要求していた。

ジョージ・D・ティルマン上院議員は一八四七年、サウスカロライナ州生まれ、南北戦争では南軍として従軍した。一八九〇～九四年、サウスカロライナ州知事から上院議員に転身、当時二〇年以上の議員キャリアをもつベテランの上院議員で、とくに海軍問題のエキスパートの一人であった。

彼は一九一二年ごろから、こうした極限最大型戦艦に興味を示しており、その可能性を追求していたらしい。一九一六年末に、その調査報告を正式に海軍省に要求、ダニエル海軍長官がその実行を命じたものであった。

海軍でこの調査を担当したのはウイリアム・A・モフェット中佐で、艦船建造修理局にその実施方を要求し、一九一六年末から一九一七年初めにかけて、いくつかの試案をデザインしている。

当時、アメリカ戦艦の艦型を制約していた最大の要因はパナマ運河のロック寸法であった。

長さ一〇〇〇フィート（三〇五メートル）、幅一一〇フィート（三三・四メートル）以内におさめないかぎり、運河の通過はできなかった。また、吃水は最大三四フィート（一〇・四メートル）とされ、これは現行の基地や港湾の水深から、これを限度としていた。

こうしたことを考慮して、モフェット中佐はまずたたき台として、次のような原案を示した。

全長九九五フィート（三〇三メートル）、全幅一〇五フィート（三二メートル）、吃水三二フィート（九・八メートル）

速力三五～三六ノット、出力二五万軸馬力

排水量六万トン

主砲一八インチ砲一〇門、副砲六インチ砲一六門、高角砲、小砲若干、発射管水中四基

八万トン、二四門搭載艦

これに対して艦船局は、まず排水量と兵装をかえずに、出力を九万馬力に落として、同排水量で三一・七ノット、六万五〇〇〇トンで二九・九ノット、主甲帯厚は一〇・五インチ、六万五〇〇〇トンの場合は一八インチに増加可能、建造費三九一五万ドルという最初の具体案を示している。

さらにその後、より具体的な実現可能な試案として、一九一六年十月十九日付けで排水量

七万トン、水線長九七五フィート（二九七メートル）、全幅一〇八フィート（三二・九メートル）、吃水三二・七五フィート（一〇メートル）、速力二六・五ノット、出力九万軸馬力、航続力一〇ノットにて一万二〇〇〇海里、主砲一六インチ五〇口径砲連装六基、副砲五インチまたは六インチ砲二一門、発射管四基、装甲主甲帯一六インチ、バーベット一五インチ、主砲塔前楯一六インチとなっていた。

第95図にこの試案を示す。このデザインでは、主砲を三年計画の主力戦艦サウスダコタ級とおなじ一六インチ五〇口径砲に落とした。しかも連装六砲塔として、前後に三基ずつを背負い式に配置するというオーソドックスな設計にもどしており、兵装的には在来艦とあまりへだたりはない。

艦幅が十分にとれないため、戦艦としては水線長と水線幅の比は、通常七・〇前後なのに九・〇と異常に大きく、三年計画の巡洋戦艦レキシントン級とほぼおなじ値を示している。

舷側防御は、当時のアメリカ戦艦とおなじ五層の隔壁による多層液体（重油）防御方式を採用した。機関区画は、舷側側に缶室を、内側にタービン発電機室を配置し、艦後方の主砲塔群側部と艦尾に推進用電動機を配置している。いわゆる当時、アメリカ海軍が主力艦の推進方式として多用していた電気推進方式を採用している。

これより約一ヵ月半後の一九一六年十二月一日付けで、艦船局は四つの試案を提示している。船体寸法については前記案と変わりはない。

このなかで、とくに注目すべきは2案と4案の主砲配置で、二四門はじつに六連装砲塔という、まったく前例のない多連装砲塔の採用で可能としたデザインであった。

当時、四連装砲塔まではフランスのノルマンディー級戦艦などで実現していたが、六連装というのはバーベット径の大型化を考えると、本型のように艦幅に制約のある艦型では、はたして実現可能なのか疑問がないわけではない。

第96図にこの2案の艦型を示す。こうした極限の多連装砲塔は、集中防御的効果はあるものの、砲塔防御が不十分だと、被弾時における戦力喪失の割りあいが大きくなる危険性はあるし、発射速度の低下は避けられないであろう。

3案は、排水量をおさえた高速戦艦案だが、兵装と防御から、ここまで大型化した意味がいくぶん希薄であるように感じられる。

4案の八万トン案は、アメリカ戦艦伝統の低速重防御を実現したものだが、主砲が2案とおなじというのは、いささかうなずけない。

各艦型の建造費をみると、それほど大差なく、主砲数が倍になった2案が1案とほぼ同額で建造できるのか疑問が生じる。当時、建造中であったテネシー級戦艦の建造費が一八四四万ドルであったことを考えると、兵装をふくまない船体、機関のみの費用であると考えた方が自然であろう。

米式図上戦闘ゲーム

この四デザイン提示後、艦船局では一九一七年一月三十日付けで、4案の八万トン型の改

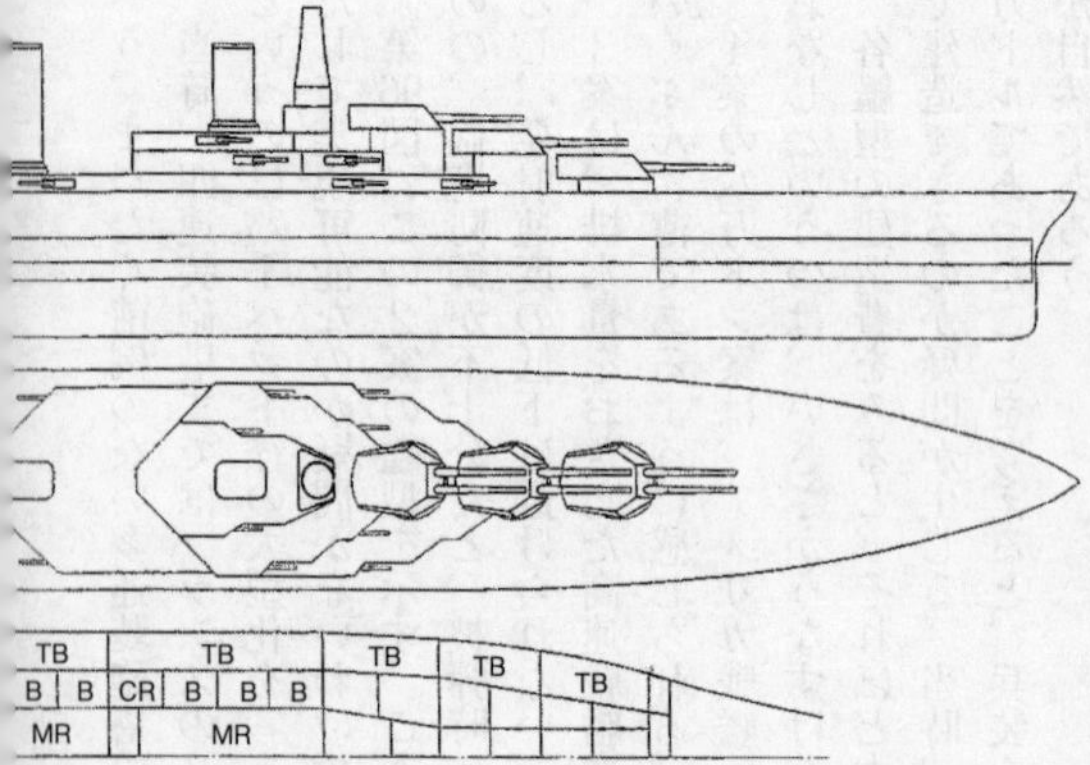

CR＝操縦室　B＝ボイラー　CU＝コントロールユニット

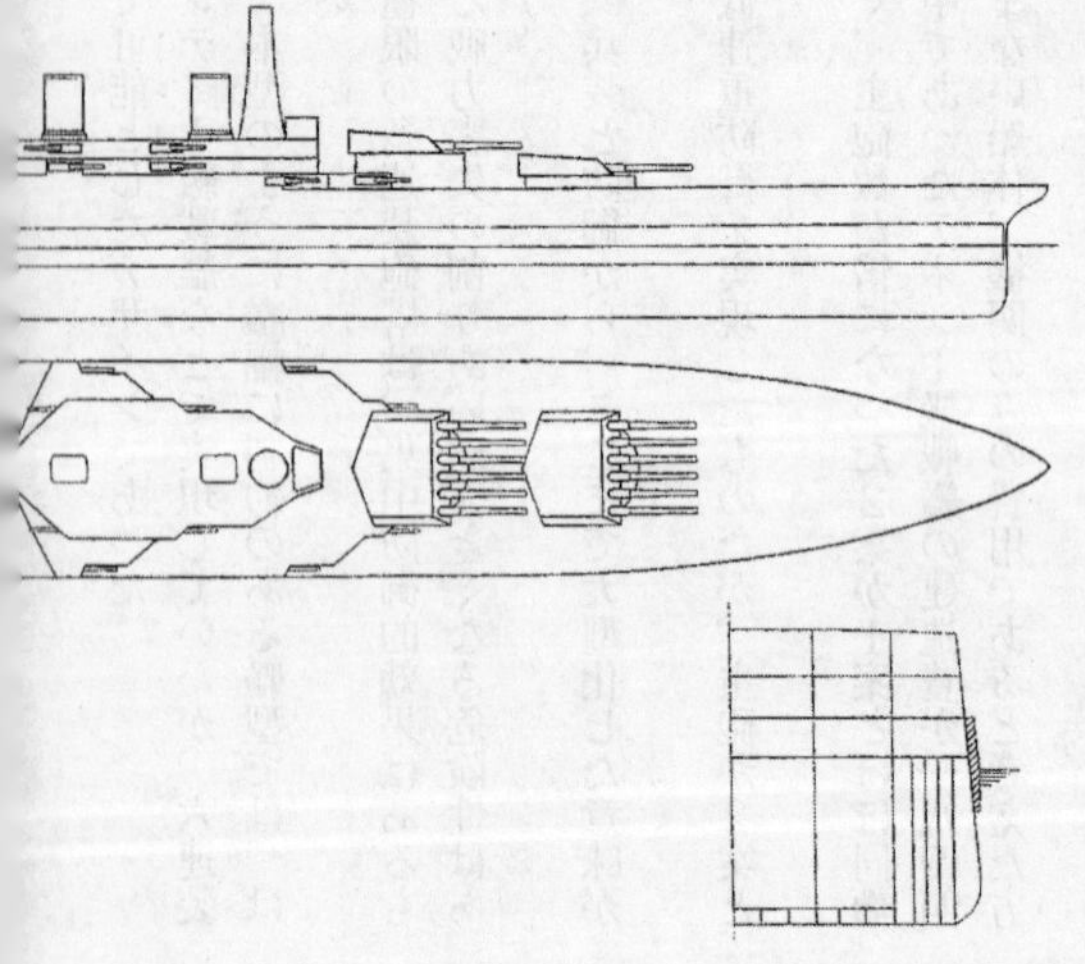

第95図　7万トン型 1916-10-19 案

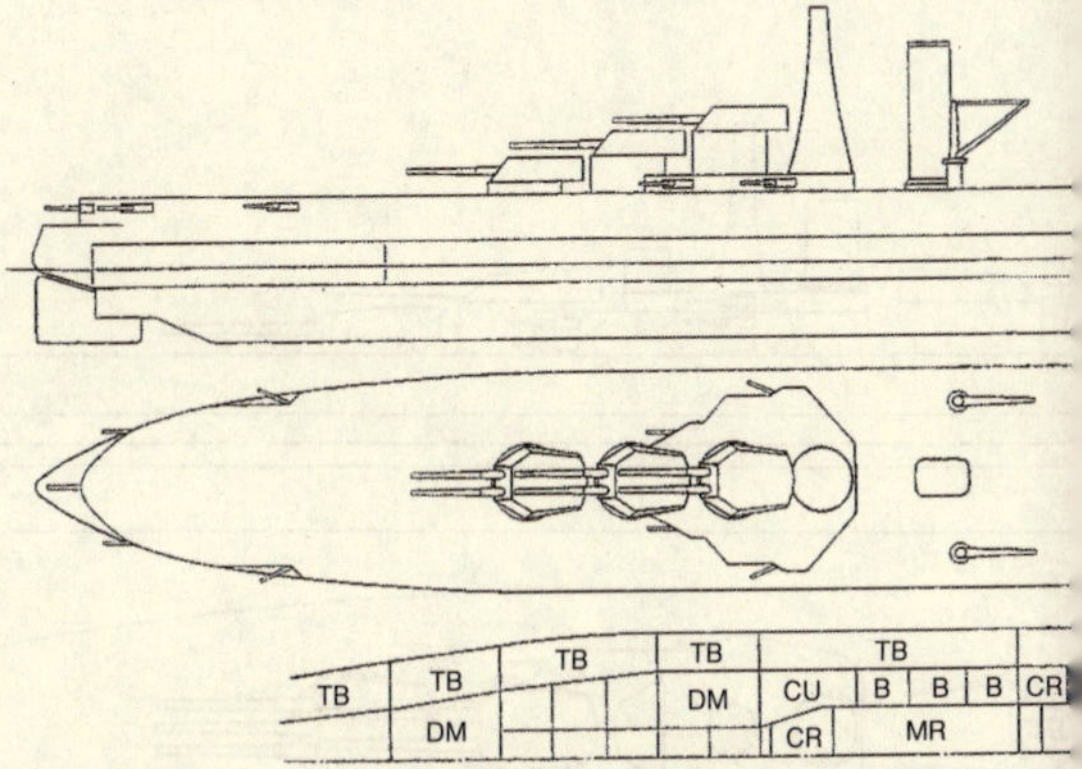

TB＝水雷隔壁　DM＝駆動電動機　MR＝機械室

第96図　7万トン型 2 案

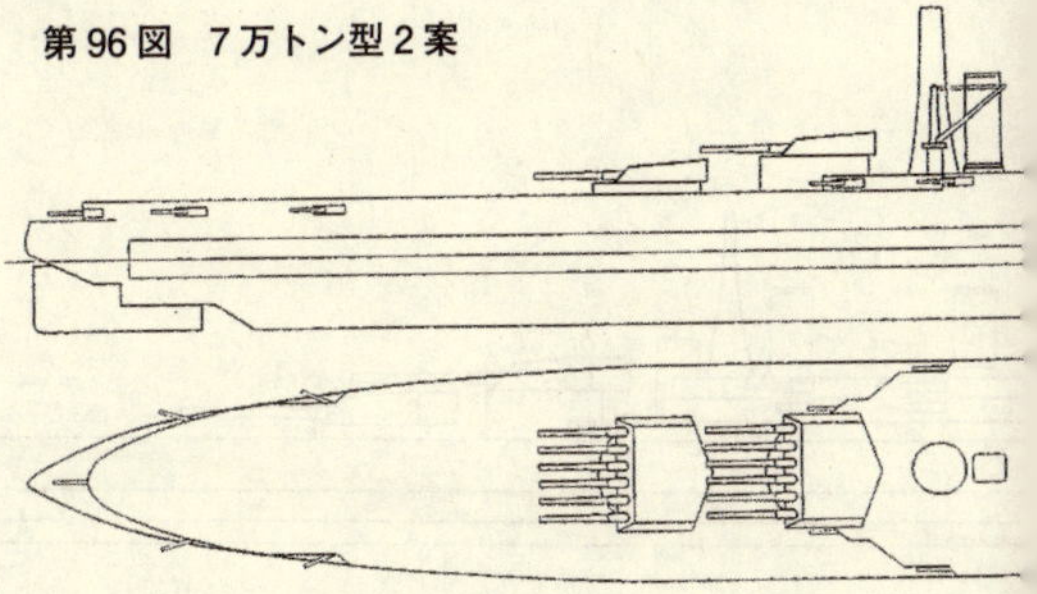

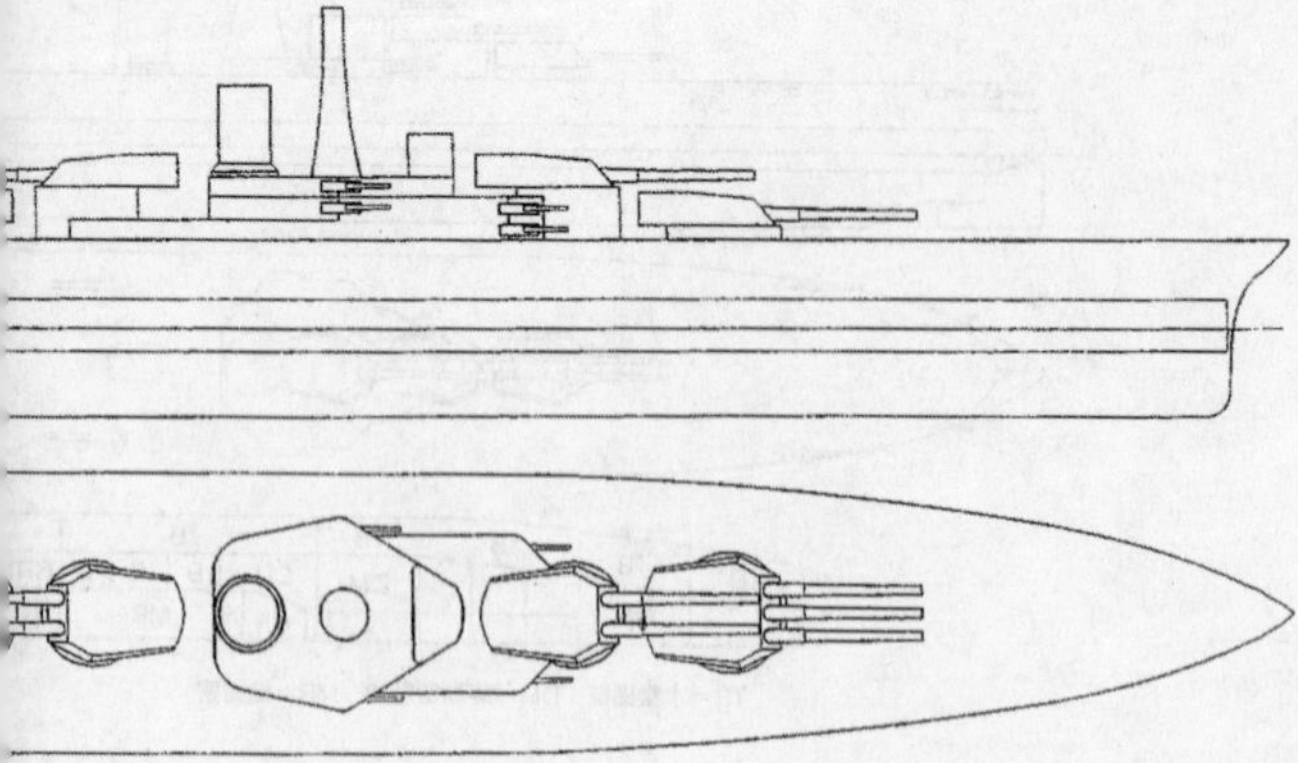

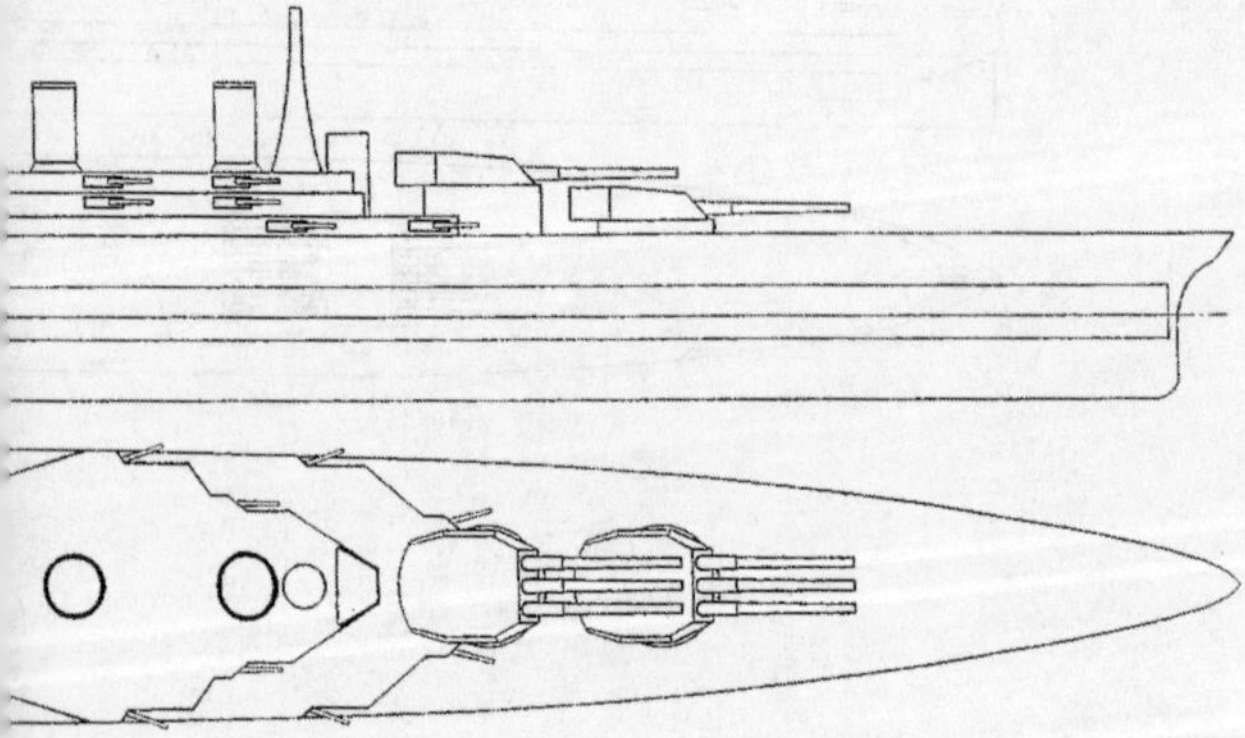

第97図　Ⅳ-1案

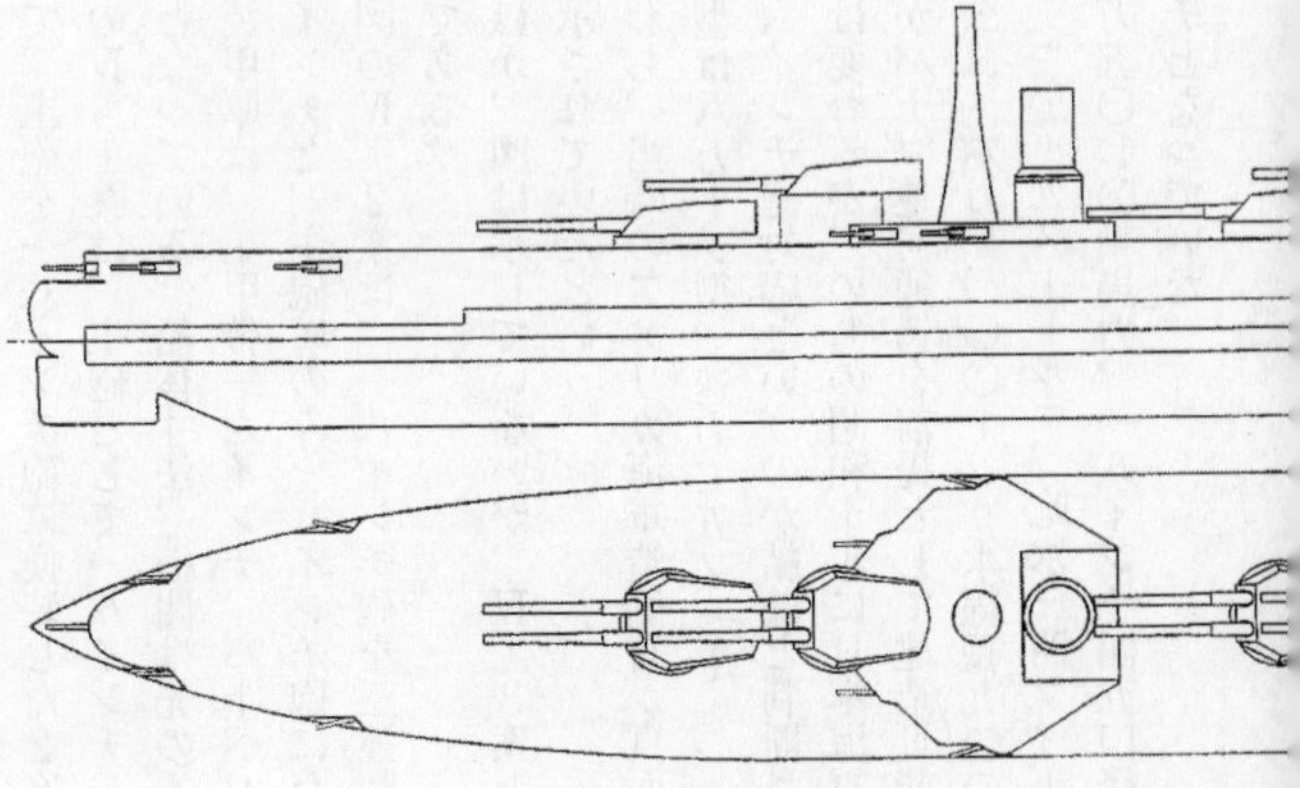

第98図　Ⅳ-2案

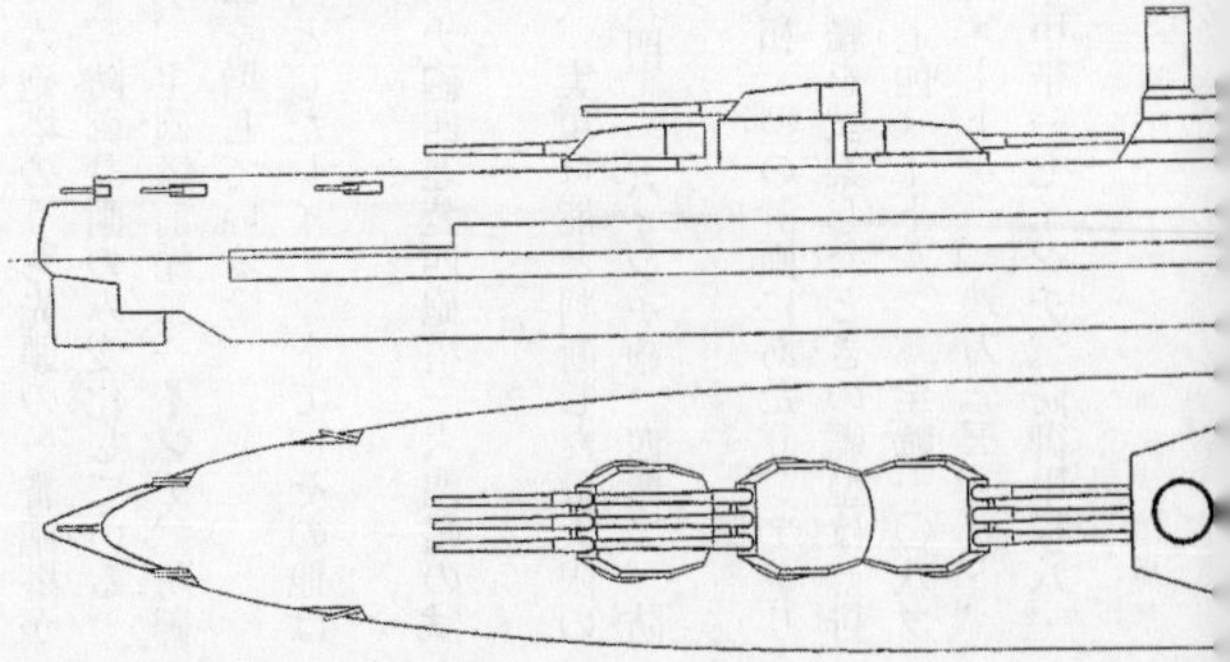

型として、主砲を一八インチ砲に換装した2案を試案している。第97、98図にこれを示す。

最初のⅣ‐1案は、主砲として一八インチ一三門を搭載、六砲塔のうち先頭の一番砲塔が三連装となっている。船体寸法、機関は先の4案とおなじで、防御計画のみ変化している。主な装甲厚は、主甲帯一六インチ、バーベット一五インチ、主砲塔前楯二一インチ、防御甲板五インチと、主砲塔のみ一八インチ砲にたいして装甲厚を増している。

第98図のⅣ‐2案は、一八インチ砲を三連装五砲塔一五門としたレイアウトで、その他はおなじである。

このほか、図は示していないが、Ⅳ‐3案として一八インチ砲四連装四砲塔一六門艦の試案も提示されていたという。

すなわち、当時のアメリカ海軍造船官が真面目に検討して、実現可能と判断した最大限の戦艦艦型は八万トン型、速力二五ノット、一八インチ砲一六門（二六インチ砲二四門）、防御は一六インチ砲対応というのが結論と判断される。

時代は変わるが、のちの昭和十年に日本海軍が新戦艦「大和」型の計画にあたり、アメリカ海軍がパナマ運河通過を前提として建造可能な最大限の戦艦を試案したときの艦型は、排水量（公試）六万三〇〇〇トン、水線長九〇〇フィート（二七四メートル）、全幅一〇八フィート（三二・九メートル）、吃水三四フィート（一〇・四メートル）、速力二三ノット、出力八万五〇〇〇軸馬力、一八インチ四五口径砲一〇門、主甲帯一七インチ、防御甲板八・八インチとなっていた。

第99図　各艦比較図

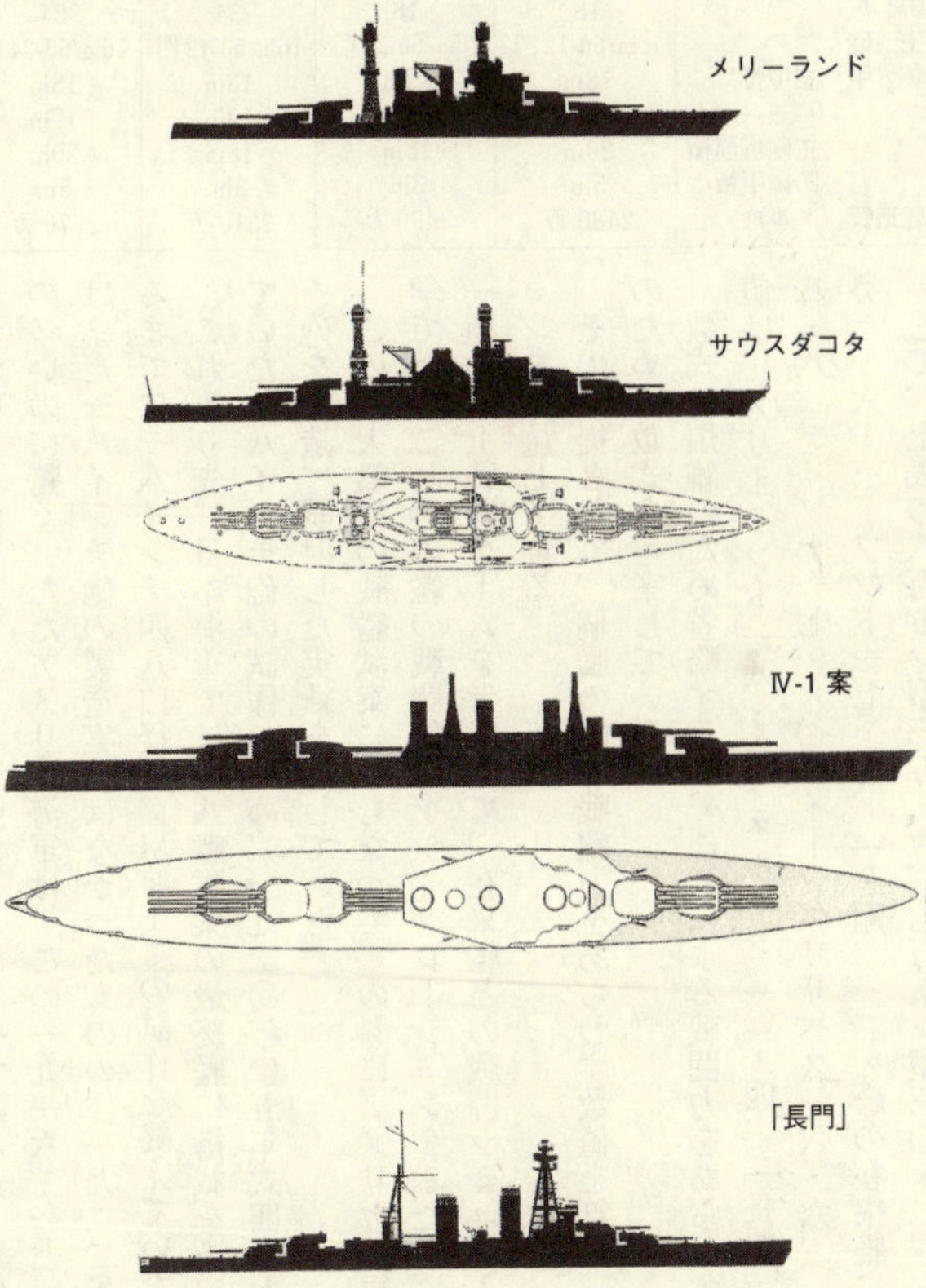

	1案	2案	3案	4案
排水量（t）	70000	70000	63500	80000
速　力（ノット）	26.5	26.5	30	25.2
出　力（軸馬力）	65000	65000	90000	90000
缶　数	18	18	24	24
主　砲	16in/50-12門	16in/50-24門	16in/50-12門	16in/50-24門
装　甲　主甲帯	18in	13in	13in	18in
バーベット	17in	12in	12in	17in
主砲塔前楯	20in	18in	18in	20in
防御甲板	5in	3in	3in	5in
建造費（ドル）	2480万	2490万	2510万	2770万

これを、このティルマン・デザインとくらべてみると、類似点の多いのに驚く。ただアメリカ海軍は、この一九一六～一七年にはまだ一八インチ砲の製造実績はなかったものの、一九二二年ごろまでに一八インチ四八口径砲（Ｍｋ１）の試作を終えていた。

これより先、日本海軍では八八艦隊案の最終艦に搭載を予定していた一八インチ砲の試作のため、一九二〇年に五年式四八センチ砲を製造、試射した実績を有していた。

この最大艦型の戦艦試案にともなって、のちにアメリカ海軍大学では、これらの艦の戦闘能力をシミュレーションするために、一種の図上戦闘ゲームを考案して、在来艦との戦闘シミュレーションを実施している。

その前提として、個艦の固有戦闘力をあらわす数値を算出、そのための数式を考案している。

数式は煩雑のため省略するが、これによる戦闘力をあらわす数値は、メリーランド一八・六、ネルソン二〇・四、「長門」一八・八、アリゾナ一七・六、クイーンエリザベス一六・六、「伊勢」一六・三、フッド一七・七、「金剛」一二・〇の在来艦にたいして、上表の八万トン型三五・六、七万トン型三〇・二、六万三五〇〇トン型二九・三という数値を算出している。

この七万トン1案艦とメリーランドが交戦するシナリオでは、距離三万ヤードで交戦開始して、三三分でメリーランドは速力一七ノットに低下、損傷率五〇パーセント、三九分で速力一〇ノットに低下、損傷率七〇パーセント、五一分後、距離二万五四〇〇ヤードでメリーランド沈没、1案艦の損傷率一六パーセントという結果になるという。

さらに、2案艦がメリーランドとコロラドの二隻と対戦するというシナリオでは、距離三万三〇〇〇ヤードで交戦開始すると、三〇分で二隻とも沈没、2案艦の損傷率五一パーセントという結果がでたという。

結局、このティルマン・デザインといわれた秘密調査は、この後の三年計画の実施をひかえて、陽の目を見ることなく封印され、近年の秘密解除ではじめて公にされたものであった。

しかし、太平洋戦争前のアメリカ両洋艦隊案で建造を予定していたモンタナ級（満載七万一〇〇〇トン）では、艦幅は最大一二一・二フィート（三六・九メートル）として、パナマ運河の通過を断念していた。

アメリカ海軍の巨大戦艦

戦艦という当時の海軍の中核的存在である艦艇の建造にあたっては、その実現までにはさまざまな試行錯誤がある。また、その計画の実務者であるチーフデザイナー、いわゆる計画主任にあたった各国の造船官たちは、さまざまな個性を発揮して特徴ある戦艦を設計してきたといえる。

今日、兵器としては過去になった戦艦については、各国において自国の戦艦建造史がいろいろ発表されており、これらの著作には海軍の公式資料がふんだんに、もちいられている。とくに過去二度の大戦において自国が敵国に占領されることのなかった米英では、ほぼ完全なかたちで、こうした過去の公文書および技術資料が保管されている環境にある。

第二次大戦において占領、または敗戦国となったドイツ、フランス、イタリア各国にあっては当然、こうした資料の保管保存は完全ではなかったものの、それなりのかたちで残存した。

以上とは別に、現ロシアは第一次大戦末期の革命内戦、さらに第二次大戦におけるドイツ軍の自国への広範囲な進攻などにより、バルト海ではレニングラード（現サンクトペテルベルグ）が長期の包囲戦にさらされ、さらに黒海では、主要な海軍基地や造船所を占領されておおくの公文書や資料がうしなわれたと思われていた。

しかし、ソ連邦崩壊後、ロシアでは過去の帝政海軍時代にさかのぼって、さまざまな公式文書や艦艇図面などの技術資料をもとにした多くの著作があらわされており、こうした資料が豊富に残存保管されていた事実が知られている。

こうした各国にひきくらべ、わが国においては、終戦時に大半の史料と技術資料が意図的に焼却されて消滅したものの、進駐してきた連合国側とくにアメリカ軍が熱心に残存資料の収集と接収、さらに復元につとめたことで、相当量の資料が確保されている。

このことが幸いし、昭和三十三年にこれらの資料が返還されて、今日の帝国海軍の残存主要公式資料の根幹をなしている。とはいえ、国家、防衛省が管理保管しているものは、このうちの限られたものしかなく、個人や各地に分散している現実を認識する必要があるだろう。防衛研究所図書館にある返還資料、約六〇〇〇冊といわれる公文備考を見るにつけ、はたして現在の海上自衛隊が創設以来、どれだけの公文書を保管管理して後世に残してきたかということを考えると、はなはだ疑問なしとはいえない。

情報公開された資料から

さて、各国の戦艦史を見るにつけ、各艦の変遷はともかく、その艦の計画決定にいたる経過を詳細にしめした例は、きわめてすくない。

戦艦という、きわめて巨額な建造費を要する兵器の設計を決定するまでには、最初の原案から多数の試案を経て、またおおくの人びとの審査や同意を得て最終案にいたるものである。一般的に個々の戦艦の設計、基本計画にたずさわるのは、その海軍の造艦組織におけるえらばれた造船官があたることになる。自分自身がラフスケッチを描いて基本レイアウトや、重要寸法を決めていく場合もあれば、基本仕様をしめして部下にデザインをまかせる造船官もいたようである。

ただ、いずれにしろ、こうした艦型決定までのスケッチデザインの過程があきらかにされるケースは、ひじょうにまれである。日本では「大和」型の計画過程が比較的よく知られているが、これはあくまで例外といってよく、これ以外に、こうした計画過程が知られているケースはきわめてすくない。

ただ最近、ネット上で、日本におけるもっとも著名な造船官といえる平賀譲自身の業績の集大成といえる膨大な資料が公開されたことで、大正後半期における日本艦艇の計画過程が、かなりあきらかになったことはよろこばしいことである。

一方、海外においては、こうした資料がもっとも豊富に残されていると思われるイギリス戦艦の場合、おおくの文献においても、ほとんど触れられておらず、わずかにドレッドノートとインヴィンシブルのラフスケッチが知られているのみである。これは、他の欧州列強においても同様である。

これは資料としては存在するものの、著作者や研究者が発掘していないのか、それとも、もともと存在しないのかあきらかではないものの、他方、アメリカとロシアの文献には、こうした未成艦に準じるおおくの試案、ラフスケッチの類が各年代を通じて、いろいろ紹介されているのは注目される。

もちろん、こうした資料は、その時点では極秘として一般に知られることはないが、ある時間を経過すれば、一般に公開するというタックスペイヤーにたいする情報公開制度の発達したアメリカでは、今日多くの資料が公にされているのはうらやましい限りである。

こうした資料のなかから、アメリカ海軍が過去に計画、または提案した巨大戦艦について採りあげてみよう。

なお、先に、第一次大戦末期前後に計画された「ティルマン計画」というアメリカにおける巨大戦艦プロジェクトの例を紹介したが、これ以外の例について調べてみた。

目標は一八インチ砲搭載艦

アメリカ海軍においても、その戦艦の数量と艦型の増大がいちじるしくなったのは、いわゆるドレッドノート時代といわれる一九〇六年以降のことである。日露戦争後、太平洋をはさんで日米という新興海軍国がおたがいを意識しつつ、海軍軍拡に乗りだすことになった。日米の建艦競争は、一九一六年のアメリカにおける三年計画案という、大規模な海軍拡張計画が議会により承認されたことで、おりからの日本の八八艦隊案とまっこうから対抗することになった。

この三年計画の構成艦は、ワシントン軍縮条約により一部が完成したのみで、主力となる予定であった戦艦サウスダコタ級四万三二〇〇トンと巡洋戦艦レキシントン級四万三五〇〇トンがいずれも未成に終わったのは、日本の八八艦隊の場合と同様であった。

第100図は一九一九年にスケッチデザインされた大型戦艦で、詳細な数値は不明である。艦型的にはサウスダコタ級戦艦のレイアウトを流用しており、主砲を一八インチ連装砲塔におきかえている。

当然この時期、まだワシントン条約前のことで、日本海軍が一八インチ砲搭載艦に移行した場合を想定した試案であった。

このデザインで注目すべきは、主砲以外の兵装においても、副砲の六インチ砲をケースメイト装備から三連装砲塔装備にあらため、片舷三基を配置した。しかも、最大仰角七五度という兼用砲を考慮していたという。また、高角砲も当時開発に着手したばかりの五インチ二五口径砲を九門装備することになっていた。

こうした、当時としては先進の対空火力の画期的な強化をはかっていたことは、ひじょうに注目すべきことであった。当時日本でも検討されていたように、一六インチ三連装砲塔と一八インチ連装砲塔の重量はほぼひとしかったから、設計的にはそう無理なものではなかった。

一九二二年のワシントン条約締結により、列強各国は一〇年間の主力艦新造休止時代をむかえることになった。

この間、イギリスは一六インチ砲搭載新戦艦の建造を認められ、一九二七年に完成したネルソン級は、以後の各国新戦艦計画に大きな影響をあたえた。

また、ワシントン条約にしばられなかったドイツが一九三三年に出現させた装甲艦ドイッチュラント、さらに、これに対抗してフランスが建造に着手したダンケルク級中型高速戦艦も、この間の各国新戦艦計画にあたえた影響は、けっしてすくなくなかった。

この時期のアメリカの新戦艦計画については、さまざまな仕様によるおおくのスケッチデザインの存在が知られている。しかし、このなかで異色ともいえるものは、一九三四年末に試案された艦型を最大限に拡大した、超大型戦艦のスケッチデザインである。

上からサウスダコタ、ノースカロライナ、メリーランド

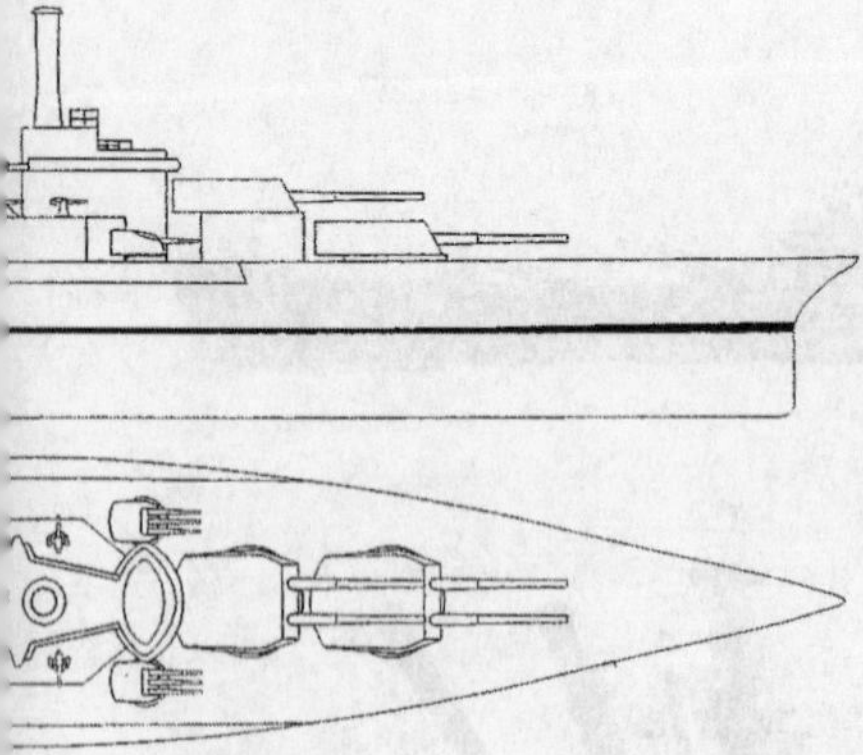

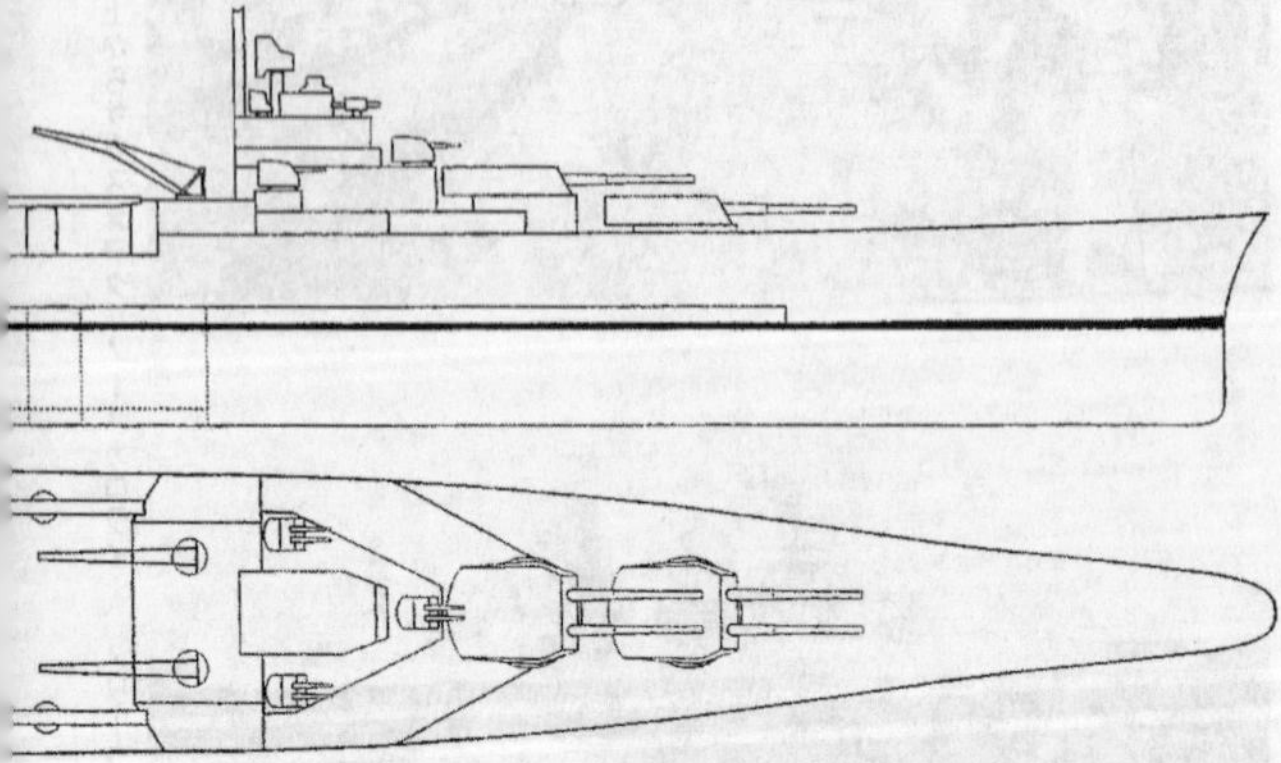

第100図　18インチ砲搭載艦
(1919年デザイン)

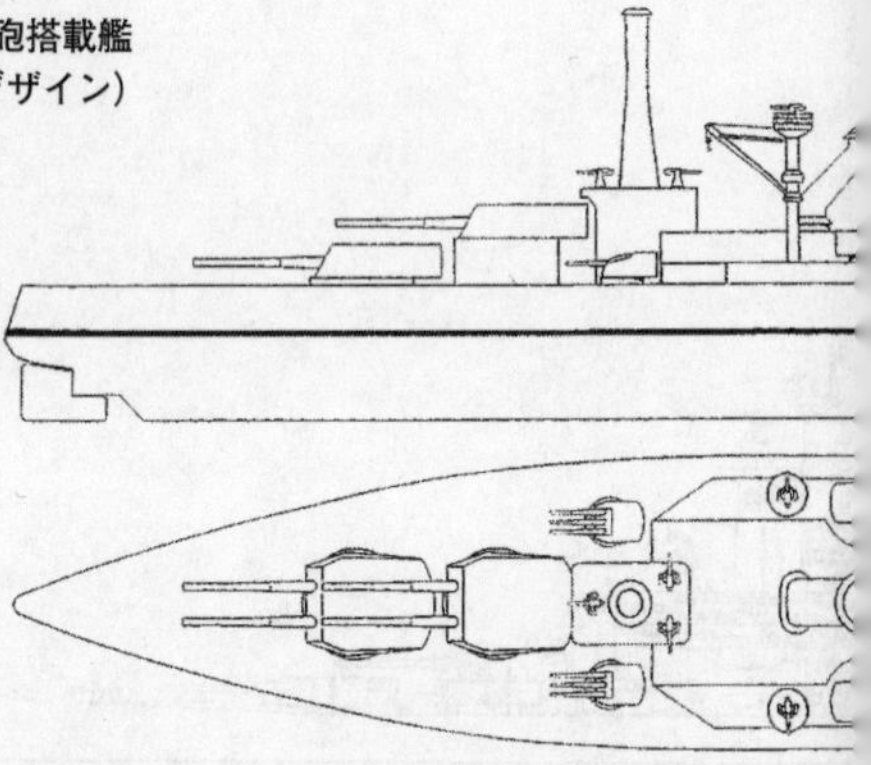

第101図　20インチ砲搭載艦
(1934年デザイン)

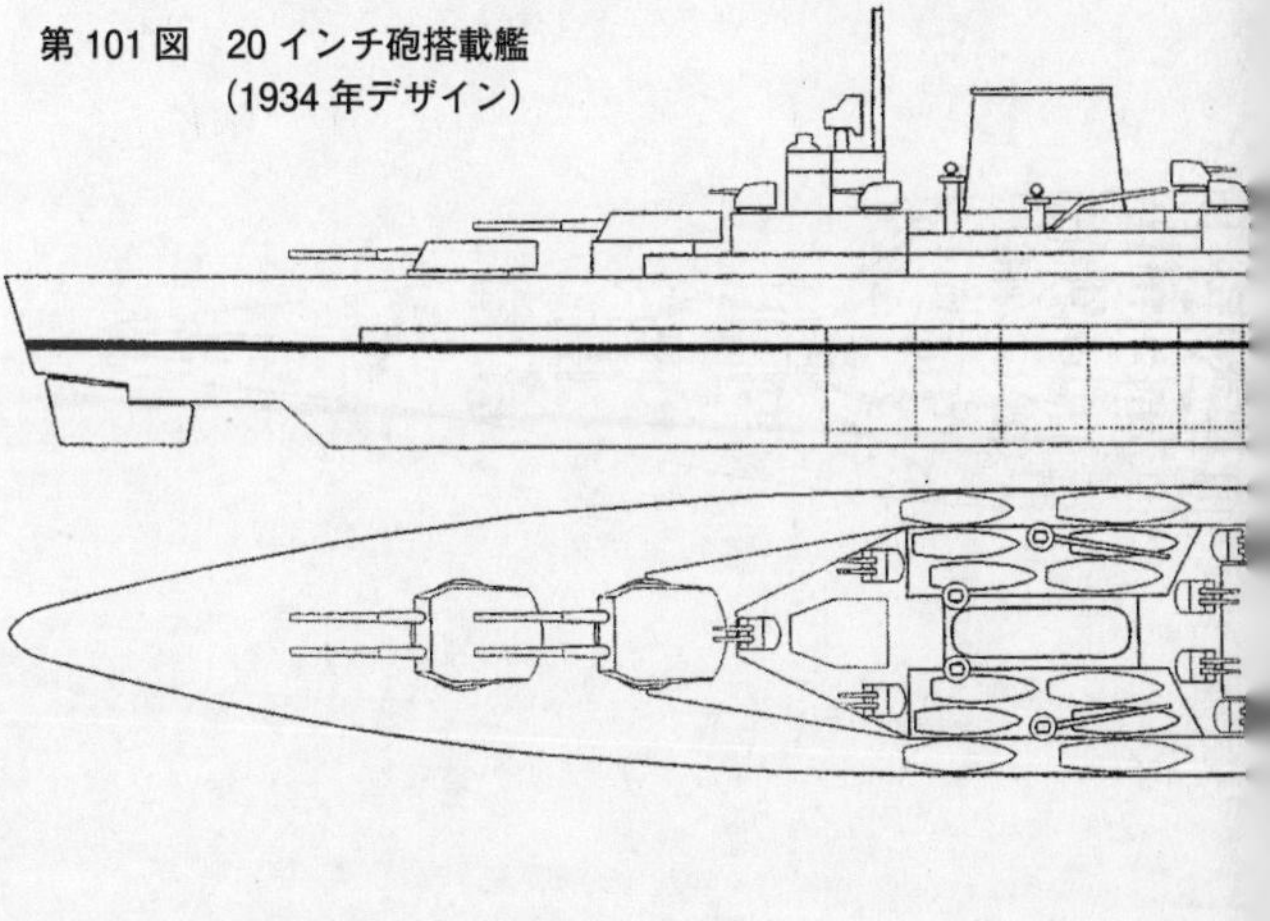

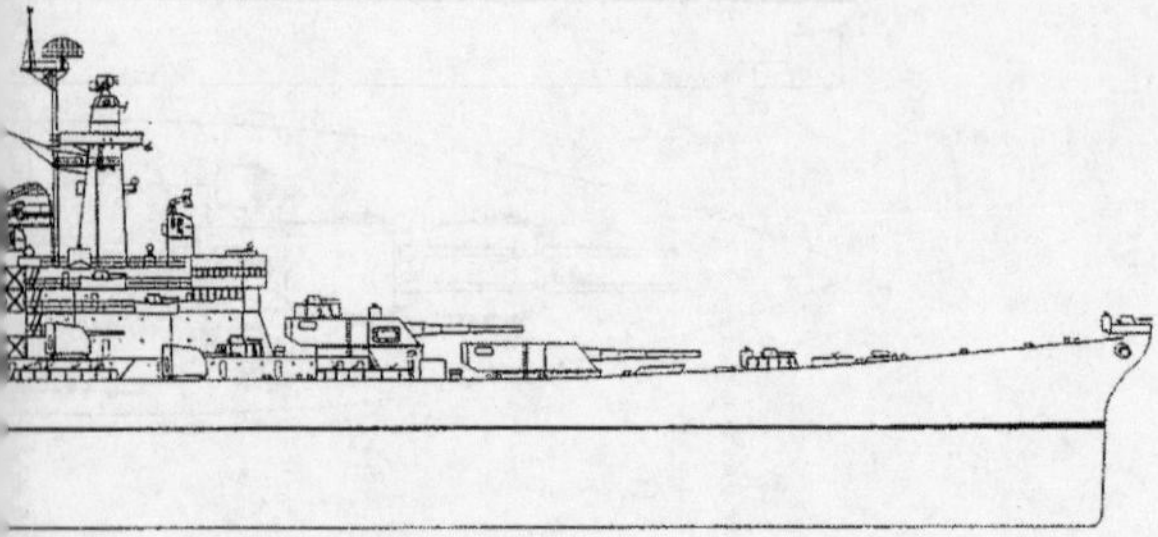

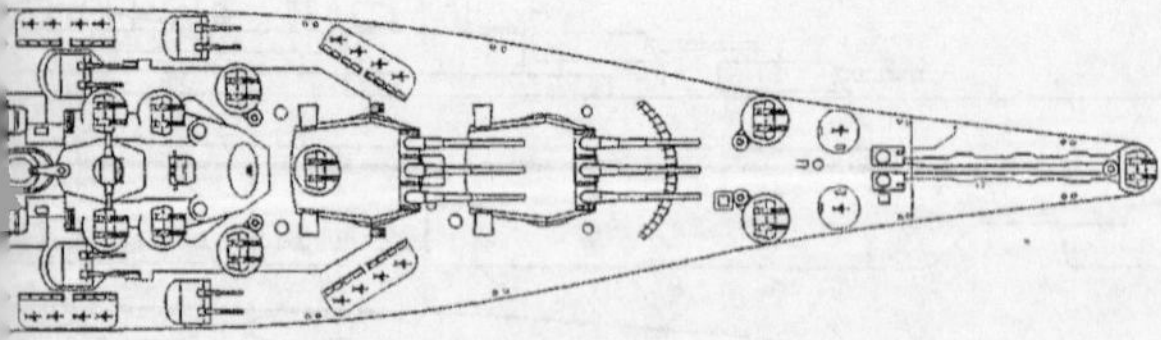

第102図　モンタナ級(1940年計画)

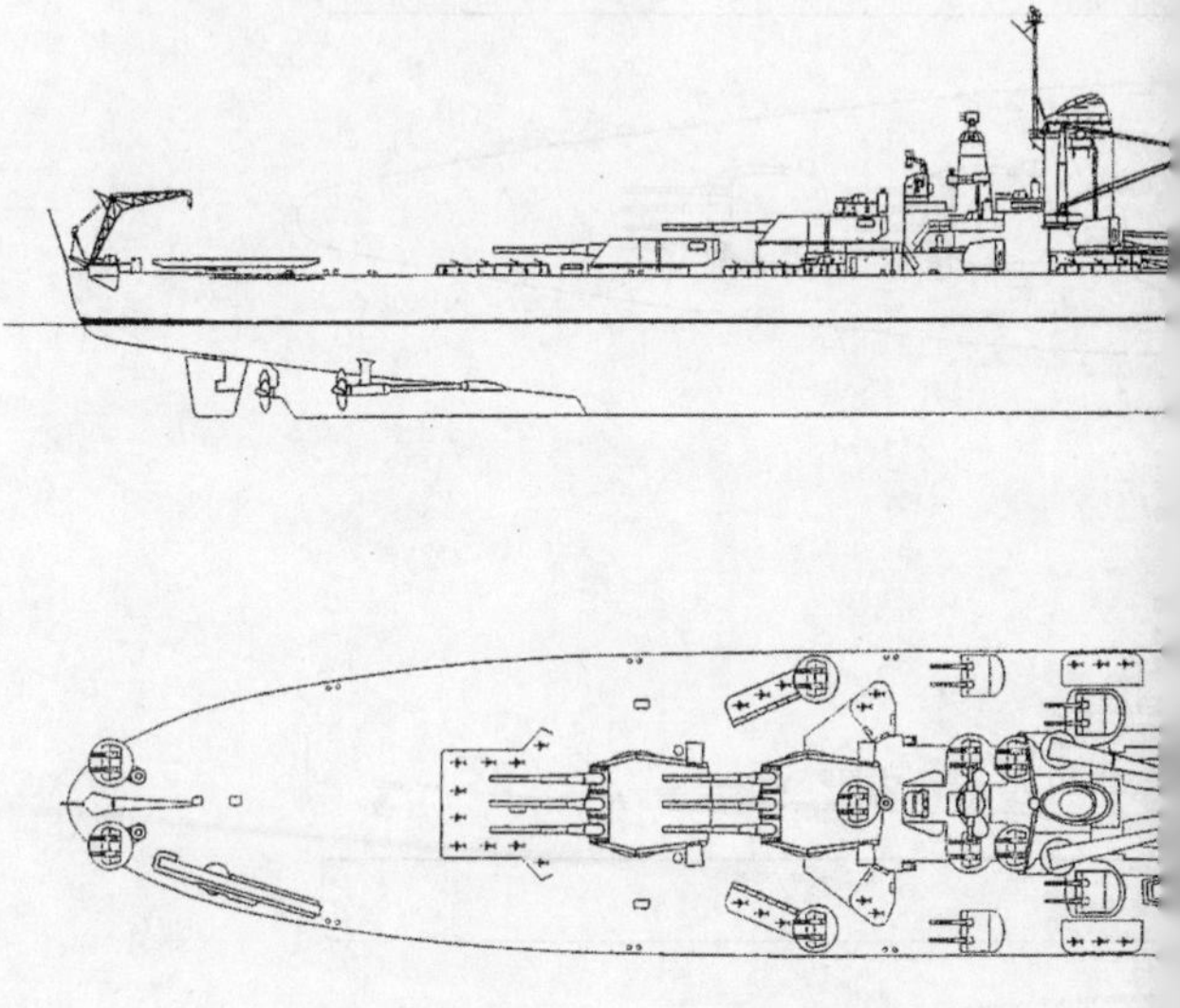

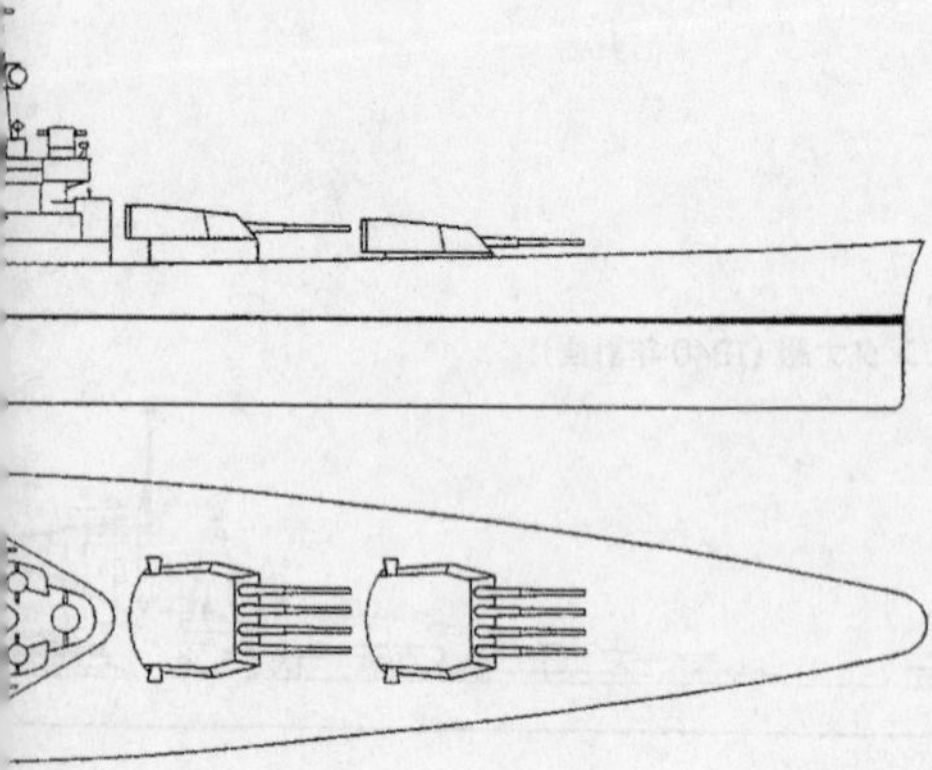

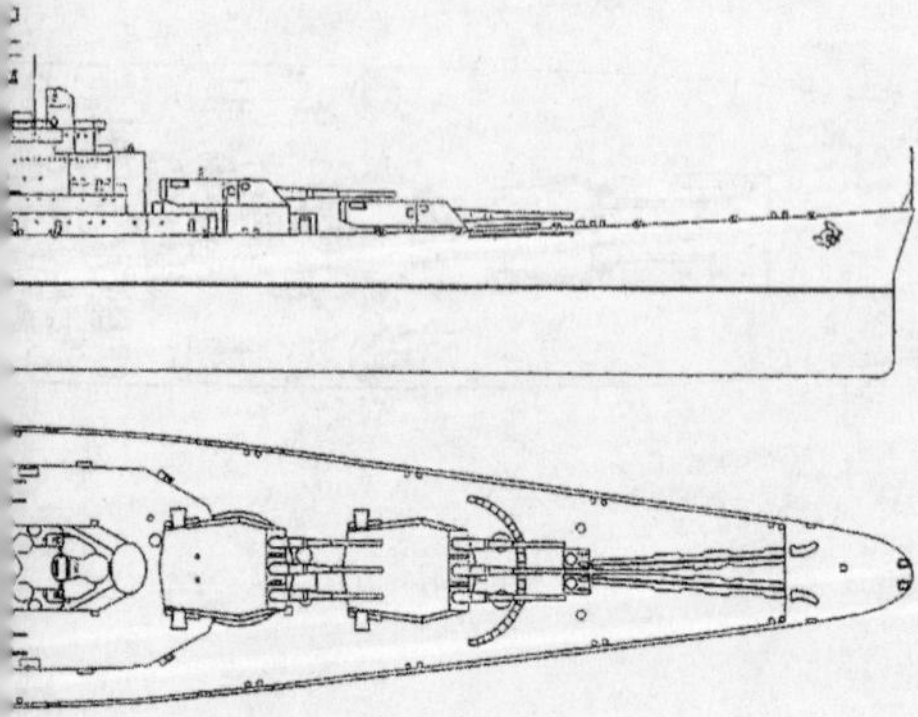

第103図　ノースカロライナ級原案（1936年）

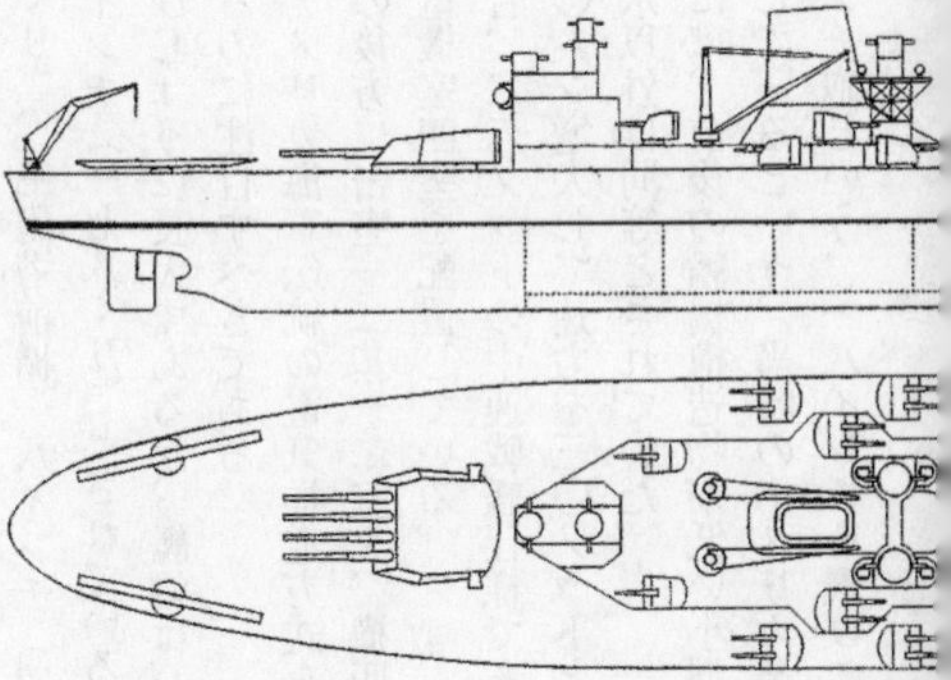

第104図　ノースカロライナ完成図（1942年）

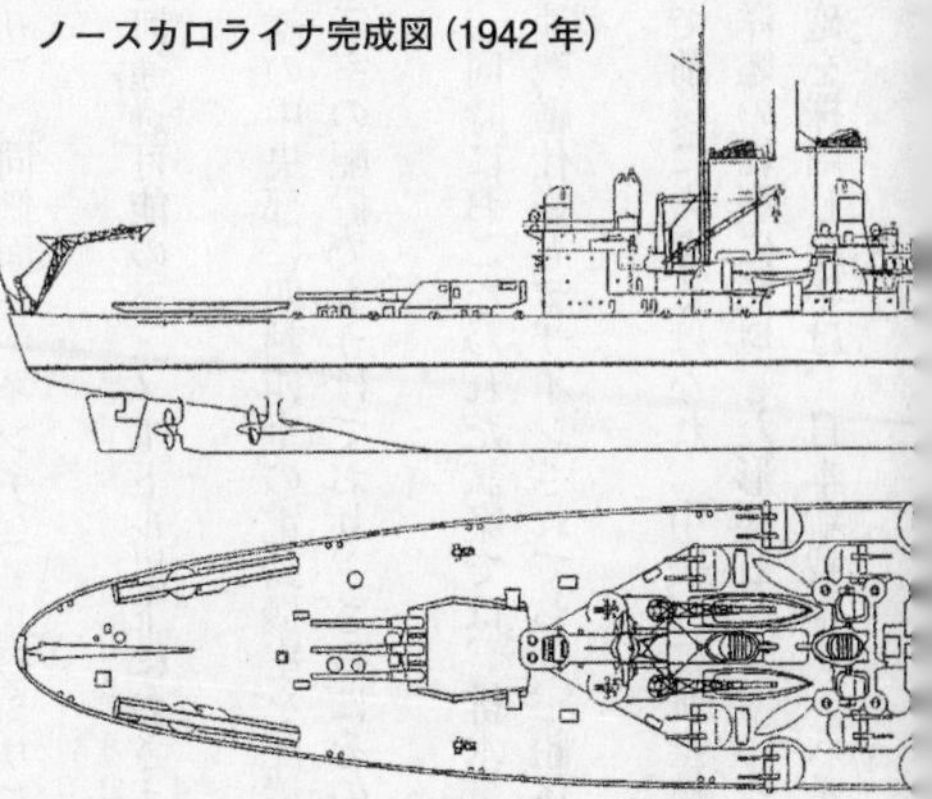

これは日本が条約から脱退した場合にそなえた一種の研究課題にたいする試案で、そのひとつを第101図にしめす。

公試排水量六万六〇〇〇トン、水線長二九七メートル、最大幅三二・六メートル、吃水一〇・二メートル、主砲二〇インチ連装砲四基、五インチ両用砲連装一〇基、速力二五・三ノット、出力八万八三〇〇軸馬力、主甲帯一六インチ（四〇六ミリ）、防御甲板六・五インチ（一六五ミリ）、主砲塔前楯一八インチ（四五七ミリ）、同側面一一インチ（二八〇ミリ）、同上面七インチ（一七八ミリ）とされている。

船体はひじょうに長大であるが、艦幅はパナマ運河通過可能の三三メートル以下におさえられているのに注目すべきである。

機関はアメリカ海軍伝統の電気推進方式を採用、艦の中央部に四軸四室の電動機室を配置した。その後方に缶室一二基一二室を、横四室、縦三室の配置でもうけており、さらにその後方に発電機室四室を配置している。

この場合、二五ノットの中速戦艦仕様であったが、同時におこなわれた試案では、排水量を六五〇〇トン増大して速力を三〇ノットとした高速戦艦仕様もデザインされており、船体寸法は吃水以外は同等とされていた。

艦型的には、前後の艦橋構造物が低い小型な構造で前後に大きくはなれ、中央部に航空艤装を配置しているという、当時のアメリカ条約型巡洋艦の艦型に類似した形態となっている。

二〇インチ砲という、一八インチを飛びこした巨砲を採用したのは、日本新戦艦が一八インチ砲を採用することを見越したようである。すばらしい先見の明ともいえるが、けっして建造不可能なレベルではなかった。

ただ、この船型では二〇インチ砲にたいする対応防御はむずかしく、高速戦艦仕様の方がベターといえた。

第102図はのちの一九四〇年計画で実際に建造を意図したモンタナ級六万五〇〇〇トンで、この一九三四年デザインとくらべても、船体は水線長で二六メートルも短く、反対に艦幅は三六メートルに増加されている。これがアメリカ海軍が実際に建造に着手するまでにいたった最大の戦艦であった。

予想どおり一九三六年に日本が条約より脱退したあとも、米英仏などは新たな条約を定めたことはイギリス戦艦キング・ジョージ五世級の項で触れている。

ここにアメリカが新戦艦ノースカロライナ級の計画にあたって、一九三六年にほぼ最終案としてまとめたスケッチデザインを示す。

第103図にしめすこの艦では、主砲が当時の条約の条項にしたがって、一四インチ砲四連装砲塔を装備していることに注目すべきである。煙突と両舷の五インチ三八口径両用砲が、連装と単装の混載である点は、実際に完成したノースカロライナ(第104図)と異なるものの、船体形状と上構の形態とレイアウトは、ほぼこの時点で完成されていたことがわかる。

イギリス海軍のまき返し

イギリス帝国海軍は、一九世紀を通じて世界最大最強の兵力を保有、整備して世界に君臨してきた。二〇世紀に入ると、ドイツやアメリカなどの新興海軍の台頭による挑戦をうけることになる。

その結果が一九一四年の第一次世界大戦の勃発で、世界第一位と二位海軍国の激突でもあった。一九〇六年のドレッドノートの出現以来、海上の王者「戦艦」は、急速に大艦巨砲の時代に突入して、列強海軍は熾烈な建艦競争に入ることになった。

一九一八年、第一次大戦が終わったとき、太平洋では日米海軍が、いわゆる「八八艦隊案」と「三年計画案」という大規模な海軍拡張計画を実行しつつあった。

欧州では、ドイツとオーストリア・ハンガリーの二大帝国海軍が敗戦により没落し、先に紹介したロシア海軍も革命内戦により、すべての建艦計画は白紙にもどされ、フランス、イタリアも建艦競争に追従する力はなかった。

このときイギリス海軍は、兵力的にはいぜんとして世界第一位の勢力を有していたものの、その保有戦艦、巡洋戦艦群は、日米海軍が計画中の新戦艦、巡洋戦艦にくらべると、その非力は明白であった。大戦により余力のないイギリスとしては、近い将来の海軍勢力比で劣勢に甘んじるのは、さけられない事実と思われていた。

当時、イギリス海軍では一九一六年の戦時計画による新巡洋戦艦フッドが建造中で、一九二〇年に完成することになる。ほんらいは同型四隻が計画されたものの、終戦によりフッド一隻のみが建造を継続され、他はキャンセルされてしまった。

フッドは、原計画では三万六三〇〇トンの巡洋戦艦であったが、起工前にジュットランド海戦の戦訓を採りいれて防御力を強化した結果、実質的には高速戦艦に生まれ変わった。四万一二〇〇トンという排水量は、当時の世界最大の主力艦で、四万トンを越えた最初の主力艦でもあった。ただ、主砲は在来の一五インチ四二口径砲八門でしかなく、当時日米の計画していた一六インチ砲にくらべると、劣勢は明らかであった。

これまで、つねに世界の大艦巨砲をリードしてきたイギリス海軍としては、この状況に甘んじるわけにもいかなかった。大戦中に大型軽巡フュリアスに搭載した一八インチ四〇口径砲の実績をもとに、一九一九年に海軍造船局は砲メーカーにたいして一八インチ四五口径砲の製造を打診しており、メーカー側は二〇インチ四二口径砲までの製造は可能と回答していたという。

こうした事実を背景に、一九一九年ごろよりイギリス海軍の造船局は、当時の局長サー・テニソン・ダインコートのもとで、具体的な新主力艦の計画に着手したものらしい。

要求された巨大乾ドック

当初の試案では、主砲として新型の一五インチ五〇口径砲三連四基、または一八インチ四〇口径砲三連三基を搭載し、寸法的にはフッドとおなじ水線長二五九メートル、幅三一・七メートルの艦型が選択された。速力を四〜六ノット減じた中速戦艦タイプで、排水量は四〇〇〇〜五〇〇〇トンの増加をみこんでいた。

ダインコートは、新主力艦の入渠できる乾ドックとして三六六×四六×一四メートルのサイズを要求していたというが、当時これに見あう国内の乾ドックは、リバプールにあった民間のグラッドストーン・ドックだけだった。それでも三二〇×三七×一三メートルというサイズであった。

こうした大型ドック施設は、艦のメインテナンス上で欠かせない存在で、イギリス海軍の場合、本国以外にも地中海のマルタやジブラルタルといった主要基地に設置する必要があった。

こうしたことで、新主力艦のサイズとしては、ほぼフッドに匹敵する水線長二六三メートル（八五〇フィート）、艦幅三二・三メートル（一〇六フィート）をひとつの目安とすることになった。

初期の試案のひとつが、一九二〇年六月にデザインされたという「L」案である。

この時期、イギリスではフッドが完成直後、日本では最初の四一センチ砲搭載の「長門」が完成に近づいていた。

「L」案は一八インチ連装四基、速力二五ノットの中速戦艦仕様で排水量五万七五〇〇トン、舷側水線、砲塔前楯、バーベット甲鈑厚一八インチ、防御甲板八・二五インチという重装甲で、副砲は片舷六インチ連装四基を装備していた。

艦型は従来のイギリス戦艦の形態を踏襲している。ただ、主砲配置は前後に連装砲塔各二基を背負い式でなく、水平におくという少々変わった配置を採用している。

艦の安定上では、ロシア式のこのアレンジは効果はあると思われるが、バイタルパートの短縮には不利であり、フッドと同様の艦尾甲板のカットもあまりいただけない。

ひきつづいて同年十月にいたって、「Ｌ２」「Ｌ３」「Ｋ２」「Ｋ３」の四案が試案された。これらはポーツマスとロシスのドックサイズから船体寸法を定めたといわれる試案で、前二案は中速戦艦、後二案は巡洋戦艦仕様であった。

いずれも一八インチ砲連装四基と、同三連装三基を比較搭載したもので、「Ｌ２」は連装、「Ｌ３」は三連装砲塔であった。排水量は「Ｌ２」が五万二一〇〇トン、「Ｌ３」は一〇〇〇トン減少した五万一一〇〇トンとなっている。

「Ｋ２」と「Ｋ３」の場合も同様で、排水量はそれぞれ一〇〇〇トン増加している。速力は二五ノットと三〇ノットであった。

全体の艦型は、船体を水平甲板としているが、上部構造は最初のＬ案と大差ない。船体寸法は「Ｌ３」が水線長二六二メートル、幅三四メートル、「Ｋ３」が同二六八メートルと三五メートルになっており、最初の試案より増加している。

さらにつづいて、「Ｍ２」「Ｍ３」という低速戦艦二案が試案されている。このデザインでは、大型の塔型艦橋構造物をはさむかたちで一八インチ主砲塔を配し、「Ｍ２」は連装各二基、「Ｍ３」は三連装前二基、後一基の配置となっている。

いわゆる集中防御策を採用したデザインで、さらに機関配置も、機械室を缶室の前方に配しているのも変化のひとつである。

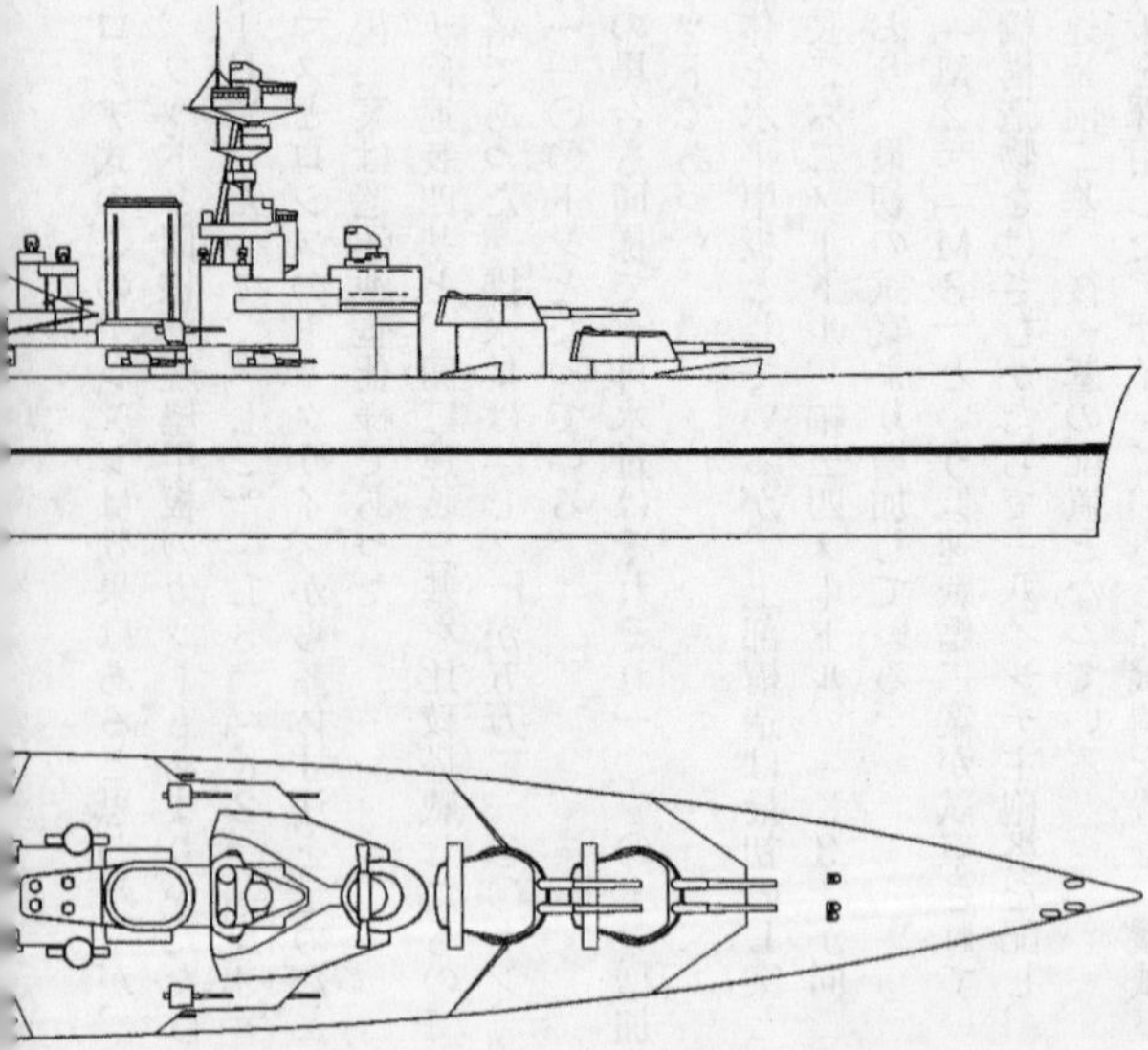

第105図　巡洋戦艦フッド（1920年）

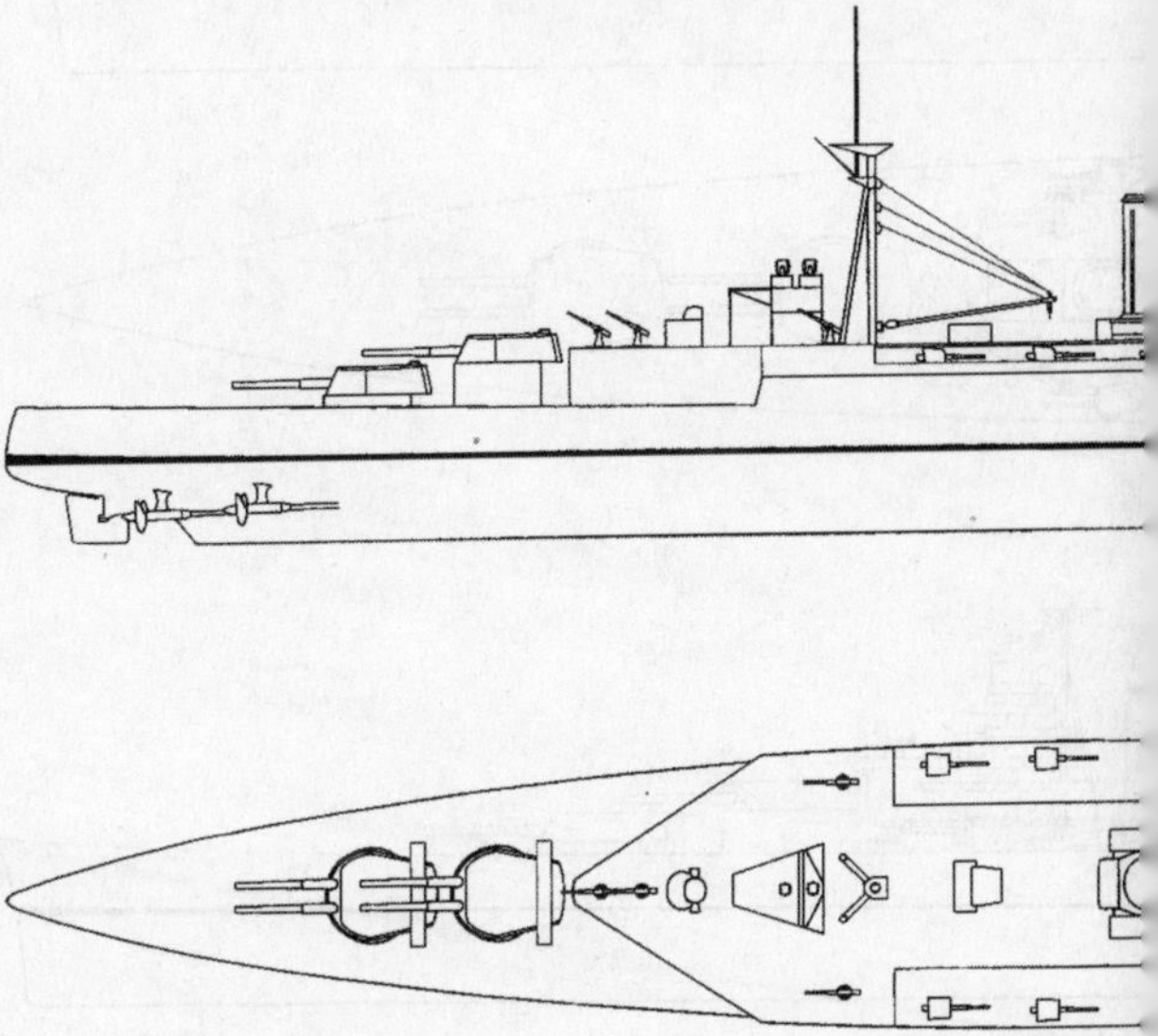

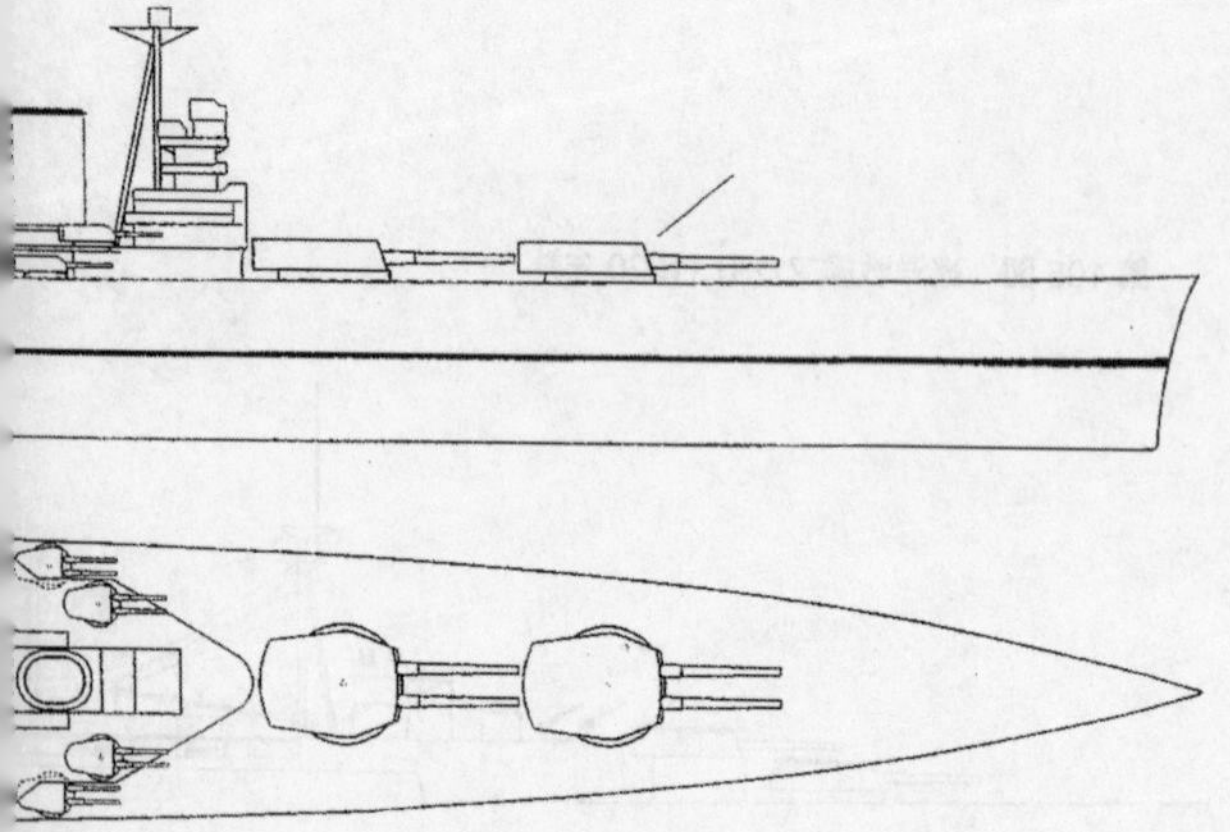

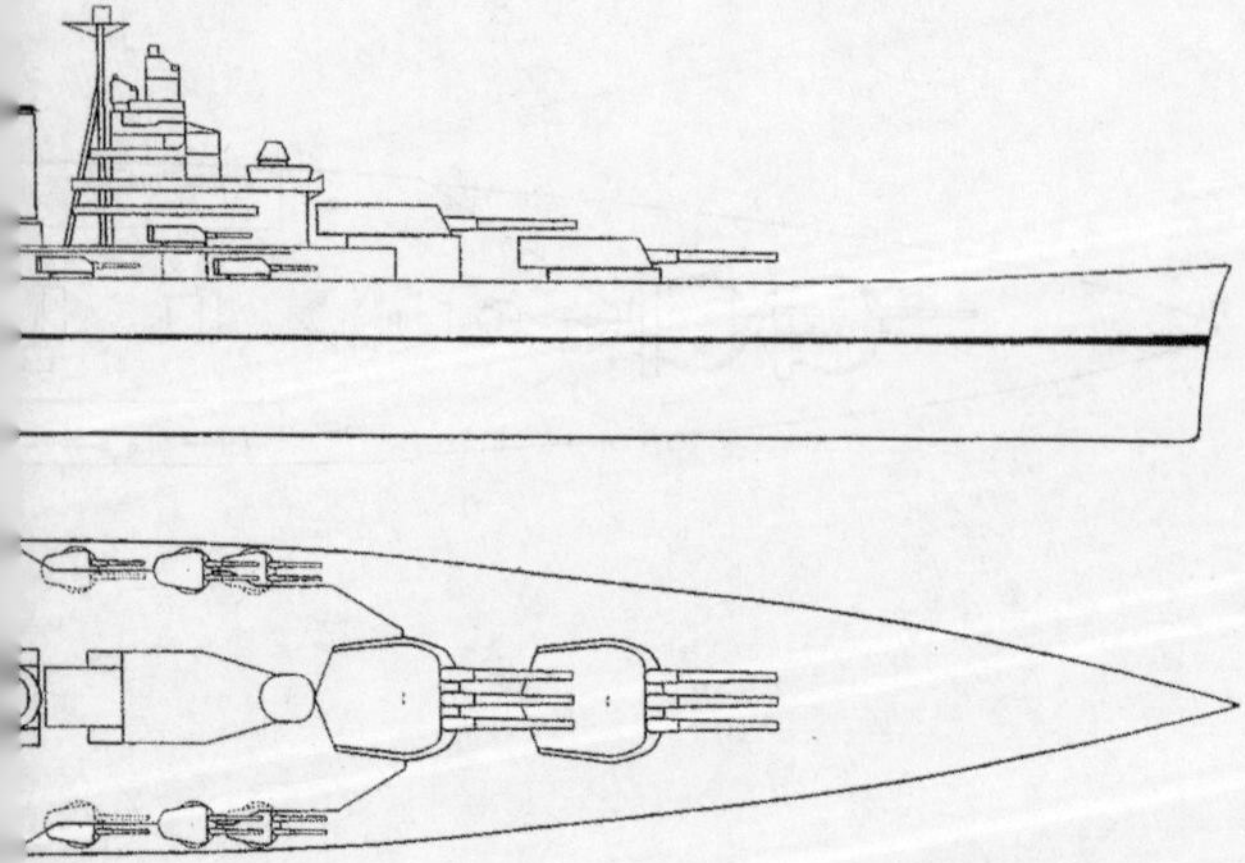

第 106 図　L 案 (50750 トン)

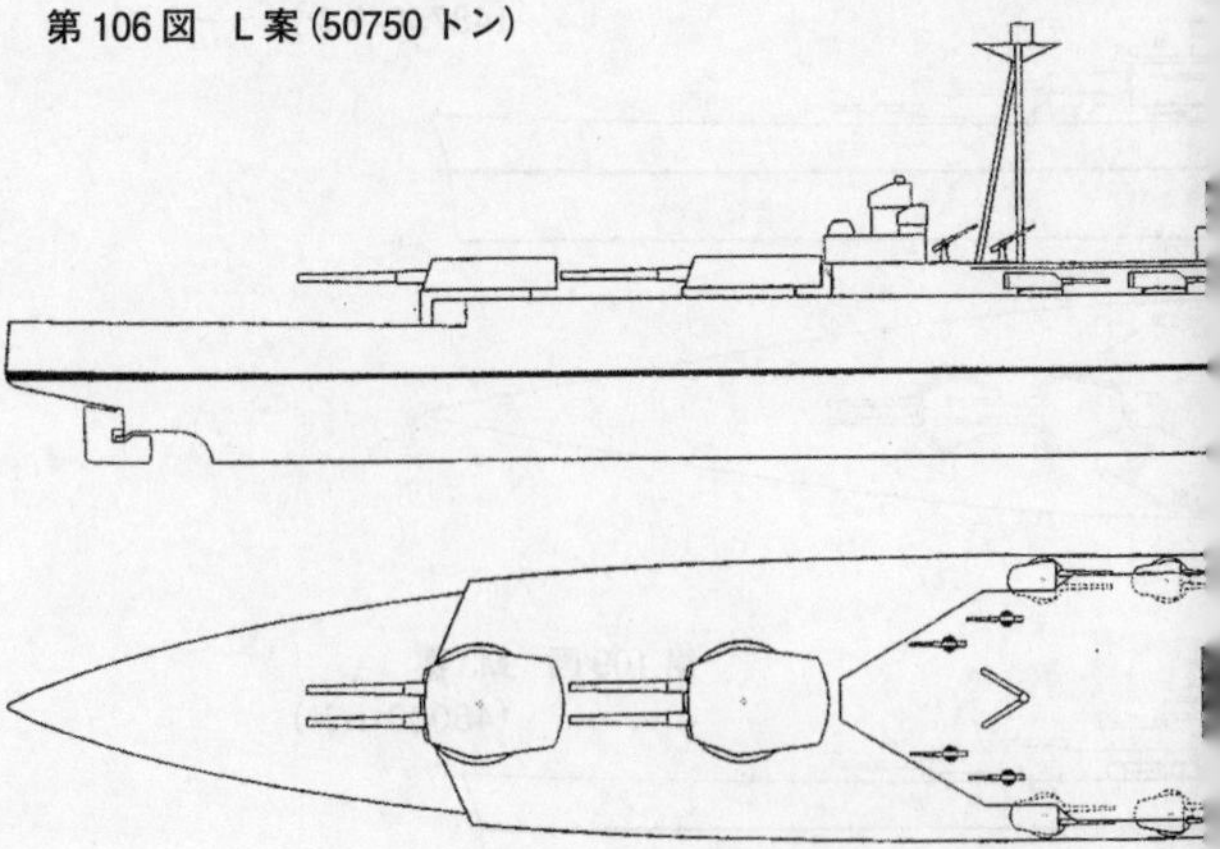

第 107 図　K3 案 (52100 トン)

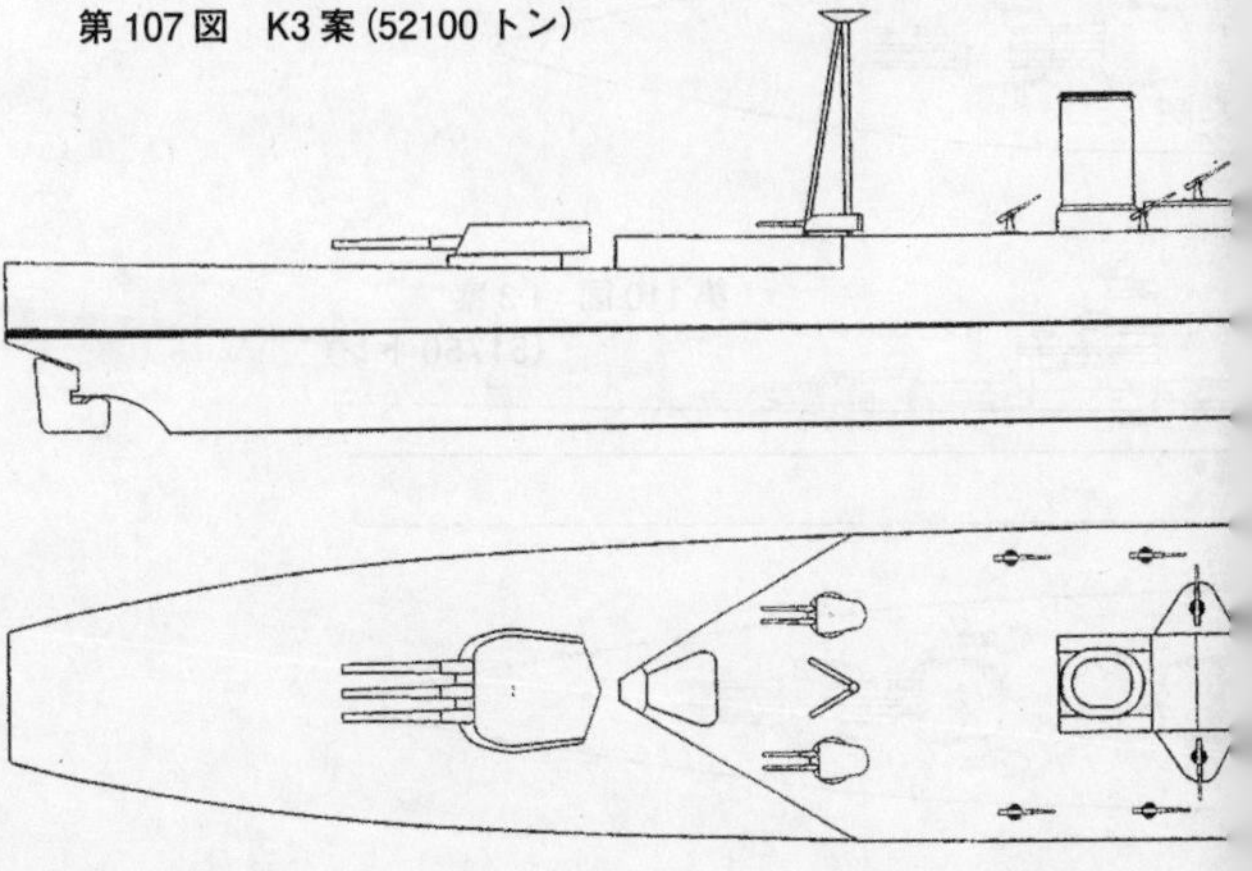

第108図　M2案
（48750トン）

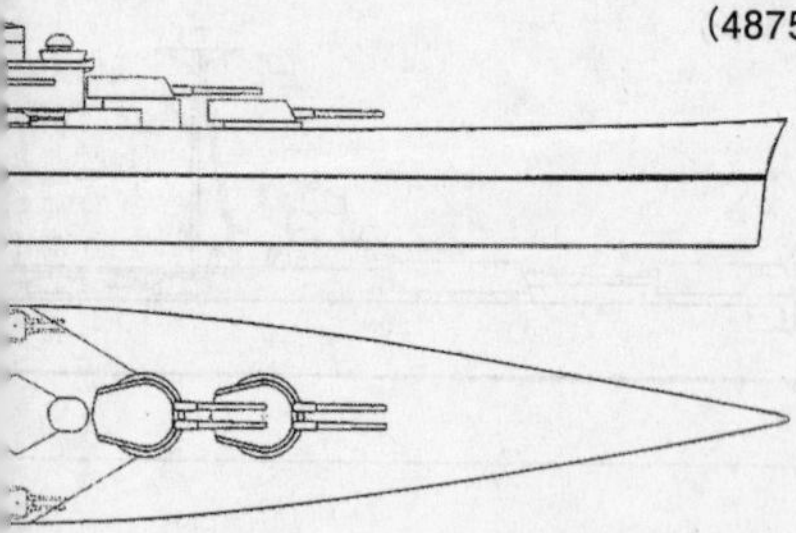

第109図　M3案
（46000トン）

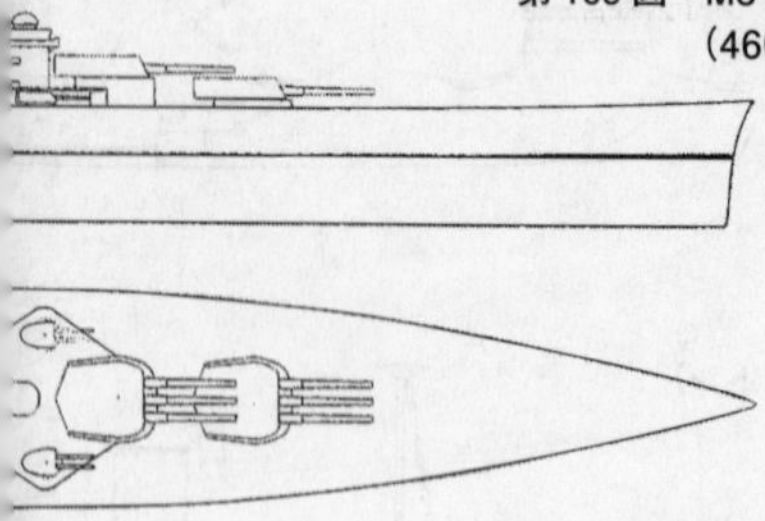

第110図　I3案
（51750トン）

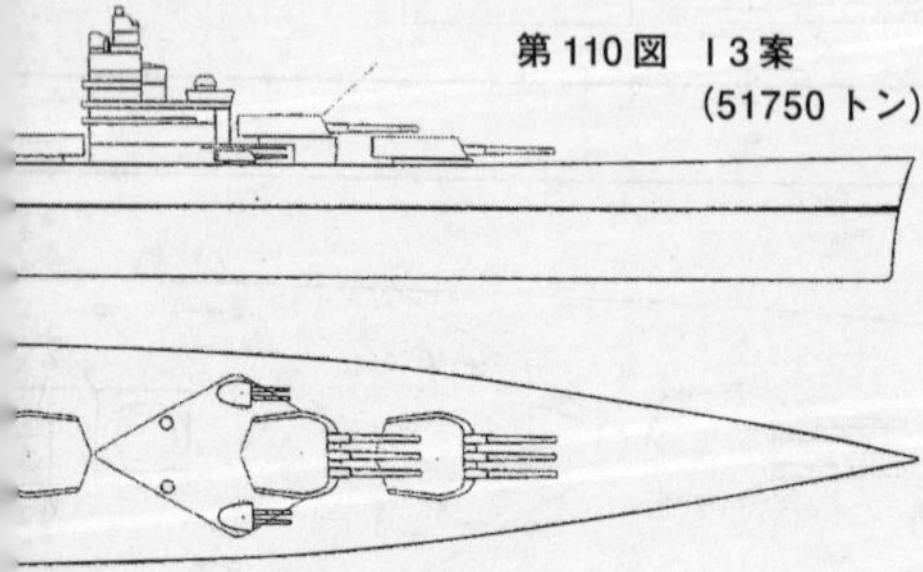

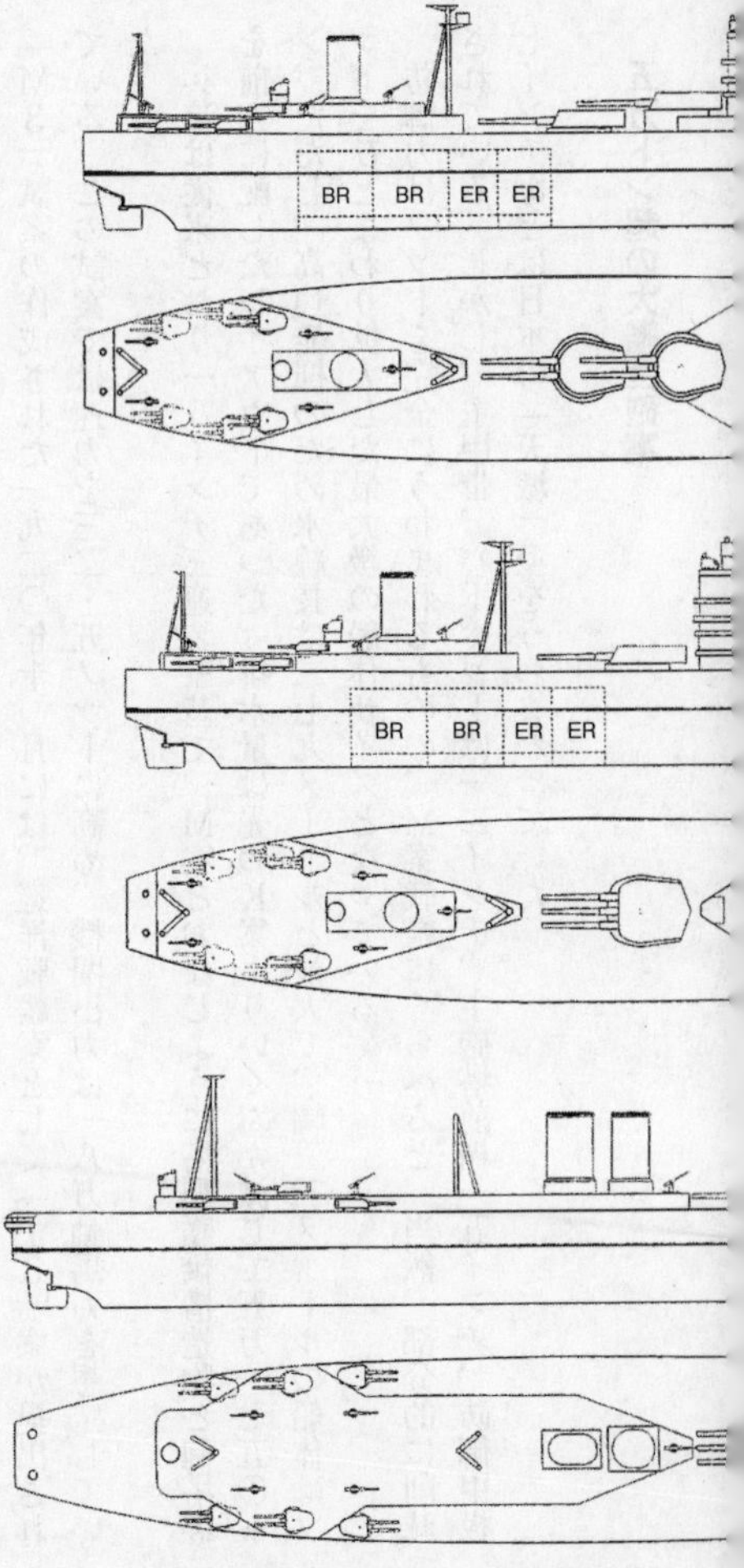
BR
BR
ER
ER
BR
BR
ER
ER

いる。

「M2」は排水量四万八七五〇トン、水線長二四五メートル、幅三二・三メートル、「M3」では同四万六〇〇〇トン、二三三メートル、三二・三メートルと、先のL案より大幅に艦型をコンパクト化している。代わりに速力は二三〜二三・五ノットの低速仕様に甘んじている。

ただし、防御力についてはL案とほぼ同等であった。このうち、「M3」案は海軍省により次期新戦艦の有力候補デザインとして認められた。

「M3」試案の作成された一九二〇年十一月には、巡洋戦艦案として「I3」案が提出されている。この試案では速力を三二・五ノットに高め、機関出力は一八万軸馬力を想定していた。

兵装は従来どおり一八インチ三連装三基で、M案とおなじように塔型艦橋構造物と砲塔群を前方に配したレイアウトであった。排水量は先のK案よりいくぶん減じて五万一七五〇トン、ただし、高速発揮のため水線長は二七九メートルと最大で、幅三三メートルの船体はフッドをひとまわり拡大した最大級の船体サイズとなっている。

防御力はフッドを完全にうわまわるものの、M案戦艦にくらべると、当然、部分的に削減されている。しかし、主甲帯、バーベットは一二インチ、主砲塔前楯一五インチ、防御甲板七インチなどは日本の「天城」型をうわまわっていた。

五万トン超の大艦巨砲案

同年十二月には、おなじく巡洋戦艦として「H3」「G3」案が作成されている。H案はI案の艦型を過大とみてそれの縮小をはかったもので、「H3a」「H3b」「H3c」の三案があった。いずれもI案の一八インチ三連装砲塔一基を減じており、艦橋構造物の前後に一基ずつというレイアウトをとっていた。

「H3a」案の場合、排水量四万四五〇〇トン、水線長二五九メートル、幅三二メートル、速力三三・五ノットとI案より一ノット増速をはかっている。また、防御力もI案より強化された。

これにたいして「G3」案は、はじめて一八インチ砲の搭載を断念して、新型一六・五インチ四五口径砲を採用することとした現実的な試案であった。「H3a」案とおなじ船型で、防御力も同等として、三連装三基をI案とおなじレイアウトで装備した。排水量は四万六六五〇〇トン、速力は三三ノットに設定されていた。

結局、この「G3」案が、約一年間かけて試案をくりかえしてきた新主力艦の最終候補として海軍省に承認され、約一年後の一九二一年末の発注にいたるわけである。だが、それまでにはまだいくつかの変更点がくわえられることになる。

まず、主砲の一六・五インチ四五口径砲が、一六インチ四五口径砲に変更され、機関出力も一六万軸馬力に変更、速力は三一〜三二ノットとなった。ただし、次期造船局長となるグッデールは、この速力発揮に疑問を呈していた。

最終案は排水量四万八四〇〇トン、水線長二五九メートル、幅三二・三メートル、吃水

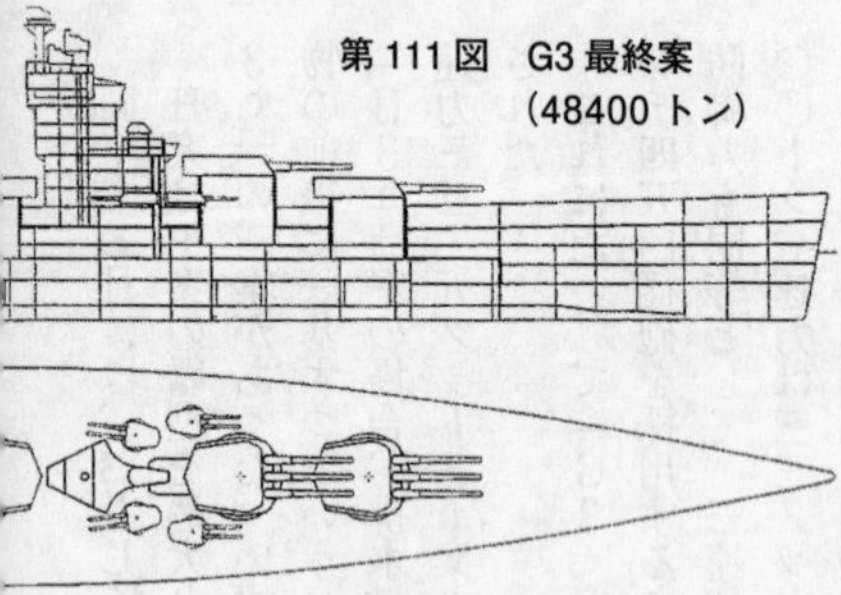

第 111 図　G3 最終案
(48400 トン)

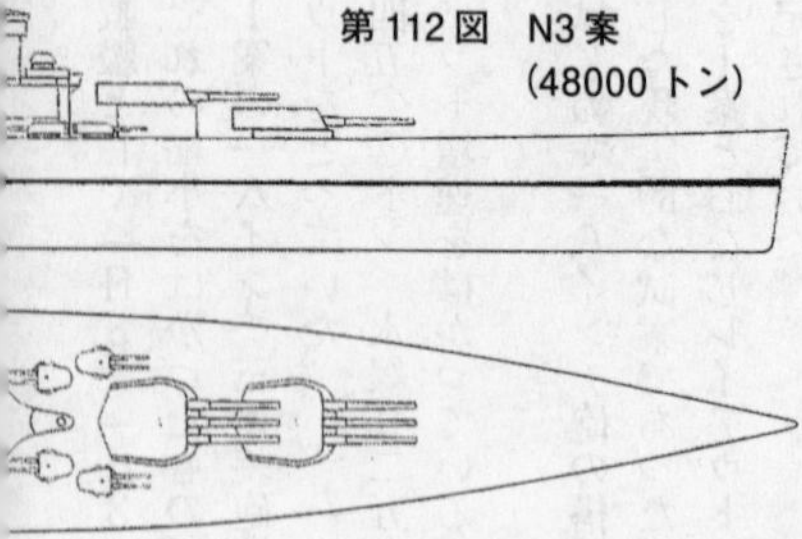

第 112 図　N3 案
(48000 トン)

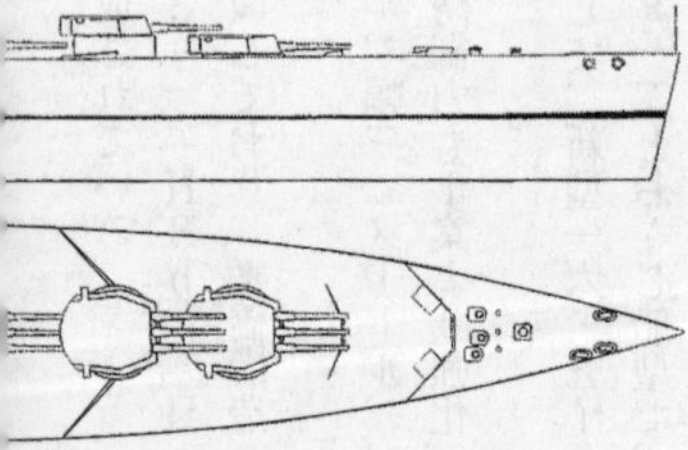

第 113 図　戦艦ネルソン
(1927 年)

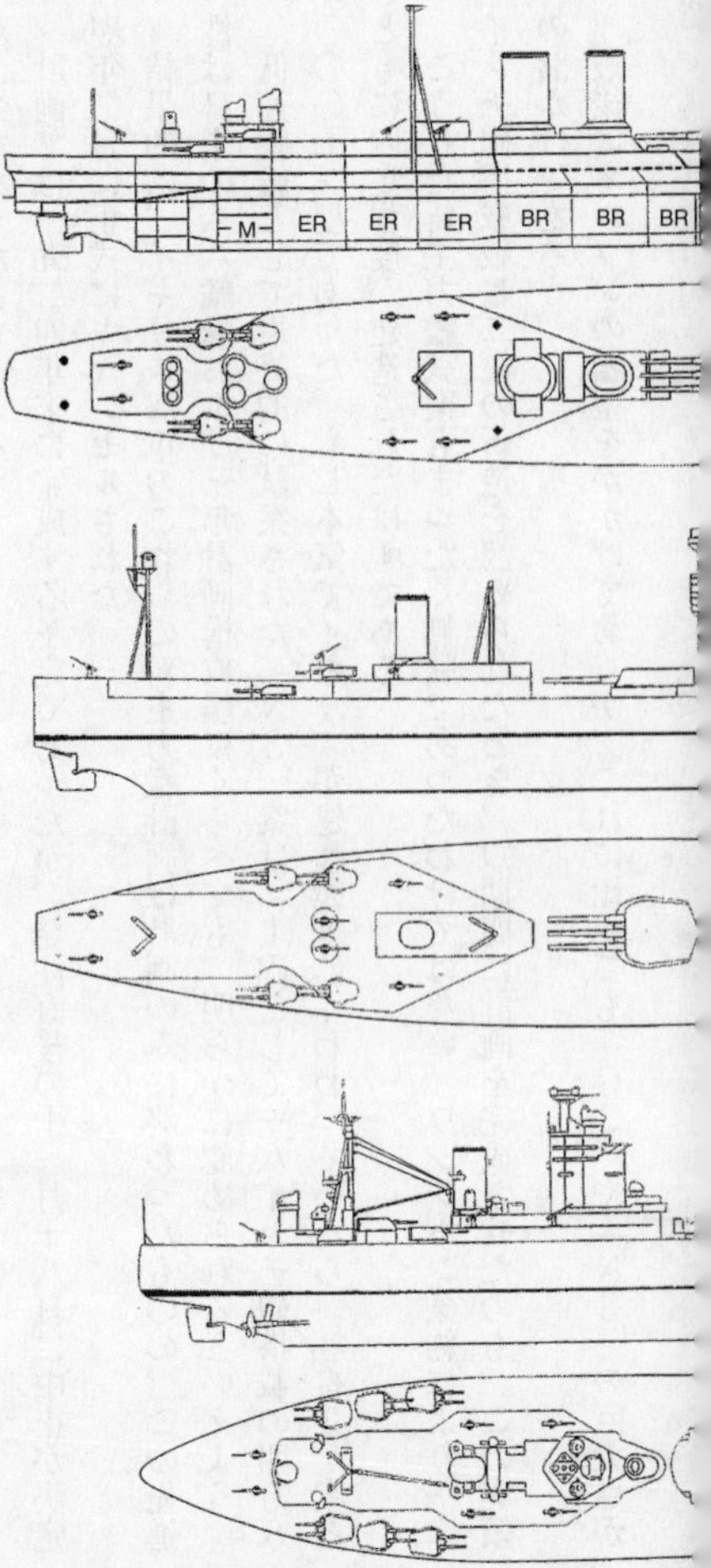
M
ER
ER
ER
BR
BR
BR

九・九メートル、主甲帯一二～一四インチ、バーベット一四インチ、防御甲板八インチ、砲塔前楯一七・五インチと、巡洋戦艦というよりは高速戦艦仕様でまとめられていた。

この「G3」最終案は、一九二一年十～十一月に同型四隻の発注がおこなわれ、スワンハンター、ベアードモア、フェアーフィルド、ジョンブラウンの各社に一隻あてオーダーされている。ただし、この年の八月にアメリカは、列強各国にワシントン軍縮会議の招請をおこなっていたから、この発注はたぶんに日米と建艦競争を対等におこなっていることを見せるポーズであったともいえる。

計画では一九二四年末に完成する予定であったが、発注直後の十一月十八日に中止が決定、翌年二月に正式にキャンセルされた。

結果的に、イギリス海軍のこれらの新主力艦計画は計画のみに終わったものの、この先進性は日米の八八艦隊および三年計画構成艦にくらべても、明らかに認められるといえよう。

低速戦艦として最終的に試案された「N3」案は、主砲として一八インチ砲搭載の四万八〇〇〇トン型であった。もし本気でイギリスが建艦競争にくわわっていたら、「G3」案とともに四隻程度が建造されたはずである。

こうした新主力艦試案もまったく無駄であったわけではない。ワシントン条約により一六インチ砲搭載戦艦二隻の新造を認められたとき、短期間に計画を完成させたのも、この実績のおかげであろう。

最後にネルソンの艦型をかかげておくが、これに比べても「G3」や「N3」の巨大さがわかろう。なお、試案の記号の数字は、2は二連装砲塔、3は三連装砲塔搭載を意味している。

ロイアルネービーの没落

近代海軍史ではつねに世界をリードしてきた英国は、第一次大戦を頂点として、米国にその座を譲りつつあった。

一九二二年のワシントン海軍軍縮会議の締結は、第一次大戦後の各国海軍の軍拡競争を一時的に沈静化する効果はあった。しかし、一九三〇年のロンドン条約での継続化も長くはつづかず、一九三五年の日本の脱退により、以後も米英仏伊（伊は翌年脱退）で新ロンドン条約を締結していたものの、形骸化はまぬかれなかった。

この新ロンドン条約では、今後建造すべき新戦艦について、基準排水量を最大三万五〇〇〇トンに制限したのは先のワシントン条約とおなじであったが、主砲口径については、最大一六インチであった制限を一四インチにひき下げることで合意していた。

ただし、ワシントン条約署名国のいずれか一国が、一九三七年四月一日以前にこの規定に応じない場合は、これを一六インチにひき上げると規定していた。すなわち、脱退した日本が一四インチ以上の口径の主砲を搭載した新戦艦を建造する場合は、この条項にかかることになるわけであった。

このとき、実質的には仏伊は先の条約の規定により、ともに一五インチ砲搭載の新戦艦を建造中であったから、問題は日本の新戦艦が採用する主砲にかかっていた。新主砲搭載の戦艦建造の場合、時期的なネックになる最大要因は、砲と砲塔砲架の開発設計および製造にかかわる時間で、これは戦艦の船体、機関の建造時間をうわまわることもあるほど、重要な要素であった。

そのため、各国とも新戦艦の計画にあたっては、真っ先に主砲と砲塔構造を決定して、新戦艦計画をスタートさせるのが通例であった。

米英は今日の文献を見るかぎり、新戦艦の計画にあたって、この条約の規定を厳密にまもる姿勢をたもっていた。とくに英国は、新型一四インチ四五口径砲Mｋ7を一九三〇年代の前半より計画していたらしく、ほぼ同時期に開発が開始されたと思われる新型一六インチ四五口径砲Mｋ2とともに、次期新戦艦の主砲としての最有力候補であったらしい。

英海軍では大艦巨砲の競争をきらって、この新型一四インチ砲を四連装砲塔三基、一二門搭載すれば、一六インチ三連装三基九門艦と、ほぼ対等に戦闘できると踏んでいたふしがあった。現に、英国はロンドン条約の議論において、しばしば新戦艦を二万五〇〇〇トン、一二インチ砲を上限とする提案をおこなっていたことからも、それがうかがえる。

チャーチルの強烈な批判

英海軍では一九三五年にはいって、新戦艦の計画を具体的にスタートさせた。当初、主砲として一四、一五、一六インチ各砲の搭載スケッチ案をもっていた。中間には一四インチ砲にしぼりこみ、八～一二門、三～四砲塔艦で検討した。そして、一九三六年三月に基準排水量三万五四五〇トン、一四インチ砲四連装三基案が、ほぼ最終案として提出された。

しかし、一ヵ月後には防御計画を改善強化するため、二番砲塔を四連装から二連装に減じて最終案とされた。もちろん厳密には、この時点ですでに限度を四五〇トン超過していた。

しかも、主砲塔を二種にすることで、設計時間が大幅に増える不利をしのんでまで、これ以上、排水量を増加すれば解決できる条約違反をいさぎよしとしなかったのである。

この時点では、米国もまだ一四インチ砲搭載案を捨てておらず、米海軍が新戦艦の主砲に一六インチ砲を搭載することを決断したのは一九三七年六月のことであった。はたしてこの英国の判断が正しかったのか、賛否はあろう。

結果的に英海軍は、一九三七年四月を待たずに、一九三六年度計画で一四インチ砲搭載の新戦艦キング・ジョージ五世級最初の二隻の建造を決定した。

このとき、前大戦で海軍大臣をつとめて海軍通のチャーチルは、まだ無役の国会議員だったが、時の海軍大臣にあてて、新戦艦の主砲に一四インチ砲を採用したことを強烈に批判、一六インチ砲の採用をうながしていた。

かくして、英海軍は最初の新戦艦として、キング・ジョージ五世級五隻を一九三七年七月までに起工した。しかし、一九三七年なかばをすぎると、日本の新戦艦が一六インチ砲を搭載するのは確実と判断され、米国の新戦艦も一六インチ砲の採用が決定されるにいたると、英海軍造船局は、ひきつづいて一六インチ砲搭載の新戦艦の基本計画に着手せざるをえなか

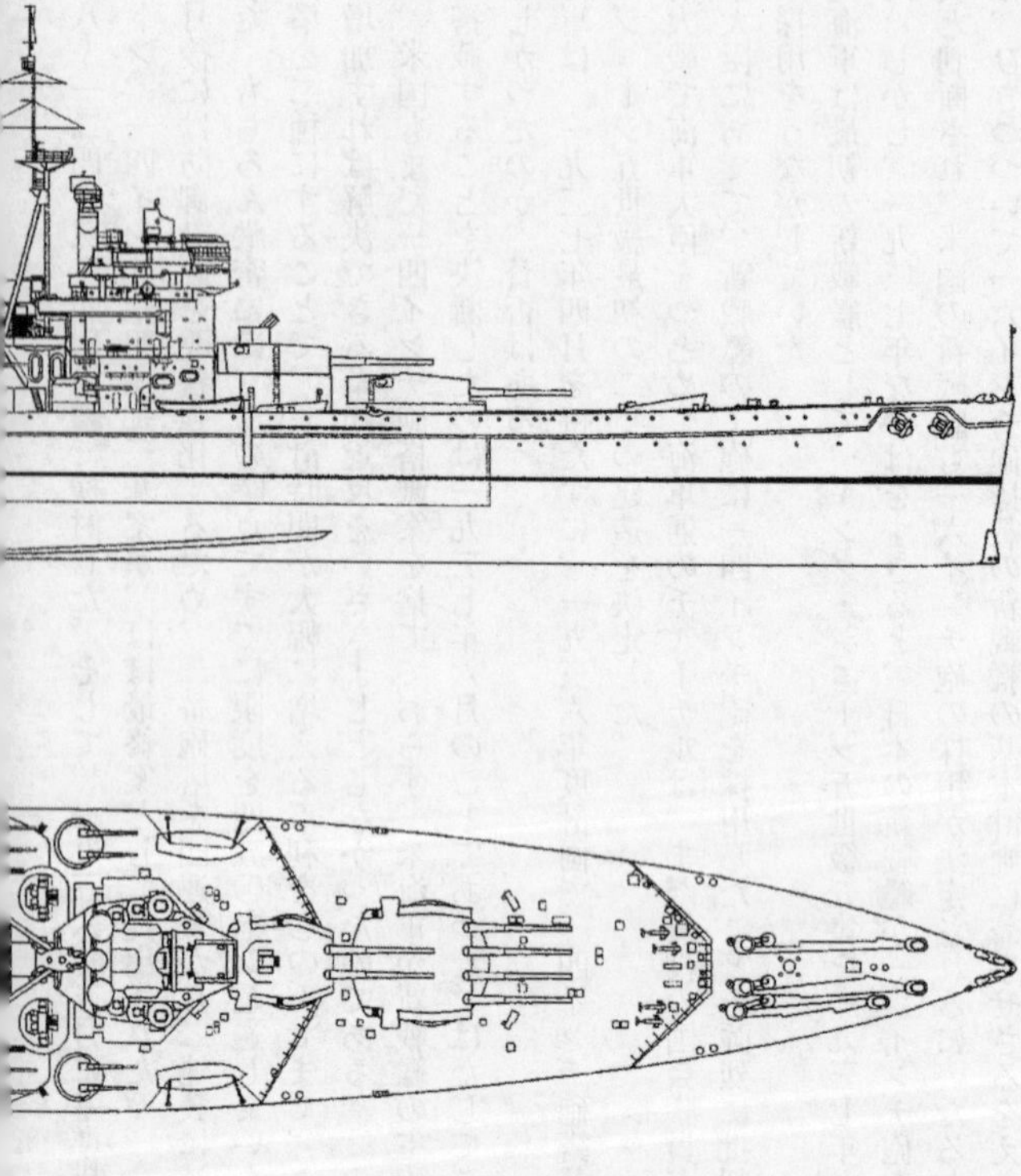

第114図　キングジョージ五世（1941年）

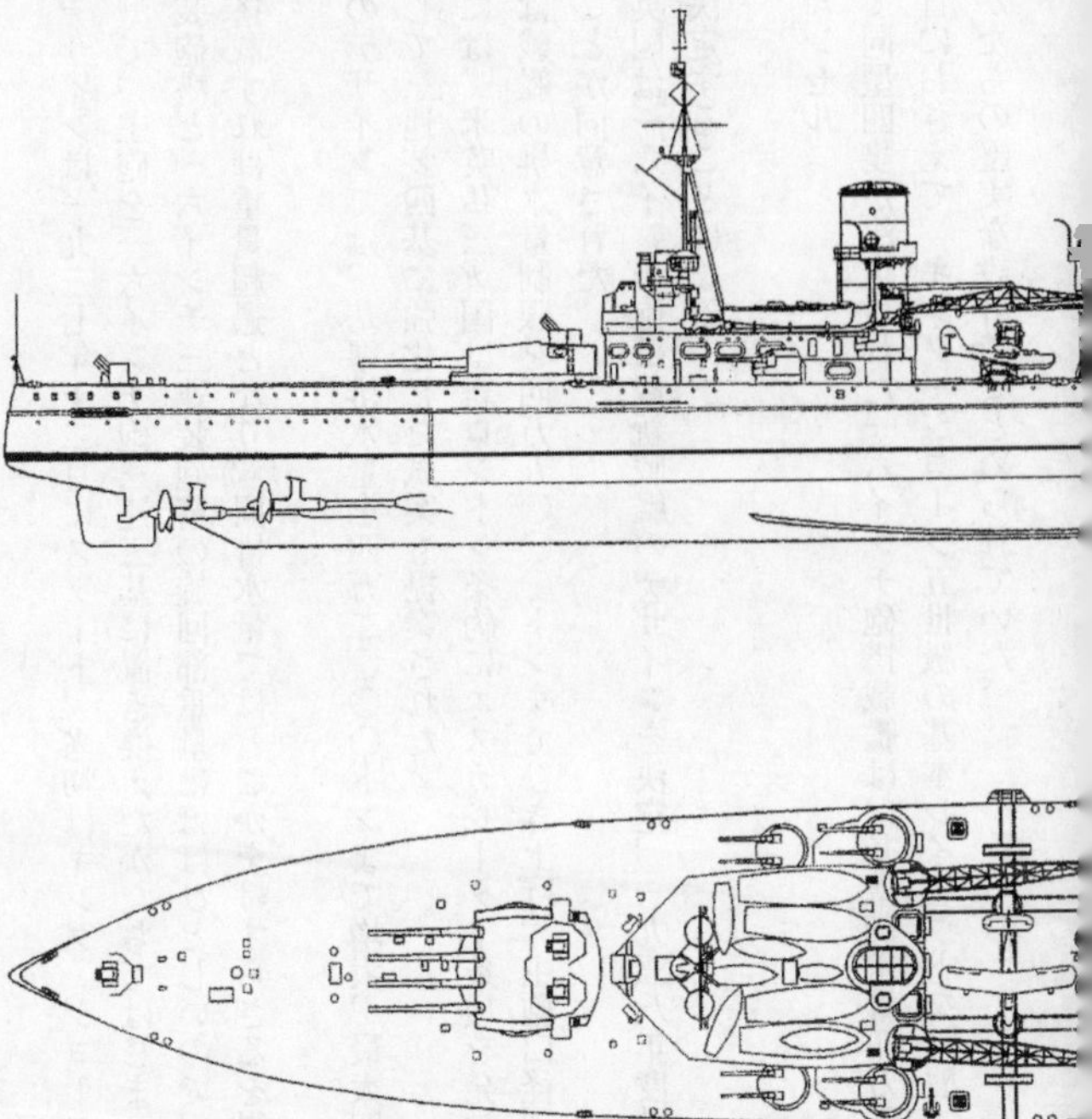

った。

最初のスケッチデザインは一九三七年十二月にスタート、当初はキング・ジョージ五世級のと同サイズの艦型で、主砲を一六インチ砲三連三基に置き換えたかたちではじまった。一四インチ四連装砲塔と一六インチ三連装砲塔の旋回部重量はほぼひとしいので、二番砲塔に三連装砲塔を搭載すれば重量超過となり、同排水量ではどこかをけずらざるを得ないのは明白であった。

一九三八年四月のデザインでは、基準排水量を四万二〇〇〇トンまで増大、最大四万八五〇〇トンまで拡大して三連装四基に強化した試案も提案された。

一九三八年六月には、米英仏三ヵ国は新ロンドン条約にエスカレーター条項を発動することを議決、ここでは戦艦の排水量制限を四万五〇〇〇トンまでひき上げ、主砲口径制限も一六インチにもどすことが同意された。

この決議後に、英国は一六インチ砲搭載新戦艦のデザインを決定、一九三八年度計画で最初の二隻の建造を決定することになる。

ライオン級のキャンセル

ライオン級として同型四隻が決定された一六インチ砲搭載艦は、基準排水量四万五五〇〇トンとかなりひかえ目におさえて、キング・ジョージ五世級の基本レイアウトを踏襲、単純に主砲を入れ替えたかたちの堅実な設計でまとめられていた。

最終的に造船所と契約されたデザインは、前述の基準排水量で満載排水量四万六四〇〇トン、水線長二三七・七メートル、最大幅三二メートル、吃水九・一五メートル。

備砲は一六インチ四五口径砲三連装三基、五・二五インチ五〇口径両用砲連装八基、四〇ミリ・ポンポン砲八連八基、搭載機二機。

速力三〇ノット、出力一二万軸馬力、航続力一〇ノットにて一万四〇〇〇海里。

主甲帯三七四ミリ、防御甲板一四八ミリといったもので、船体はもちろんキング・ジョージ五世級より拡大されているが、防御はほぼ同等、主砲以外の兵装も同等、速力は二ノット増加して三〇ノット発揮をめざしていた。

その他、船体では艦尾を直角におとしたトランザム型艦尾をあらたに採用、以後この形式の艦尾が英国の水上艦艇の特徴となっている。

このときに採用されたMk2一六インチ砲は、さきにネルソン級で採用したMk1より砲身重量を増して腔圧を高め、弾丸重量を増加することで、仰角四〇度での最大射程は三万二七〇〇メートルから四万五〇メートルに増大、一万八〇〇〇メートルでの貫通威力は三六六ミリから四四九ミリと大幅に威力アップしていた。ちなみに、キング・ジョージ五世級の一四インチ砲は、同仰角で最大射程三万五三〇〇メートルといわれていた。

一番艦のライオンはヴィッカーズ・アームストロング社に発注、一九三九年七月に起工、二番艦のテメレエアーはカメルレアード社で一九三九年六月に起工された。三番艦のコンカラーはジョン・ブラウン社に発注、四番艦のサンダラーはフェアフィルド造船機会社に内

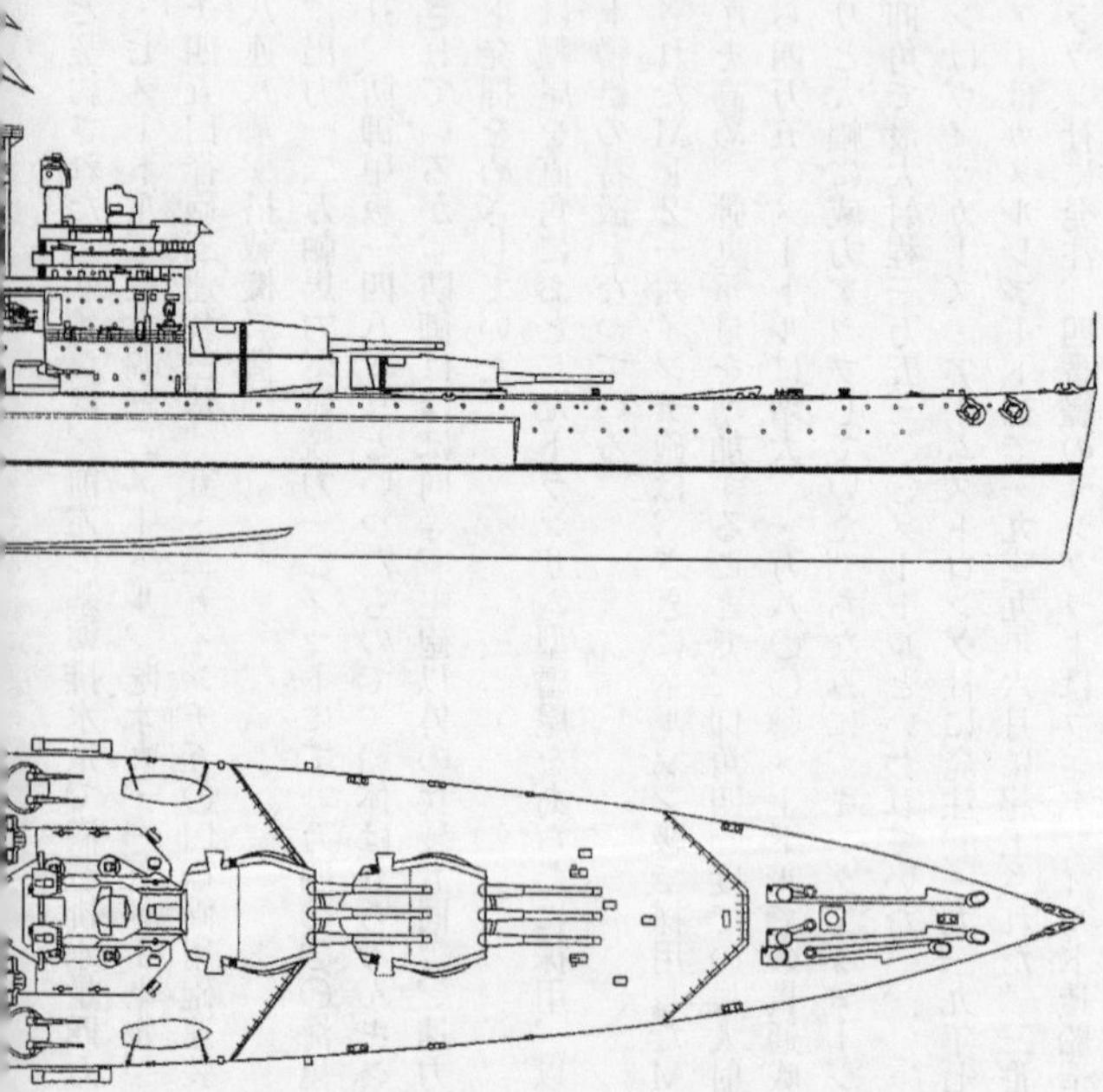

第 115 図　ライオン級完成予想図 (1939 年)

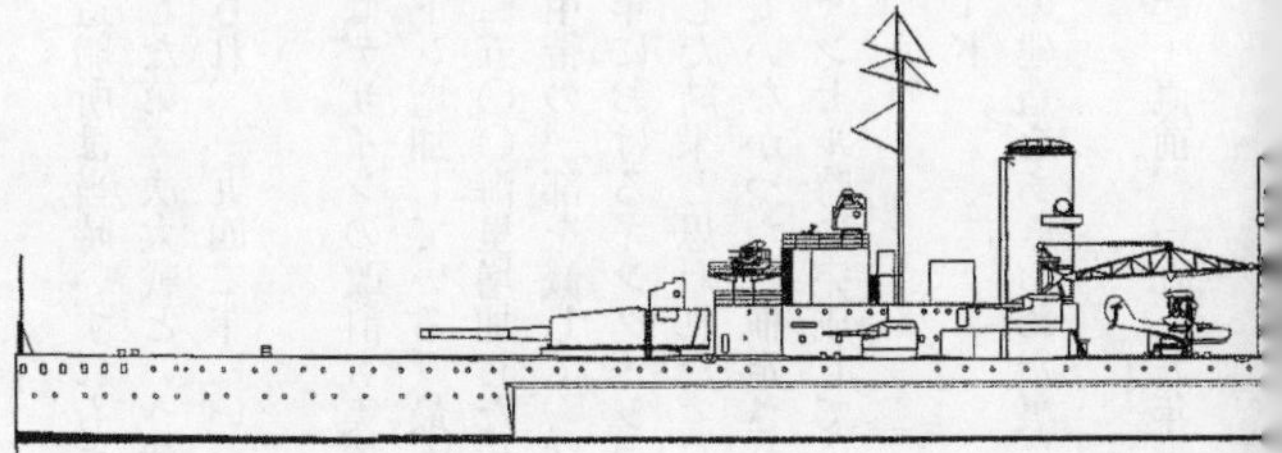

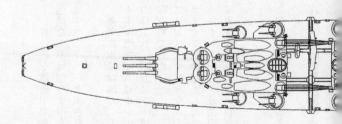

定していた。

いずれにしろ、前記造船所は当時いずれもキング・ジョージ五世級を建造中であった。しかも、起工直後に勃発した第二次大戦という状況下では、迅速な工事は望むすべもなく、一九四〇年に工事は中断され、一九四二年にいたって、建造はすべてキャンセルされてしまった。

一九四二年においてはデザインの改訂も実施されており、基準排水量は四万二五五〇トンと原計画より二〇〇〇トン増加している。最大幅は約一メートル増加、八連ポンポン砲三基を増加した。航続力も二五〇〇海里増加した代わりに、速力は二八・二五ノットに落とされていた。防御重量も主甲帯の一部を減じて、防御計画をあらためていた。

これらは、一九四一年におけるキング・ジョージ五世とプリンス・オブ・ウェールズの戦場での実績などを加味した結果と思われた。したがって、ライオン級は起工したといっても、工事は実質的に進行していなかったと推定される。主砲の一六インチ砲も、最初の二八門が発注されていたが、キャンセル時に完成していたのは五門にすぎなかったといわれる。

時代遅れのヴァンガード

英海軍がライオン級の建造をあきらめた裏には、もうひとつの事実があったことを忘れてはならない。

それはライオン級の起工直前、一九三九年三月に提案された、当時の英国海軍造船局長サー・スタンレー・グッデールのアイデアに端を発する。

彼の提案は、かつて空母に改造した大型軽巡カレイジャスとグロリアスより陸揚げされた一五インチ砲塔を流用することで、比較的短期間に新戦艦を一隻先行建造できる可能性についてであった。

当時の情勢として、英海軍は極東において日本の新戦艦に対抗する戦艦兵力の確保、ドイツ海軍が計画しているH級戦艦に対抗できる戦艦、さらに日本海軍が計画している超甲巡に対処できる高速戦艦がぜひ欲しかった。

というのも、フッド、レパルス級など三隻の巡洋戦艦があったものの、老朽化していて万全とはいいがたかった。したがって、ライオン級に先行して高速戦艦一隻を建造できれば、いろいろ役立つのではという、この提案は受け入れられて、さっそく試案がスタートすることになった。

海軍大臣に復帰したチャーチルも、この提案に大賛成で、航空攻撃にもたえられる十分に防御された巡洋戦艦タイプの艦を希望していた。基本はキング・ジョージ五世級の高速、かつ四砲塔化より出発し、主機はライオン級と同型と見積もられた。

一九四一年十月にジョン・ブラウン社で起工されたときの最終案は、基準排水量四万一六〇〇トン、満載排水量四万八〇〇〇トン、水線長二四四メートル、最大幅三二・八メートル、吃水九メートル。備砲一五インチ四二口径連装砲四基、五・二五インチ両用砲連装八基、四〇ミリ・ポンポン砲八連六基、搭載機二機。速力二九・五ノット、出力一二万軸馬力、航続

上からフッド、プリンス・オブ・ウェールズ、キング・ジョージ五世

力一〇ノットにて一万四〇〇〇海里。主甲帯三四八ミリ、防御甲板一四八ミリといったものであった。

この年の暮れに、プリンス・オブ・ウェールズとレパルスがマレー半島沖で日本海軍の陸上攻撃機によりあっけなく撃沈されたことは、建造に着手したばかりのこの新戦艦にも、おおくの戦訓を加味せざるをえなかった。

まず、船体は従来の艦首乾舷の低いシァーのない形態をあらため、艦首を高めて、前部砲塔群付近に三重の波除けを、かつアンカーセレスをもうけて凌波性の改善につとめた。防御的にも間接防御の見直しがはかられ、水密区画の配置と構造が対象となった。

兵装面でもポンポン砲八連三基、同四連一基とエリコン二〇ミリ連装機銃一二基が増備されるとともに航空兵装を廃し、一九四二年九月当時で排水量は基準排水量で四万二三〇〇トンに増加していた。

この時点では、すでにライオン級の建造は断念されており、ドイツのH級の建造も未完成に終わっていることがほぼわかっていたから、新戦艦の建造は必須とはいえなかったものの、極東における日本新戦艦に対抗する意味あいは残されていた。

かくして新戦艦は一九四四年十一月三十日に進水、ヴァンガードと命名された。竣工は対日戦終戦直前の一九四五年八月九日で、かろうじて面目をたもったものの、その存在意義は単なる象徴的なものでしかなかった。

竣工時の基準排水量は四万六一〇〇トンと、起工時にくらべて四五〇〇トンも増加してい

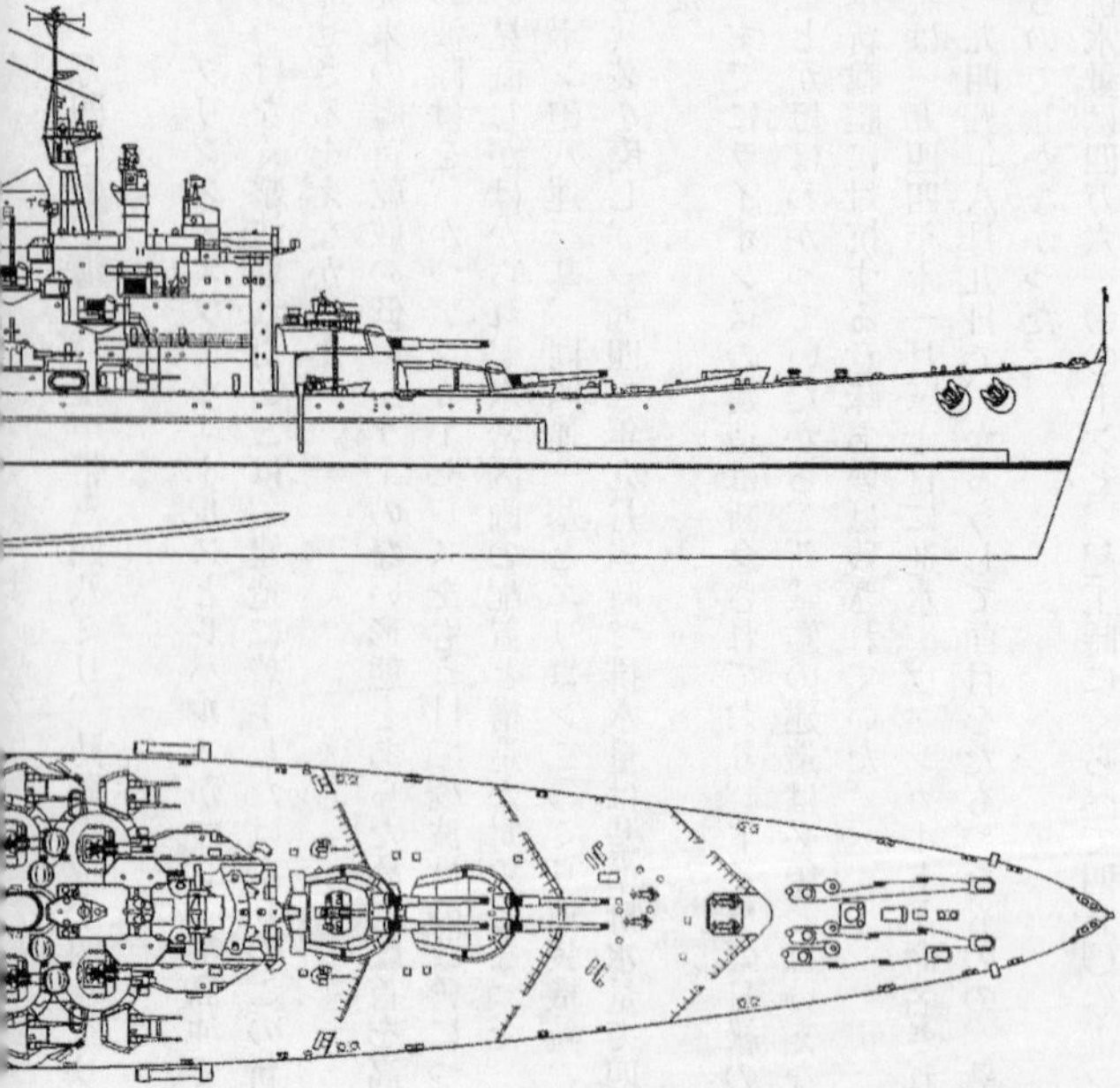

第116図　ヴァンガード（1946年）

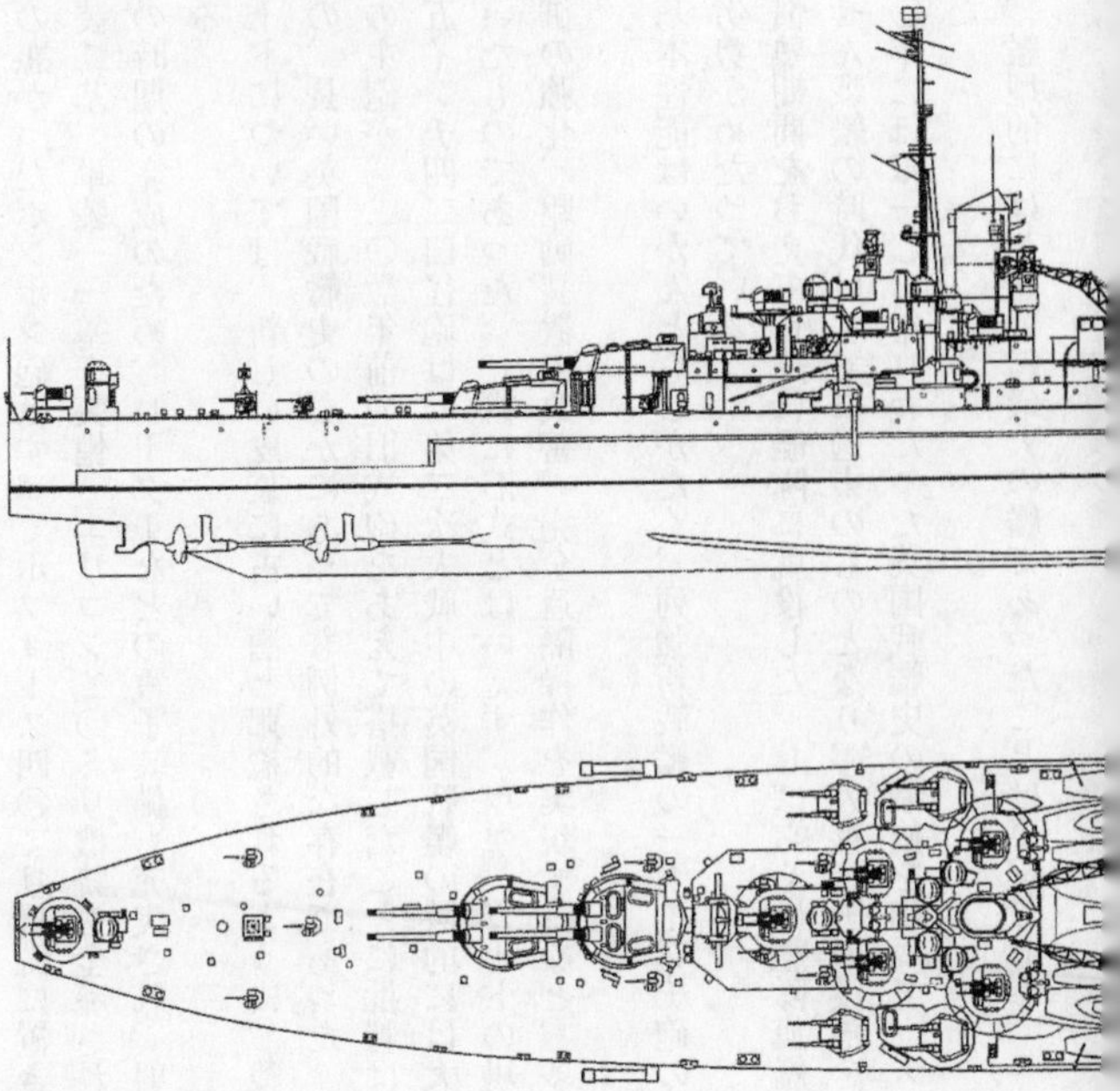

た。また、評判の悪かったポンポン砲はすべてボフォース四〇ミリ機銃に置き換えられ、六連装一〇基、連装二基、単装一一基を装備、エリコン二〇ミリ機銃も全廃された。

また、当然この時期の完成のため、レーダーなどの電子装備も充実され、射撃用レーダーは完備されている。

このヴァンガードについては、新しい皮袋に古い酒と揶揄されるように、戦時下の特殊事情はあったものの、長い英国戦艦史のなかにあっても例外的な存在であった。戦艦の命ともいえるかんじんの主砲が、二〇数年前の旧式砲をあえて搭載したことに批判はすくなくない。

もちろん、一五インチ四二口径砲は、第二次大戦中の英国戦艦の数的には大勢を占め、一三隻が搭載していたものであった。一概に旧式とはいえず、ヴァンガードの場合も仰角のひき上げ、砲塔防御の強化、駆動装置の改善、完全遠隔操作を実現するなど、多くの改良がくわえられている。

しかし、砲の基本性能はいかんともしがたく、列強新戦艦の一五インチ砲のなかでは、とくに最大射程の劣勢がめだっている。

一九四七年に慣熟期間をおえて正式に艦隊に就役した。しばらくは艦隊旗艦などをつとめていたが、しょせん戦艦の時代はすでに過去のものとなり、大英帝国の没落を象徴するかのように、一九六〇年にほぼ一〇〇年にわたった英国戦艦史の最後を飾って、スクラップされてその姿を消した。

いずれにしろ、艦型的には英国戦艦最大の艦であったことは事実である。

「ドイツ艦隊法」の制約

第一次大戦はいうまでもなく、当時世界第一位と二位の海軍、イギリスとドイツが激突した戦争であった。北海での制海権をめぐる戦局は、勢力的にドイツをうわまわったイギリス海軍が、ドイツ海軍を封じこめて、つねに制海権を手中にしていたものの、一九一六年五月に勃発したジュットランド海戦のように、機会をみてはドイツ主力艦隊が出撃して、イギリス主力艦隊に挑戦する艦隊決戦のチャンスは何度かあった。

しかし、唯一の機会であったジュットランド海戦では、ともに決定的勝利を得られなかった。とくに大戦後半は、ドイツ海軍はつねに主力艦の量的劣勢に悩まされて積極的攻勢をあきらめて、潜水艦による通商破壊戦に主軸をうつさざるを得なかった。

第一次大戦時のドイツ海軍は、一九一二年六月に成立した「ドイツ艦隊法」という国内法により、自国海軍の海軍勢力の保有規模を定めていた。

これによれば、この艦隊法が完成したあかつきには次の規模の艦隊勢力を保有することになっていた。

一、現役戦闘部隊

艦隊旗艦一隻

戦艦戦隊三隊（各戦艦八隻）合計二四隻

偵察戦隊　大巡八隻、小巡一八隻
二、予備戦闘部隊
戦艦戦隊二隊（各戦艦八隻）合計一六隻
偵察戦隊　大巡四隻　小巡一二隻

以上のほかに多数の水雷艇（駆逐艦）、潜水艦をふくむものであるが、戦艦、巡洋艦の代換えは二〇年ごとに更新するものとされていた。

大戦勃発時のドイツ海軍は、戦艦三九隻、大巡一四隻を有していたから、一見すると艦隊法の保有量に近づいていたかにみえたが、実際は戦艦のうちド級艦は一七隻、大巡のうち巡洋戦艦は五隻しかなく、実力的には大差があった。

ドイツでは開戦時、計画ないし起工ずみの戦艦、巡洋戦艦で、大戦中に完成したのは戦艦バイエルン級の二隻と巡洋戦艦リュッツォウとヒンデンブルグの二隻のみで、イギリス海軍にたいする主力艦の勢力比は、大戦末期にはより拡大していた。

この状況でドイツ海軍は、大戦中に二級の巡洋戦艦を起工していた。

戦前の一九一三年の設計で、一九一四～一五年に同型四隻が起工されたマッケンゼン級三万一〇〇〇トンは、前級のデルフリンガー級の改型であった。主砲口径を三〇・五センチ砲から三五センチ砲に強化した拡大型で、艦型も当然、水平甲板型で類似している。

順調に工事を進めていたら大戦末期には完成したはずであったが、二隻が進水までこぎつけたものの、未完におわっている。

三五センチ砲連装四基、速力二八ノットは、完成していたら日本の「金剛」型をうわまわる有力な巡洋戦艦になったはずである。しかも、ジュットランド海戦の戦訓を加味する必要のない防御力をそなえていた。

さらに、一九一六年に同型三隻が起工されたヨルク代艦型巡洋戦艦は、装甲巡洋艦ヨルク、同シャルンホルスト、同グナイゼナウの代艦として計画されたもので、バイエルン級戦艦とおなじ三八センチ砲を採用、一九一五年に設計されたものという。

基本デザインは前マッケンゼン級の拡大型で、戦時計画のために計画排水量の増加を二五〇〇トンにとどめ、機関出力をおなじとしたため、速力は二七ノットに落とされた。防御的にもマッケンゼン級とほぼ同等で、いくぶん中途半端なデザインである。いずれも進水までにいたらずに終戦を迎えた。

計画排水量三万三五〇〇トン、全長二二七・八メートル、幅三〇・四メートル、主甲帯三〇〇ミリで、ほぼ日本の「長門」型に匹敵する高速戦艦仕様であった。

煙突ははじめて単煙突となり、のちのヒトラー時代の新戦艦シャルンホルスト級の設計にあたっては、本級の設計データが基本になったという。

完成したマイティフッド

一方、対するイギリス海軍は、ド級艦にかぎっては対独一・五倍程度の優位を保持してい

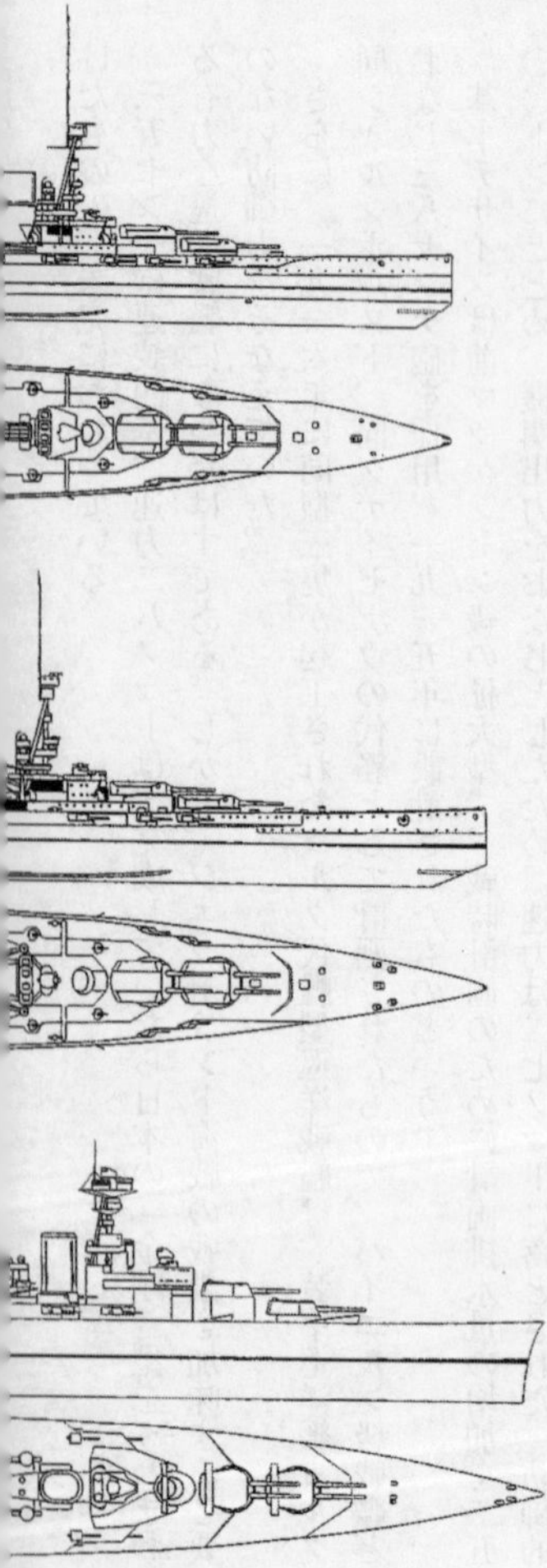

第117図　マッケンゼン級

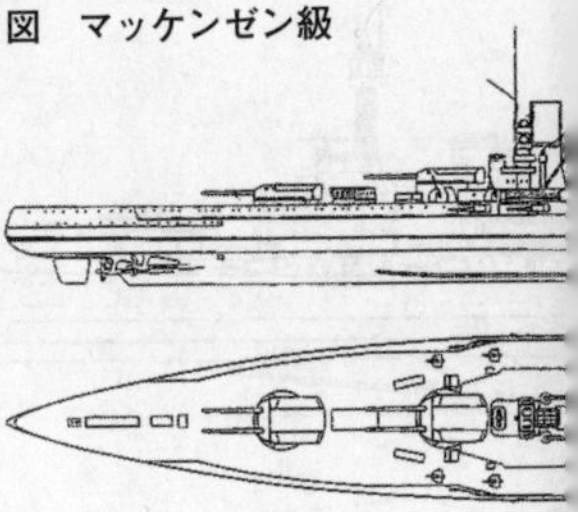

第118図　ヨルク代艦

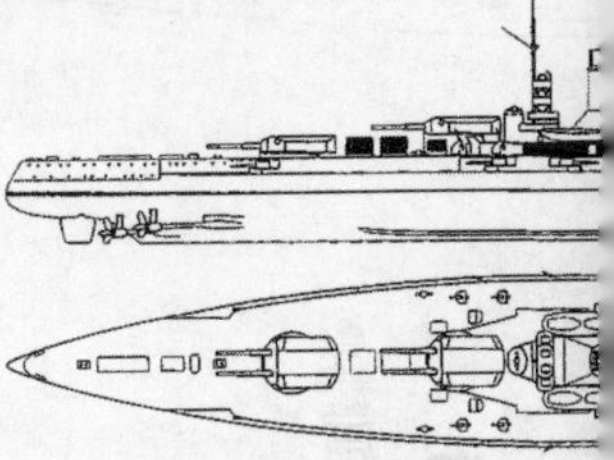

第119図　フッド

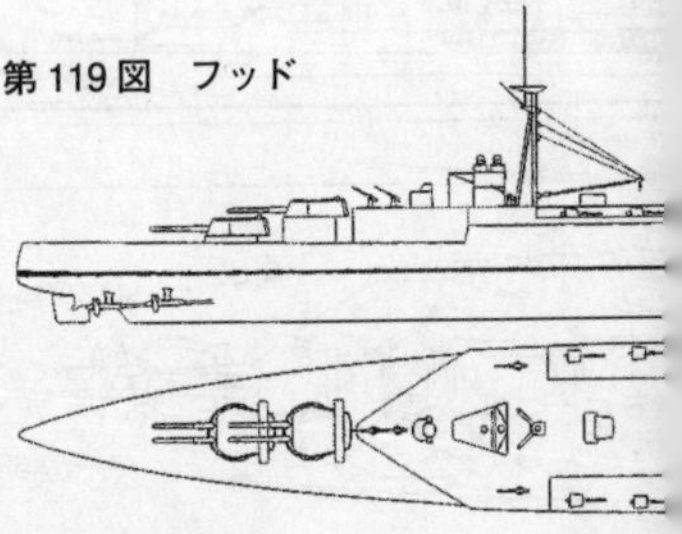

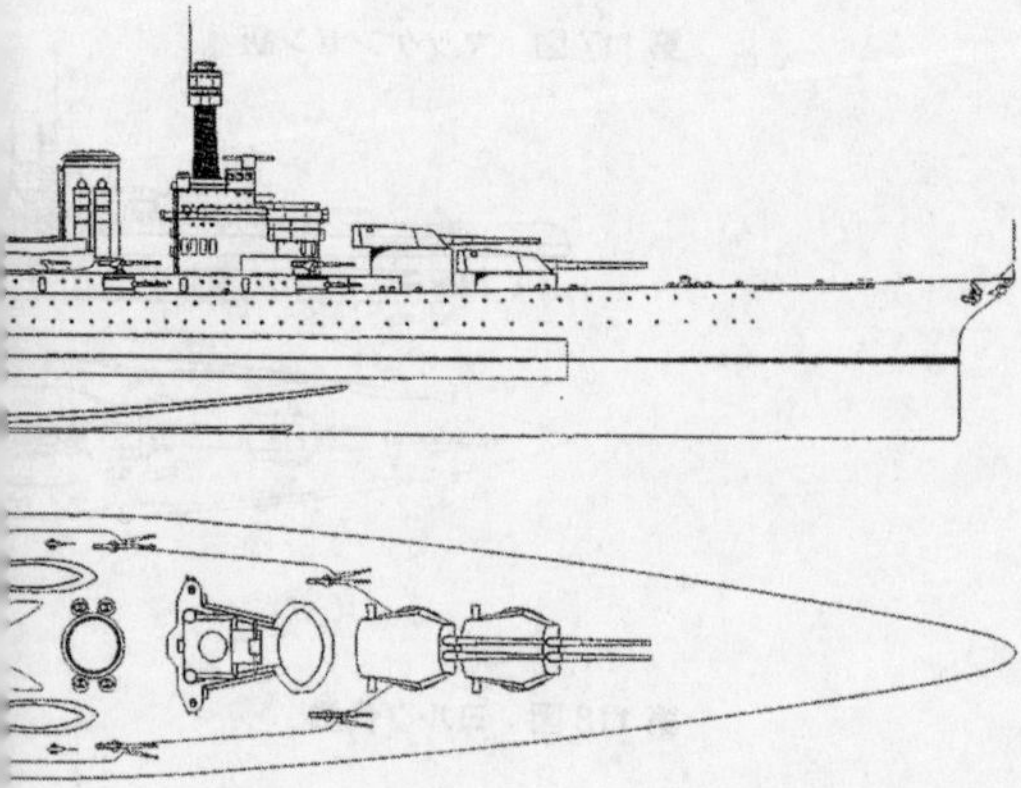

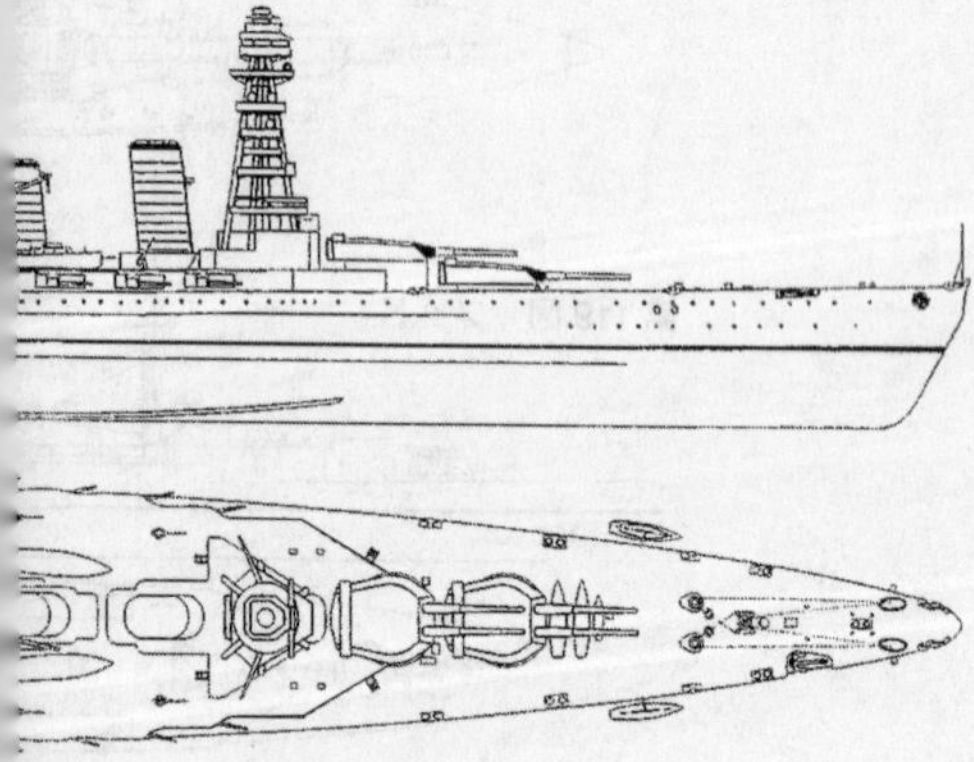

第120図　レキシントン

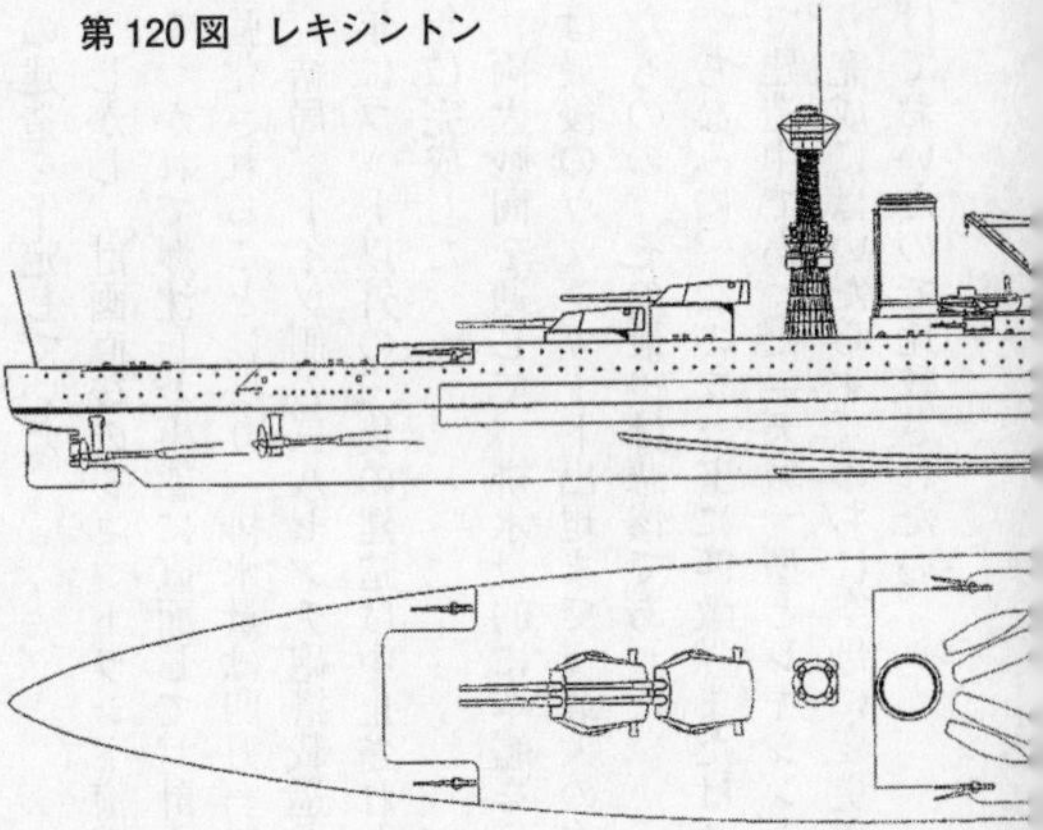

第121図　「天城」

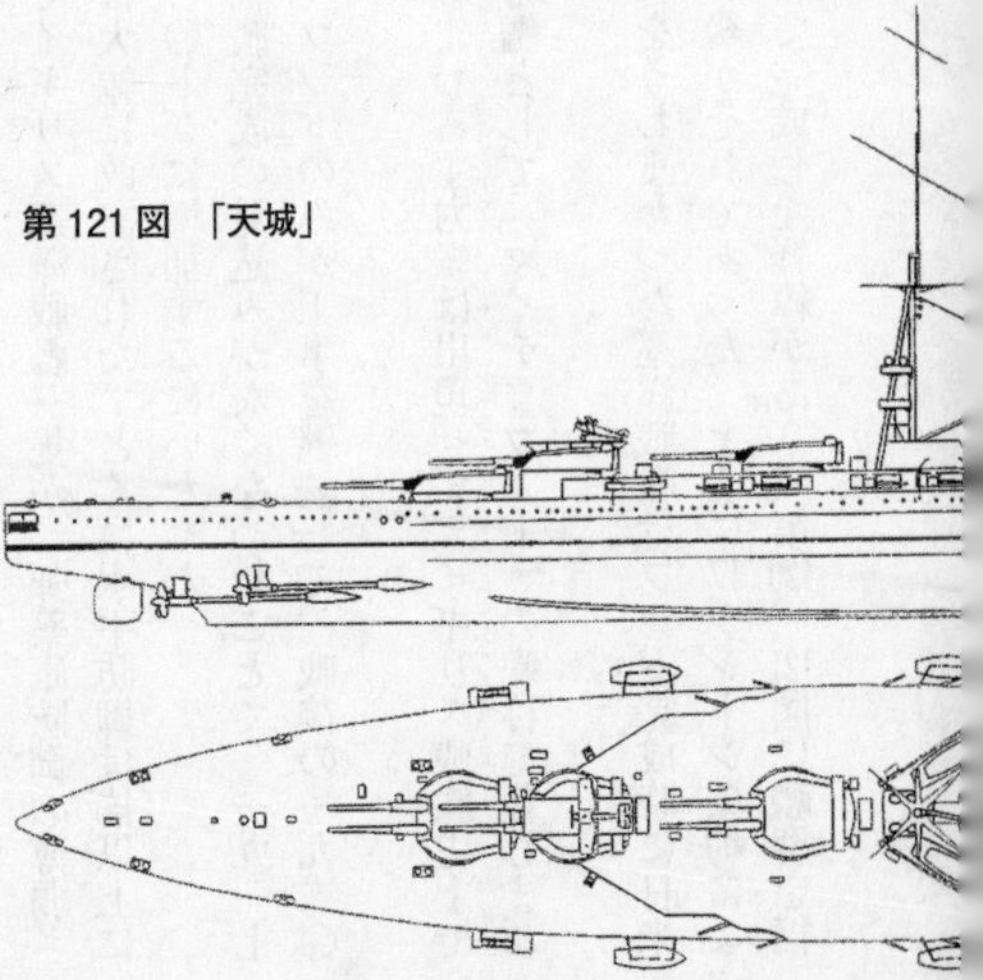

た。しかし、大戦なかばにドイツが三八センチ砲搭載巡洋戦艦（ヨルク代艦）を起工したことを知って、一九一六年度戦時計画で新巡洋戦艦フッド級の建造にふみきった。

ほんらい本級は排水量三万六三〇〇トン、速力三二ノット、当時完成まぢかのリナウン級巡洋戦艦より約一万トン大型化され、三八センチ砲連装四基を搭載した大型艦で、同型四隻の建造を予定していた。

しかし、計画直後のジュットランド海戦でイギリス巡洋戦艦三隻が、弾薬庫防御の薄弱さをつかれて爆沈した事態に直面して、計画は大幅に改訂された。とくに水平防御は倍以上に強化されることになり、排水量は四万一二〇〇トンに増加するにいたった。

結局、ドイツ側の三八センチ砲搭載巡洋戦艦完成の見込みがなくなったことで、一九一七年にフッド以外の三隻の建造は中止された。フッドのみが工事を継続して、戦後の一九二〇年に完成した。

両大戦間を通じて、排水量的に本艦をうわまわる主力艦は出現せず、イギリス戦艦史上では最後のヴァンガード出現まで、最大の主力艦として「マイティフッド」の愛称で親しまれたものの、その最後は悲惨であった。

ちなみに、このフッドに匹敵、またはこれをうわまわった巡洋戦艦はフッド完成時に日米で建造中であった「天城」型とレキシントン級がそれであった。ともにワシントン条約により完成にはいたらず、のちに空母に変更されて完成した経緯があり、第120、121図に艦型を掲げておいたので比較されたい。

船体寸法的にはアメリカのレキシントンがもっとも大型で、日本の「天城」が一番小ぶりである。機関出力もレキシントンが最大で、反面、兵装と防御面では「天城」がもっとも充実しており、当時の三大海軍国の巡洋戦艦にたいする設計思想がよくあらわれているといえよう。

ナゾの中のモナーク代艦

他方、地中海ではイタリアとオーストリア・ハンガリー帝国が、それぞれ連合国側と同盟側にわかれて第一次大戦を戦っていた。

この両国はアドリア海をはさんで、ともに有力な海軍兵力を保有して対立する存在であった。第一次大戦前の海軍力も、イタリアが一二インチ砲搭載ド級戦艦一隻が完成、五隻が建造中（一九一六年までに完成）であった。

これにたいして、オーストリアでは最初のド級戦艦ヴィリブス・ウニテス級四隻のうち三隻が完成ずみで、イタリアより優位に立っていた。このためか、イタリアの連合国側にたっての参戦は、一九一五年五月とかなり遅れた。

オーストリア海軍最初のド級戦艦、ヴィリブス・ウニテス級は、各国の初期ド級戦艦のなかにあっては、きわだって先進的な主砲配置を採用した艦として知られている。

一二インチ四五口径砲を三連装砲塔四基におさめ、前後に背負い式に配置した。二万トン強のきわめてコンパクトな船体に一二インチ砲一二門を搭載して、片舷一二門指向を可能にした。かつ、前後への六門完全指向を可能にしたのは、本型のみであった。

オーストリアでは、大戦勃発前の一九一三年には次期主力艦の計画がスタートしたとされており、旧式戦艦モナーク、ウイーン、ブダペストおよびハプスブルクの代艦というかたちで、四隻の戦艦建造計画があったという。

計画では主砲に三五センチ四五口径砲（一四インチ砲ではなく、正三五センチ口径砲という）を採用、これを二連装と三連装砲塔の混載として、一〇門を装備するものとされた。これは前級より大幅な船体の大型化をさけて、最小限の排水量増加で三五センチ砲搭載艦を実現せんとしたものらしく、工廠や造船所の建造能力に配慮したものと思われた。

なお、オーストリアにはスコダ社という有名な兵器メーカーがあり、こうした大口径艦載砲の開発、製造にこたえることができた。

モナーク代艦は排水量二万四五〇〇トン、全長一七五メートル、幅二八・五メートル、機関出力三万一〇〇〇軸馬力、速力二一ノット、三五センチ砲一〇門、一五センチ砲一四門、九センチ砲二〇門（うち一二門は高角砲）、五三センチ発射管六門、主甲帯三一〇ミリ、バーベット三二〇ミリ、甲板三六ミリとされている。

図では一五センチ副砲が一八門となっているが、のちの改訂で一四門に減少したとなっている。

また、有名なブライヤー氏の著書『Battleships and Battle Cruisers 1905 - 1970』では、本級の主砲配置について一、四番砲を三連装砲塔としているが、オーストリア海軍の公式図では、これとは逆に二、三番砲が三連装とされており、艦の安定性より防御性能を重視した、日本では平賀デザインによくみられた配置を採用していた。

本級は一九一四年に二隻、一九一五年に二隻が起工される予定であったが、結局、第一次大戦の勃発により一九一四年度艦も起工にいたらず、すべて未完におわっている。

イタリアでは一九一六年までに建造中のコンテ・ディ・カブール級三隻、カイオ・デュイリオ級二隻の一二インチ砲搭載ド級艦を完成させたが、これより前、大戦勃発直後に新戦艦フランチェスコ・カラッチョロを起工した。

本級はイギリスの高速戦艦クイーン・エリザベス級にならった常備排水量三万四〇〇〇トン、三八センチ砲八門搭載、速力二八ノットの有力艦で、前述のオーストリア海軍の新戦艦計画に対抗したものとされている。

一九一五年に同型三隻が起工されたものの、材料供給が困難として間もなく建造中止となり、カラッチョロのみがほそぼそと工事をつづけた。一九二〇年に船台を明けるため進水したものの、完成の意志はなく、高速商船への改造も見当されたが、結局はスクラップとして売却されてしまった。

本型の三八センチ主砲は四〇口径という短砲身で、イギリスのアームストロング社が製造を受注していたが、完成された数門は、大戦末期にイタリア海軍のモニター搭載砲に流用された。

本型は、イタリア戦艦として独自の形態を有していた。艦首や艦尾の縦型二重舵などに特

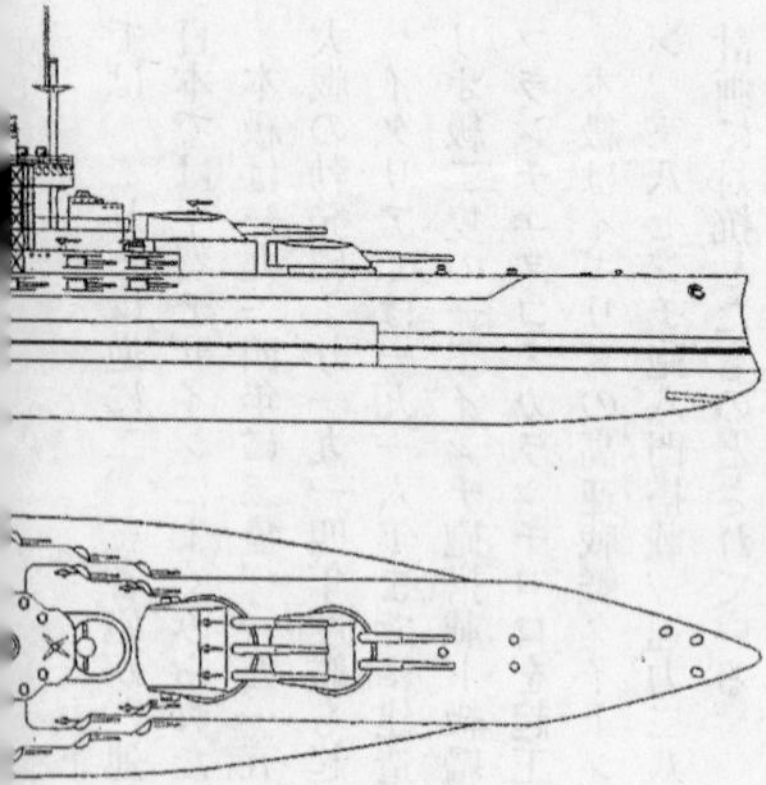

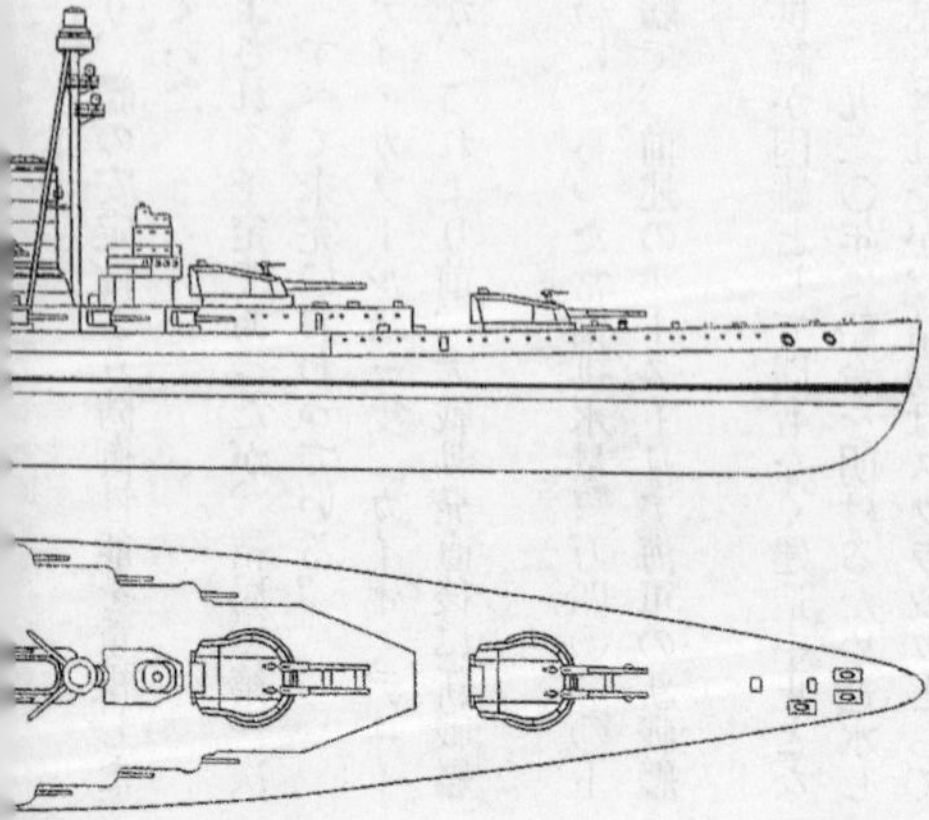

第 122 図　モナーク代艦

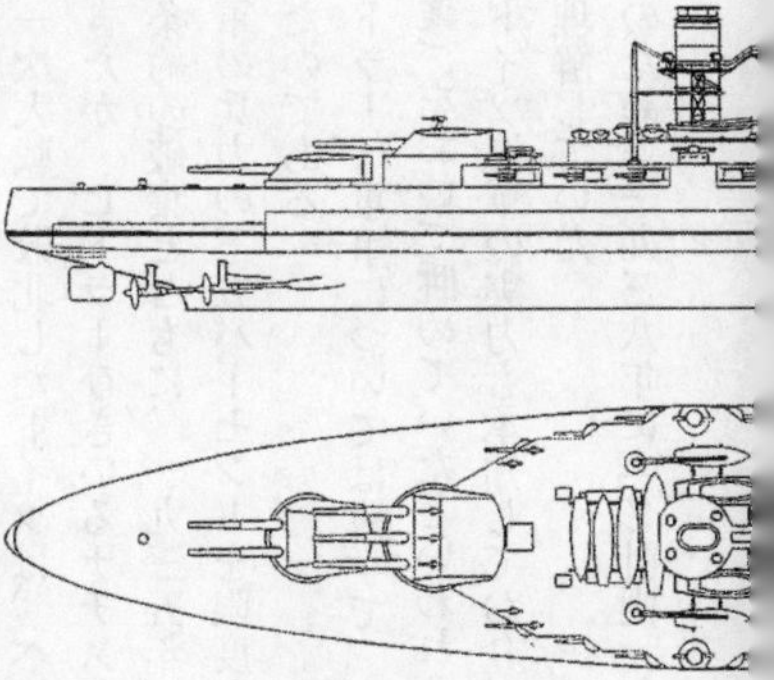

第 123 図　フランチェスコ・カラッチョロ

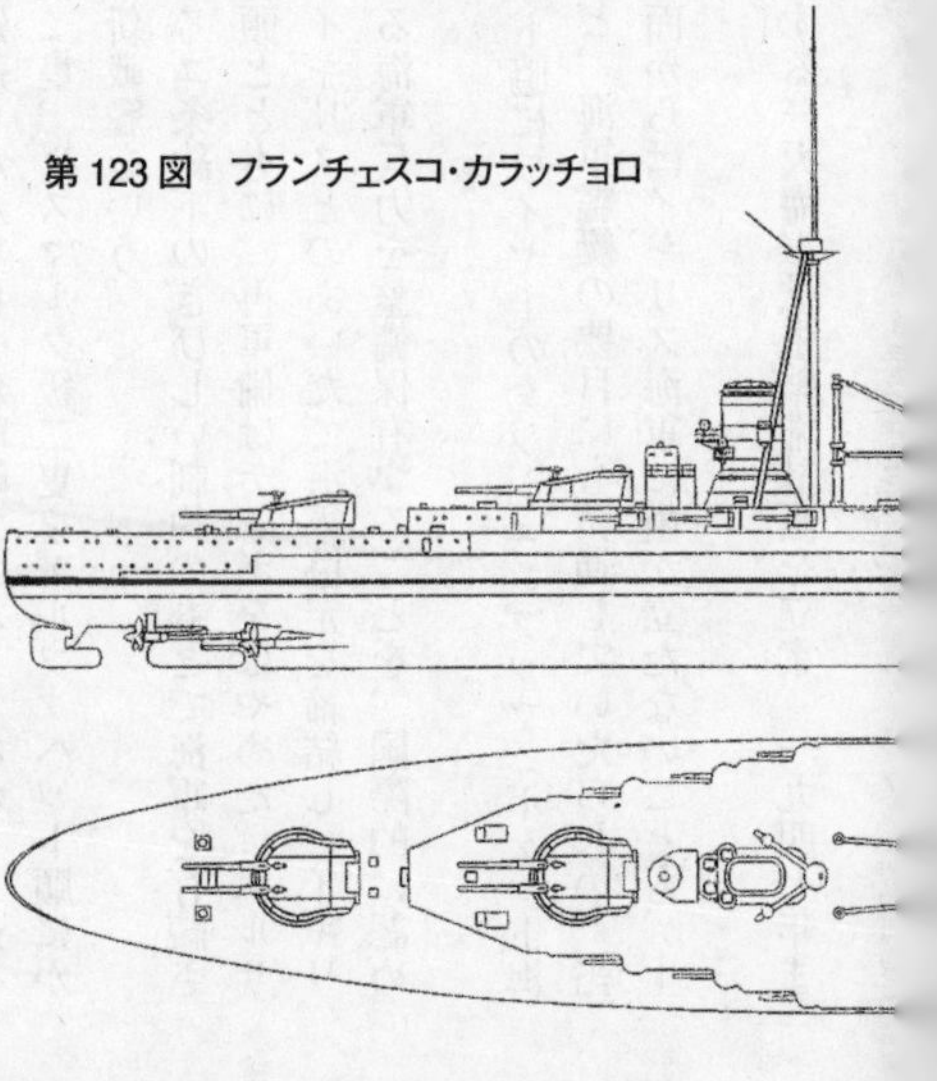

色があり、完成していれば巡洋戦艦をもたなかったイタリア海軍にとって、大きな戦力になったはずである。しかし、こうした高速戦艦はのちのリットリオ級の出現まで実現しなかった。

ドイツ海軍「H」級戦艦

H級とは、第一次大戦後にドイツ海軍が建造した八隻目の新戦艦である。すなわち、最初のポケット戦艦三隻、シャルンホルスト級二隻、ビスマルク級二隻をアルファベット順にかぞえると八隻目、すなわち「H」にあたる新戦艦をいう。

第一次大戦で敗北したドイツは、ベルサイユ条約下のきびしい制約のもとで海軍を存続させてきたが、ヒトラーひきいるナチスの台頭とともに、再軍備はテンポをはやめた。ベルサイユ条約の破棄とともに、一九三五年にはイギリスとのあいだで海軍協定を締結し、イギリス海軍の兵力の三五パーセントを限度とする海軍兵力を整備保有することを、国際的に認めさせたのである。

ヒトラーは軍事については博学で、ベッド脇にワイヤーのタッシェンブッフ（ポケット海軍年鑑）をおいて眺めていたといわれるほど、海軍艦艇の要目にも精通していたらしい。当然、ドイツ海軍の実力も承知しており、正面からはイギリス海軍に歯が立たないことも、十分に理解していた。

そのため、一九三八年に「Z計画」と称する一大海軍拡張整備計画を立案、一九四七年までに大型水上艦艇を中心とした大艦隊を実現することをみこんでいた。

この計画は一九三九年の初頭に正式に承認され、海軍総司令官のレーダー元帥は、この計画が完成するまではイギリスと戦端をひらくことはないと、ヒトラーに約束させたと考えていた。

当時ドイツ海軍は、ポケット戦艦の計画を三隻で打ちきって、ベルサイユ条約の制約から脱却した二万六〇〇〇トン型巡洋戦艦（実際は三万一〇〇〇トン型）二隻を一九三五年に起工した。さらに翌年には、三万五〇〇〇トン型戦艦（実際は四万二〇〇〇トン型）二隻を起工するにいたっていた。

二万六〇〇〇トン型はシャルンホルストとグナイゼナウで、主砲として二八センチ砲三連三基を搭載、速力三〇ノットの中型戦艦である。開戦時におけるドイツ海軍唯一の主力戦艦であったが、いかんせん主砲口径の劣勢から、イギリス海軍にたいするには力不足であった。

次のビスマルクとティルピッツは主砲を三八センチ砲に強化した。当時の列強三万五〇〇〇トン型新戦艦のなかでは、もっとも大型な有力艦であった。

さきの英独海軍協定では、この公称三万五〇〇〇トン型戦艦を五隻まで建造できたが、当時の列強の建艦競争においては、ロンドン条約を脱退した日本が、一六インチ以上の主砲を搭載した新戦艦を建造することは必至とみられていた。

そのため、米英も第二次ロンドン条約のエスカレーター条項を適用して一六インチ砲搭載戦艦を建造することを見越して、ドイツとしても、ここでより大型の一六インチ砲搭載艦を計画したのは当然であった。

Z計画の中核をになっていたのが、〈H〉〈J〉〈K〉〈L〉〈M〉〈N〉の六隻の五万八〇〇〇トン級大型戦艦である。最初の二隻〈H〉〈J〉は、一九四三年の完成をめざして一九三九年七月十五日および同年九月一日にハンブルグのブローム&フォス社で起工された。同社の船台では、この年の二月にビスマルクが進水したばかりであった。

全ディーゼル化への自信

H級は、日本海軍の公試排水量に相当する計画排水量が五万八五〇〇トン、満載排水量が六万三六〇〇トンというから、当時日本で建造中であった「大和」よりわずかに小さかった。船体寸法では全長二七七・八メートルと一〇メートル以上長く、幅で一メートル強小さかった。

艦型そのものは前級のビスマルクをほぼ踏襲していたが、太い二本煙突が特徴であった。これは主機械にMAN社のMZ65／95復動ディーゼル機関一二基を搭載したことによる排気筒である。

ディーゼル先進国であったドイツは、さきにポケット戦艦で主機にディーゼル機関を採用、大型水上艦艇の主機のディーゼル化で先鞭をつけたことで知られていた。次のシャルンホルストおよびビスマルク級ではタービンに戻していた。

こうした大型艦の主機としてオール・ディーゼル化を採用したのは、もちろんこのH級が

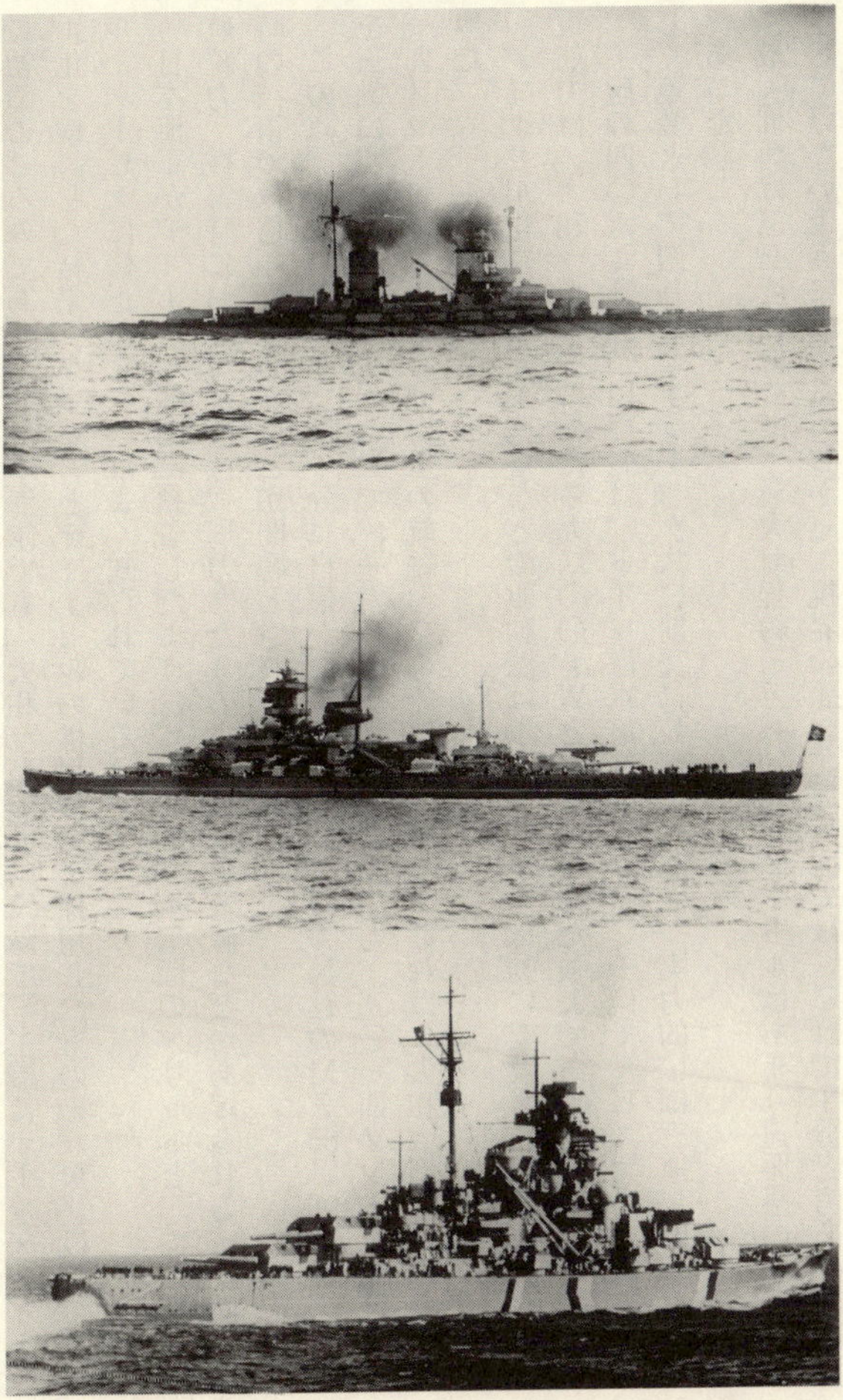

上からリュッツォウ、シャルンホルスト、ビスマルク

最初のこころみであった。日本海軍でも「大和」型の計画段階で、主機にオール・ディーゼル化を検討した結果、タービンとディーゼルの併用機関を採用したものの、最終段階でオール・タービンに修正したことはよく知られている。

日本海軍がディーゼル機関に執着したように、ディーゼル主機のメリットとしては長大な航続力、被害時における抗堪性、馬力あたりの主機重量の軽減などがあげられる。反面、当時の技術では信頼性に劣ることが問題とされていた。

この点、本家のドイツでは十分に自信があったらしく、MAN社のMZ65／95機関一二基を三軸に四基ずつ配置することで、一六万五〇〇〇馬力を出力、三〇・四ノットを発揮し、一九ノットで一万六〇〇〇海里の航続力を可能にしていた。これは「大和」型の倍以上であった。

ディーゼル化により、主砲塔などの駆動源は水圧などから電動に変換する必要があり、発電能力は「大和」型の倍にあたる九二〇〇kWと、これもまた強大であった。

主砲の四〇六ミリ五〇口径砲は、ドイツ海軍最初の一六インチ砲で、ビスマルク級とおなじく連装として四基がオーソドックスに前後に装備されたが、実力的には三連装四基も可能であった。

最大仰角は三三度と低めで、最大射程約三万八〇〇〇メートルはあまり遠距離の砲戦を考慮していないようにみえる。しかし、視界の悪い北海方面では、これで十分と考えていたふしがある。

第124図　各艦艦型比較図

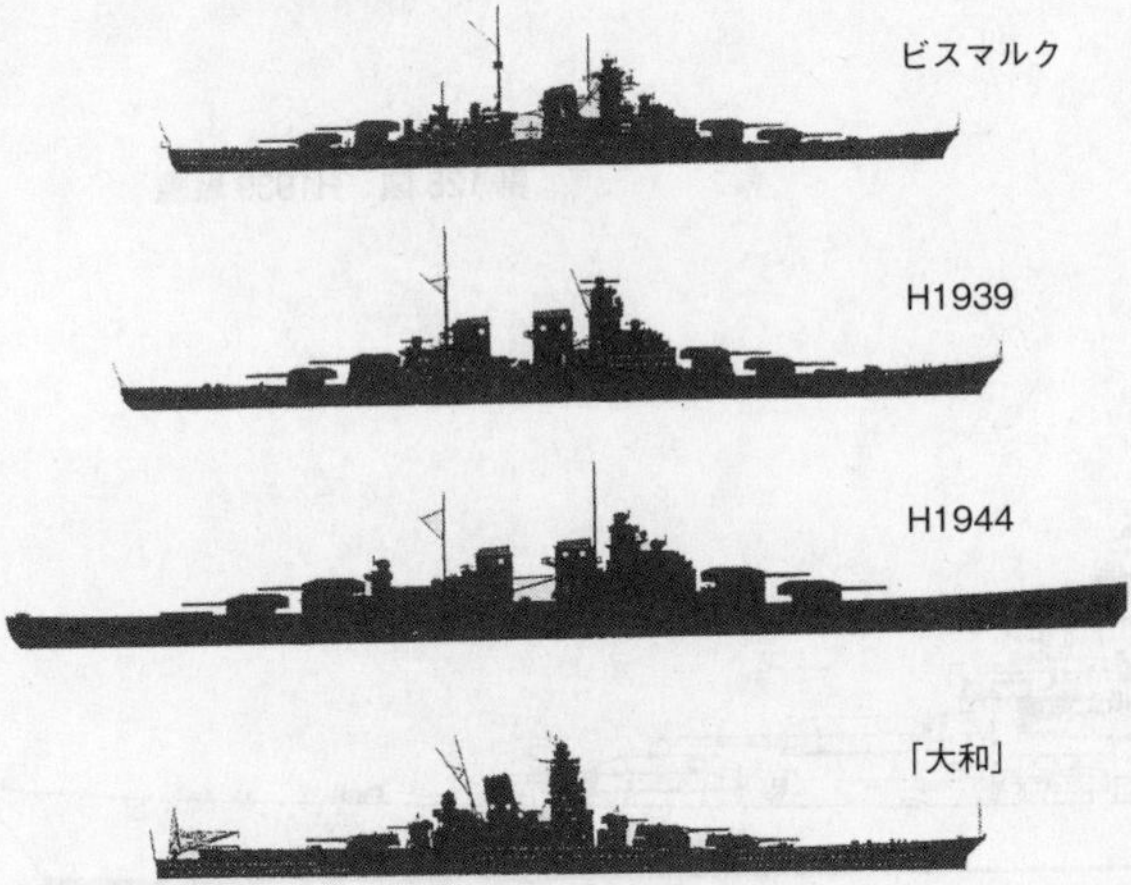

副砲、高角砲、機銃などはビスマルク級とほぼ同等で、船体サイズから考えると、もっと強化してもいいはずだが、このへんがドイツ流の手堅い設計といえようか。

また、こうした大型戦艦にこの時期、魚雷発射管を装備するのも他艦ではあまり例のないことで、本型では前部水線下舷側に三基ずつを装備していた。ビスマルクでは艦中央部に装備された射出機や格納庫などの航空艤装は、後部の三番砲塔両側に格納庫をもうけ、射出機は四番砲塔の後方に装備している。

防御面では、直接防御甲鈑厚はビスマルク級にくらべて、舷側水線部の主甲帯の最大厚が三二〇ミリから三〇〇ミリに減少するなど、一六インチ砲対応防御としては、いささか理解できない部分もあ

第125図　H1939戦艦

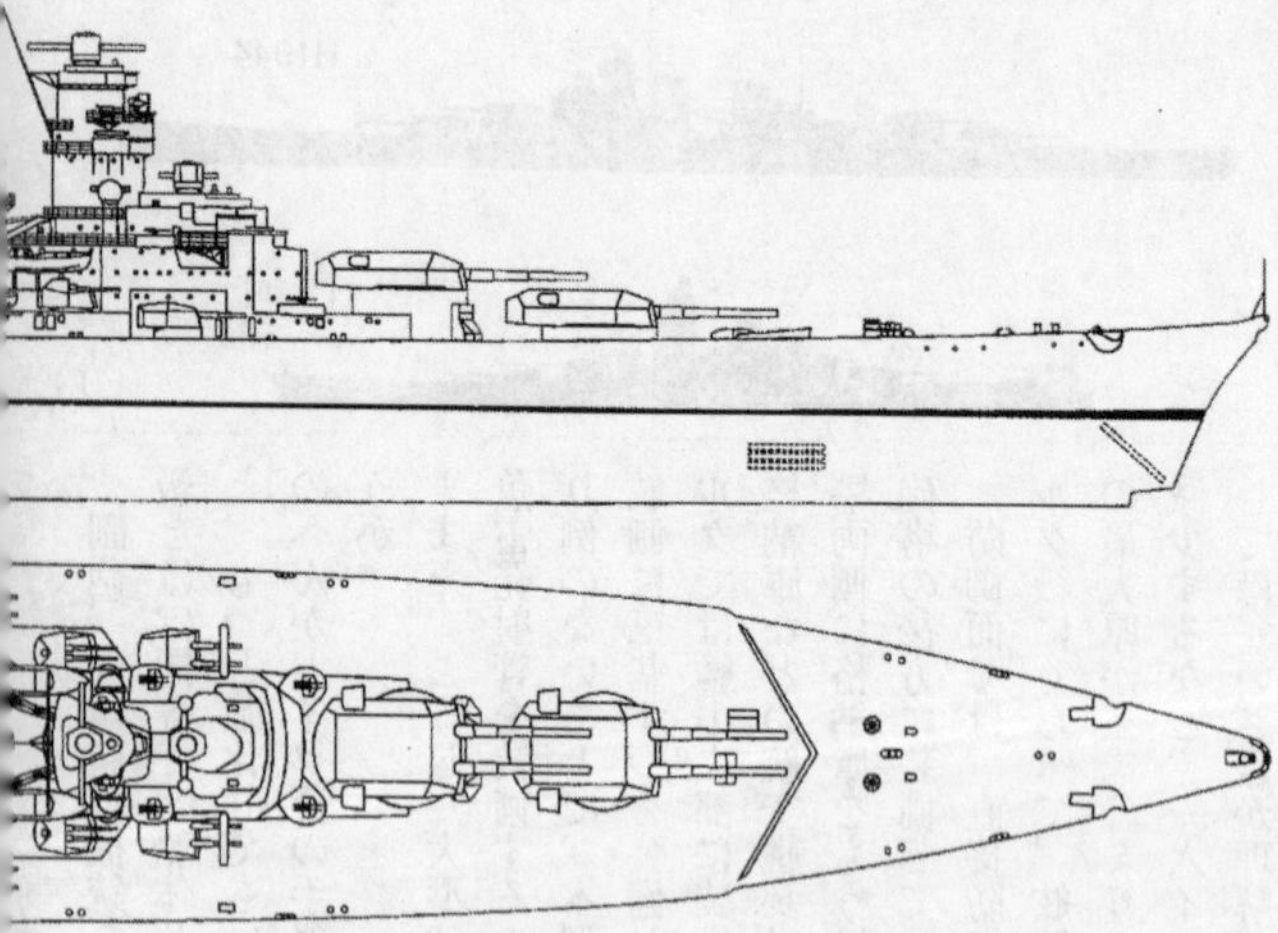

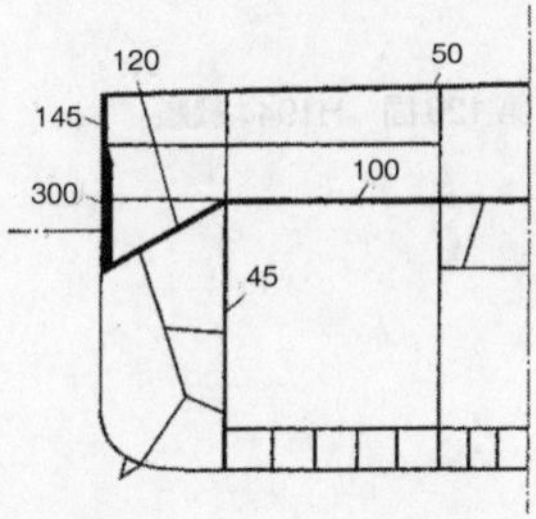
120
50
145
100
300
45

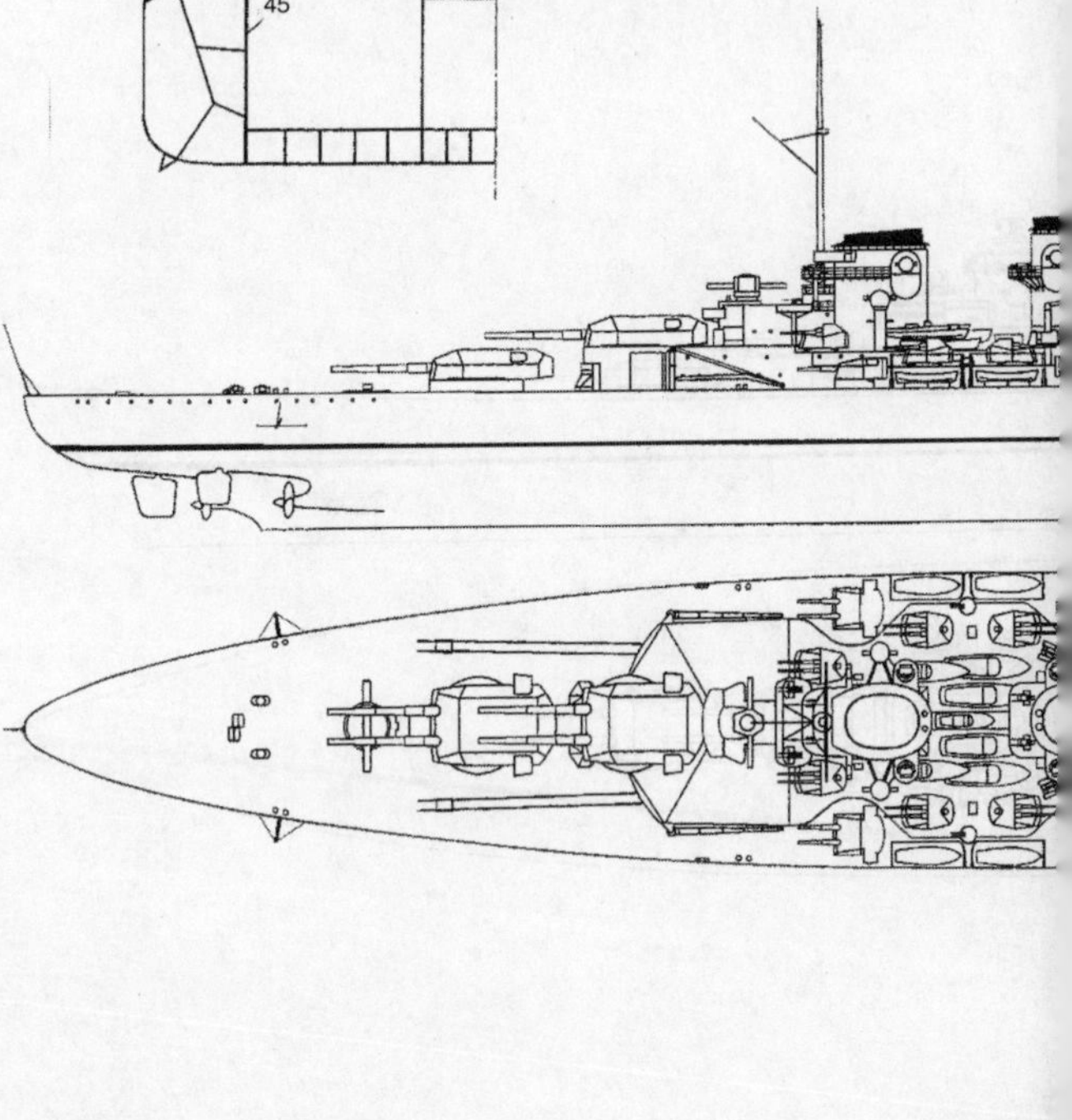

第 126 図　H1944 戦艦

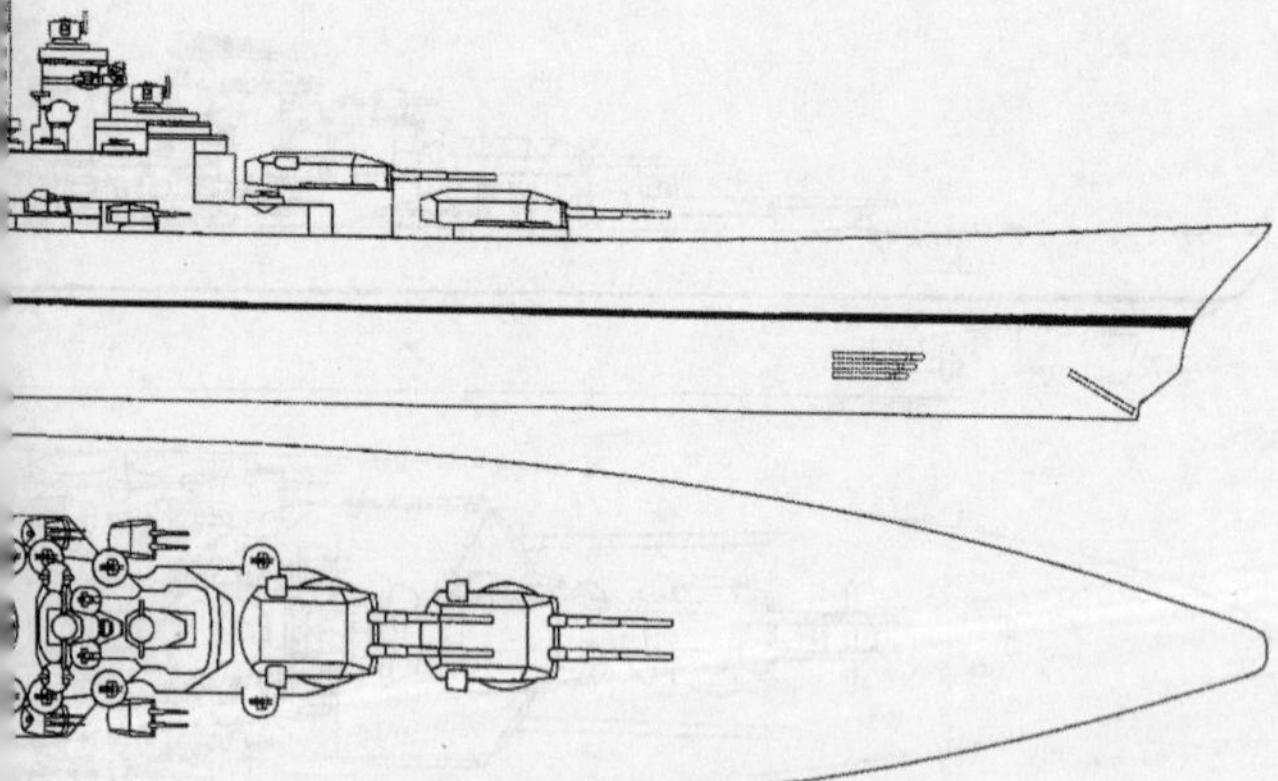

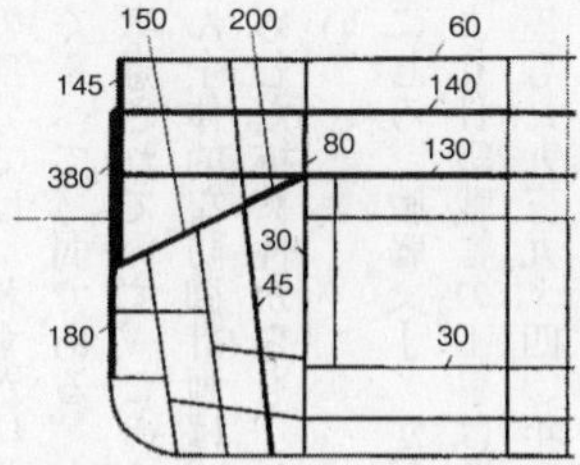
150
200
60
145
140
80
130
380
30
45
180
30

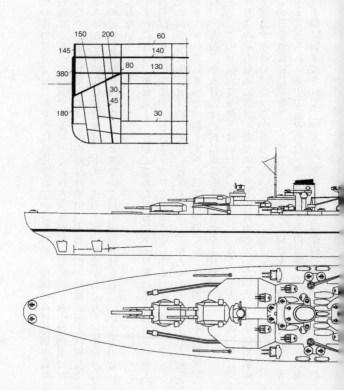

る。

その他の部分では、わずかに強化されているものの、全体に直接防御甲鈑厚は同時期の日米戦艦にくらべて薄弱である。とくに日本海軍が気にしていた水中弾効果にたいする対策はまったく考慮されていず、このへんは日本の「大和」型の防御計画とは異質なものといえる。もちろん全体的な防御計画は、ドイツ式の手堅い配慮があるものと推定されるし、ビスマルクのしめした抗甚性からも、ビスマルク以上の強靱性を有しているものといっていいのかもしれない。

いずれにしろ、戦艦〈J〉が起工された当日にドイツ軍はポーランドに侵入、第二次大戦の勃発によりH級戦艦の工事はストップされることになる。

他の四隻も一九三九〜四〇年中に起工を予定していたものの、いずれも起工にいたらずキャンセルされてしまった。起工ずみの二隻についても、一九四一年十一月までに船台で解体され、一九四二年八月には正式に建造をキャンセルされた。

もし、このH級六隻全部とはいわないまでも、二隻だけでも一九四三年に完成していれば、イギリス海軍も対応に苦慮したであろうし、計画していた一六インチ砲搭載のライオン級戦艦を建造するはめになったかもしれない。

このH級戦艦に搭載を予定していた一六インチ砲は七門が完成しており、うち四門はノルウェーに送られ、途中で海没した一門をのぞく三門は陸上の砲台に設置された。戦後もノルウェー側に引き渡されて、一九六〇年代末まで現役砲台として使用されていたという。また、残りの三門も列車砲に改造されて、東部戦線で使用されたといわれている。

成長しつづける建艦計画

しかし、H級戦艦はこれで消えてしまったわけではなかったのである。ヒトラーはレーダー元帥との約束をほごにして、英仏と戦端をひらいた責任からか、起工ずみの〈H〉〈J〉の二隻については、戦争終結後ただちに工事を再開できるように準備しておくことを命令したのであった。

このため、ブローム&フォス社で起工された二隻は、当面そのままとして、計画スタッフはその間、基本計画の見直しや戦訓の加味などをおこなって、基本計画の改訂作業をつづけることになった。

最初の一九四〇年における改訂作業では、主砲の一六インチ砲を一砲塔減じたA案と四基のままのB案が検討され、後者の排水量の増加はわずかにおさえられ、水中防御の改善が実施された。

ともに主機はディーゼル、タービンの併用にあらためられ、軸数も四軸となり、出力は二三～二四万馬力に引き上げられて、速力三〇・四ノットを維持するものとされた。

一九四一年の改訂では、計画排水量は一九三九年計画より約一万トン増加した。これらはシャルンホルストやグナイゼナウの水中防御のもろさなどの戦訓を加味して、防御計画をいちだんと強化していた。また、イギリスのライオン級戦艦が一六インチ砲を装備することを意識して、あらたに四二センチ砲を搭載することを意図したものである。

主機はふたたびディーゼル一本にもどし、速力は二九ノット弱と、若干の低下をしのんでいた。

一九四二年八月にブローム&フォス社での建造は正式にキャンセルされ、用意されていた鋼材は潜水艦建造用にまわすことが許可された。いずれにしても艦型の増大したことで、既成の船台での建造は困難となり、新規大型船台の準備が必要になったのである。

一九四三年七月に、今後の海軍艦艇および商船の新規建造については、その艦型、船型については軍需相の下に建艦委員会が設置されて、海軍総司令部と軍需相が指名した一三名が委員長のもとで、新艦艇と商船の設計と計画変更を決定することになり、海軍のみで勝手に新艦艇の計画建造や変更をおこなうことができなくなった。

しかし、このH級戦艦の計画改訂作業はこれとは別に、海軍内に海軍大将を長とするグループをもうけて、その後も実行された。

ヒトラーが要求した基本事項は、速力は三〇ノットを維持すること、砲弾および爆弾に対する十分な防御、機雷にたいする十分な防御、船体にみあった口径の主砲を装備するなどで、これらはビスマルクの喪失やノルウェー侵攻作戦でフィヨルド内であっさり沈められた重巡ブルッヘルなど、

1944年計画
131000
141500
345
51.5
12.65
ディーゼル＋Sタービン
30
22.5
270000
20000/19
51㎝/48Ⅱ×4
15㎝/55Ⅱ×6
10.5㎝/63Ⅱ×8
37㎜Ⅱ×16 20㎜Ⅳ×10
水中固定×6
×6
380
60
140
130
150～200
45

ドイツ海軍H級戦艦計画変遷一覧表

	1939年計画	1941年計画	1942年計画	1943年計画
計画排水量(t)	58540	68800	90000	111000
満載排水量(t)	63590	76000	98000	120000
水線長(m)	266	275	305	330
水線幅(m)	37.0	39.0	42.8	48.0
吃水(m)	10.0	11.0	11.8	12.0
主機械	ディーゼル ×12	ディーゼル ×12	ディーゼル＋Sタービン	ディーゼル＋Sタービン
速力(ノット)	30.4	29	31.0	31.0
速力(ノット)ディーゼルのみ	30.4	29	24.0	23.0
馬力	165000	165000	270000	270000
航続力(nm/ノット)	16000/19	20000/19	20000/19	20000/19
燃料搭載量(t)	9700	12000		
主砲(口径×基数)	40㎝/50Ⅱ×4	42㎝/48Ⅱ×4	42㎝/48Ⅱ×4	51㎝/48Ⅱ×4
副砲(口径×基数)	15㎝/55Ⅱ×6	15㎝/55Ⅱ×6	15㎝/55Ⅱ×6	15㎝/55Ⅱ×6
高角砲(口径×基数)	10.5㎝63Ⅱ×8	10.5㎝63Ⅱ×8	10.5㎝/63Ⅱ×8	10.5㎝/63Ⅱ×8
機銃(口径×基数)	37㎜Ⅱ×8 20㎜Ⅳ×6	37㎜Ⅱ×8 20㎜Ⅳ×6	37㎜Ⅱ×8 20㎜Ⅳ×6	37㎜Ⅱ×8 20㎜Ⅳ×10
魚雷発射管(53㎝)	水中固定×6	水中固定×6	水中固定×6	水中固定×6
水偵搭載数	×4	×4	×6	×6
水線主甲帯(㎜)	300	300	320	380
上甲板(㎜)	50〜80	80	60	60
中甲板(㎜)			140	140
下甲板(㎜)	100〜120	100〜120	130	130
下甲板傾斜部(㎜)	120〜150	120〜150	150	150
水中防御隔壁(㎜)	45	45	45	45
バーベット(㎜)	365			
主砲塔前楯(㎜)	400			

ドイツ大型水上艦艇に対する不信感があったことは否定できない。

かくして一九四二年計画では、計画排水量は九万トンに達し、水線長も三〇五メートルと三〇〇メートルを超えるマンモス戦艦になった。主砲は四一年計画と同様に四二センチ砲を採用、主機ディーゼル、タービン併用にもどして二七万馬力、速力三一ノットと設定した。

一九四三年、四四年と、上表のように艦型の増大はさらに進められ、計画排水量はついに当初計画の倍以上になり、計画排水量一三万一〇〇トン、水線長三四五メートル、艦幅五一・五メートルという巨大さは、とても当時の技術では建造不可能と考えられた。

主砲口径も四四年計画から五〇・八センチ砲という、日本が超「大和」型で計画した甲砲とおなじ口径の砲までに拡大されていた。艦尾舵取り付け部の構造も、ビスマルクの戦訓から中央部にスケグ構造をもうけて、両舷対称的に二軸の後方に、おのおの一対の舵をもうける特異な構造を有していた。

結局、戦局の悪化とともにH級実現の可能性は遠のき、最後はいささか現実的な設計から逸脱した観がないでもないが、第一次大戦以来、つねにイギリス海軍にたいして劣勢を強いられてきたドイツ海軍の願望のあらわれとも見られよう。

多連装砲塔をもつ巨艦たち

一九世紀末に誕生した近代的な戦艦の時代において、その主砲は二門を一コの砲塔におさめて装備するのが通例であった。

一九〇六年のドレッドノートの出現後も、この傾向はつづいたが、イタリア海軍はその最初のド級戦艦ダンテ・アリギエール（一万九五〇〇トン）の建造にあたって、いきなり三連装砲塔を採用、三連四基を搭載して注目をあびた。

ダンテ・アリギエールは一九一三年一月に完成したが、これよりわずかに早く、前年末に隣国のオーストリア海軍最初のド級戦艦ヴィリブス・ウニテス（二万一七三〇トン）が完成している。起工はダンテ・アリギエールより遅かったものの、実質的にはこれが世界最初の三連装砲塔搭載戦艦であった。

しかも本級は、四基の三連装砲塔を前後に背負い式に装備して、形態的にもイタリア戦艦より進歩していた。

この後も三連装砲塔は、ロシア海軍がダンテ・アリギエールの設計をそのまま踏襲した最初のド級艦ガングート級（二万三〇〇〇トン）を建造している。超ド級艦では、アメリカの一九一一年度計画のネバダ級（二万七五〇〇トン）で連装、三連装の混載を採用し、つぎのペンシルベニア級（三万一四〇〇トン）から全砲塔三連装となった。

こうした三連装砲塔は、とうぜん防御上のメリットから採用されたものであった。おなじ主砲一二門でも、連装六砲塔と三連装四砲塔では、おなじ砲塔装甲防御をほどこしたとしても、重量的に三連装砲塔が有利であることは明らかである。

しかも、甲板上に占める砲塔面積が少なくてすむため、上構の配置に余裕が生じ、爆風分布も極限でき、かつ下部弾薬庫の防御も集約化できるメリットは大きい。

ただ、当然、砲塔構造は大型複雑化し、舷側部の防御スペースも影響されるほか、発射速度などにも影響はあるが、これを上まわるメリットがあると判断した国は多い。

こうした三連装砲塔につづいて、ついに四連装砲塔が出現することになる。

四連装砲塔を採用した最初の艦は、フランス海軍が三級目のド級として、一九一二年計画で同型五隻の建造を予定していたノルマンディー級（二万四八〇〇トン）であった。主砲の

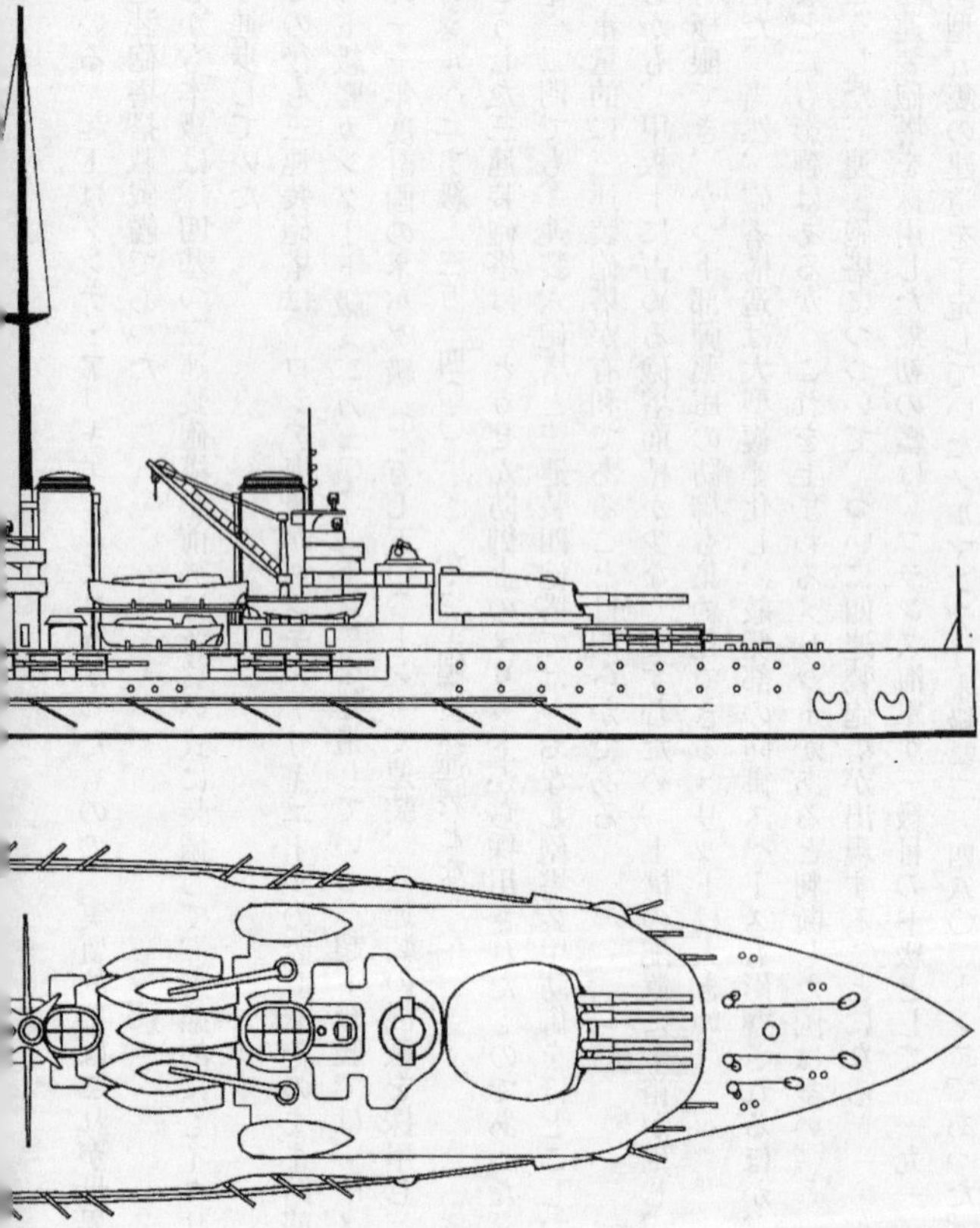

第127図　ノルマンディー級

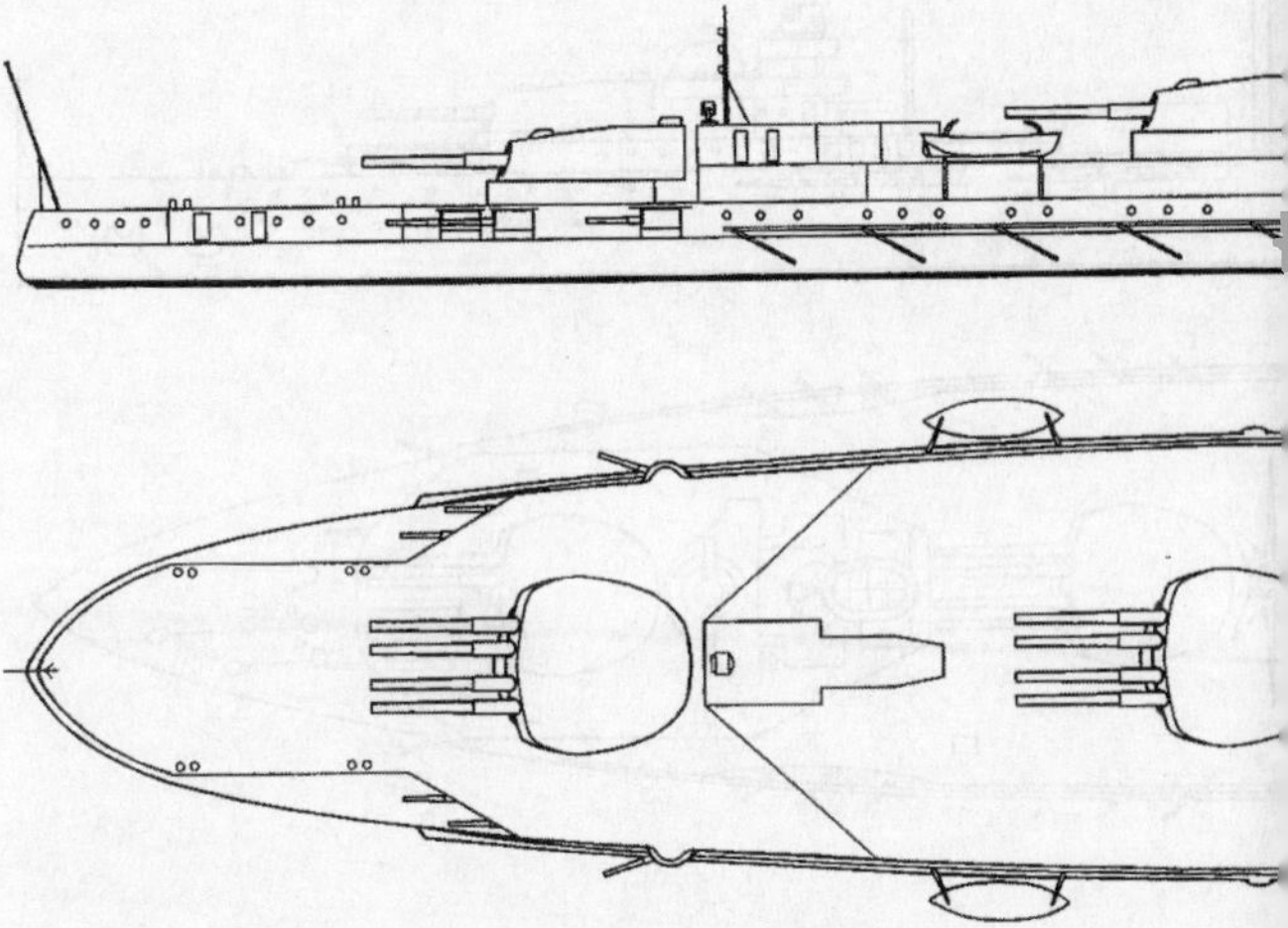

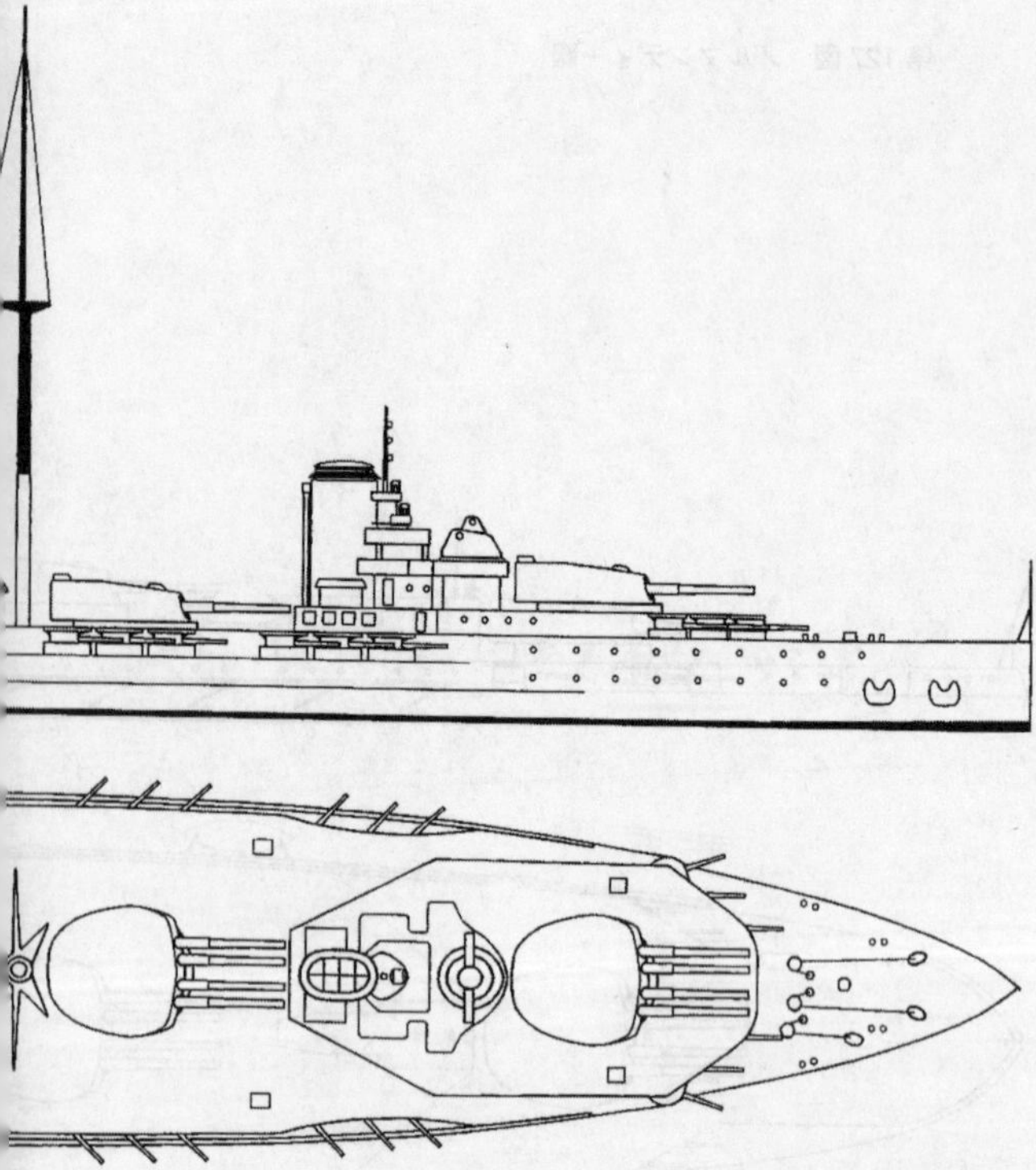

第128図　リオン級

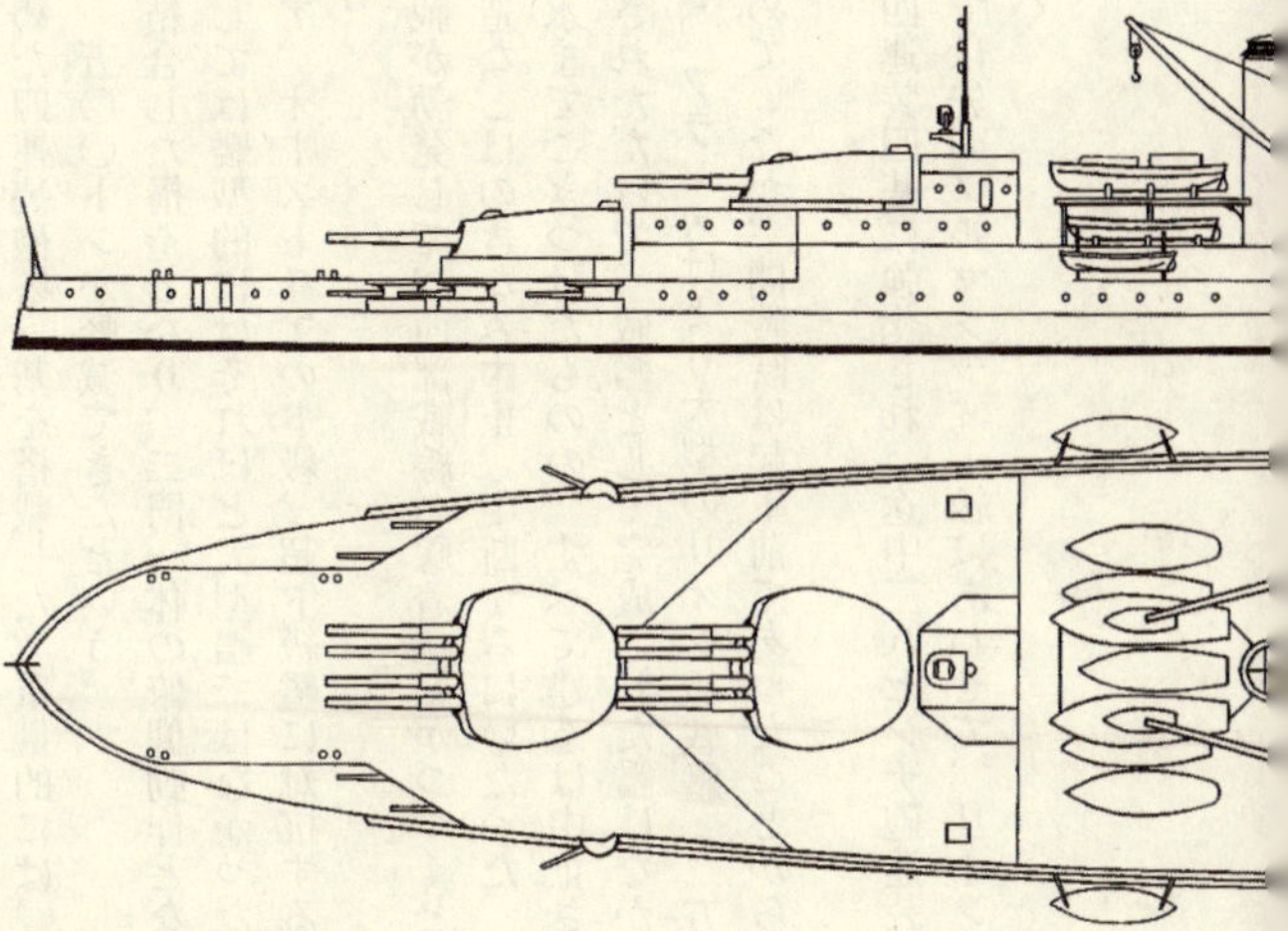

四五口径三四センチ砲四門をまとめた四連装砲塔三基を搭載した。重量的には、砲塔重量だけで連装砲塔六基にくらべると約一五〇〇トンが軽減できたという。

この場合、砲鞍部は二門ずつを結合した構造となり、二門一体の俯仰動作となる。このノルマンディー級は、当時の戦艦としては艦型的にはそれほど大型艦ではなかったものの、地中海におけるニ連装砲塔のイタリア、オーストリアのド級、超ド級艦に対抗する意味があったといえた。

しかし、建造中に第一次世界大戦が勃発して、西部戦線の膠着状態がつづくと、陸戦兵器の大量生産にせまられ、艦船の建造などはのきなみ中止、中断するにいたった。このため、ノルマンディー級戦艦も一部は進水までこぎつけたものの、すべて建造は中止された。戦後にベアルン一隻のみが空母に改造されただけで、戦艦として完成された艦はなかった。

ノルマンディー級にひきつづき、フランスはより大型のリオン級戦艦（二万九六〇〇トン）四隻も戦前の計画で建造を決めていたが、開戦時は起工前であったことから、当然ながら建造は中止されてしまった。

この級では、三四センチ主砲は四連装四基に強化され、途中三八センチ砲連装四基に置き換える案もあったというが、ここでは先のノルマンディー級にあわせて、リオン級の四連装砲塔四基の計画艦型をかかげておく。

平賀の「四連装砲塔説」

こうした四連装砲塔、および多連装砲塔搭載の巨大戦艦の例として、アメリカが一九一六年に秘密裏におこなった最大艦型の戦艦の建造の可能性検討案、いわゆるチンメルマン戦艦をとりあげたが、じつはこれと似たようなことが、わが国においても実在していた。それは「平賀譲遺稿集」のなかにある、「四連装砲塔説」とタイトルされた意見具申である。大正八年（一九一九）十月に具申したものとされ、四連装砲塔のメリットを説いた高速戦艦試案であった。

大正八年十月という時期は、「長門」と「陸奥」は建造中で、「加賀」型は起工直前、「天城」型は同年三月に艦型決定といったように、八八艦隊の構成艦も半数が決定済みの状況であった。

平賀は大正五年五月に横須賀工廠から艦本（当時は技術本部）四部にもどり、さっそく戦艦「長門」の計画改正を命じられて、ジュットランド海戦における戦訓から、水平防御の強化改善をはかることになったのである。

ひきつづき新主力艦の試案、検討案の作成に従事し、翌六年四月に造船大監（大佐）に進級する。まだ正式な計画主任の席にはつけなかったが、実質的には計画主任の仕事をこなし、「加賀」型と「天城」型の基本計画をまとめたのであった。

当時、第一次大戦もおわり、当然フランスのノルマンディー級についての情報や、アメリカが三年計画で一六インチ三連装砲塔搭載のサウスダコタ級戦艦を計画中であった事実も承知していたはずである。もちろん、アメリカのチンメルマン計画については知るよしもなかったわけだが、ここでは造兵関係者の意見まで聞いて、四連装砲塔のメリットについて、具体的な艦型試案を比較しながら、その優劣を説いてる。

平賀の提唱の趣旨は、連装砲塔にたいする三連装砲塔のメリットは認めながら、実際の射撃においては、各砲塔一門または二門による交互射撃をせざるをえず、砲塔数を偶数にしておかないと、毎回の発射弾数を同一にできず、射撃指揮上では不利とした。さらに、三単位の場合の砲塔構造の複雑化と、力量増加が避けられないとしている。

これにたいして四連装砲塔の場合は、二コの砲鞍に二門ずつを装備することで、すべてが二単位、すなわち砲塔数に関係なく、連装砲塔と同等の偶数の交互発射が可能となって、射撃指揮上の有利さを維持できるほか、砲塔構造も二単位のため、構造の複雑化が避けられるなどのメリットがあるとされている。

具体的な各砲塔の比較として、次の数字（次ページ表）をあげている。

さらに、平賀はこれらを前提として速力三〇ノットの高速戦艦を考察すると、「天城」型巡洋戦艦の防御を「加賀」型以上に強化した四一センチ砲連装五基搭載艦は排水量四万七六〇〇トンとなり、これを基準艦として、次の比較がなりたつとした。

連装六砲塔艦　五万二七〇〇トン
三連装四砲塔艦　四万八二〇〇トン
四連装三砲塔艦　四万六六〇〇トン

すなわち、四連装砲塔艦は連装砲塔艦にくらべて六一〇〇トン、三連装砲塔艦は同四五〇

平賀造船大監の各砲塔比較表

	連　装	3連装	4連装
砲塔旋回部重量（t）	825	1110	1380
バーベット直径（m 内径）	10.2	11.3	12.2
甲鉄、弾火薬、水圧筒等をくわえた1砲塔平均重量（t）	1860	2340	2780
同上1門分重量（t）	930	780	695
同上比較率（%）	100	84	75

〇トン軽減できるとしている。

また、従来いわれている多連装砲塔の欠点、すなわち、被弾にさいして損害が大きく、使用可能砲数の減少がいちじるしいという説にたいしても、砲塔数が少なければ被弾の確率も小さく、甲板に占める砲塔面積は、連装六砲塔艦を一〇〇とすれば、三連装四砲塔艦は七五、四連装三砲塔艦は六一となり、被弾の確率は小さくなるとして、かつ弾薬庫防御上でも有利であるとしている。

かくして、結論として、主砲一二門以上の主力艦の計画においては、四連装砲塔の採用がもっとも有利として、四連装三砲塔に連装砲塔一基（最前部）をくわえた一四門艦がベストと提唱している。

この提言では、比較用の図表として「加賀」「天城」につづくものとして、AからMまでの試案を掲げている。

Aは基準艦となった連装五砲塔艦、Bは三連装四砲塔艦四万八二〇〇トン、Cは連装三基、三連装二基の五砲塔艦五万トン、Dは連装六砲塔艦五万二七〇〇トン、Eは四連装三砲塔艦四万六六〇〇トン、Fは連装二基、四連装二基の四砲塔艦四万八四〇〇トン、Gは連装三基、四連装二基の五砲塔一四門艦五万二八〇〇トン、Hは四連装三基、連装一基の四砲塔一四門艦五万六〇〇〇トン、Iは四連装砲塔四基の一六門艦五万四〇〇〇トンで、いずれも副砲、防御甲鈑、速力三〇ノット

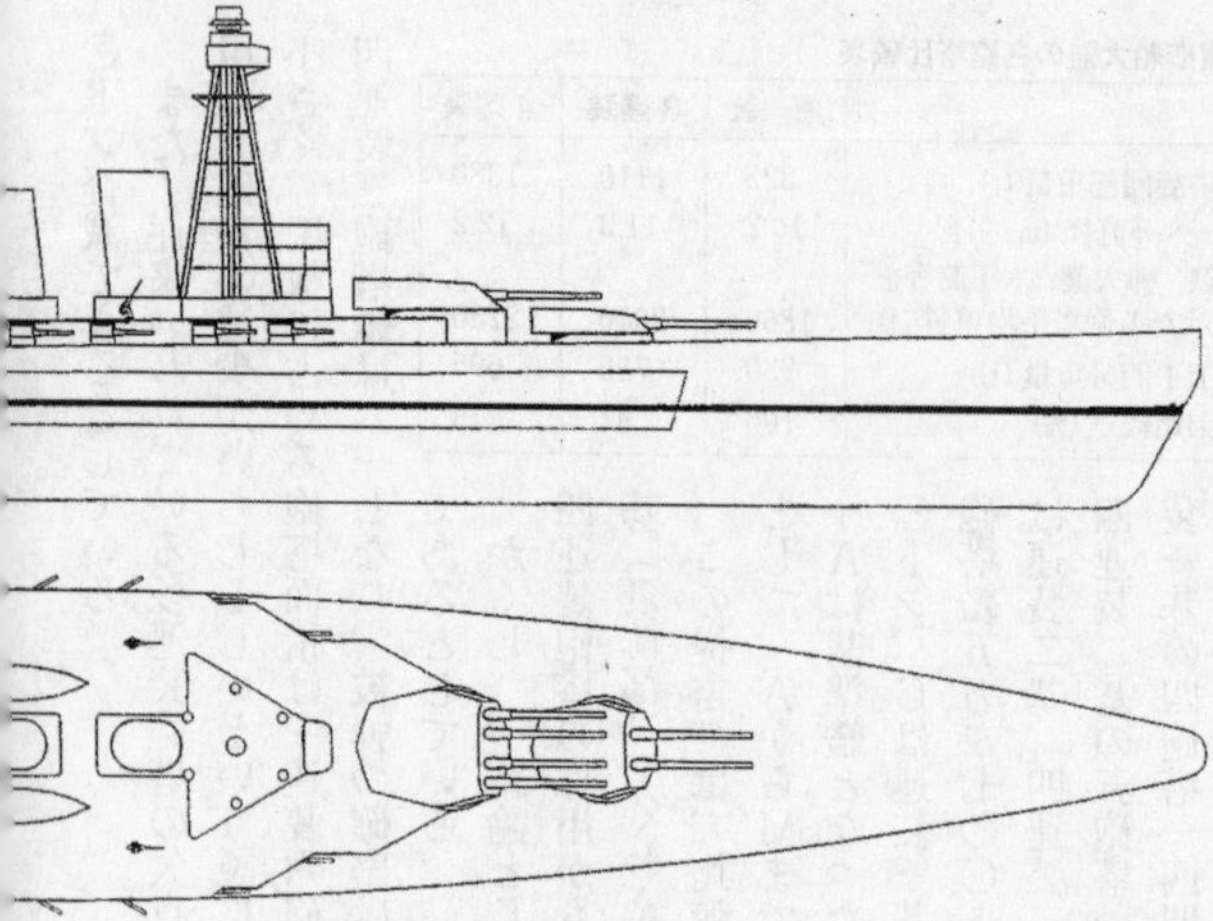

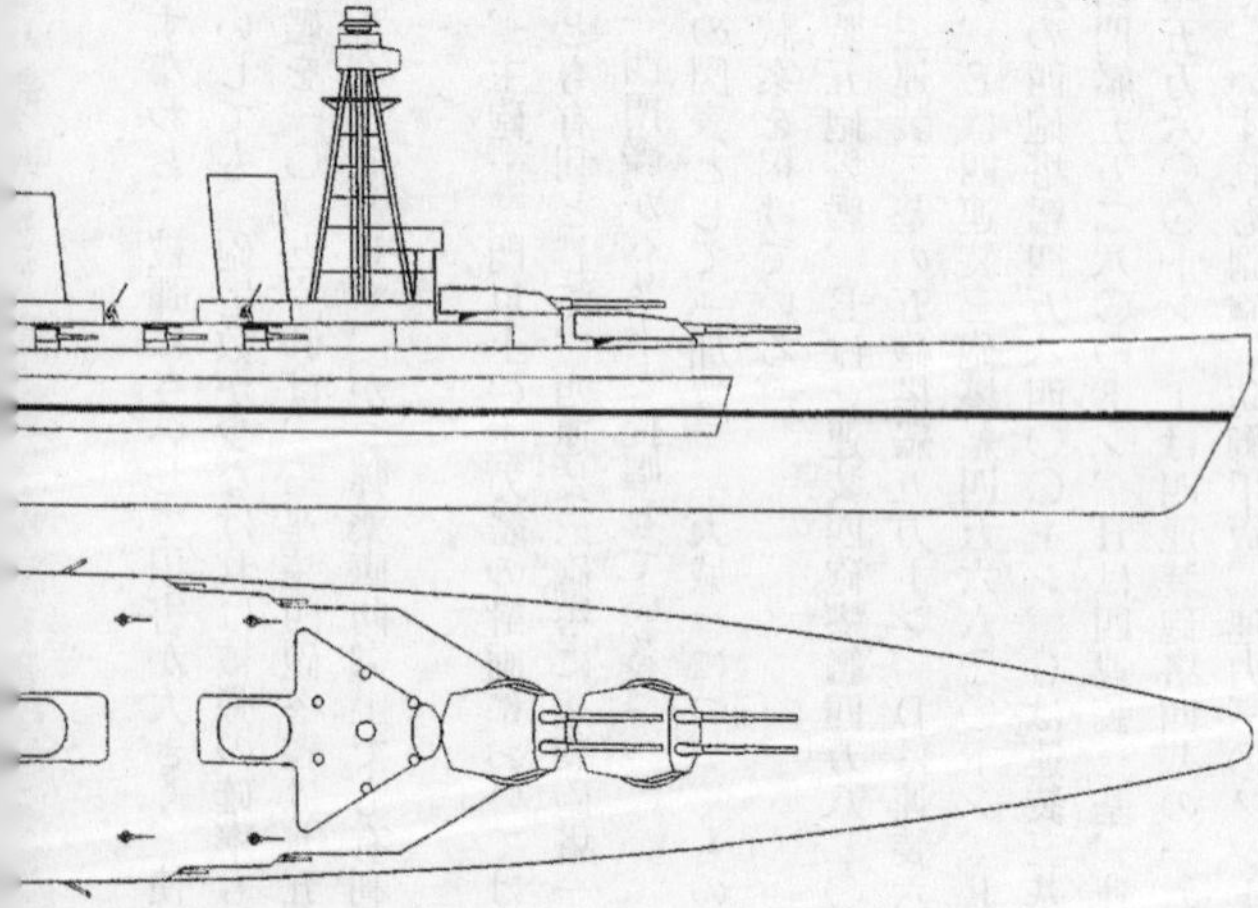

第 129 図　平賀高速戦艦試案 H 案

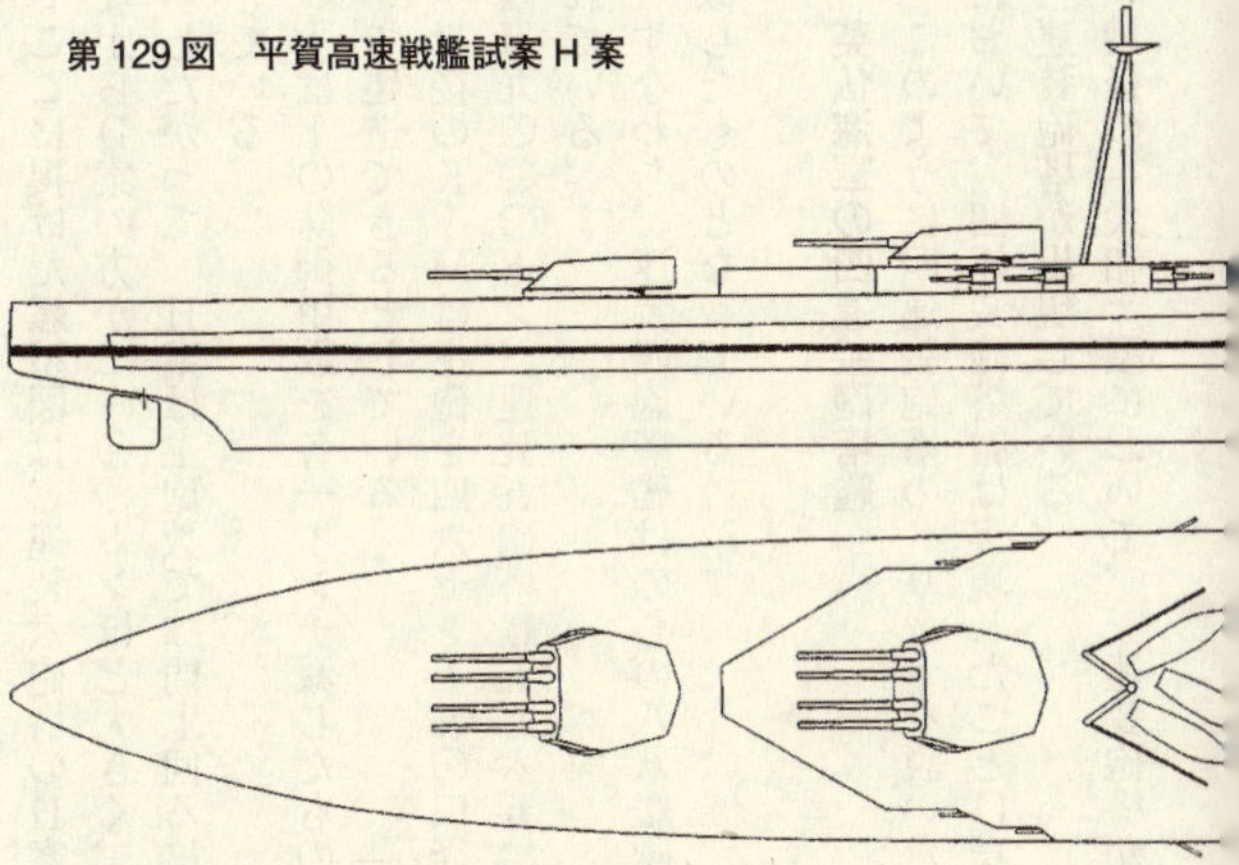

第 130 図　平賀高速戦艦試案 D 案

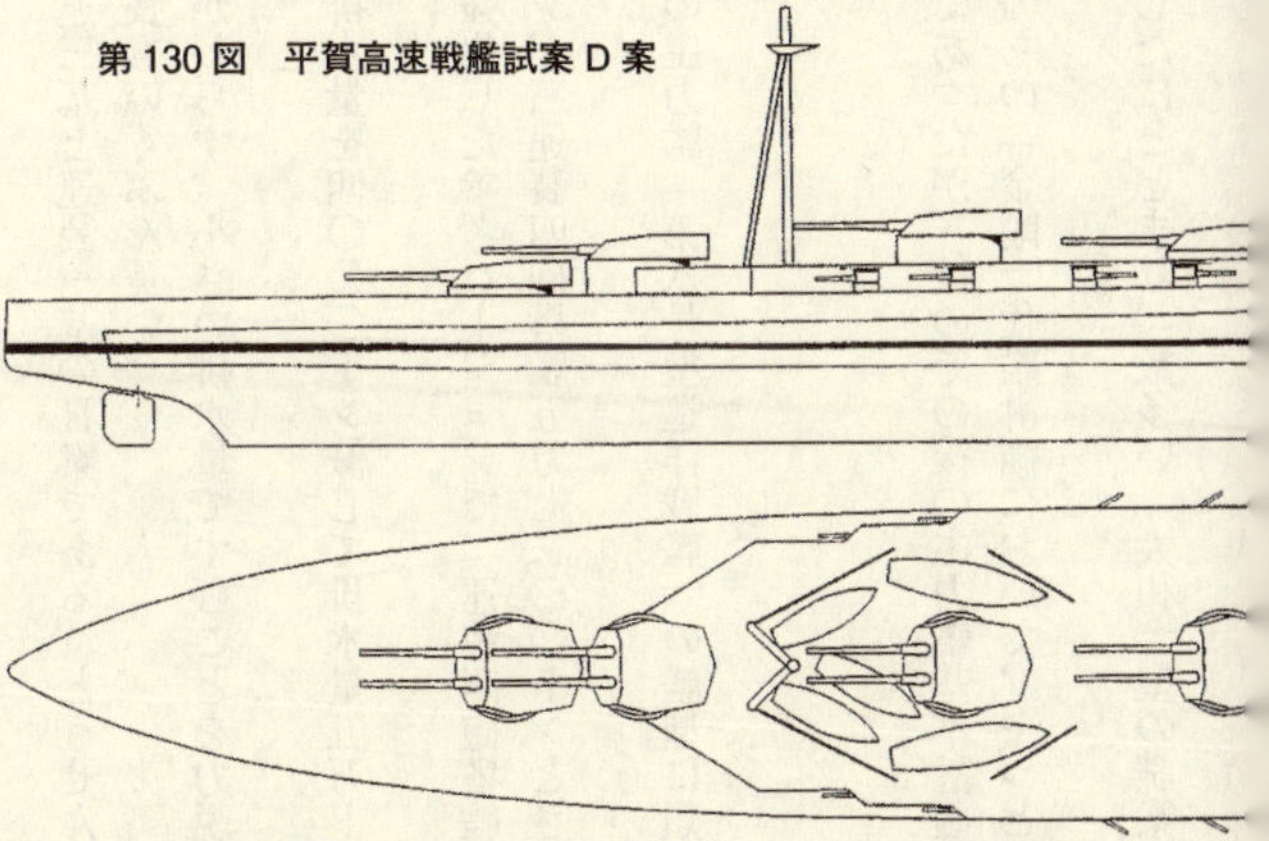

は同一条件とされていた。

ここに掲げた艦型図は、連装六砲塔のD案と四連三基と連装一基のH案である。とうぜんながらD案の方が二一〇〇トンほど大きく、水線長もいくぶん長い。

したがって、H案は主砲数で二門上回るにもかかわらず、小さい排水量ですむことを力説している。

JはIの防御甲鈑を各一インチ減じたもので、排水量を四〇〇〇トン減じて排水量五万トンで建造できるとしている。

最後のK～Mは主砲を四六センチ五〇口径砲に強化した参考バージョンで、連装四砲塔艦四万九〇〇〇トン、連装五砲塔艦五万六五〇〇トン、三連装四砲塔艦五万七二〇〇トンとされている。

すなわち、連装四砲塔艦はのちの八八艦隊最後の主力艦「第八号型巡洋戦艦」の艦型に類似したものとなっている。

英仏海軍の四連装砲塔艦

このように四連装砲塔のメリットを説いた平賀であったが、彼のその後の主力艦基本計画において、四連装砲塔艦は実現したことはない。のちの「金剛」代艦計画において、やっと三連装砲塔が出現している。

最後の「大和」型において、三連装砲塔が出現したにとどまり、数多い「大和」型の試案

第131図　「金剛」代艦平賀試案

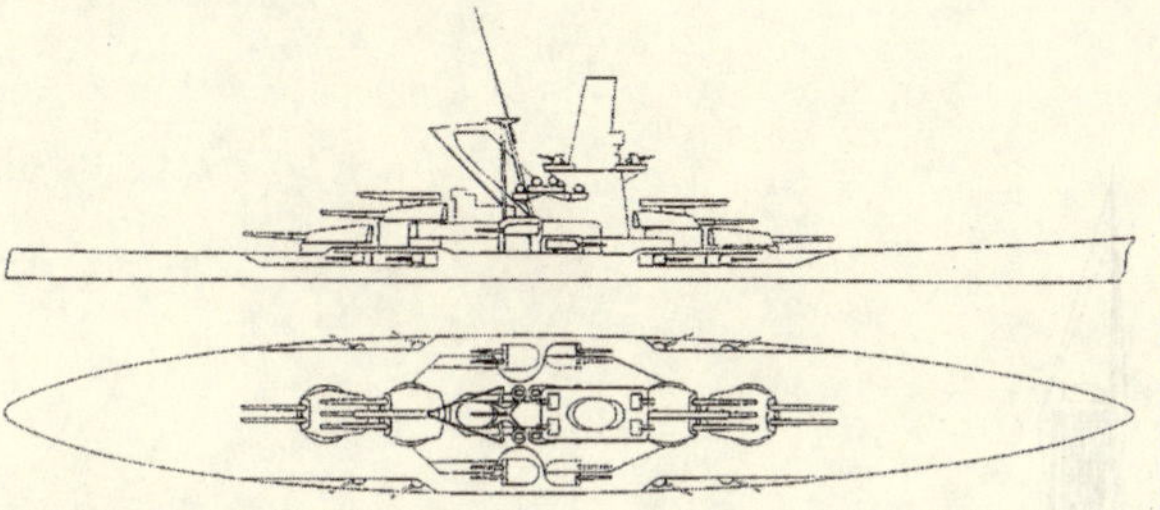

中にも四連装砲塔案はひとつもなかった。

結果的には、のちのちまで四連装砲塔の信奉者だったのはフランス海軍ひとりで、イギリス海軍がキング・ジョージ五世級戦艦でわずかに追従したのみであった。

と考えると、平賀のいっている三連装奇数砲塔の交互射撃上のデメリットも、はたして本当かということになる。平賀自身が、本当に四連装砲塔をベストの選択と考えていたのかも疑わしくなってくる。

また、平賀は主力艦のレイアウトにおいて、艦首部の艦幅のせまい一番砲塔位置に、連装砲塔以上の多連装砲塔をおくことを嫌い、これを主力艦計画のセオリーとしていることはよく知られている。

はるか以前に、某専門誌においてK氏の書いた「キング・ジョージ5世級始末記」という記事で、同級が一番砲塔位置に四連装砲塔をすえ、二番砲塔位置に連装砲塔をおいたのは、艦の安定性から考慮した妥当なレイアウトと書いたことに、平賀の弟子たる旧造船官の一部が反発して、二種の砲塔を混載する場合、造艦上のセオリーからは、艦幅のせまい一番砲

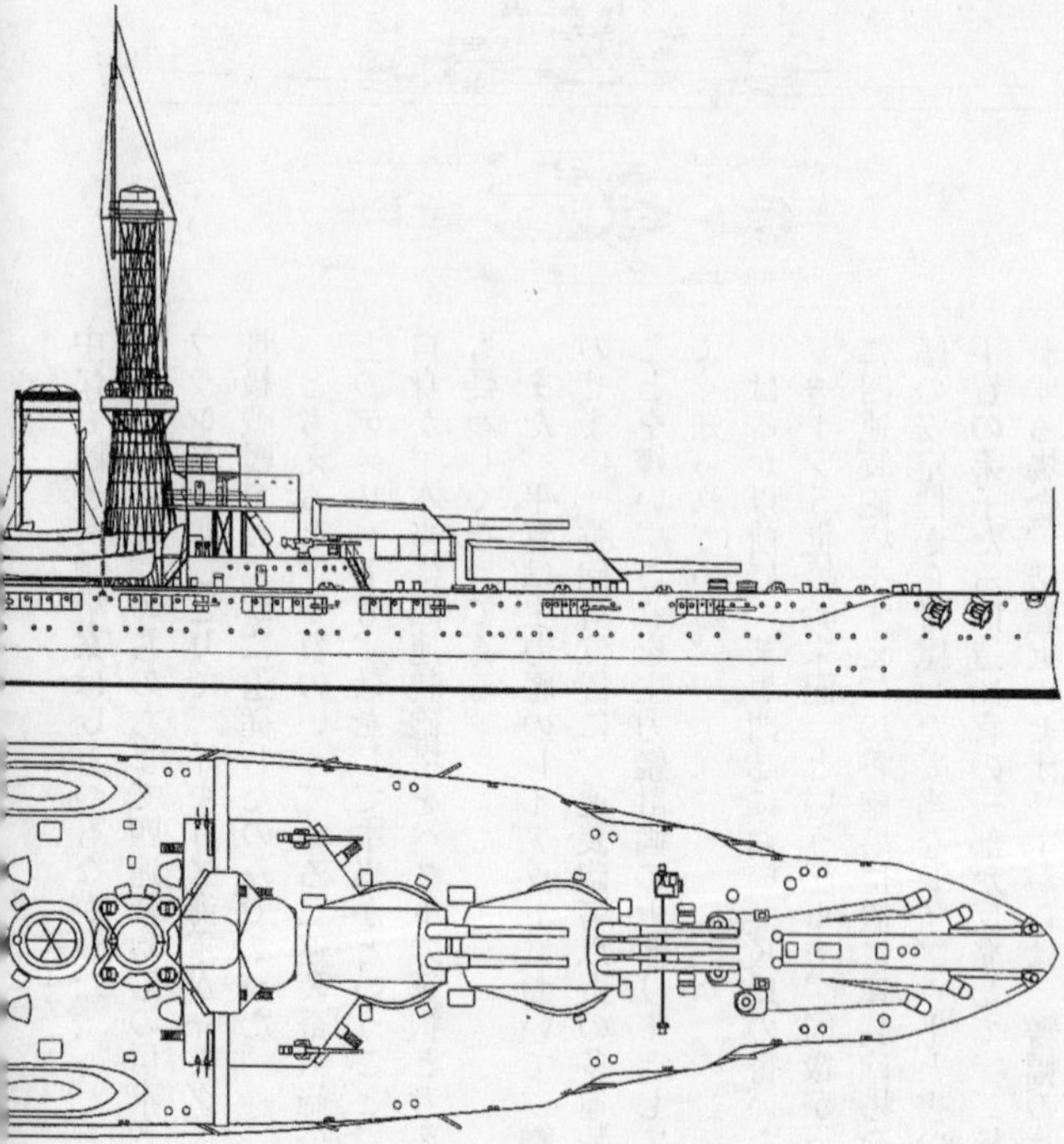

第132図　ネバダ級戦艦（1916年）

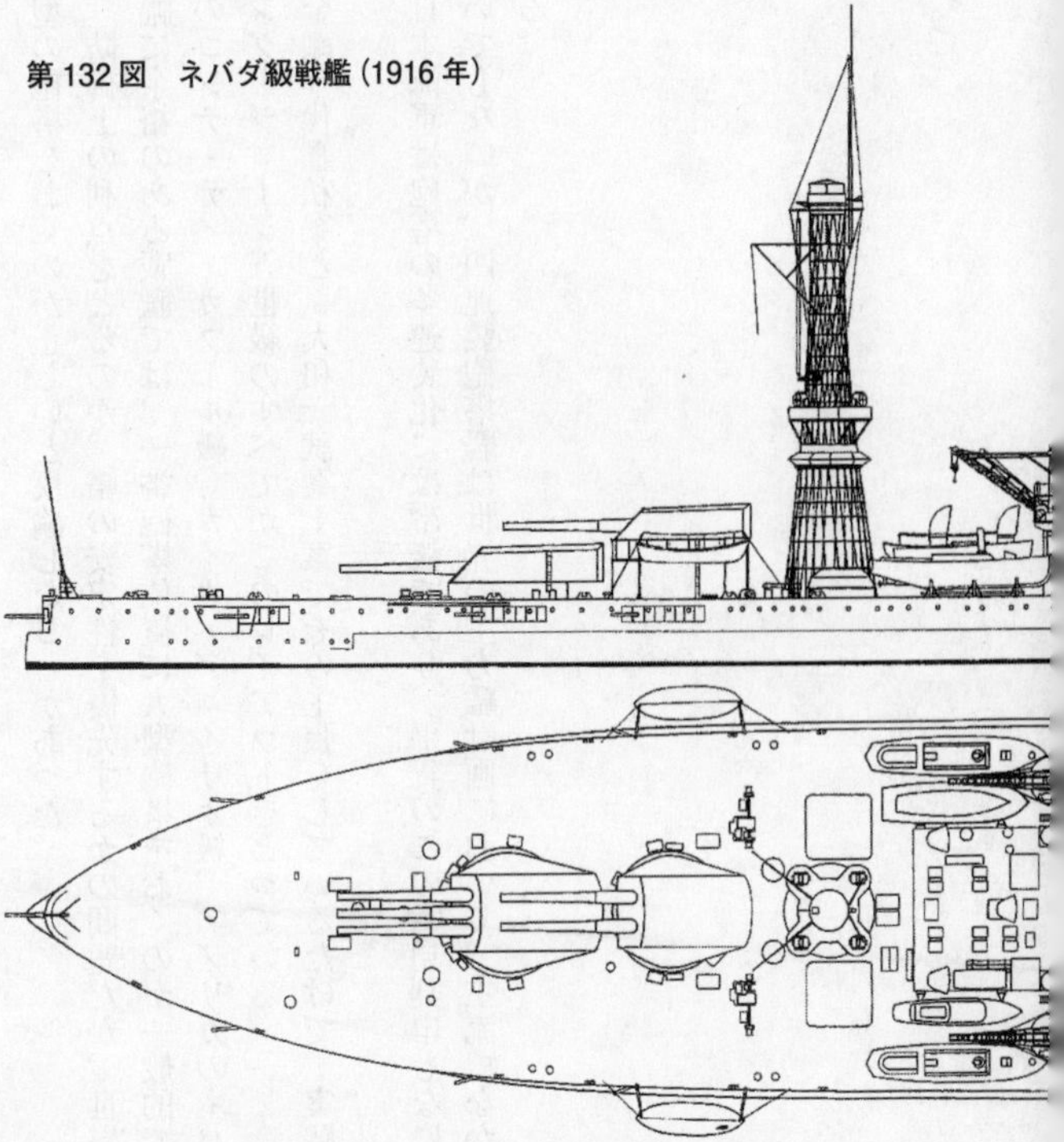

塔位置に小型の砲塔をおくのが正しいと反論したことがあった。

端的には、防御上の利点をとるのか、艦の安定性を優先するかの問題だが、世界の常識としては、艦幅に余裕のある戦艦では、一番砲塔位置に大型砲塔をおくのが一般的であった。イタリアのコンテ・ディ・カブール級、カイオ・デュイリオ級、アメリカのネバタ級、さらにこのキング・ジョージ五世級のすべてがこのレイアウトをとっている。

平賀が「金剛」代艦私案と「大和」試案I案でその主張をしているだけで、実践した艦はない。

一般的に日本海軍は砲塔の多連装化には冷淡であり、平賀のこの意見具申もなにか受け売りの観がないでもないが、四連装砲塔艦は世界の主力艦計画において、主流でなかったことは事実である。

あとがき

日本では戦艦という言葉が死語になって久しい。仕事がら有料放送のミリタリー物を見る機会が多いが、軍艦、艦艇という海軍艦艇の総称を戦艦という言葉で表現するナレーターが大半で、英語のWarshipまたはFightingを戦う船だから戦艦と誤訳するらしい。

もちろん、英語ではBattleshipとWarshipは明確に区別されており、そんなことからか、昨年公開された米国映画の邦題に〈バトルシップ〉というのがあったのは面白い。

この本は戦艦について書いた物で、軍艦の本ではない。戦艦は久しく海軍艦艇兵力の中核的存在として、その発達史は一八六〇年前後から約一〇〇年を数える。もちろん、この時代戦艦は海上に浮かぶ最大級の船、最大最強の武器を持った船として、戦艦の勢力がその国の国力をあらわす指針であった時代も、今は昔である。

日本は「大和」という戦艦史上最大最強の戦艦を造った歴史があり、戦艦に最後まで執着した海軍国として、いまでは「大和」に対して信仰に近い文化がある。海軍で艦艇の設計、建造に関わる造船官は、常に建造可能な最大サイズの戦艦を考えるもので、あまり机上の空論的な戦艦は考えないものだが、今日の船の巨大化、二〇万トンを超えるクルーズ客船や一

○万トンを超える空母など、建造技術の進化には驚くべきものがあり、空想と思えた巨艦も夢ではなくなってきている。
日本では平賀譲の名は帝国海軍の軍艦デザイナーとして最も有名な人物であり、その遺稿集や本人が残した膨大な文書は今、平賀アーカイブとしてネット上に公開されて、これまでの定説を覆す多くの艦艇資料が含まれていた。
平賀は毀誉褒貶の激しい人で、軍艦デザイナーとして八八艦隊の主力艦、巡洋艦「夕張」「古鷹」「妙高」型の設計者として、はじめて日本式軍艦デザインを世界に認めさせた名声とは別に性格的に周りとの妥協を嫌い、頑強に自説を曲げず、自己顕示欲が強い人物であったらしく、才能ある部下や同輩との軋轢も少なくなかった。昨年亡くなった、日本軍艦資料の収集、研究家として異彩を放っていたE氏はこの平賀を嫌い、ことあることに平賀の業績に疑問を呈して、八八艦隊の主力艦の設計は明治後期の造船官として有名な近藤基樹がおこなったものなどの自説を展開していたが、これはいささか事実とするには無理があると著者は考えているものの、平賀の業績についてはこれからの研究精査に待つ部分がなしとは言えず、新しい平賀像の発掘が待たれる。

雑誌「丸」平成十九年六月号〜平成二十三年十二月号隔月連載に加筆訂正
原題「幻の無敵海獣『巨大戦艦』史」

NF文庫

世界の大艦巨砲

二〇一六年七月十五日　印刷
二〇一六年七月二十一日　発行

著者　石橋孝夫
発行者　高城直一
発行所　株式会社潮書房光人社
〒102-0073　東京都千代田区九段北一-九-十一
振替／〇〇一七〇-六-五四六九三
電話／〇三-三二六五-一八六四(代)
印刷所　慶昌堂印刷株式会社
製本所　東京美術紙工
定価はカバーに表示してあります
乱丁・落丁のものはお取りかえ致します。本文は中性紙を使用

ISBN978-4-7698-2955-3　C0195
http://www.kojinsha.co.jp

ＮＦ文庫

刊行のことば

第二次世界大戦の戦火が熄《や》んで五〇年——その間、小社は夥しい数の戦争の記録を渉猟し、発掘し、常に公正なる立場を貫いて書誌とし、大方の絶讃を博して今日に及ぶが、その源は、散華された世代への熱き思い入れであり、同時に、その記録を誌して平和の礎とし、後世に伝えんとするにある。

小社の出版物は、戦記、伝記、文学、エッセイ、写真集、その他、すでに一、〇〇〇点を越え、加えて戦後五〇年になんなんとするを契機として、「光人社ＮＦ（ノンフィクション）文庫」を創刊して、読者諸賢の熱烈要望におこたえする次第である。人生のバイブルとして、心弱きときの活性の糧《かて》として、散華の世代からの感動の肉声に、あなたもぜひ、耳を傾けて下さい。